空间数据分析案例式实验教程

翁　敏　李　霖　苏世亮　著

科　学　出　版　社

北　京

内 容 简 介

空间数据分析是分析空间数据、挖掘空间信息、统计空间规律、解决空间问题所涉及的基本理论、方法与技术的总称。本教材的指导思想，是以综合实验案例的形式直观和详尽地介绍空间数据分析相关理论与方法的适用条件和计算过程，为地理信息科学专业及相关专业的本科生、研究生和科研工作者提供使用空间数据分析解决实际问题的具体思路、方法和途径。本教材共分为十六个实验，分别对应十六个综合案例。每一个综合案例，都特别详尽地列出了背景、技术路线、具体步骤和小结。本书既可作为《空间数据分析》的配套实验教程，又可以独立使用。

本书既可作为地理信息科学专业及相关专业本科生、研究生的实验教材，亦可供科研工作者参考。

图书在版编目(CIP)数据

空间数据分析案例式实验教程 / 翁敏，李霖，苏世亮著. —北京：科学出版社，2019.7

ISBN 978-7-03-061058-4

Ⅰ. ①空… Ⅱ. ①翁… ②李… ③苏… Ⅲ. ①空间信息系统-数据处理-高等学校-教材 Ⅳ. ①P208

中国版本图书馆 CIP 数据核字(2019)第 073104 号

责任编辑：杨 红 郑欣虹 / 责任校对：樊雅琼

责任印制：赵 博 / 封面设计：陈 敬

科学出版社 出版

北京东黄城根北街 16 号

邮政编码：100717

http://www.sciencep.com

北京中石油彩色印刷有限责任公司印刷

科学出版社发行 各地新华书店经销

*

2019 年 7 月第 一 版 开本：787 × 1092 1/16

2024 年 11 月第八次印刷 印张：18 1/2

字数：467 000

定价：69.00 元

(如有印装质量问题，我社负责调换)

前　　言

空间数据分析(spatial data analysis，SDA)是分析空间数据、挖掘空间信息、统计空间规律、解决空间问题所涉及的基本理论、方法与技术的总称。SDA 是地理信息系统(geographic information system，GIS)的核心和灵魂，是 GIS 区别于一般的信息系统、计算机辅助设计或者电子地图系统的主要标志之一。SDA 已广泛应用于地理学、地质学、环境学、生态学、社会学、管理学、气象学，以及公共卫生等诸多领域。党的二十大报告指出："回答并指导解决问题是理论的根本任务。"因此，通过应用 SDA 解决不同领域的实际问题，加深对 SDA 理论与方法的理解是本教材的基本出发点。

在"双一流"高校建设及学科建设，以及一流本科专业建设"双万计划"的共同推动下，武汉大学地理信息科学专业构建并实施了"数智筑基、文理融通、实践赋能"的空间分析课程体系（图 1），强调理论、前沿、实践并重，重视对学生学习兴趣的引导和动手能力的培养。作者结合多年的教学和科研体会，遵循从理论基础到实际应用的主线，编写了本教材并作为《空间数据分析》的配套实验教程。为了使学生能够面向国家和地区重大战略需求、应用所学的方法和技术解决实际问题，本教材以综合实验案例的形式直观和详尽地介绍 SDA 的具体思路、方法和途径，掌握《空间数据分析》的主要知识点。此外，作者编写了本教材的方法扩展版《空间智能计算》和理论扩展版《社会地理计算》，紧密结合 SDA 的新理论、新方法和新技术，以期为学生了解和掌握更多地理信息科学前沿知识以解决实际社会问题提供参考。

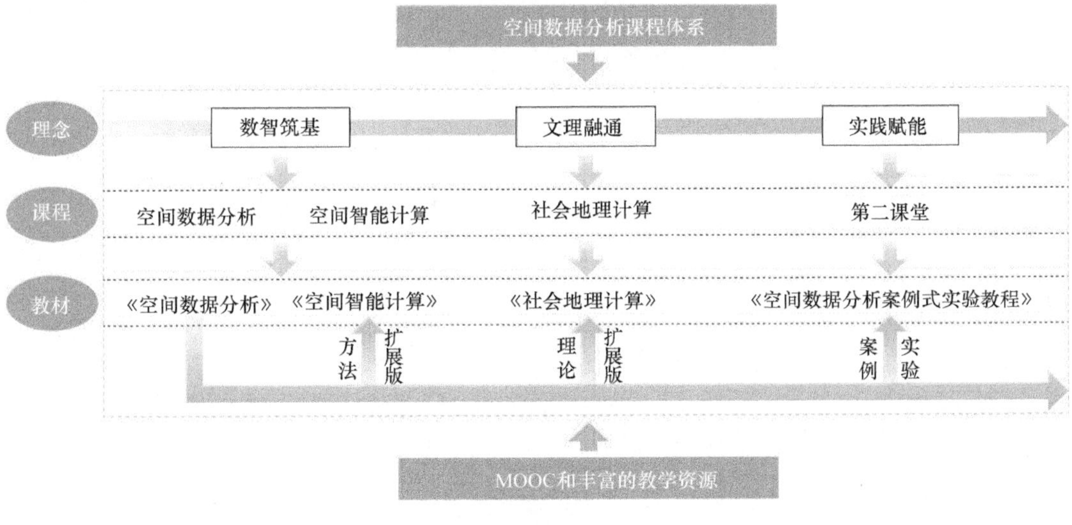

图 1　空间数据分析课程体系与系列丛书

本教材共包括十六个实验，分别对应十六个综合案例，具体包括：①地区社会弱势性空间格局分析；②空气污染暴露与环境公平分析；③区域食品荒漠识别；④社区生活圈可步性测度；⑤公园绿地可达性及其优化选址；⑥区域多中心性测度；⑦区域醉酒空间格局及其影响因素分析；⑧街道活力综合评价；⑨耕地破碎化空间格局及其影响因素分析；⑩区域土壤有机质空间变异性分析；⑪区域空气污染空间异质性分析；⑫城市扩展时空格局、驱动力及模拟预测；⑬生态安全评价；⑭志愿者地理信息质量评价；⑮区域饭店口碑分布特征；⑯基于百度指数的区域城市网络特征研究。每一个综合案例，都特别详尽地列出了背景、技术路线、具体步骤和小结。此外，为了满足学生多样化的学习需求，作者团队建设了 MOOC (http://www.mooc.whu.edu.cn/mooc-ans/course-ans/courseportal/229909060.html）和丰富的教学资源（讲义、课件、操作视频、参考书目、研究论文等），并在教材中以“二维码”的形式方便读者查阅每一个综合案例对应的教学视频。

在教材编写过程中，参考了大量国内外优秀教材、文献资料和科研成果，在此向被引用资料的作者表示感谢。作者特别开通了微信公众号(wurg2016)，方便与广大读者交流 SDA 的理论和实践。同时希望与读者进行沟通，以进一步完善教材相关内容。

由于作者自身知识和水平的局限，教材中难免存在不足和疏漏之处，在内容组织和表达上也存在不尽如人意的地方，敬请读者批评指正。

作　者

2023 年 12 月

目　录

实验一　地区社会弱势性空间格局分析

1.1　实验概述

1.1.1　背景及目的

社会弱势性是指个人、家庭或群体因资源缺乏，难以获取充足的食物、良好的住房条件、平等的教育机会、充分的就业机会、适量的社会服务或消费型娱乐活动，从而影响其拥有正常水平的日常生活、消费和娱乐的不平等社会现象。综合中部五省(河南、安徽、湖北、湖南、江西)各地市收入、教育、住房、人口结构等多方面因素，本实验利用主成分分析构建社会弱势性综合评价指数，结合空间自相关分析和聚类分析，研究社会弱势性空间分布格局及分布模式，借助空间回归模型探究社会弱势性与城市化水平间的关系。通过本实验希望达到以下目的：①理解多维度指标集成的原理和方法；②了解不同类型的空间权重矩阵对空间自相关分析的影响；③掌握并运用空间回归模型研究实际问题。

1.1.2　数据说明

本实验所使用的数据存储于 data_exp1 文件夹中，包含的数据内容及其来源见表 1.1。

表 1.1　实验数据内容及其来源

数据类型	数据来源	数据内容	数据说明
社会经济数据	中国社会经济统计资料及相关统计年鉴	统计地级市水平的收入、教育、住房、人口等多维度指标	表格数据
空间数据	网络获取	中部五省各地市示意点	矢量格式，点数据

在实际研究中，存在数据收集和预处理的阶段。该阶段涉及的操作包括社会经济数据的收集和清洗、空间数据与社会经济数据的对应、投影系统的选定等，这些操作已经预先完成，并形成了本实验提供的原始数据[①]，读者可以直接使用这些数据进行空间统计分析。

1.1.3　整体实验设计

为了整体把握和描述 2010 年中部五省社会弱势性的统计特点，可以使用描述性统计的方法，从统计学的角度分析相应社会经济指标表现出的特征。同时，为了研究中部五省社会弱势性的整体空间格局，需要构建一个横向可比的综合指数。由于原始数据中社会经济指标众多，且指标之间具有一定的相关性，可以选用主成分分析的方法进行因子降维和指标聚合。通过对

---

① 读者可以通过 http://www.ecsponline.com 网站检索图书名称，在图书详情页“资源下载”栏目中获取实验所涉及的原始数据，如有疑问可发邮件至 dx@mail.sciencep.com 咨询。

综合指数及各维度上的指数进行空间可视化，可以分析中部五省各地市社会弱势性的空间格局。

为了探究弱势群体在空间上是呈现聚集、离散还是随机分布的模式，通常可以采用全局空间自相关指数 Moran's I 和局部空间自相关指数 LISA 进行探索性空间分析。值得注意的是，不同的空间权重矩阵可能对自相关指数的结果产生影响，本实验也将一并探讨这些情况。另外，结合聚类方法及空间可视化技术研究多维度空间分布特征，对于辨别探究区域中不同研究单元的社会弱势性特征具有重要意义。

对于实验所构建的社会弱势性综合评价指数，可以进一步探究其在城市研究中的应用。本实验探讨的是该指数在城市发展公平性评价中的应用。

本实验的整体流程如图 1.1 所示。

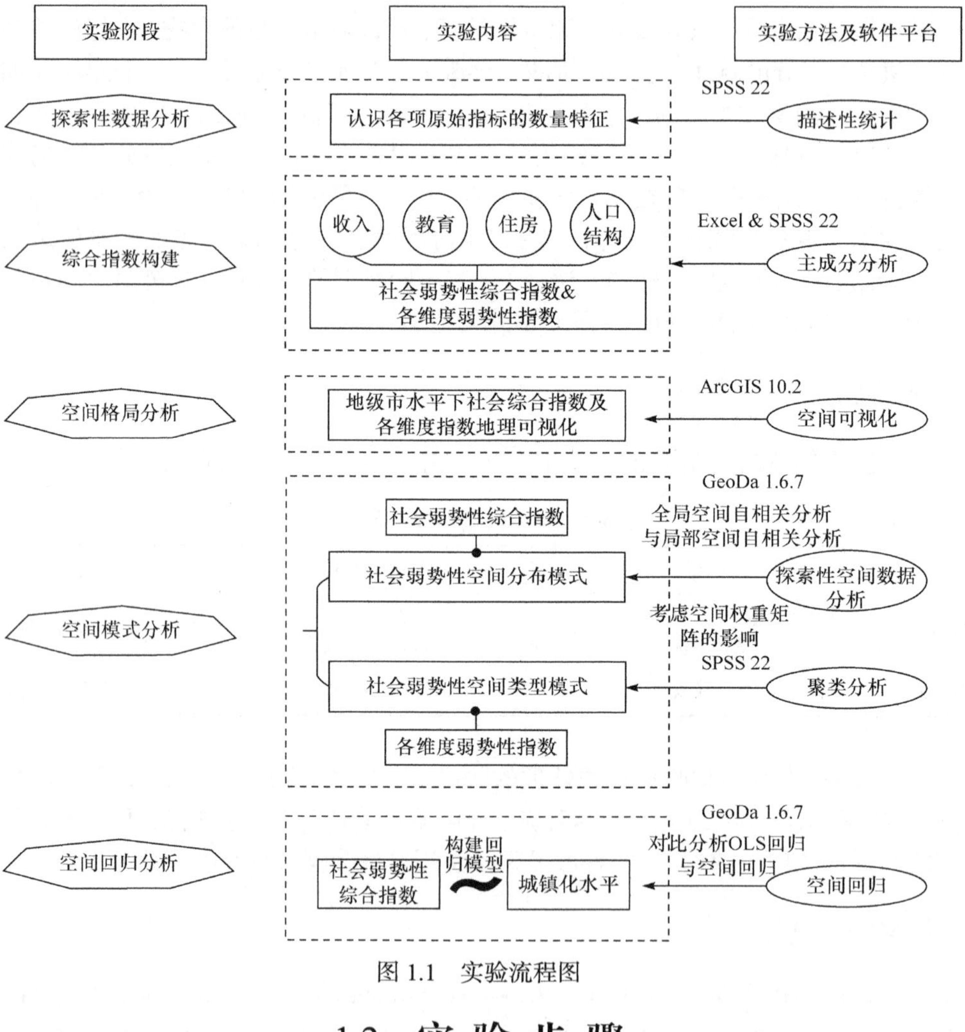

图 1.1　实验流程图

1.2　实验步骤

1.2.1　探索性数据分析

本次实验采集的社会经济指标主要包括收入、教育、住房和人口结构等多个方面。进行描述性统计的主要步骤如下。

打开 SPSS 软件，选取原始数据文件存放路径，调整打开的文件类型为 Excel 文件。打开原始数据表格(图 1.2)，在弹出的对话框中，选择从第一行读取变量名(图 1.3)，点击“确定”按钮。

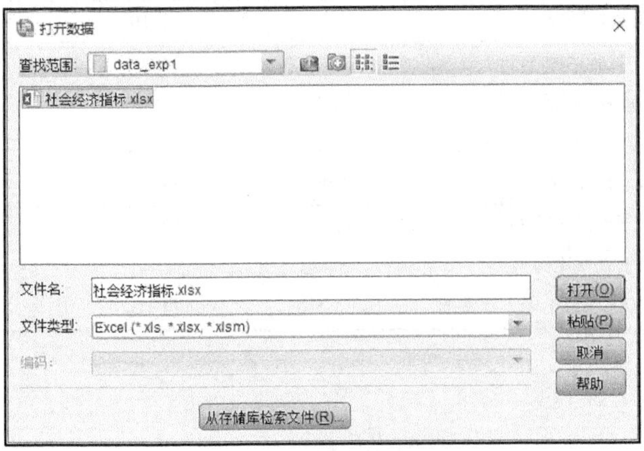

图 1.2　导入数据到 SPSS

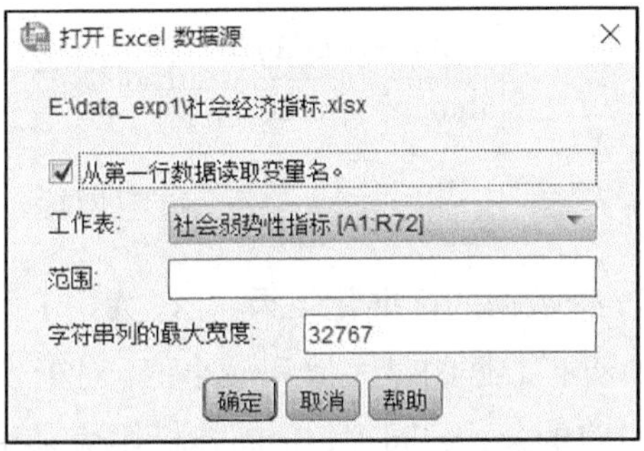

图 1.3　读取设置：从第一行读取变量名

可以发现，在 SPSS 生成的数据中有两个文件，其中.sav 格式的是数据文件，.spv 格式的是输出统计报表的结果文件。实际应用中，这两个文件都可以保存。点击分析→描述统计→描述(图 1.4)，选取需要参与统计的指标，得到统计结果见表 1.2。

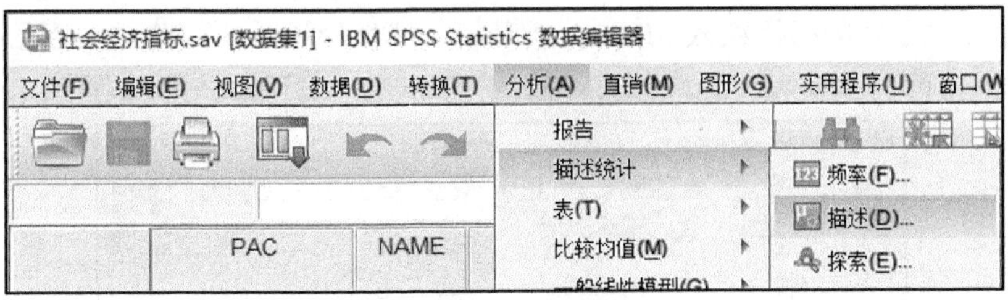

图 1.4　描述性统计

表 1.2　描述性统计结果报表

维度	指标	极小值	极大值	均值	标准差
收入	年平均工资/元	4352.000	10137.000	6880.270	1286.559
	白领比例/%	7.091	44.427	17.152	6.517
教育	文盲率/%	2.280	16.400	8.877	3.370
	中专及以下学历比例/%	62.071	84.395	78.091	3.900
	大专及以上学历比例/%	0.183	5.747	0.846	0.942

续表

维度	指标	极小值	极大值	均值	标准差
教育	平均受教育年限/年	6.590	9.210	7.597	0.528
住房	住房无厨房比例/%	6.037	44.202	16.906	8.150
	住房无自来水比例/%	24.813	94.970	68.103	16.270
	住房无洗澡设施比例/%	42.855	95.722	77.785	12.191
	住房无厕所比例/%	5.905	85.780	31.817	20.353
人口结构	14 岁以下人口比例/%	17.240	29.780	24.207	2.702
	65 岁以上人口比例/%	5.240	8.940	7.009	0.842
	家庭至少有一名 65 岁以上老人比例/%	16.210	24.419	20.179	1.745

1.2.2　综合指数构建

1. 数据标准化

首先需要对分析指标进行极差标准化。

$$X'_{ij}=\begin{cases}\dfrac{X_{ij}-\min X_{ij}}{\max X_j-\min X_j},\text{正向指标}\\[2ex]\dfrac{\max X_{ij}-X_{ij}}{\max X_j-\min X_j},\text{负向指标}\end{cases}$$

式中，X'_{ij} 为第 j 个指标中第 i 个数据的标准化结果；X_{ij} 为第 j 个指标中第 i 个数据；$\max X_j$ 和 $\min X_j$ 分别为第 j 个指标中所有数据的最大值和最小值。对于表达的意义与社会弱势性一致的正向指标，采用正向指标对应的公式，同理，负向指标则应采用相对应的公式。在本次综合指数的构建工作中，可以认为能反映弱势性的指标是正向指标，即指标得分越大越弱势。数据标准化可以在 Excel 中编写公式计算得到，这里不再赘述。

2. 主成分分析

使用 SPSS 软件进行主成分分析，下面给出操作流程。

首先将标准化之后的指标载入 SPSS 分析环境，然后使用分析→降维→因子分析，打开主成分分析面板(图 1.5)。选取参与分析的指标，并在面板中勾选需要的设置(图 1.6)。

图 1.5　使用 SPSS 进行主成分分析

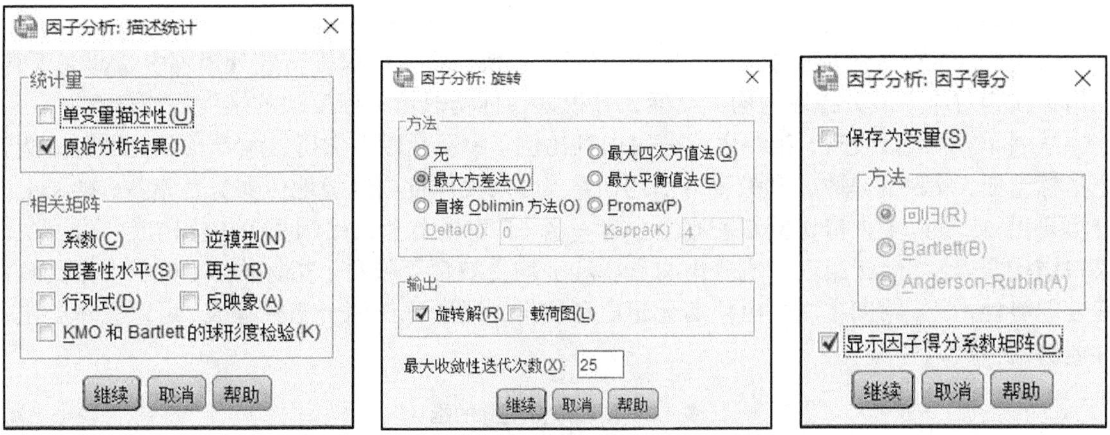

图 1.6　一种常用的主成分分析参数设置

设置完成后，点击“确定”运行主成分分析模型。输出的报表将导出在后缀为.spv 的文件中。对于主成分分析输出的结果，需要关注如下几个关键指标或报表。

1) KMO 和 Bartlett 球形度检验

如图 1.7 所示，本实验 KMO 值为 0.736，且通过 Bartlett 球形度检验。这表明变量间有一定的相关关系，适用于使用主成分分析进行指标聚合。

取样足够度的Kaiser-Meyer-Olkin度量		0.736
Bartlett的球形度检验	近似卡方	848.884
	df	78
	Sig.	0.000

图 1.7　KMO 和 Bartlett 检验结果

2) 方差解释报表

从图 1.8 中可以发现特征值大于 1 的共有四个成分，累积解释了原始指标 82.208%的信息，故上述指标可以由四个主成分来表达原始指标所反映的信息。

成分	初始特征值			提取平方和载入			旋转平方和载入		
	合计	方差的/%	累积/%	合计	方差的/%	累积/%	合计	方差的/%	累积/%
1	5.560	42.770	42.770	5.560	42.770	42.770	4.782	36.784	36.784
2	2.736	21.048	63.818	2.736	21.048	63.818	2.190	16.850	53.634
3	1.379	10.605	74.423	1.379	10.605	74.423	1.936	14.889	68.523
4	1.012	7.784	82.208	1.012	7.784	82.208	1.779	13.685	82.208
5	0.740	5.691	87.899						
6	0.446	3.428	91.327						
7	0.377	2.903	94.230						
8	0.329	2.528	96.759						
9	0.162	1.249	98.008						
10	0.096	0.737	98.745						
11	0.067	0.512	99.257						
12	0.055	0.422	99.679						
13	0.042	0.321	100.000						

图 1.8　方差解释报表

3) 旋转成分矩阵

采用旋转成分矩阵能够更好地归纳出因子，一般而言，提取旋转成分矩阵中载荷大于 0.7 的指标作为对应主成分指标的构成指标，并根据指标构成对指标反映的维度进行概括。

从表 1.3 中可以发现，第一主成分由白领比例、中专及以下学历、大专及以上学历比例三个指标组成，反映的是收入和教育方面的信息，可以视作社会经济地位弱势性指数；第二主成分主要由 65 岁以上人口比例和家庭至少有一名 65 岁以上老人比例两个指标构成，可以视作人口结构弱势性指数；第三主成分由文盲率和平均受教育年限两个指标构成，可以视作受教育程度弱势性指数；第四主成分由住房无厨房和住房无厕所比例两个指标构成，可以视作居住条件弱势性指数。

表 1.3 旋转成分矩阵的指标

指标	成分			
	1	2	3	4
年平均工资	0.691	−0.06	0.402	−0.141
白领比例	**0.947**	0.217	−0.008	−0.039
文盲率	0.206	−0.005	**0.929**	−0.134
中专及以下学历比例	**0.875**	0.22	0.224	0.131
大专及以上学历比例	**0.877**	0.033	0.073	0.158
平均受教育年限	0.614	0.125	**0.723**	0.103
住房无厨房比例	0.142	−0.2	−0.315	**0.806**
住房无自来水比例	0.687	0.402	0.31	0.174
住房无洗澡设施比例	0.68	−0.349	0.185	−0.163
住房无厕所比例	−0.053	−0.311	0.152	**0.874**
14 岁以下人口比例	0.684	−0.464	0.257	−0.121
65 岁以上人口比例	0.018	**0.874**	0.119	−0.295
家庭至少有一名 65 岁以上老人比例	0.17	**0.821**	−0.023	−0.339

4) 成分得分系数矩阵

相应地，提取成分得分系数矩阵(表 1.4)中的系数，结合旋转成分矩阵中的相关信息，计算得到各主成分得分 C_1，C_2，C_3，C_4 和综合指数(comprehensive index, CI)，并导出为.csv 文件：

$$C_k = \sum_{m=1}^{n} a_j X_j$$

式中，C_k 为第 k 个主成分的得分，该主成分共由 n 个(m 可取值 1，2，…，j，…，n)因子载荷大于阈值的指标计算得来；a_j 为其中第 j 个指标对应的在得分系数矩阵中的得分；X_j 为第 j 个指标对应的数据。

$$\mathrm{CI} = \sum_{k=1}^{p} \lambda_k C_k$$

式中，CI 为综合指数；λ_k 为第 k 个主成分对应的特征值；C_k 为第 k 个主成分的得分。

表 1.4　成分得分系数矩阵

指标	社会经济地位(C_1)	人口结构(C_2)	受教育程度(C_3)	住房条件(C_4)
年平均工资	0.117	–0.089	0.104	–0.109
白领比例	0.279	0.061	–0.248	–0.04
文盲率	–0.167	–0.02	0.622	0.002
中专及以下学历比例	0.186	0.111	–0.038	0.106
大专及以上学历比例	0.233	0.012	–0.151	0.064
平均受教育年限	–0.014	0.079	0.395	0.14
住房无厨房比例	0.079	0.062	–0.182	0.452
住房无自来水比例	0.096	0.231	0.084	0.199
住房无洗澡设施比例	0.185	–0.255	–0.064	–0.214
住房无厕所比例	–0.098	0.039	0.219	0.54
14 岁以下人口比例	0.171	–0.306	–0.009	–0.204
65 岁以上人口比例	–0.049	0.406	0.072	0.014
家庭至少有一名 65 岁以上老人比例	0.039	0.356	–0.079	–0.054

1.2.3　空间格局分析

将得到的综合指数利用属性表连接的方法连接到原始的.shp 文件上(图 1.9)，并绘制出相应的地图。打开 ArcMap 10.2，通过“添加数据”按钮，添加中部五省地级市的.shp 数据到内容列表。将上一步得到的主成分得分的.csv 文件也添加进来，通过连接面板连接到空间数据的属性表中(图 1.10)。

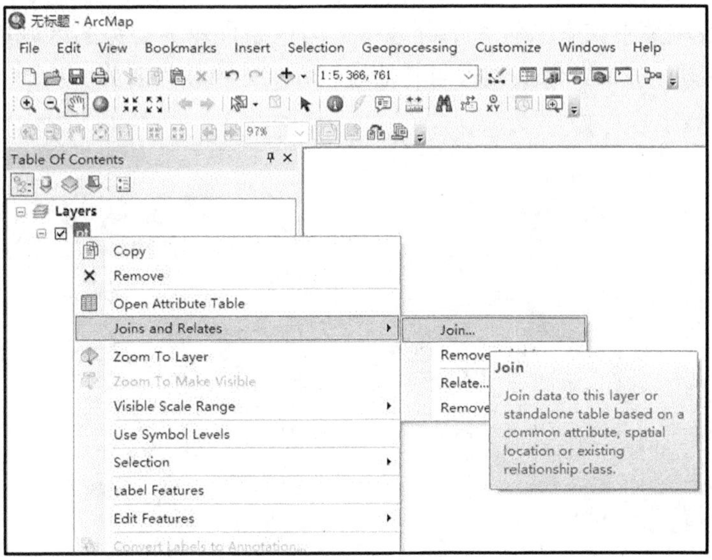

图 1.9　连接属性表

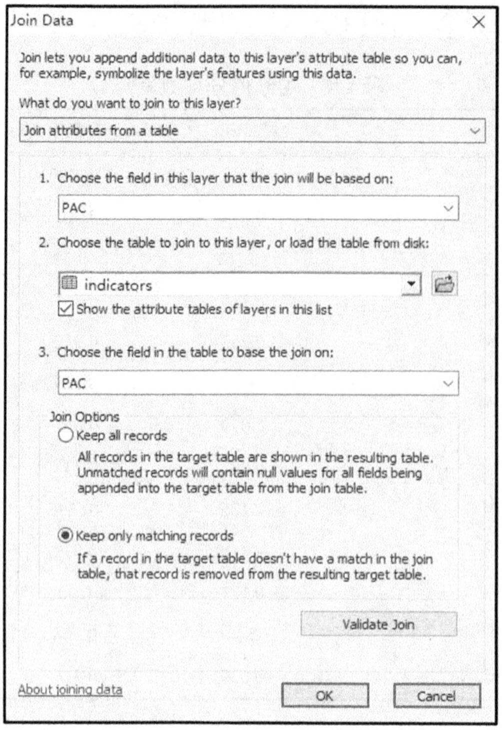

图 1.10　连接面板

对各维度的主成分指标和社会弱势性综合指标进行空间可视化，分级标准可以选择分位数分级法。得到多指数空间分布图如图 1.11 所示。

在数据标准化过程中，正向指标定义为指标值越大则该项指标越弱势，因此综合评价指数的得分越高表明整体越弱势。从图 1.11 中可以发现，社会经济地位较为弱势的区域集中在河南、湖北、安徽三省交界的大别山区域和湖南西部，人口结构弱势的区域集中在湖南省西北部，受教育程度弱势区域集中在安徽省大部分地市，居住条件较为弱势的区域集中在湖南省的中南部。综合来看，湖南省西部及安徽省与其他省交界的地市较为弱势。从图 1.11 中可以发现弱

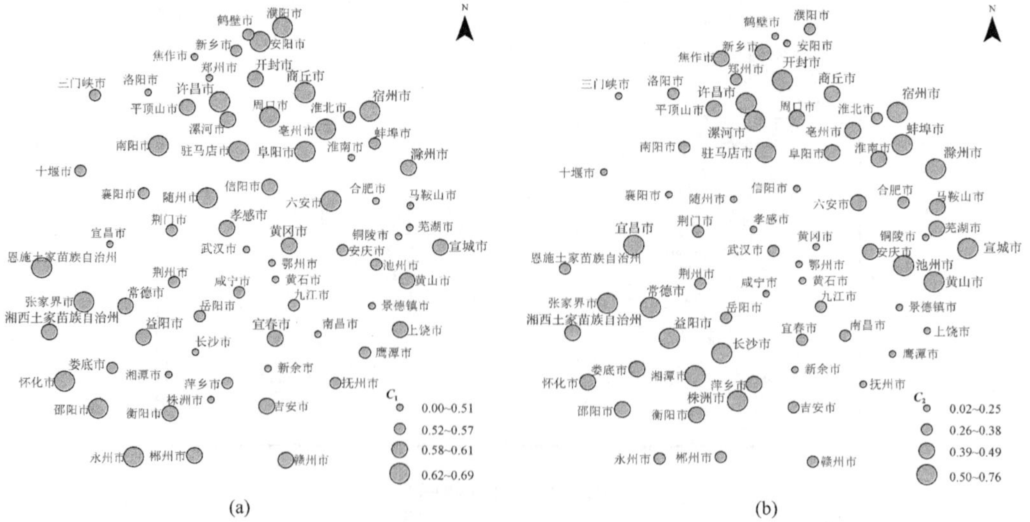

图 1.11　各维度弱势性及其综合空间格局

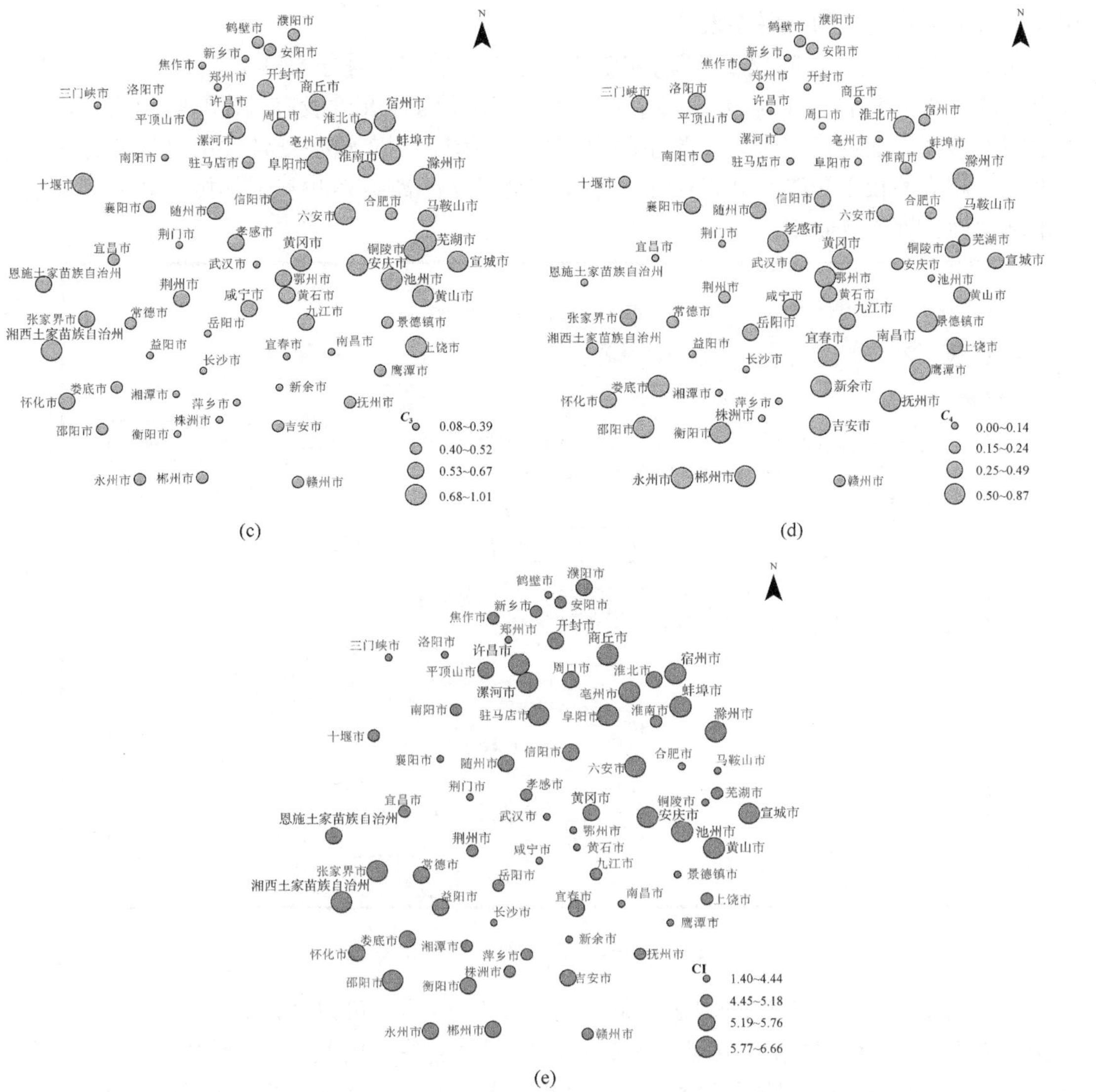

图 1.11　(续)

势性是呈现连片分布的，这表明弱势性可能具有一定的空间依赖。为了验证这个猜想，接下来进行空间模式分析。

1.2.4　空间模式分析

为了探究社会弱势性是否在空间上具有聚集或分散的模式，可以采用空间自相关分析的方法。空间自相关分析是一种探索性空间数据分析方法，包括全局空间自相关分析与局部空间自相关分析。关于空间自相关分析的相关理论可以参见《空间数据分析》教材相应章节的内容。

1. 社会弱势性空间分布模式

1) 构建空间权重矩阵

空间权重矩阵是空间邻接关系和空间距离关系的直接表达，也是计算全局及局部空间自相关指数前必须定义的必要参数。

在 GeoDa 中构建空间权重矩阵,需要输入连接各项综合得分的.shp 文件,如图 1.12 所示。权重文件需要一个唯一 ID 以标识每个空间点，若原始.shp 文件没有提供则需要自行创建。由于空间点数据无法创建基于邻接关系的空间权重矩阵，本实验基于各省市之间的邻接关系自行创建了相应的权重矩阵，并提供了各地市间的基于距离关系和基于邻接关系的多种空间权重矩阵文件，供读者使用。

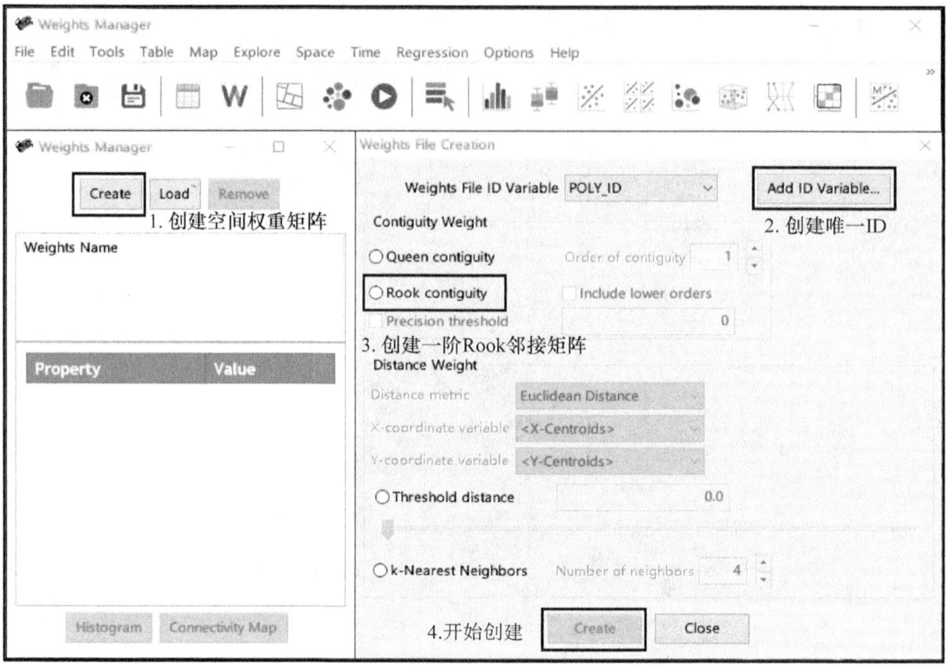

图 1.12　GeoDa 构建空间权重矩阵(一阶 Rook 邻接矩阵)

以一阶 Rook 邻接矩阵的构建为例，如图 1.12 所示。可以发现，GeoDa 支持创建基于邻接关系及基于距离关系的空间权重矩阵，也可以创建一阶甚至高阶的空间权重矩阵，操作方法对于 Rook(共边即邻接)和 Queen(共边共点即邻接)类型的空间邻接矩阵是相同的[图 1.13(a)]。若要创建基于距离的空间权重矩阵，则可以如图 1.13(b)所示进行相应的参数设置，GeoDa 支持创建基于欧氏距离的空间权重矩阵和基于 *k* 近邻的空间权重矩阵。本实验中采用的原始.shp 文件的空间参考是 GCS2000 坐标系，若要创建基于欧氏距离的空间权重矩阵，应选用球面距离的计算选项，而实际上为了计算和表达的简便，通常建议采用具有平面投影的.shp 数据作为 GeoDa 的输入数据。在输出权重文件时，基于邻接关系的空间权重矩阵的文件后缀为“.gal”，而基于距离关系的空间权重矩阵的文件后缀是“.gwt”，二者均可以使用记事本等软件以文本的方式打开，有兴趣的读者可以参阅相应的操作文档并进一步探究其数据结构及其所代表的含义。对于本次实验提供的数据，只能使用基于距离创建空间权重矩阵，若是矢量面数据，将既可以创建基于距离关系的空间权重矩阵，又可以创建基于邻接关系的空间权重矩阵。就本次实验数据而言，若后续计算需要用到基于邻接关系的空间权重矩阵，可以通过加载随附的数据文件夹中提供的基于邻接关系的空间权重矩阵文件达到相同的效果。

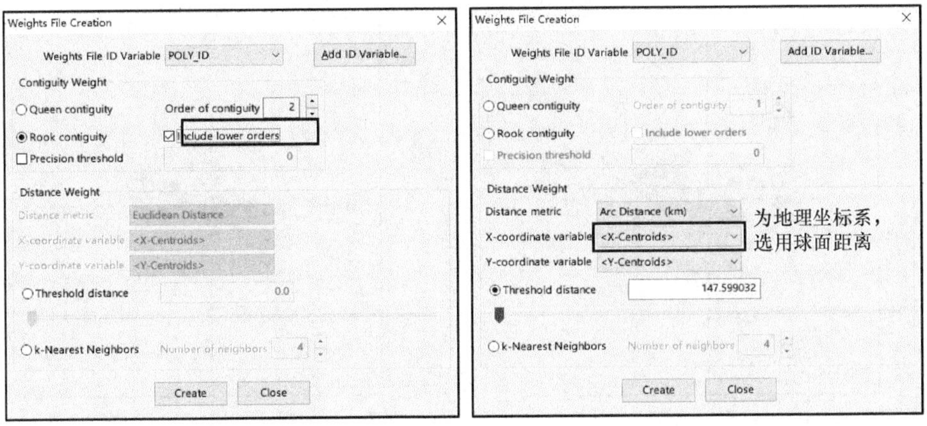

(a) 二阶Rook邻接矩阵　　(b) 基于距离的矩阵

图 1.13　GeoDa 构建空间权重矩阵

2) 全局空间自相关分析

在 GeoDa 中可以采用 Space→Univariate Moran's I 的操作，并在弹出的对话框中选择社会弱势性 CI 及相应的空间权重矩阵。本实验将比较一阶 Rook 邻接矩阵、二阶 Rook 邻接矩阵、一阶 Queen 邻接矩阵、二阶 Queen 邻接矩阵、基于欧氏距离的空间权重矩阵和基于 *k* 近邻的空间权重矩阵对计算空间自相关性的影响，如图 1.14 所示。

结果显示，对于一阶邻接矩阵而言，Rook 和 Queen 两种邻接方式计算得到的全局 Moran's I 值差异不大，且均表现出一定的空间自相关性；对于二阶邻接矩阵而言，Rook 和 Queen 两种邻接方式计算得到的全局 Moran's I 值差异不大，且均通过显著性检验，这表明对于社会弱势性综合指数而言，在二阶邻接的水平上其空间自相关性也显著，但 Moran's I 指数值有所不同。而对于邻接数据而言，特定阶数时两种邻接方式下所得到的空间邻接矩阵较为相似，使得最终得到的指数值具有一定的相似性。而基于距离构建空间权重矩阵的两种方式计算得到的全局空间自相关指数显示出社会弱势性现象具有一定的空间聚集性。

以上探究表明，采用不同的空间权重矩阵计算 Moran's I 得到的结果是可能产生一定差异的，读者使用相应研究方法时，应酌情选择空间权重矩阵的构建方法。

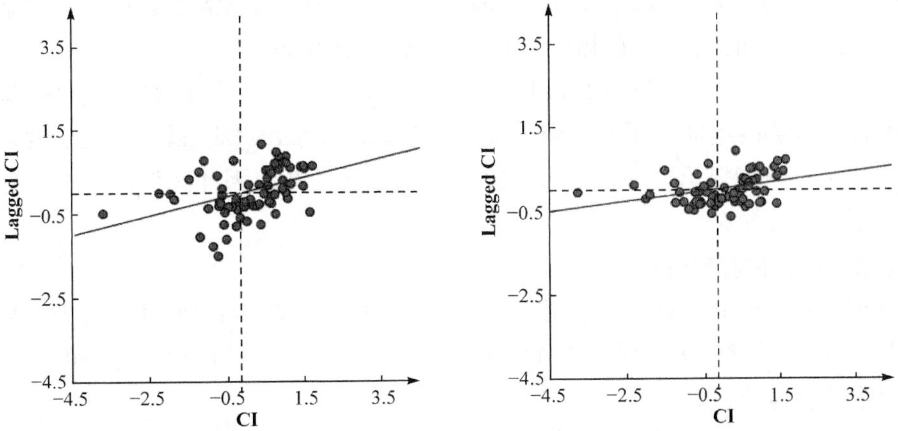

(a) 一阶Rook邻接矩阵(I=0.226, P=0.001)　　(b) 二阶Rook邻接矩阵(I=0.118, P=0.003)

图 1.14　全局空间自相关指数及 Moran 散点图

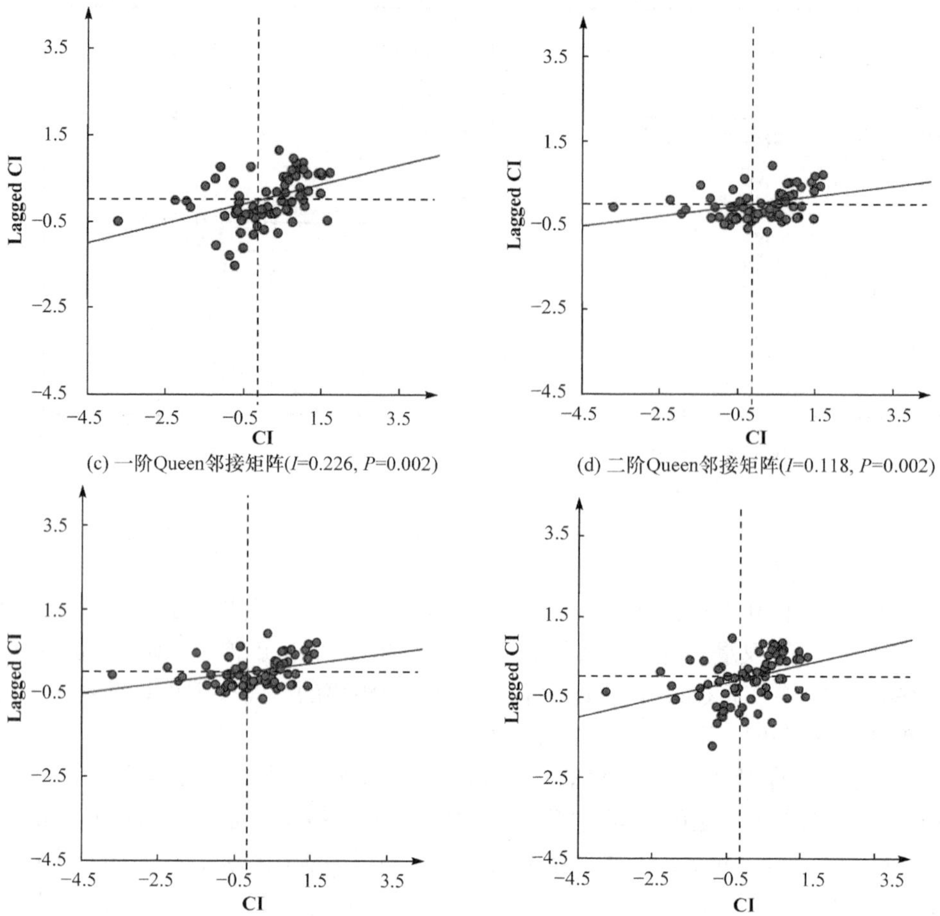

(c) 一阶Queen邻接矩阵(I=0.226, P=0.002)　(d) 二阶Queen邻接矩阵(I=0.118, P=0.002)

(e) 基于欧氏距离的空间权重矩阵(I=0.287, P=0.001)　(f) 基于k近邻的空间权重矩阵(邻居取4, I=0.214, P=0.004)

图 1.14　(续)

3) *局部空间自相关分析*

为了进一步分析社会弱势性的局部特性，可以计算局部空间自相关指数。按照步骤 Space→Univariate Local Moran's I，选取权重为基于欧氏距离的空间权重矩阵，在弹出的对话框中选择社会弱势性 CI 及相应的空间权重矩阵，并勾选“Cluster Map”。

结果如图 1.15 所示，中部五省的东北部地市弱势性得分显示出显著的“高-高”聚集现象，成为各维度较为劣势的地区；而五省中东部地区等地市显示出“低-低”聚集的现象。这表明局部空间自相关指数能揭示全局指数可能掩盖了的空间关系，因此建议读者在实际研究中将二者结合使用，充分探讨。

2. 社会弱势性空间类型模式

空间自相关性分析最多只能揭示弱势地区的空间模式，即解决“何处是较为弱势的地区”这样的问题，而无法解释“因何弱势”的问题。接下来，本实验使用聚类分析的方法对各维度弱势性指数进行统计分析。

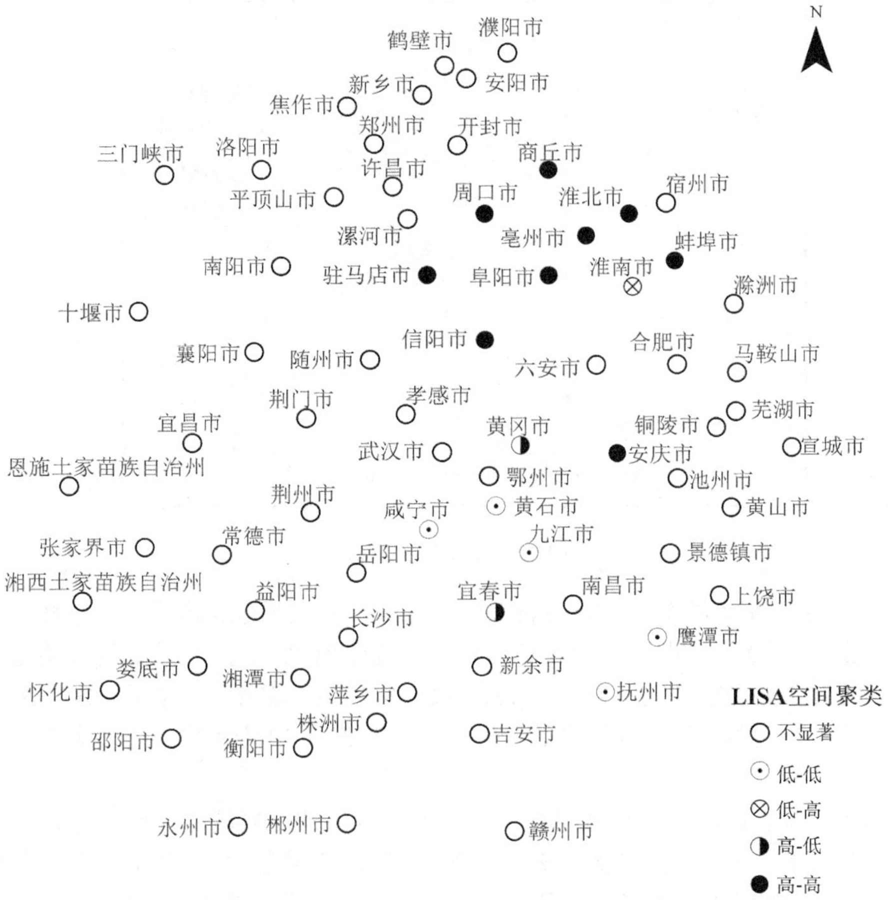

图 1.15　LISA 空间聚类图

聚类分析是根据某些数量特征将观察对象进行分类的一种统计方法，能将大量的数据按照各自的特征进行分类。对于每个研究单元，可以使用聚类分析的方法确定其多个弱势性指标的综合特性，最终可以形成一个类型集合，用以描述整个研究区每一研究单元的综合特性。

本实验采用系统聚类的方法进行聚类分析，同样使用 SPSS 软件进行相应的操作。将计算得到的指数值导入 SPSS 中，用地域代码 PAC 进行标识，注意在 SPSS 中需要将 PAC 字段的类型指定为字符串类型。

1) 聚类分析

在 SPSS 中依照分析→分类→系统聚类的步骤找到系统聚类分析的操作面板(图 1.16)。

系统聚类先将各样本各看成一类，通过输入的指标计算类与类之间的“距离”，选择距离最小的一对合并成新的一类，计算新类与其他类之间的距离，再将距离最近的两类合并，这样每次减少一类，直至所有的空间单元合为一类为止。

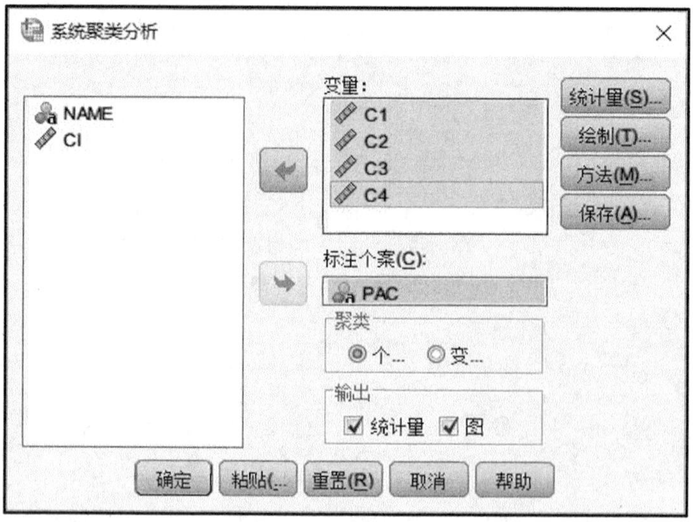

图 1.16　系统聚类分析

SPSS 软件在系统聚类的系列统计报表中输出的树状图直观地表达了这一过程。最左列是各空间单元，横轴是类别间的距离，空间单元依据特征距离组合成为一类，类与类之间再组合成新类，最终所有的类别组合成一类(图 1.17)。根据树状图，读者可以选择一定的距离作为阈值，从而将原始的空间单元分割为不同数量的类别。如若以 20 为距离阈值，则整个空间区域可以分割为两个类别。

这又提出了一个新的问题，那就是如何去选择最合适的距离阈值？换言之就是如何确定较为合适的分类数量？可以借助聚类表进行判断，判断的依据是，相邻的两个数据变化的幅度显著小于前面的系数的变化范围，这时采用这样的聚类个数就是最好的，绘制成图像就是使得聚类系数趋于平缓的类别数(图 1.18)。

这里可以选取聚类个数为 4 类，结合图 1.17 很容易将 4 类标识出来。而更简便的方法是按照同样的参数在 SPSS 软件中再次进行系统聚类分析，并在“保存”选项中指定聚类个数，将聚类个数保存到.sav 数据表中。然后在 Excel 中，将聚类分析所得各类别的空间单元在各维度下的均值得分计算出来，作为本类别的平均得分，并依据其均值进行排序。结果在表中的括号中标识出来，排名越靠前，该维度的弱势指数越低，排名 1～4 的类别分别指定“最低”、“较低”、“较高”和“最高”的级别，由此可以得到相对应的各类别空间单元的特征模式(表 1.5)。

表 1.5　类别均值交叉统计表

类别	社会经济地位弱势性 C_1	人口结构弱势性 C_2	受教育程度弱势性 C_3	住房条件弱势性 C_4
1	较高(3)	较高(3)	最高(4)	较低(2)
2	最高(4)	最低(1)	较高(3)	最高(4)
3	最低(1)	较低(2)	较低(2)	较高(3)
4	较低(2)	最高(4)	最低(1)	最低(1)

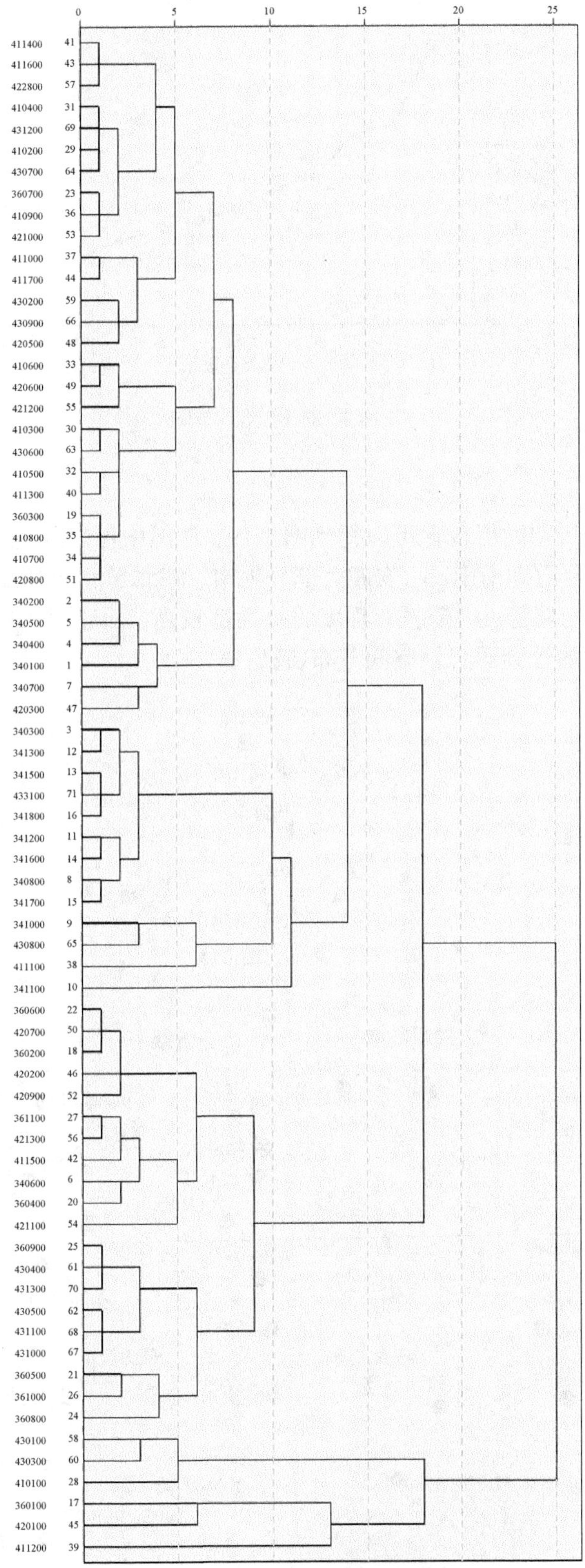

图 1.17　使用平均连接(组间)的树状图

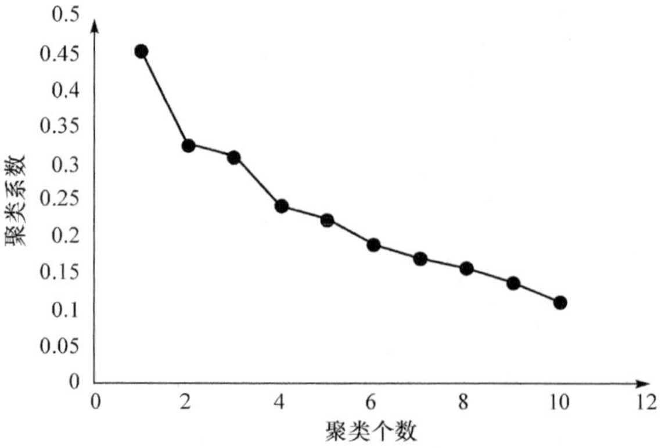

图 1.18　聚类系数图

2) 空间可视化

将这一弱势性进行空间可视化可以得到图 1.19，从图中可以发现，郑州、长沙、武汉和南昌是较为优势的地区；而湖南南部、安徽大部分地市、湖北东北部和江西中部的地市社会经济地位弱势性、人口结构弱势性、受教育程度弱势性都较高，而住房条件弱势性较低。从图中可以明显发现中部五省的社会弱势性空间分布特征。

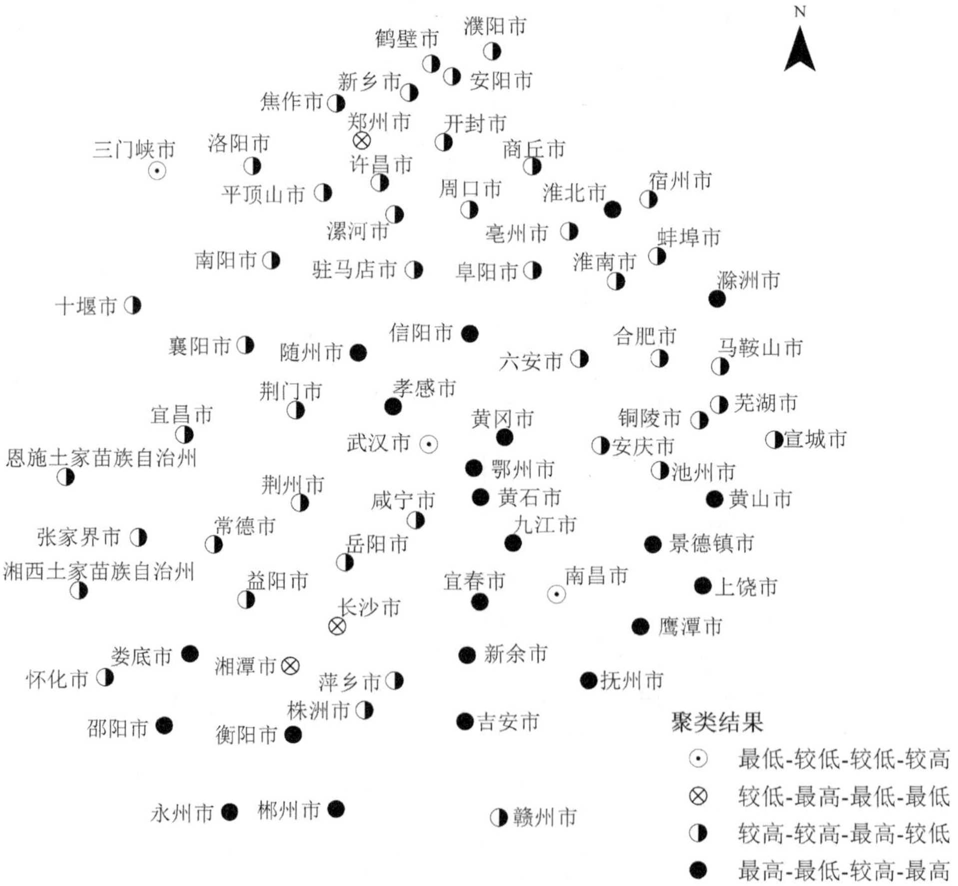

图 1.19　弱势群体空间聚类

1.2.5　空间回归分析

社会弱势性指数具有多种城市化应用，这一部分将探究利用普通线性回归和空间回归城市化建设与社会弱势性指数之间的关系。普通线性回归及空间回归均可以使用 GeoDa 实现。有兴趣的读者也可以尝试在 R 和 MATLAB 中进行相应的研究。

将上述计算得到的综合弱势性指数 CI 连接到.shp 数据上，使用 GeoDa 打开。Urban 字段是非农人口比例，收集自城市统计年鉴，是衡量城市化建设成就的一个重要指标。点击 GeoDa 菜单栏的“Regression”，打开 Regression 面板(图 1.20)。如图 1.21 所示，将因变量设置为 Urban 字段，自变量设置为前述的综合弱势性指数 CI。

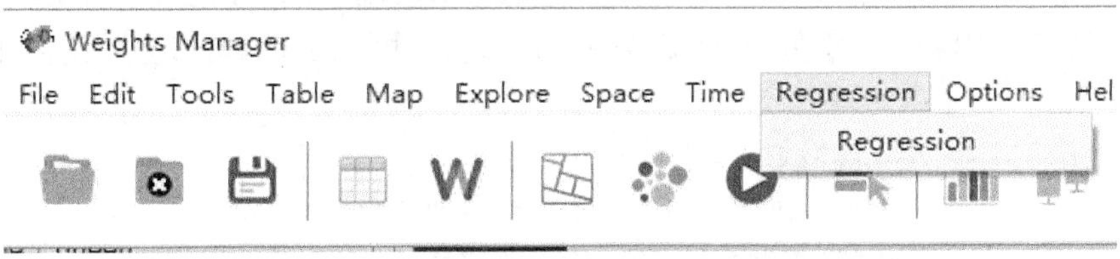

图 1.20　打开 Regression 面板

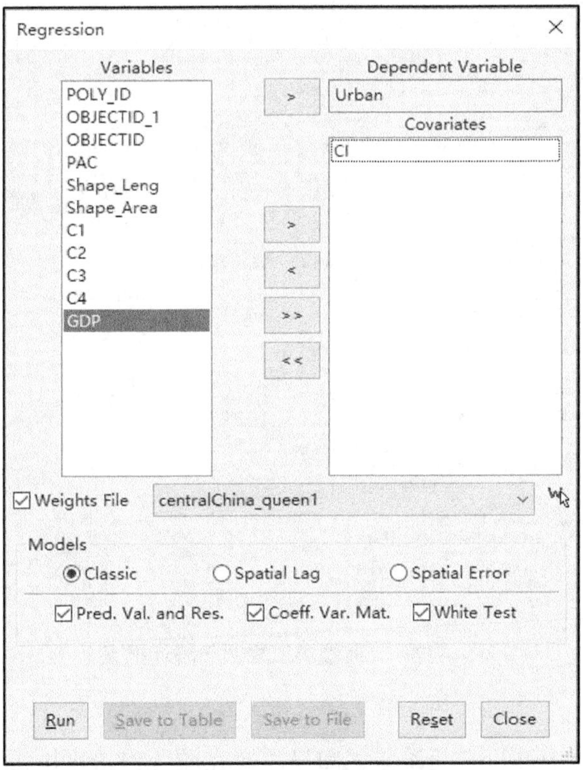

图 1.21　GeoDa 回归分析面板

1) OLS 回归分析

首先进行普通最小二乘(ordinary least squares, OLS)回归，这里选用一阶 Queen 矩阵作为空间权重矩阵。值得注意的是，OLS 回归本不需要输入空间权重矩阵，但这里输入空间权重矩阵可以对模型的空间自相关性进行诊断，因此推荐此处也输入权重矩阵。本实验以一阶 Queen 权重矩阵作为输入，点击“Run”按钮运行模型。

图 1.22 是普通最小二乘回归统计报表，结果表明，R^2=0.632，调整 R^2=0.627，模型中 F 统计量的 P 值小于 0.001，CI 的系数和截距都通过 t 检验，表明该回归方程整体和回归参数均能通过显著性检验，则 CI 与城市化率呈现负的相关关系，表明对于中部五省的各市，社会弱势性越高，城市化率越低。而回归诊断参数 Jarque-Bera 显著，表明模型误差显示出显著的非正态性，空间自相关性诊断也表明因变量存在高度的空间自相关性，LM Error 是显著的，而 LM Lag 不显著。由此可以得出结论：传统的一般线性回归模型并不适用，根据《空间数据分析》一书相关章节的内容，由空间回归模型的选择条件，可以发现这里应选用空间误差模型进行建模。

```
                    回归结果总结：最小二乘回归

                    SUMMARY OF OUTPUT: ORDINARY LEAST SQUARES ESTIMATION
                    Data set            :  central
          因变量    Dependent Variable  :         ur  Number of Observations:  71      观测样本个数
      因变量均值    Mean dependent var  :    22.2445  Number of Variables   :   2      自变量个数
    因变量标准差    S.D. dependent var  :    9.41904  Degrees of Freedom    :  69      自由度

     判定系数R²     R-squared           :   0.632120  F-statistic           :     118.561  F统计量
         调整R²     Adjusted R-squared  :   0.626788  Prob(F-statistic)     :1.24142e-016  P值
     残差平方和     Sum squared residual:    2317.28  Log likelihood        :    -224.479  对数似然值
           方差     Sigma-square        :    33.5838  Akaike info criterion :     452.958  赤池信息准则 (AIC)
     回归标准误     S.E. of regression  :    5.79515  Schwarz criterion     :     457.483  施瓦茨准则 (SC)
 方差 (极大似然)    Sigma-square ML     :    32.6377
回归标准误 (极大似然) S.E of regression ML:  5.71294
                        变量名         回归系数      回归系数标准误    t统计量        P值
                    -----------------------------------------------------------------------
                        Variable      Coefficient     Std.Error    t-Statistic   Probability
                    -----------------------------------------------------------------------
                    常数项  CONSTANT    61.6222       3.68124       16.7395       0.00000
                              All_     -7.77855      0.714377      -10.8886       0.00000
                    -----------------------------------------------------------------------

        回归诊断    REGRESSION DIAGNOSTICS
  多重共线性条件数  MULTICOLLINEARITY CONDITION NUMBER   10.610811
    误差正态性检验  TEST ON NORMALITY OF ERRORS
                    TEST                  DF          VALUE          PROB
  Jarque-Bera检验   Jarque-Bera            2          28.2772        0.00000

      异方差性诊断  DIAGNOSTICS FOR HETEROSKEDASTICITY
                    RANDOM COEFFICIENTS
                    TEST                  DF          VALUE          PROB
Breusch-Pagan检验   Breusch-Pagan test     1           2.2895        0.13025
Koenker-Bassett检验 Koenker-Bassett test   1           1.1946        0.27441

                    DIAGNOSTICS FOR SPATIAL DEPENDENCE
                    FOR WEIGHT MATRIX : queen1
                       (row-standardized weights)
  空间自相关性诊断  TEST                          MI/DF        VALUE          PROB
空间权重矩阵归一化方法 Moran's I (error)          0.2203       3.2020         0.00136
                    Lagrange Multiplier (lag)       1          0.2501         0.61703
                    Robust LM (lag)                 1          4.3046         0.03801
                    Lagrange Multiplier (error)     1          8.0275         0.00461
                    Robust LM (error)               1         12.0821         0.00051
                    Lagrange Multiplier (SARMA)     2         12.3322         0.00210
```

图 1.22　普通最小二乘回归统计报表

2) 空间回归分析

同样地，在 GeoDa 中进行空间误差回归只需要在图 1.21 的回归面板中的 Models 一栏选择 Spatial Error 即可。

图 1.23 是空间误差回归的统计报表，结果表明，R^2=0.681，对数似然指数 Log likelihood = −220.87，赤池信息量准则(Akaike info criterion)指数 AIC = 445.75。同普通最小二乘回归的相应参数比较，可以表现出模型拟合效果的提升，且回归方程与回归参数均通过显著性检验，证明这里使用空间误差回归是适用的。

```
            回归结果总结：空间误差回归
            SUMMARY OF OUTPUT: SPATIAL ERROR MODEL - MAXIMUM LIKELIHOOD ESTIMATION
            Data set            : central
            Spatial Weight      : queen1                                                  观测样本个数
     因变量 Dependent Variable  :          ur  Number of Observations:   71               自变量个数
 因变量均值 Mean dependent var  :   22.244507  Number of Variables   :    2               自由度
因变量标准差 S.D. dependent var :    9.419044  Degrees of Freedom    :   69
            Lag coeff. (Lambda) :    0.420997

判定系数R² R-squared            :    0.680809  R-squared (BUSE)      : -
            Sq. Correlation     : -            Log likelihood        : -220.872650     对数似然值
       方差 Sigma-square        :     28.3181  Akaike info criterion :     445.745     赤池信息准则 (AIC)
 回归标准误 S.E of regression   :     5.32148  Schwarz criterion     :     450.271     施瓦茨准则 (SC)
                 变量名           回归系数        回归系数标准误       t统计量          P值
            ----------------------------------------------------------------------------
                 Variable       Coefficient      Std.Error        z-value     Probability
            ----------------------------------------------------------------------------
            常数项  CONSTANT        64.9143        3.71218        17.4868       0.00000
                        All_       -8.37468       0.705534         -11.87       0.00000
                      LAMBDA       0.420997       0.141442        2.97646       0.00292
            ----------------------------------------------------------------------------

            REGRESSION DIAGNOSTICS
            DIAGNOSTICS FOR HETEROSKEDASTICITY
            RANDOM COEFFICIENTS
            TEST                                    DF       VALUE        PROB
            Breusch-Pagan test                      1          1.4990     0.22083

            DIAGNOSTICS FOR SPATIAL DEPENDENCE
            SPATIAL ERROR DEPENDENCE FOR WEIGHT MATRIX : queen1
            TEST                                    DF       VALUE        PROB
            Likelihood Ratio Test                   1          7.2123     0.00724
```

图 1.23　空间误差回归统计报表

1.3　讨论与总结

本实验以构建社会弱势性为主要目的，重点介绍了空间自相关分析、聚类分析和空间回归技术的应用，并利用指标成果进行了社会弱势性空间格局、空间分布模式和空间类型模式的相关分析。本示例实验存在一些问题，主要是数据有限，使得在空间自相关分析中两种邻接矩阵构建方式——Rook 和 Queen 得到的邻接矩阵在邻居数量上差别不大。对于同一目标空间单元，Queen 邻接往往会较 Rook 邻接覆盖更多的邻接空间单元，从而能够反映出更多的信息，但有时也会带来更大的不确定性。而基于距离构建的空间权重矩阵使得邻居数量限制在一定的范围内，从而能够集中反映空间单元及其最邻近的邻居之间的空间特性。这表明，除了样本数量选取之外，从合理角度出发去描述空间关系，往往能更好地表现出要反映的本质特征。

实验二　空气污染暴露与环境公平分析

2.1　实验概述

2.1.1　背景及目的

随着城市化和工业化的快速推进，空气污染在部分地区呈现出不断增长的态势。相关研究表明空气污染暴露会危害人体健康，对居民生活福祉产生极大的威胁。土地利用对污染物的产生和扩散有着显著的影响，因而与空气污染暴露程度有直接或间接的关联。此外，空气污染暴露与邻里社会经济地位(socioeconomic status)也有一定关联性。部分研究指出，邻里社会经济地位越低，其空气污染暴露水平越高，表现出环境不公平性。基于此，本实验借助结构方程模型分析空气污染暴露($PM_{2.5}$ 污染浓度)、土地利用和邻里社会经济地位三者之间的潜在关联机制。通过本实验希望能够达到以下目的：掌握结构方程模型的理论和方法，对复杂关系进行构建和分析。

2.1.2　数据说明

本实验所使用的数据存储于 data_exp2 文件夹中，包含的数据内容及其来源见表 2.1。

表 2.1　实验数据内容及其来源

数据类型	数据来源	数据内容	数据说明
社会经济数据	中国社会经济统计资料及相关统计年鉴	居住小区低学历人口比例	表格数据
专题数据	开放 API 端口	居住小区点	矢量格式，点数据
	土地利用图	获取植被、工业用地、非工业建设用地(除去工业用地之外的建设用地)和水体的栅格分布数据	栅格数据
环境数据	NASA	特定时间段下不同区域内的 $PM_{2.5}$ 浓度数据	表格数据

2.1.3　整体实验设计

实验首先基于先验经验，梳理土地利用、邻里社会经济地位与空气污染暴露间的复杂关联性，设计假设模型。在此基础上，通过缓冲区分析，结合分区统计法构建小区周边的土地利用指标。进而利用相关性分析进行指标选取，依据假设思路，将上述指标输入结构方程模型，通过模型参数估计、精度评价及修正等步骤，最终得到三者之间的关联机制。

本实验的整体流程如图 2.1 所示。

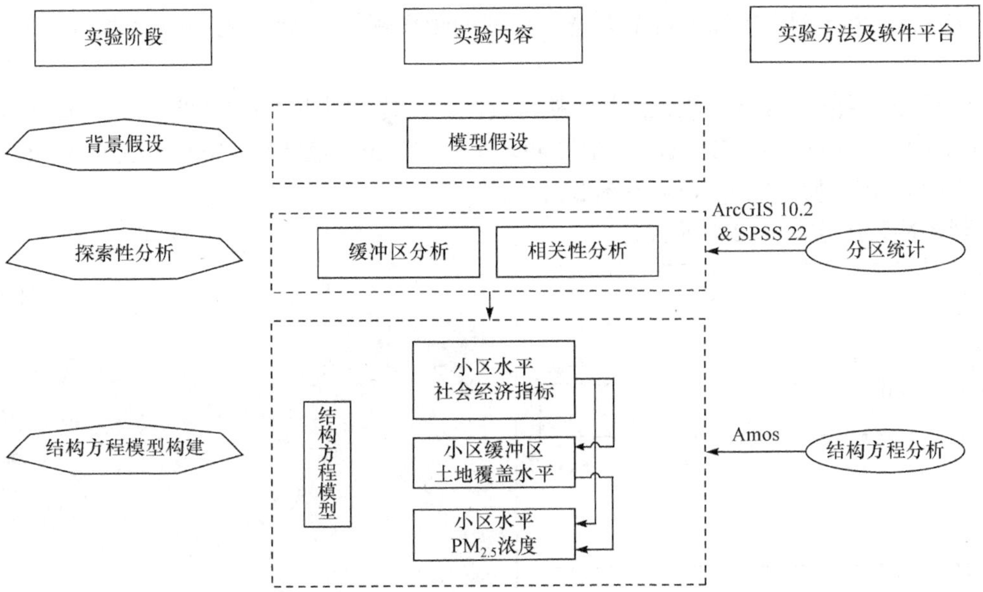

图 2.1　实验流程图

2.2　实验步骤

2.2.1　模型假设

通过观察空气污染空间格局可以发现，研究区域内 $PM_{2.5}$ 浓度并不是均匀分布的，不同社会经济地位的居民小区的 $PM_{2.5}$ 暴露水平也是不同的，这初步揭示了环境不平等的存在。相关领域的文献指出，弱势群体(如低学历、低收入人群)聚集区的周边工业用地比重较高，绿化率较低，从而可能造成空气污染暴露。基于此，本实验初步构建的假设模型如图 2.2 所示。

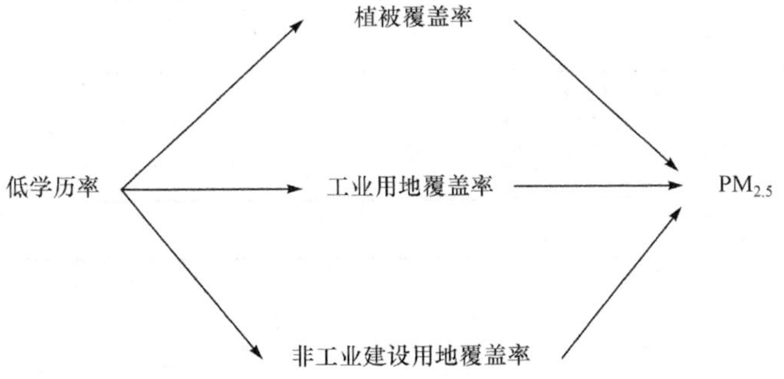

图 2.2　假设模型

2.2.2　指标构建与选取

1. 缓冲区分析

缓冲区是地理空间目标的一种影响范围或服务范围。本实验为探究居住小区周边的土地利用格局对空气污染的影响，首先需要构建指标描述居住小区周边的土地利用格局。

以各小区点为圆心，建立 500m 缓冲区模型，获取小区周边的各类土地利用类型比例。由于此处阈值的设定未有权威或公认的理论成果予以支持，本实验采用 500m 缓冲区进行分析并不是确定性的标准，读者可以根据需要选取合适的距离阈值，或设立多种距离长度的缓冲区进行比较分析。

以小区点图层(point.shp)为输入数据，执行缓冲区工具。缓冲区工具的路径为：ArcToolbox→Analysis Tools→Proximity→Buffer。其中缓冲区半径(Distance)设置为 500m；融合选项(Dissolve Type)选择 NONE，使各缓冲区独立(图 2.3)。

得到缓冲区图层如图 2.4 所示。

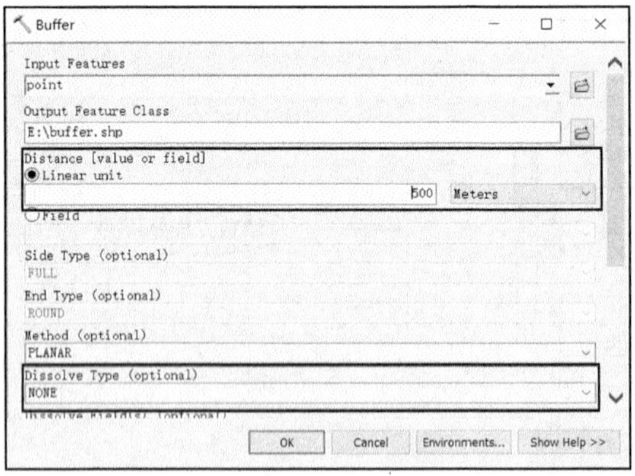

图 2.3　缓冲区工具

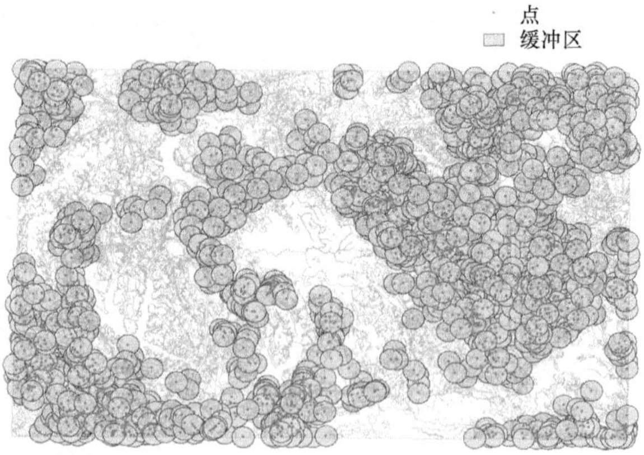

图 2.4　缓冲区图层

2. 分区统计

以缓冲区图层(buffer.shp)为区域数据，建设用地栅格图层(js.tif)为赋值数据，依据 ArcToolbox→Spatial Analyst Tools→Zonal→Zonal Statistics as Table 的步骤，提取每个缓冲区内的各类土地利用面积并计算用地覆盖面积。其中区域字段选择“FID_1”，统计类型(Statistics type)选择为“MEAN”，如图 2.5 所示。同理得到另外三种土地利用类型覆盖面积并计算覆盖率，工业用地覆盖率表格命名为“gy.dbf”，植被覆盖率表格命名为“zb.dbf”，河流水体覆盖率表格命名为“hl.dbf”。

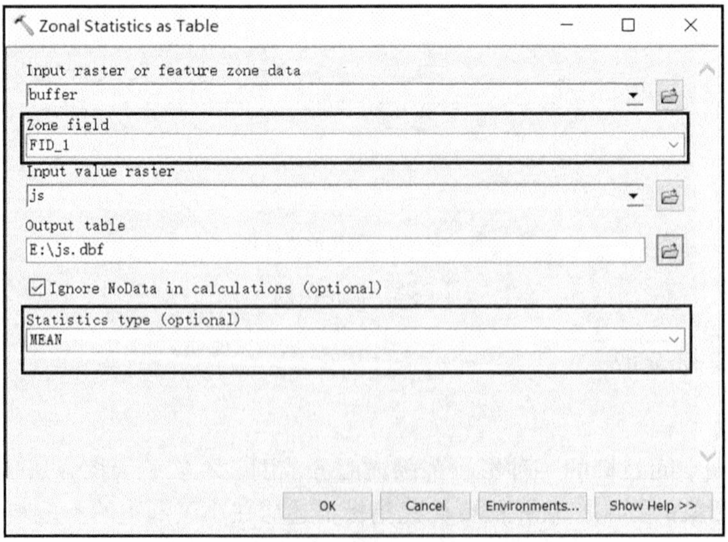

图 2.5　分区统计工具

将得到的覆盖率表格与小区点图层(point.shp)按字段连接，右键小区点图层→Joins and Relates→Join，汇总并整理所有已得数据(图 2.6)。同理，将空气污染浓度的表格数据也连接到点数据上。

同理，连接另外三种土地利用类型覆盖率到该图层，右键连接成功的小区点图层打开属性表，通过按属性选择(Table Options→Select by Attributes)按下图公式提取出非空值(图 2.7)，并导出所选内容，命名为“shuju.dbf”。

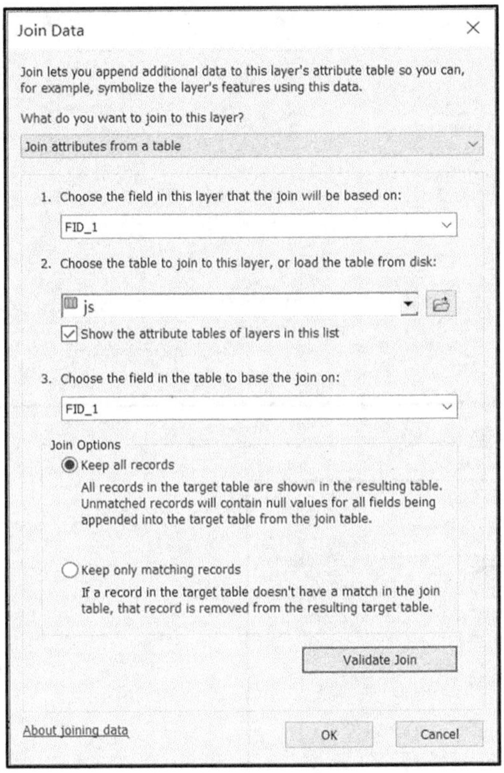

图 2.6　连接表格数据

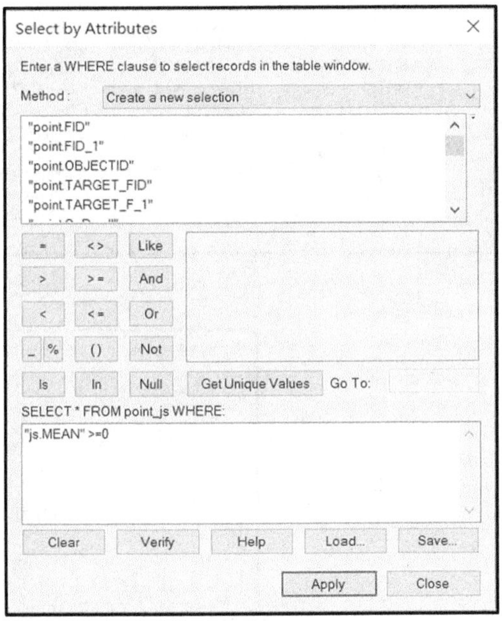

图 2.7　按属性选择

3. 相关性分析

上述步骤得到的 dbf 表中含有很多无用于后续分析的编码 id 字段，故使用 Excel 打开 dbf 表，删去多余字段并保存，保留数据如图 2.8 所示，命名为“shuju.xlsx”。

本实验中考虑的变量较少，所构建的结构方程也较简单。但通常在实际情况下需要考虑的变量很多，若将所有变量用于构建结构方程，会使结构方程过于复杂，适配度较差。故在构建结构方程之前，先使用 SPSS 进行变量之间的相关性分析，舍弃掉与分析目标指标不呈现显著相关的变量。

以整理后的 Excel 数据“shuju.xlsx”为输入数据，在 SPSS 中使用分析→相关→双变量的步骤，利用双变量相关工具得到空气污染浓度($PM_{2.5}$)与低学历率(lowedu)、植被覆盖率(zbmean)、工业用地覆盖率(gymean)、河流水体覆盖率(hlmean)和非工业建设用地覆盖率(jsmean)的相关关系(图 2.9)。

所得结果如图 2.10 所示，其中“**”表示两变量相关性在 0.01 水平上显著。

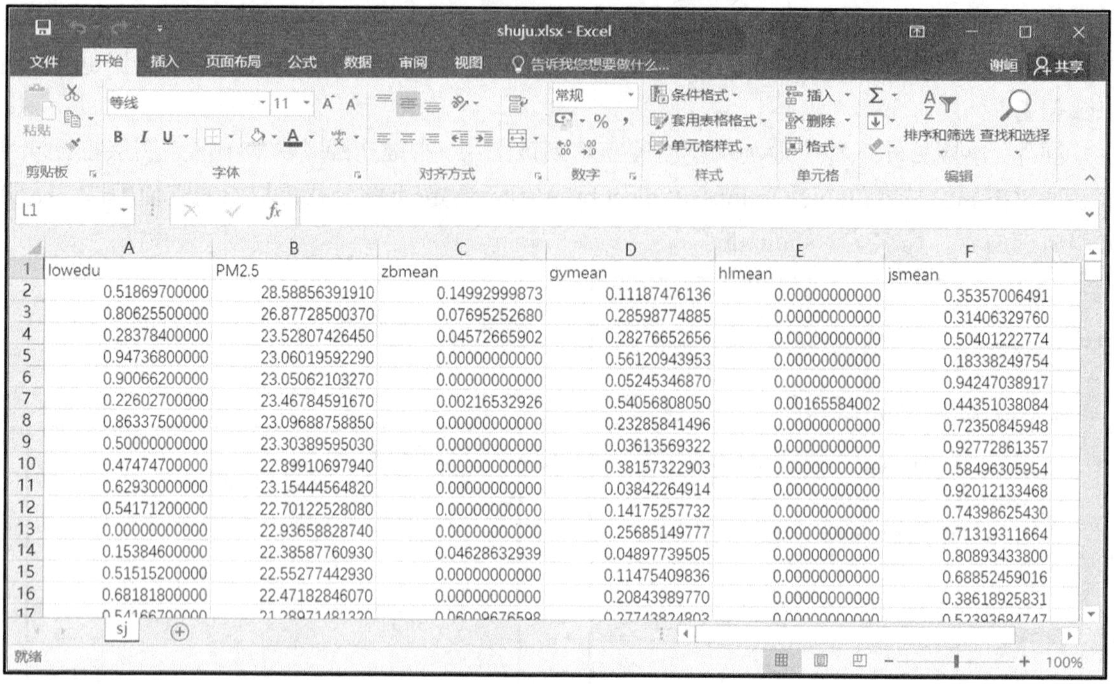

图 2.8　数据整理

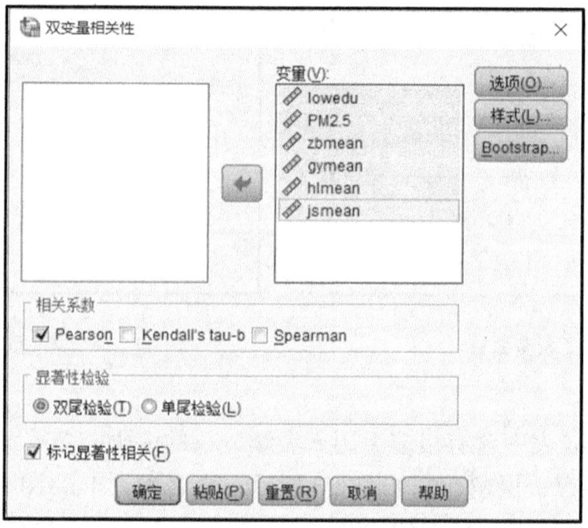

图 2.9　相关性分析工具

2.2.3　结构方程模型构建

1. 构建 Amos 结构方程模型

由于 Amos 软件只能导入 SPSS Statistics 数据格式，故在上述相关性分析步骤结束后先将数据另存为“shuju.sav”。

打开 Amos 软件，通过 File→Data Files→File Name(选择要使用的 SPSS 数据)→OK 导入数据(图 2.11)。

		lowedu	PM2.5	zbmean	gymean	hlmean	jsmean
lowedu	皮尔逊(Pearson)相关	1	0.299**	-.014	0.128**	-.006	-.137**
	显著性(双尾)		0.000	0.595	0.000	0.836	0.000
	N	1424	1424	1424	1424	1424	1424
PM2.5	皮尔逊(Pearson)相关	0.299**	1	-.128**	0.308**	0.020	-.271**
	显著性(双尾)	0.000		0.000	0.000	0.442	0.000
	N	1424	1424	1424	1424	1424	1424
zbmean	皮尔逊(Pearson)相关	-.014	-.128**	1	-.228**	-.083**	-.332**
	显著性(双尾)	0.595	0.000		0.000	0.002	0.000
	N	1424	1424	1424	1424	1424	1424
gymean	皮尔逊(Pearson)相关	0.128**	0.308**	-.228**	1	-.007	-.373**
	显著性(双尾)	0.000	0.000	0.000		0.796	0.000
	N	1424	1424	1424	1424	1424	1424
hlmean	皮尔逊(Pearson)相关	-.006	-.020**	-.083**	-.007	1	0.082**
	显著性(双尾)	0.836	0.442	0.002	0.796		0.002
	N	1424	1424	1424	1424	1424	1424
jsmean	皮尔逊(Pearson)相关	-.137**	-.271**	-.332**	-.373**	0.082**	1
	显著性(双尾)	0.000	0.000	0.000	0.000	0.002	
	N	1424	1424	1424	1424	1424	1424

**相关性在0.01水平上显著(双尾)。

图 2.10　相关性分析结果

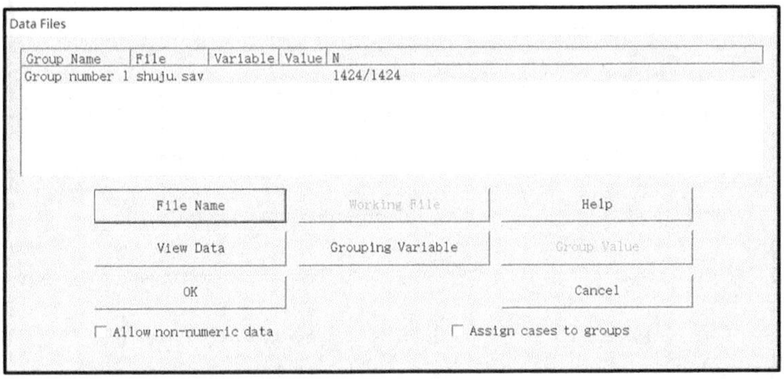

图 2.11　导入数据

在操作台中点击“List variables in data set”得到数据表，从数据表中拖动需要建模的数据至操作区内。再根据已有的理论基础和 SPSS 双变量相关的结果，用连线表示各个数据之间的相关关系。操作台和初步绘制的模型如图 2.12 所示，图中标出了本实验主要用到的选项。

图中各编号选项的意义为：①添加单向相关；②添加双向相关；③添加误差项；④数据表，可从中直接拖出数据；⑤移动数据框和线；⑥设置输出项；⑦运行模型；⑧查看运行结果。

给每一个变量添加完误差项之后可以通过 Plugins→Name Unobserved Variables 一键为误差项添加名称。

模型绘制完成后，可点击“Analysis Properties”设置输出结果项目，如图 2.13 所示。

设置完成后通过 Calculate estimates 运行模型，点击“View Text”查看结果。

2. 结构方程模型的修正

Amos 软件在输出结果中会提供修正指标。

首先在 Estimates 栏中可根据 C.R.指数进行模型修正，匹配合格的模型需要所有的|C.R.|≥2，

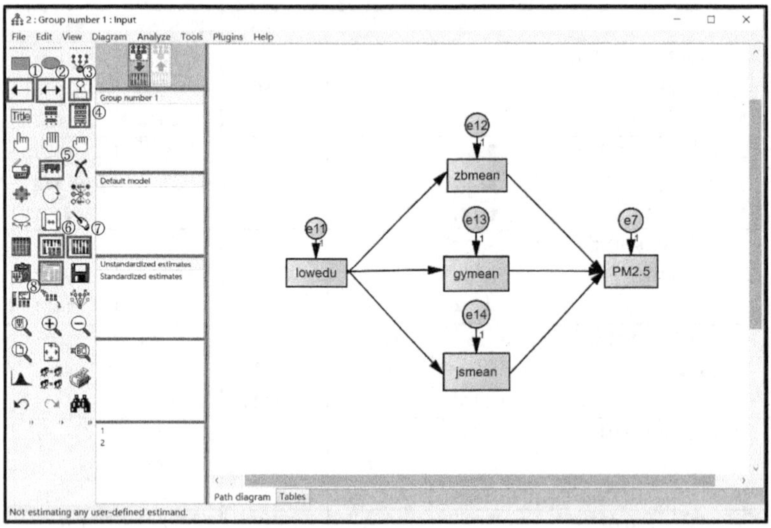

图 2.12　Amos 操作台

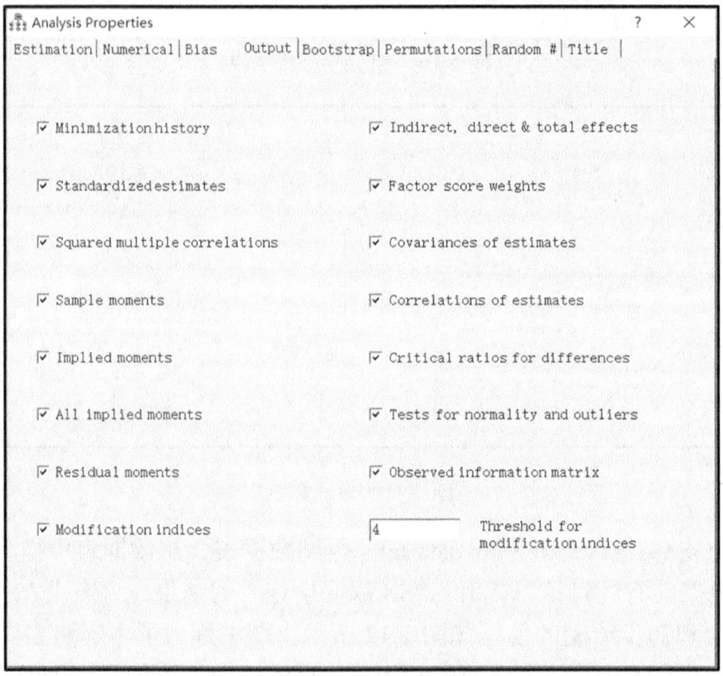

图 2.13　设置输出项

可舍去|C.R.|< 2 的变量关系从而使模型更加合理。修正过程如图 2.14 所示，其中 Estimate 为各路径的路径系数。

在 Modification Indices 栏中可根据 M.I.指数进行修正，其中 Covariances: (Group number 1- Default model)栏给出的是存在相关关系的变量，可在模型中为相关的两变量添加双箭头改善；Regression Weights: (Group number 1 - Default model)栏给出的是存在单向关联的变量，可在模型中添加单向箭头改善。一般情况下，可以先选取 M.I.指数高的几项进行添加相关关系连线再分析结果，因为随着模型的改变，各 M.I.值也会发生改变，修正过程如图 2.15 所示。

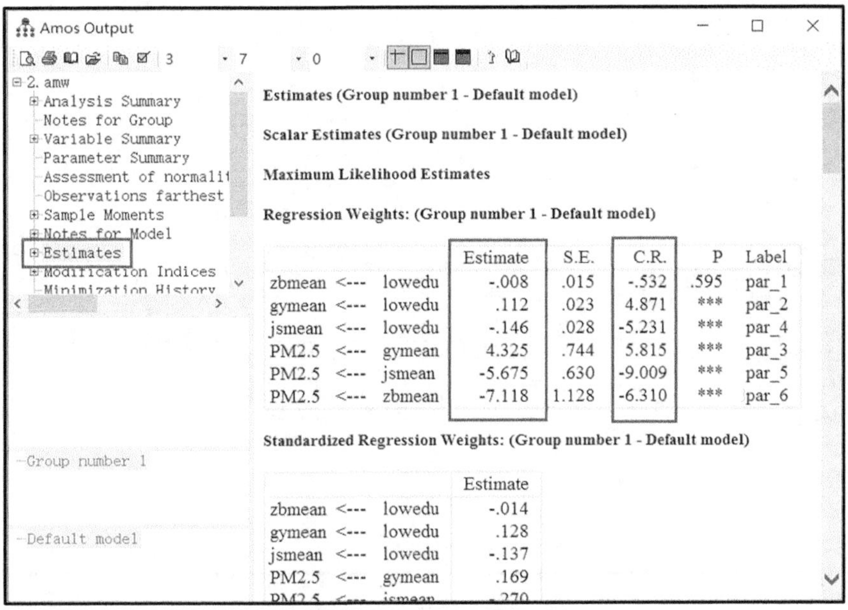

图 2.14　基于 C.R.指数进行修正

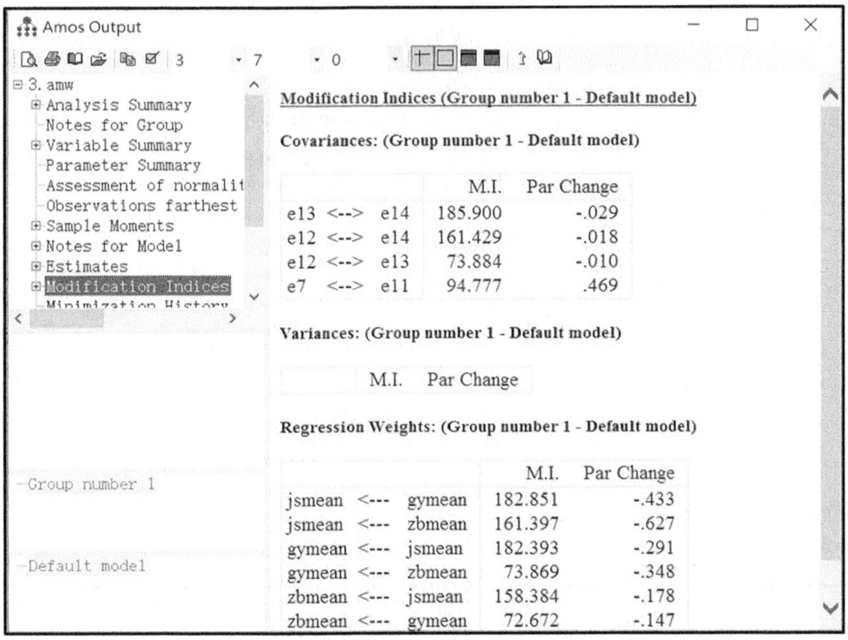

图 2.15　基于 M.I.指数进行修正

修正后的模型如图 2.16 所示。

模型修正之后需要对模型进行再检验，在 Notes for Model 栏中可查看用于描述模型适配程度的指数情况，其中卡方值(Chi-square)越小则模型越合理，拟合度越高。若 Probability level 值大于 0.05 的临界值，则可以接受虚无假设，即认为模型合适(图 2.17)。

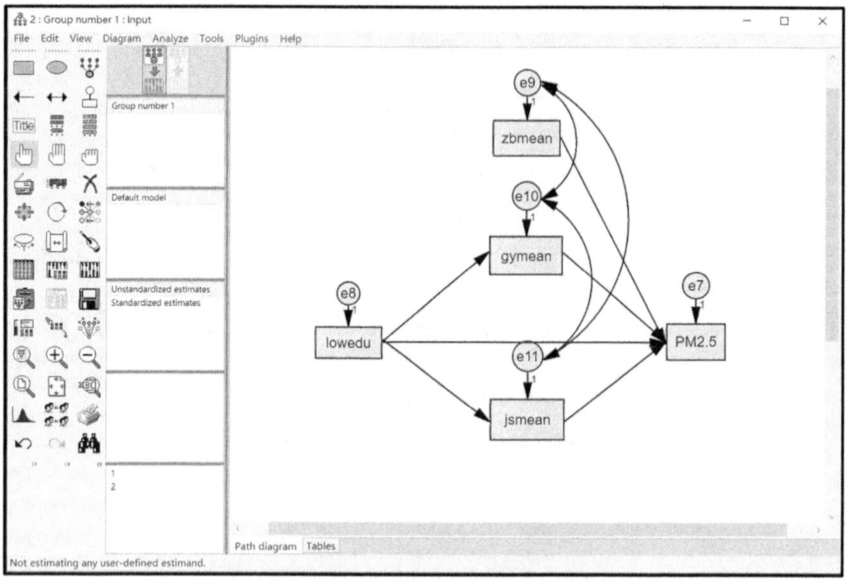

图 2.16　修正后模型

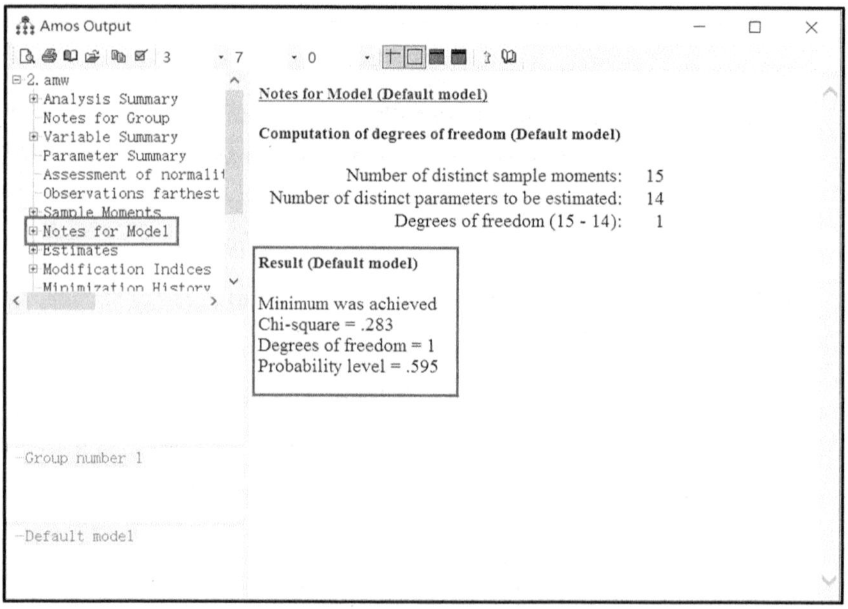

图 2.17　查看模型适配结果

根据修正得到的模型进行拟合度评估，所得适配度指标显示在 Model Fiot 栏中，本实验选取适量适配度指标对模型进行拟合评估，模型估计参数评价指标如表 2.2 所示。

表 2.2　模型估计参数评价指标

指标	简写	连续变量适配标准
卡方值	χ^2	卡方自由度，越小越好
Akaike 信息准则	AIC	数值越小越好，适用于多个模型比较

续表

指标	简写	连续变量适配标准
规模适配度指标	NFI	≥0.95 可以接受
适配度指标值	GFI	≥0.95 可以接受
PCLOSE 准则	PCLOSE	≥0.05 可以接受

查看本实验的检验结果，得到所构建模型的拟合指数表如表 2.3 所示。

表 2.3　模型拟合指数表

指标	χ^2	AIC	NFI	GFI	PCLOSE
指标值	0.283	28.283	1.000	1.000	0.920
可接受值			≥0.95	≥0.95	≥0.05

针对各个拟合指数，本实验构建的模型基本符合标准，可以接受，最终整理得到的模型如图 2.18 所示。

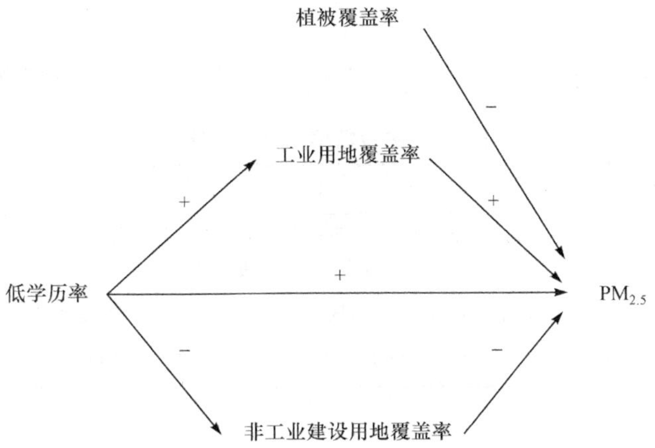

图 2.18　模型结果

2.3　讨论与总结

实验结果显示，低学历率与工业用地覆盖率、非工业建设用地覆盖率和空气污染暴露存在显著相关；植被覆盖率、工业用地覆盖率、非工业建设用地覆盖率和空气污染暴露存在显著相关。其中，低学历人口聚集的小区，周边工业用地较多、植被覆盖较少，空间污染暴露水平较高。说明环境不公平性的存在。

本实验中仍然存在着一些有待改进的问题：其一，在进行缓冲区分析时所采取的半径为 500m，此半径大小并不是唯一标准，仅供参考，读者可采用不同大小缓冲区进行相似操作，探究缓冲区的大小可能对结果造成的影响；其二，本实验中表征社会经济地位的指标只有低学历率，然而现实中属于社会经济地位范畴的指标还有很多，读者可尝试收集其他社会经济地位数据进行本实验的操作，以探究不同社会经济地位和土地覆盖与空气污染暴露的关系。

实验三　区域食品荒漠识别

3.1 实 验 概 述

3.1.1 背景及目的

食品环境对居民的饮食习惯与生活方式有显著影响，是居民健康与福祉的重要影响因素之一。食品荒漠(food desert)通常指居民难以获得新鲜健康食品或者健康食品价格超出居民消费能力范围的地区。综合健康食品的可获性、可达性与区域社会经济水平的研究，可对区域食品荒漠进行识别，借助分层回归模型探究健康食品环境与社会经济因素的定量关系，能够加深对健康食品可获性的理解。通过本实验希望能够达到以下目的：①加深对空间可达性的理论理解；②掌握叠加分析方法；③掌握并运用分层回归模型。

3.1.2 数据说明

本实验所使用的数据存储于 data_exp3 文件夹中，包含的数据内容及其来源见表 3.1。

表 3.1　实验数据内容及其来源

数据类型	数据来源	数据内容	数据说明
社会经济数据	中国社会经济统计资料及相关统计年鉴	分别统计小区水平、街道水平的人口、就业、经济、公共服务等方面的基本情况	以属性字段形式存储
专题数据	土地利用图	获取交通路网、行政区划、商店、居民小区等专题图层	矢量格式，点、线、面数据
交通时间	开放 API 端口	抓取特定时间段下不同出行方式的实时交通数据	以属性数据形式存储

3.1.3 整体实验设计

为了评价小区居民的健康食品空间可获性受其所在小区的社会经济因素的影响，以及小区所属的街道层次上的社会经济因素的影响，鉴于小区与街道之间存在嵌套关系，用传统线性回归分析的方法可能导致统计误差，因此构建分层回归模型。小区水平的数据构成模型数据结构的第一层，街道水平的数据构成数据结构模型的第二层，该模型有利于将个体效应与环境效应区分开来讨论其对健康食品的空间可获性的影响，并分析二层数据变量之间的交互关系，讨论影响小区健康食品环境可达性的因素。为了更好地说明小区居民健康食品空间可获性与小区水平及街道水平的社会经济指标之间的关系，实验先后建立了多层线性回归模型中的零模型、随机效应回归模型、完整模型。

在食品环境的研究中，食品荒漠主要与三个方面有紧密的联系：①消费能力范围内的健康食品；②食品获取的空间邻近或可达程度；③社会经济不均等水平。食品荒漠因社会经济环境与交通条件的不同存在空间异质性，因此实验运用叠加分析的方法，从可达性角度分析，分别从失业率、老年率、低教育水平三个方面识别食品荒漠。

本实验的整体流程如图 3.1 所示。

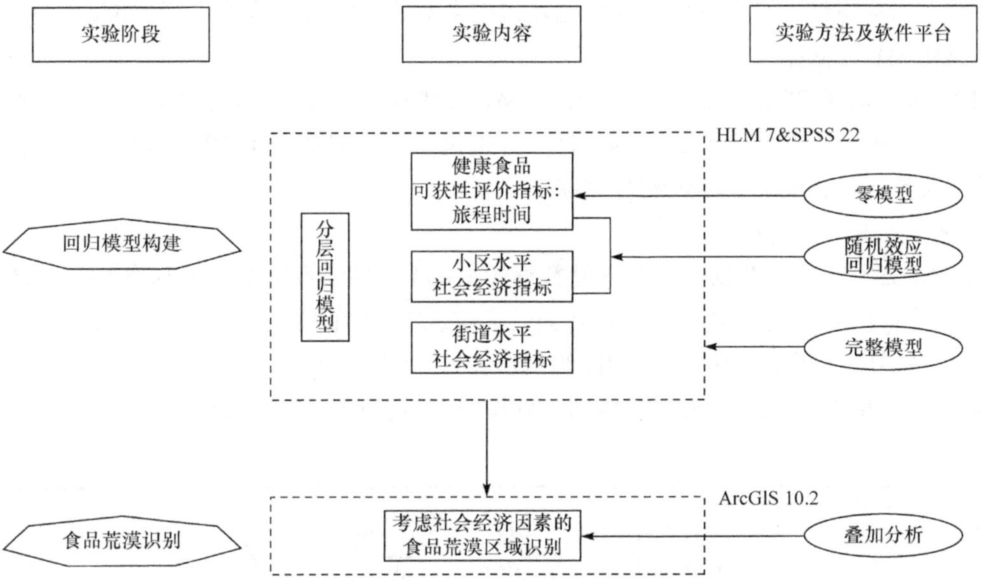

图 3.1 实验流程图

3.2 实验步骤

3.2.1 分层回归模型

由于地理研究单元及社会人口数据呈现分层嵌套的形式：小区—街道—行政区—城市，本实验中共准备了小区尺度上 6 个社会人口指标，以及街道尺度上 8 个社会人口指标，见表 3.2。

表 3.2 社会经济指标准备

数据层	指标名(缩写)
小区层	独居率(LAC)、无房率(NHPC)、失业率(UC)、低学历水平(LDC)、老龄人口占比(EC)、蓝领率(BCC)
街道层	低收入率(LID)、文盲率(IRD)、无业率(UD)、流动人口比例(FPD)、无管道住房占比(HTD)、离婚率(DRD)、廉租房率(LHD)、老龄化水平(ED)

本实验选用的两个研究尺度——小区与街道，存在嵌套关系(小区属于街道)，研究建立了两层回归模型来分析健康食品可获性在空间分布上的差异与小区和街道两个水平上的社会经济指标之间的关系。以下将介绍如何应用 HLM 软件构建分层模型，对区域的健康食品环境进行公平性评价。

在本实验中，健康食品商店定义为能够提供新鲜、健康的蔬果与肉类的食品供应商。对所有食品供应商进行分类，其中健康食品店包括：蔬果超市、菜市场、街市、海鲜市场，以及大型连锁超市如沃尔玛、华联等。

健康食品可获性是指从某小区到一个健康食品店的便利程度，用旅程时间来表达。小区健康食品可获性的评估指标，即小区到达附近健康食品店的最短行程时间，以属性字段形式赋给小区的空间数据。

HLM 软件分析多层数据一般包括三个步骤：①创建.MDM 格式文件；②在.MDM 文件基础上拟合、构建模型，进行分析；③根据输出结果对模型的拟合程度进行评价、改进。

1. 创建 MDM 文件

HLM 可以接受 SPSS、SAS、SYSTAT、ASCII 的数据文件作为创建.MDM 文件的输入文件。对于本实验，需要两个原始数据文件，分别是第一层(小区层)和第二层(街道层)的数据文件。各层文件通过相同的层标识编号关联。

1) SPSS 生成*.sav 数据

启动 SPSS→文件→数据→选择存储数据的 Excel 文件→设置变量及其类型→存储为*.sav 形式。第一层(小区)的数据文件 Level_01.sav、第二层(街道)的数据文件 Level_02.sav 中部分样本如图 3.2 和图 3.3 所示。其中变量 ID 为街道编号，即第二层单位的标识符 ID。另外，在创建 SSM 文件之前对第一层和第二层数据分别按照 ID 进行排序，本实验中 ID 和其他变量均为数值型变量。

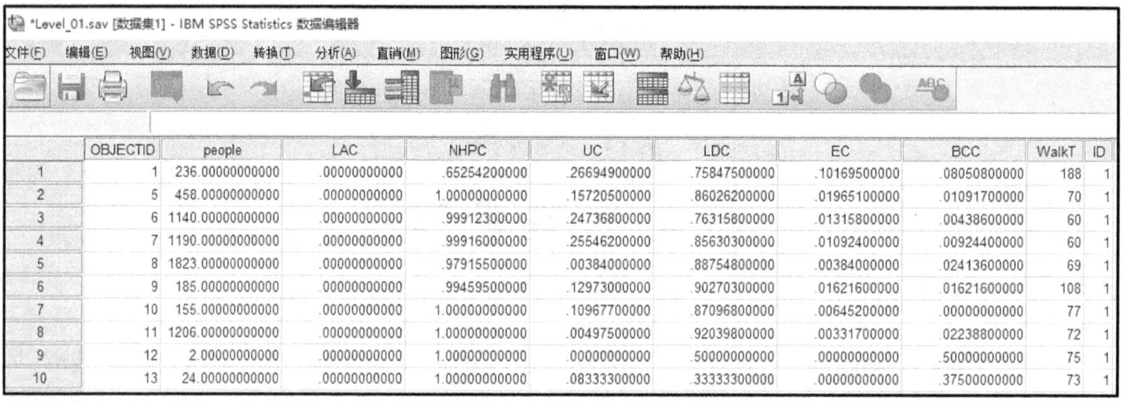

	OBJECTID	people	LAC	NHPC	UC	LDC	EC	BCC	WalkT	ID
1	1	236.0000000000	.00000000000	.65254200000	.26694900000	.75847500000	.10169500000	.08050800000	188	1
2	5	458.0000000000	.00000000000	1.00000000000	.15720500000	.86026200000	.01965100000	.01091700000	70	1
3	6	1140.0000000000	.00000000000	.99912300000	.24736800000	.76315800000	.01315800000	.00438600000	60	1
4	7	1190.0000000000	.00000000000	.99916000000	.25546200000	.85630300000	.01092400000	.00924400000	60	1
5	8	1823.0000000000	.00000000000	.97915500000	.00384000000	.88754800000	.00384000000	.02413600000	69	1
6	9	185.0000000000	.00000000000	.99459500000	.12973000000	.90270300000	.01621600000	.01621600000	108	1
7	10	155.0000000000	.00000000000	1.00000000000	.10967700000	.87096800000	.00645200000	.00000000000	77	1
8	11	1206.0000000000	.00000000000	1.00000000000	.00497500000	.92039800000	.00331700000	.02238800000	72	1
9	12	2.0000000000	.00000000000	1.00000000000	.00000000000	.50000000000	.00000000000	.50000000000	75	1
10	13	24.0000000000	.00000000000	1.00000000000	.08333300000	.33333300000	.00000000000	.37500000000	73	1

图 3.2　Level_01.sav

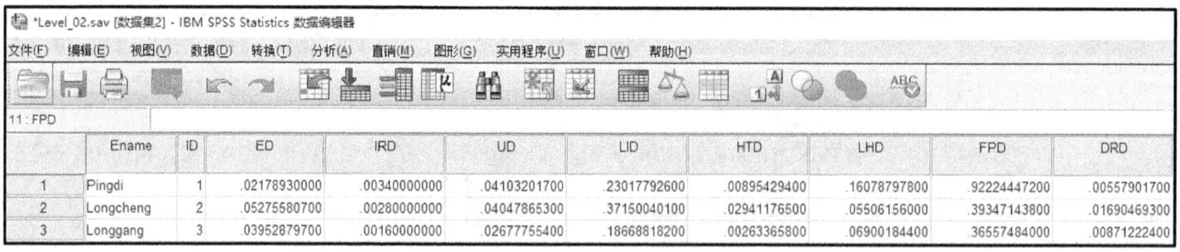

	Ename	ID	ED	IRD	UD	LID	HTD	LHD	FPD	DRD
1	Pingdi	1	.02178930000	.00340000000	.04103201700	.23017792600	.00895429400	.16078797800	.92224447200	.00557901700
2	Longcheng	2	.05275580700	.00280000000	.04047865300	.37150040100	.02941176500	.05506156000	.39347143800	.01690469300
3	Longgang	3	.03952879700	.00160000000	.02677755400	.18668818200	.00263365800	.06900184400	.36557484000	.00871222400

图 3.3　Level_02.sav

2) 启动 HLM 7 Student，创建 SSM 文件

启动 HLM→File→Make new MDM file→stat package input。这时会打开 Select MDM type 对话框。由于本实验是创建二层结构的 SSM 文件，所以选择 HLM2。点击“OK”(图 3.4 和图 3.5)，Make MDM-HLM2 对话框就会打开，如图 3.6 所示。

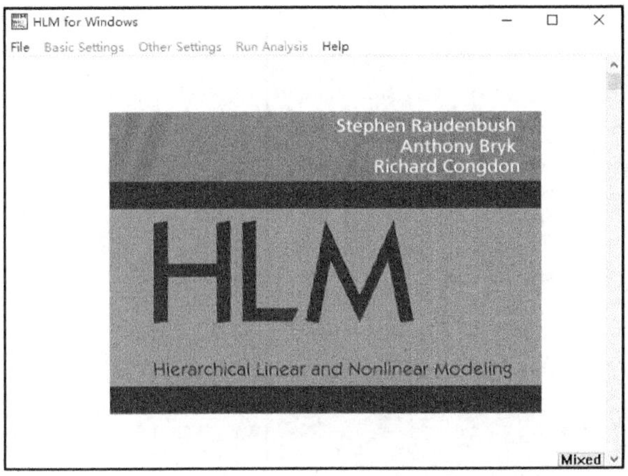

图 3.4　HLM 7 Student 启动界面

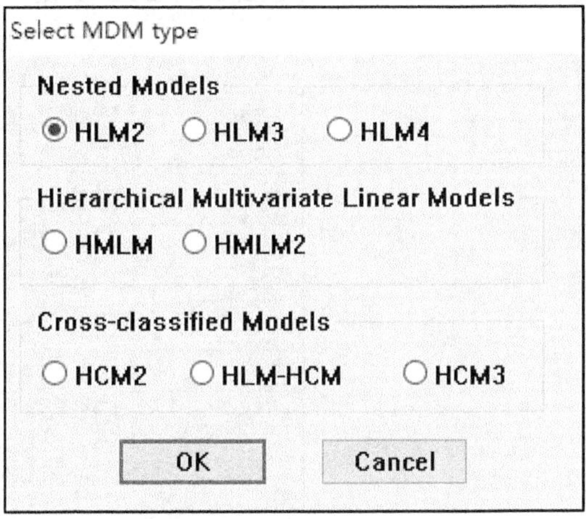

图 3.5　Select MDM type 窗口

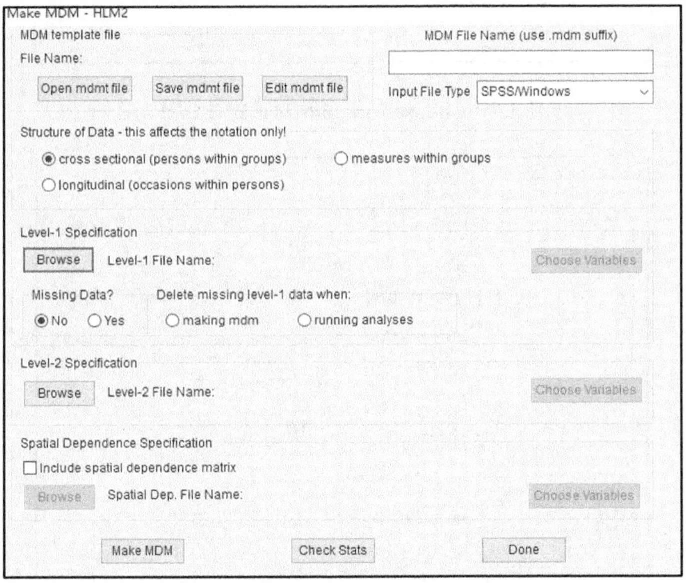

图 3.6　Make MDM-HLM2 对话框

3) 设定相应的关于数据、命令和 SSM 文件信息

在 Make MDM-HLM2 对话框中，从 Input File Type 的下拉菜单中选择 SPSS/Windows；在 Level-1 Specification 部分点击“Browse”，这时会打开一个 Open Data File 对话框，在相应的文件夹中打开 SPSS 系统文件 Level_01.sav。点击 Level-1 Specification 部分的“Choose Variables”按钮，出现 Choose variables 对话框，点击选择 ID 和变量，如图 3.7 所示。点击“OK”回到 Make MDM-HLM2 对话框。接下来选择对第一层数据中缺失数据的处理方法。如果数据有缺失，点击“Yes”，并选择处理方式，数据将会被视为缺省值。本实验中选择 No。

在 Level-2 Specification 部分点击“Browse”，这时会打开一个 Open Data File 对话框，在相应的文件夹中打开 SPSS 系统文件 Level_02.sav。点击 Level-2 Specification 部分的“Choose Variables”按钮，出现 Choose variables 对话框，点击选择 ID 和变量，如图 3.8 所示。点击“OK”回到 Make MDM-HLM2 对话框。值得注意的是，第二层文件操作中没有提供处理缺失数据的选项，如果存在缺失值，请在加载前剔除有问题的数据或使用有关办法处理缺失值。

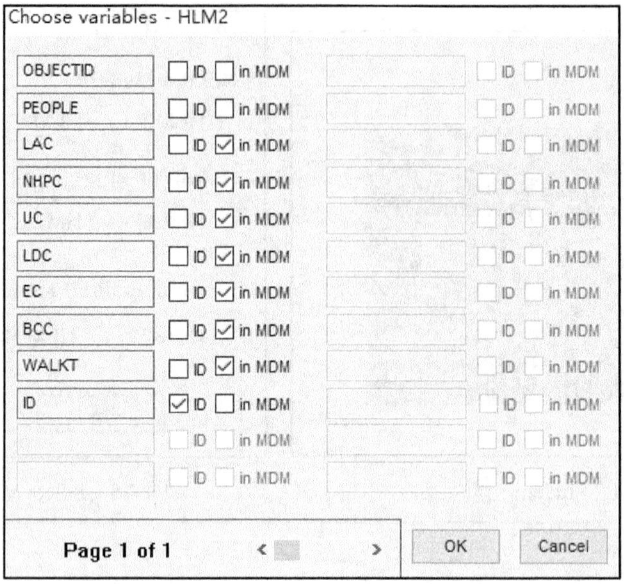

图 3.7　Choose variables 对话框(Level 1)

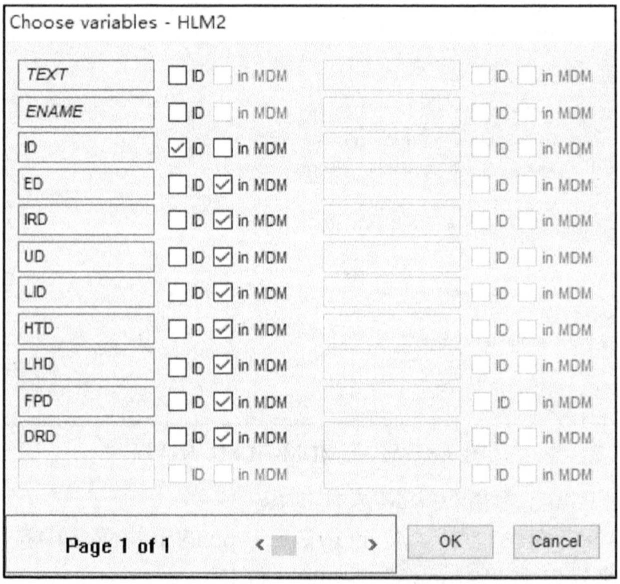

图 3.8　Choose variables 对话框(Level 2)

在 Spatial Dependence Specification 可以勾选 Include spatial dependence matrix，加载空间依赖权重矩阵，用来创建顾及空间自相关的分层回归模型。

接下来，在 Make MDM-HLM2 对话框右上角的 MDM File Name(use.mdm suffix)部分输入文件名 Accessibility。点击“Make MDM”按钮。出现 HLM2S.EXE 窗口，如图 3.9 所示。如果 MDM 文件未能成功创建，请检查原始数据是否符合 HLM 的特定格式。

E:\hlm 7\HLM2S.EXE

LEVEL-1 DESCRIPTIVE STATISTICS

VARIABLE NAME	N	MEAN	SD	MINIMUM	MAXIMUM
LAC	779	0.02	0.13	0.00	1.00
NHPC	779	0.92	0.18	0.08	1.00
UC	779	0.09	0.12	0.00	0.96
LDC	779	0.61	0.30	0.00	1.00
EC	779	0.04	0.05	0.00	0.31
BCC	779	0.12	0.21	0.00	1.00
WALKT	779	53.74	43.57	1.00	188.00

LEVEL-2 DESCRIPTIVE STATISTICS

VARIABLE NAME	N	MEAN	SD	MINIMUM	MAXIMUM
ED	3	0.04	0.02	0.02	0.05
IRD	3	0.00	0.00	0.00	0.00
UD	3	0.04	0.01	0.03	0.04
LID	3	0.26	0.10	0.19	0.37
HTD	3	0.01	0.01	0.00	0.03
LHD	3	0.09	0.06	0.06	0.16
FPD	3	0.56	0.31	0.37	0.92
DRD	3	0.01	0.01	0.01	0.02

779 level-1 records have been processed
3 level-2 records have been processed

图 3.9　HLM2S.EXE 窗口

4) 检查数据是否已经正确读入 HLM 程序中

点击 Make MDM-HLM2 对话框的“Check Stats”按钮，检查并显示第一层和第二层数据中变量的描述性统计，经检查和确认无误后可以关闭该显示窗口。以上信息会自动创建一个 HLM2MDM.STS 文件存储两层数据的描述性统计分析，用记事本可以打开，如图 3.10 所示。

HLM2MDM.STS - 记事本

文件(F)　编辑(E)　格式(O)　查看(V)　帮助(H)

LEVEL-1 DESCRIPTIVE STATISTICS

VARIABLE NAME	N	MEAN	SD	MINIMUM	MAXIMUM
LAC	779	0.02	0.13	0.00	1.00
NHPC	779	0.92	0.18	0.08	1.00
UC	779	0.09	0.12	0.00	0.96
LDC	779	0.61	0.30	0.00	1.00
EC	779	0.04	0.05	0.00	0.31
BCC	779	0.12	0.21	0.00	1.00
WALKT	779	53.74	43.57	1.00	188.00

LEVEL-2 DESCRIPTIVE STATISTICS

VARIABLE NAME	N	MEAN	SD	MINIMUM	MAXIMUM
ED	3	0.04	0.02	0.02	0.05
IRD	3	0.00	0.00	0.00	0.00
UD	3	0.04	0.01	0.03	0.04
LID	3	0.26	0.10	0.19	0.37
HTD	3	0.01	0.01	0.00	0.03
LHD	3	0.09	0.06	0.06	0.16
FPD	3	0.56	0.31	0.37	0.92
DRD	3	0.01	0.01	0.01	0.02

MDM template:　F:\data_exp9\HLM\Accessibility.mdmt
MDM file name: Accessibility
Date:　　　　　Oct 21, 2017
Time:　　　　　20:18:20

图 3.10　HLM2MDM.STS 文件

点击 Make MDM-HLM2 对话框的“Done”按钮，HLM 软件的窗口会在其标题栏处显示所创建的 MDM 文件类型和文件名，并且第一层上的变量也在主窗口的左侧显示出来，如图 3.11 所示。

此时，就可以以这个 MDM 文件为基础，在 HLM 窗口进一步创建第二层分析模型。

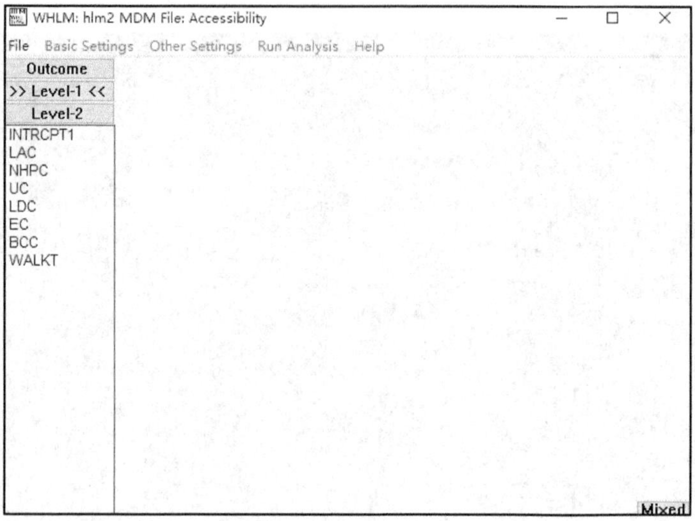

图 3.11　模型主窗口

2. 基于 MDM 文件构建两层分析模型

1) 零模型

为了将可达性的差异分解为由小区差异造成的部分和由街道差异造成的部分，实验建立了以在第一层上以小区至超市的最短可达时间作为因变量，即指标 WALKT 的零模型，以考量街道内与街道间的方差，即方差成分分析。该模型中两个层次都只有随机效应而没有加入任何预测变量来解释差异，如图 3.12 所示。点击菜单栏 File→Save as→零模型.hlm；点击菜单栏的“Run Analysis”，分析结果将以.html 格式存储，分析结果见文件零模型.html。

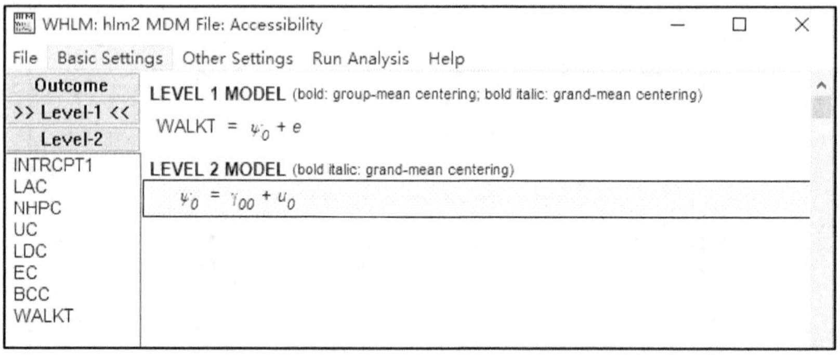

图 3.12　零模型构建

如图 3.12 所示，零模型结构方程包括以下内容。

第一层方程：

$$\text{WALKT}_{ij} = \beta_{0j} + r_{ij}$$

第二层方程：

$$\beta_{0j} = r_{00} + u_{0j}$$

综合方程：

$$\text{WALKT}_{ij} = r_{00} + u_{0j} + r_{ij}$$

这样就把模型分解成了第一层和第二层都没有预测变量的零模型。式中，下标 i 代表的是第一层的单元,本实验中指小区;下标 j 代表的是第一层的个体(小区)所隶属的第二层的单位，本实验中指街道；r_{00} 为 β_{0j} 的平均值，其在第二层的单位(即同一街道水平)之间是恒定的，是 β_{0j} 的固定成分；u_{0j} 为 β_{0j} 的随机成分，代表第二层单位(不同街道水平)之间的变异。

对于随机成分，依据零模型分析结果文件，可知：

小区层次随机部分的方差为

$$\text{var}(r_{ij}) = \sigma^2 = 1381.53408$$

街道层次随机部分的方差为

$$\text{var}(u_{0j}) = \tau = 872.90721$$

在第一层模型中，每一个第二层单位内的个体都具有相同的 u_{0j}，所以在相同的第二层单位内的个体之间的相似性要比第二层不同单位内的个体之间的相似性高。而不同第二层单位的 u_{0j} 值不同，来自第二层不同单位的残差就可能有不同的方差，当包含小区层预测变量时，这些预测变量也包含在残差中。这样，误差项之间是相关的、方差不等的，且与小区层预测变量有关的。而如果不存在第二层单位之间的差异，那么 u_{0j} 将等于 0，综合方程就将简化为简单的 OLS 回归。而当数据存在嵌套结构时，必然存在第二层单位间的方差，那么针对这种数据结构，多层线性模型而非 OLS 回归才是更适合的模型。

要确定结果变量 WALKT_{ij}，即小区健康食品商店可达性、总体变异中有多大比例是由第二层街道层变量(把不同街道视为分组)的差异引起的，进而确定进行多层次分析的可靠性，判断多水平模型的构建是否有其必要性，就需要计算一个跨级相关系数(intra-class correlation)ρ。

依据以下公式计算跨级相关系数：

$$\rho = \frac{\tau}{\sigma^2 + \tau} = 38.7\%$$

2) 随机效应回归模型

建立的随机回归模型是在零模型基础上以第一层(小区层)的变量进行分析，没有包括第二层(街道层)的自变量。然后根据第一层变量分析的显著性结果，确定第一层的变量在第二层上的差异显著。如果差异显著，则需要根据差异来选择合适的第二层上的变量作为自变量建立模型，作进一步分析；如果差异不显著，则无须再构建第二层模型。

定义模型第一层的方程：第一层上以小区至超市的最短可达时间(WALKT)作为因变量，小区层社会经济指标 UC、LDC、EC 作为预测变量,即自变量。构建的随机效应模型见图 3.13。点击菜单栏 File→Save as→随机回归模型 a.hlm；点击菜单栏的“Run Analysis”，分析结果将以.html 格式存储，分析结果见文件随机回归模型 a.html。

随机效应回归模型与完整的分层回归模型的区别在于，随机效应回归模型不存在第二层(街道层)的预测变量。与传统的 OLS 回归不同的是，第一层的截距 β_{0j} 和回归系数 β_{1j} 都不是固定的而是随机的。

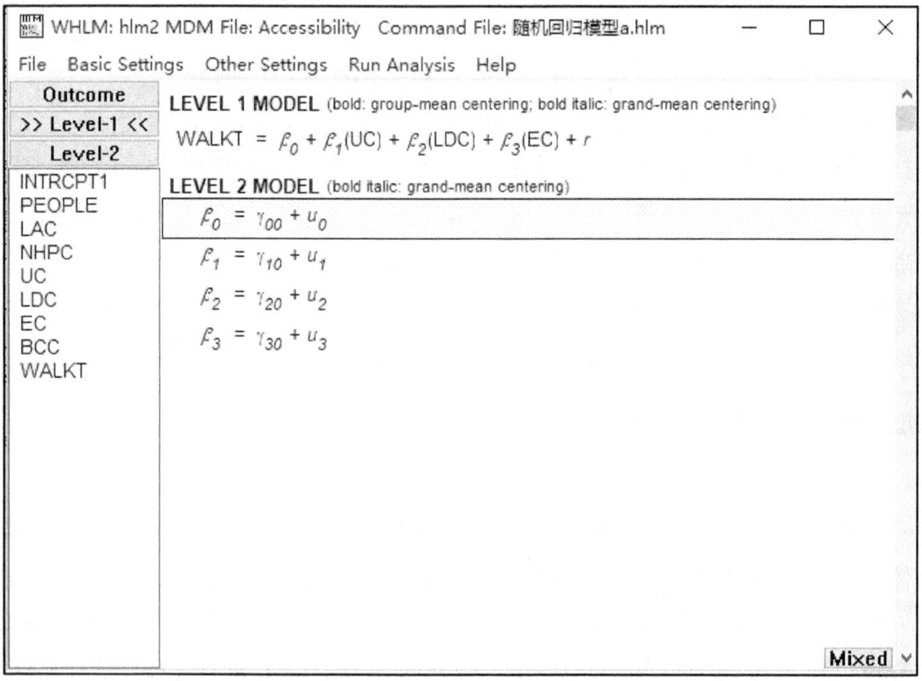

图 3.13 随机效应回归模型构建

这里没有设定第二层的预测变量来解释第一层回归中的变异，主要目的是寻找第一层的截距和斜率在第二层单位上的变异。因为在实际应用中，可能经常遇到这样一种数据类型：结果变量不是从某个总体中随机取样，而是从存在嵌套关系的总体中取样，即 u_{0j} 和 u_{1j} 不等于零。而在具体研究中可能不存在第二层的预测变量，或相关数据不可得，但仍想确定结果变量在第二层单位之间的变异时，随机效应回归模型是处理这一类数据的正确模型。因此，随机效应回归模型主要关注的是 u_{0j} 和 u_{1j} 的方差。

本实验中随机回归模型的作用主要是确定第一层的回归系数在第二层上是否有显著差异，这个差异是指方差方面的差异。模型固定部分的回归系数显著与否和建立第二层模型没有关系，主要是根据方差部分的显著与否来建立第二层模型。卡方检验结果表明，老龄化(EC)、低学历(LDC)指标的回归系数在街道层存在明显的变异，即随街道的不同而不同，其回归系数的方差成分达到显著水平，而失业率(UC)的回归斜率在第二层之间的变异不显著，如图 3.14 所示。对于因变量步行可达性最短时间来说，LDC 具有明显的正向预测结果，而 EC 具有明显的负向预测结果；即对于健康食品可获性来说，LDC 是一个显著的负向预测指标，而 EC 是一个显著的正向预测指标，如图 3.15 所示。接下来将以随机回归模型 a.html 中表 Final estimation of variance components 里卡方检验显著的各回归系数作为因变量，街道层相关变量作为自变量建立第二层的回归方程解释街道之间的变异。

Random Effect	Standard Deviation	Variance Component	d.f.	χ^2	*P*-value
INTRCPT1, u_0	30.45823	927.70356	2	43.71715	<0.001
UC slope, u_1	1.40218	1.96610	2	0.0220	>0.500
LDC slope, u_2	14.54626	211.59361	2	5.95034	0.049
EC slope, u_3	119.27785	14227.20446	2	6.97629	0.030
level-1, r	36.72317	1348.59109			

图 3.14 Final estimation of variance components(随机效应回归模型)

Fixrd Effect	Coefficient	Standard error	t-ratio	Approx. d.f.	P-value
For InTRCPT1, β_0					
INTRCPT2, Y_{00}	54.999164	18.102479	3.038	2	0.093
For UC slope, β_1					
INTRCPT2, Y_{10}	−10.749928	12.066353	−0.891	2	0.467
For LDC slope, β_2					
INTRCPT2, Y_{20}	7.518853	10.050478	0.748	2	0.532
For EC slope, β_3					
INTRCPT2, Y_{30}	−53.142619	76.896129	−0.691	2	0.561

图 3.15　Final estimation of fixed effects(随机效应回归模型)

3) 完整模型

在随机效应回归模型的基础上，在第二层方程中加入街道层的自变量，考察街道层的社会、人口指标与结果变量小区健康食品可达性之间的关系。这是以斜率和截距作为结果的模型，是多层线性回归模型的完整形式。在该模型中，第一层的截距和斜率不仅被认为是随机的，而且还可以通过一系列第二层的变量来估计，这大大提高了多层数据的回归方程参数估计的准确性。研究用上一步随机效应回归模型中卡方检验显著的各回归系数作为第二层的因变量(LDC、EC)，街道相关变量作为第二层自变量(HTD、FPD)，建立如图 3.16 所示的完整模型。点击菜单栏 File→Save as→完整模型 a.hlm；点击菜单栏的“Run Analysis”，分析结果将以.html 格式存储，分析结果见文件完整模型 a.html。

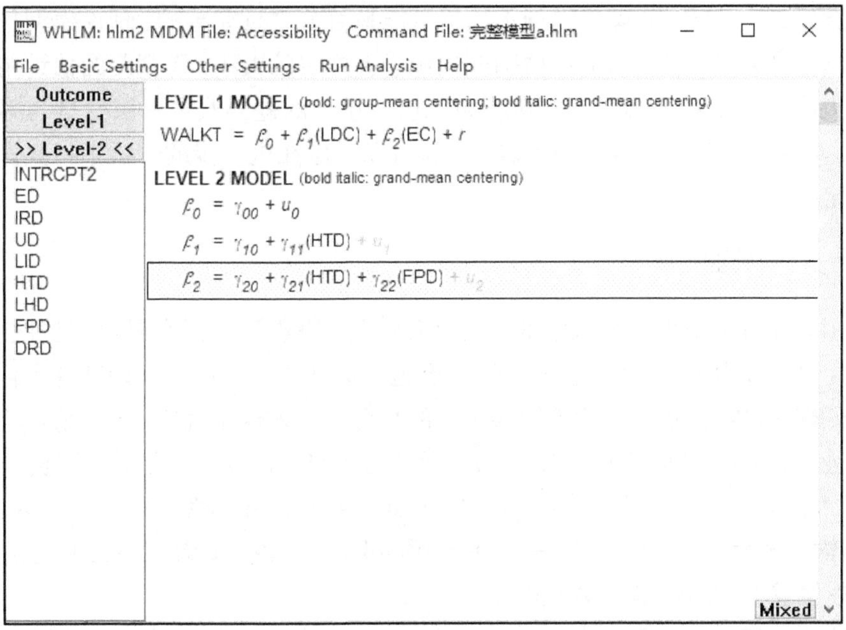

图 3.16　完整模型构建

方程随机部分的方差如下，分别代表用第二层自变量解释了截距 β_{0j} 和回归系数 β_{1j} 后的残差方差。

$$\mathrm{var}(u_{0j}) = \tau_{00}$$

$$\mathrm{var}(u_{1j}) = \tau_{11}$$

模型分析结果主要见完整模型 a.html 中的 Final estimation of fixed effects 结果表，如图 3.17 所示。结合随机效应模型结果可以看出，街道层变量无管道住房占比(HTD)能够明显加强低学历水平(LDC)和健康食品可获性之间的负向相关(r_{11} = 103565，$P < 0.5$)；而 EC 和健康食品可获性之间关系的影响是正向的，但不显著($r_{21} = 52875$，$P > 0.5$)；街道层变量流动人口比例(FPD)能够明显的加强老龄人口占比(EC)和健康食品可获性之间的正向相关关系($r_{22} = 42865$，$P < 0.1$)。

Fixed Effect	Coefficient	Standard error	*t*-ratio	Approx. d.f.	*P*-value
For InTRCPT1, β_0					
InTRCPT2, Y_{00}	54.703699	18.089618	3.024	2	0.094
For LDC slope, β_1					
InTRCPT2, Y_{10}	−6.735430	8.475567	−0.795	771	0.427
HTD, Y_{11}	1035.764993	450.943296	2.297	771	0.022
For EC slope, β_2					
InTRCPT2, Y_{20}	−381.864295	119.916842	−3.184	771	0.002
HTD, Y_{21}	5289.374988	2956.145449	1.789	771	0.074
FPD, Y_{22}	428.665479	142.499954	3.008	771	0.003

图 3.17　Final estimation of fixed effects(完整模型)

模型分析结果包括：①固定部分系数的计算结果；②方差和协方差成分的计算结果，以及对这些计算结果的近似χ^2检验；③其他辅助的统计诊断指标。

值得注意的是，第二层的理论模型永远不可能是百分之百完善的，理论模型越接近实际，斜率的估计可信度越高。截距的估计精确度依赖于各样本的大小，而截距的估计精确度不仅依赖于样本的大小，还依赖于第一层变量在第二层变量上的差异及第一层变量与第二层变量之间的相关性。如果某系数的信度系数比较小，就可以考虑在进一步的分析中将其设定为没有随机成分的固定参数。

3.2.2　食品荒漠识别

主要利用叠加分析识别研究区中的“食品荒漠”。将健康食品可获性低且社会经济不均等性高的地区定义为“食品荒漠”。参考了公共设施可达性的国际标准来识别健康食品可达性较低的地区，实验中健康食品可获性较低的小区的步行出行阈值定为 30min，结合小区尺度社会经济指标失业率(UC)、老龄人口占比(EC)、低学历水平(LDC)三个方面识别食品荒漠。打开 ArcMap→导入数据小区可达性.shp→Open Attribute Table(打开属性表)→Select by Attributes(按属性选择)→输入选择条件。社会经济指标已经预先以属性字段赋给了小区可达性图层(可采用 GIS 中空间连接或者相同字段连接方式)。

对于考虑失业率(UC)方面的食品荒漠，筛选条件见图 3.18(a)，叠加街道剥夺指数(以街道边界颜色表示)，其食品荒漠的空间分布如图 3.18(b)所示。

对于考虑低学历水平(LDC)方面的食品荒漠，筛选条件见图 3.19(a)，叠加街道剥夺指数(以街道边界颜色表示)，其食品荒漠的空间分布如图 3.19(b)所示。

对于考虑老龄人口占比(EC)方面的食品荒漠，筛选条件见图 3.20(a)，叠加街道剥夺指数(以街道边界颜色表示)，其食品荒漠的空间分布如图 3.20(b)所示。

实验结果表明，食品荒漠因社会经济环境和交通方式的不同存在空间异质性。识别出的大部分食品荒漠分布在社会经济水平较低的街道。

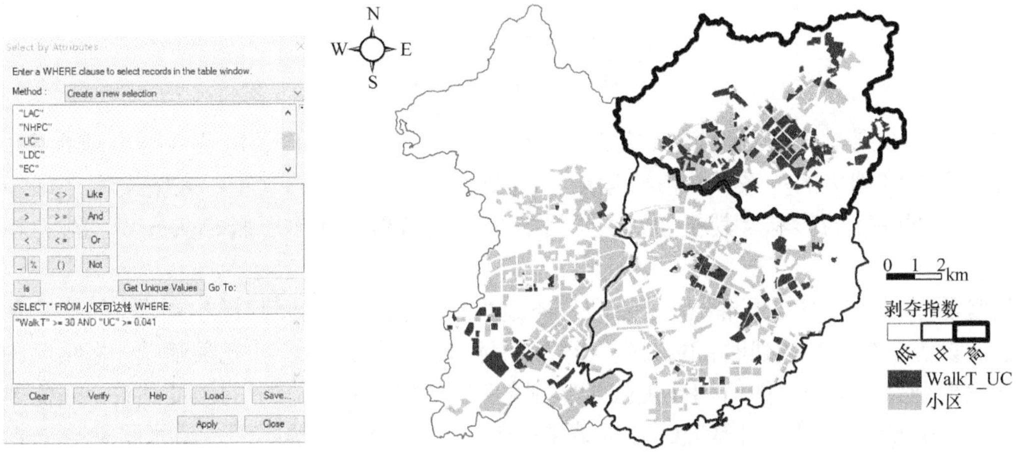

(a) 条件选择　　(b) 空间分布

图 3.18　失业率-食品荒漠

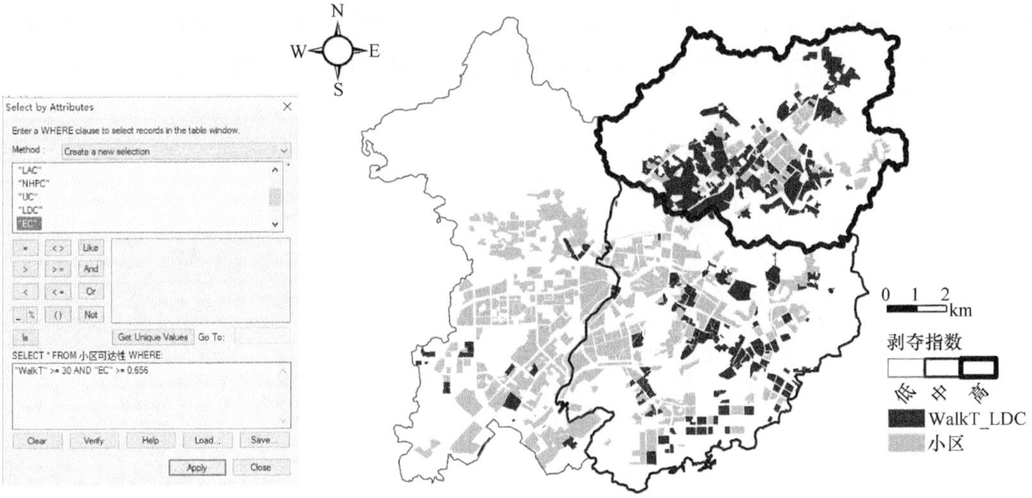

(a) 条件选择　　(b) 空间分布

图 3.19　低学历-食品荒漠

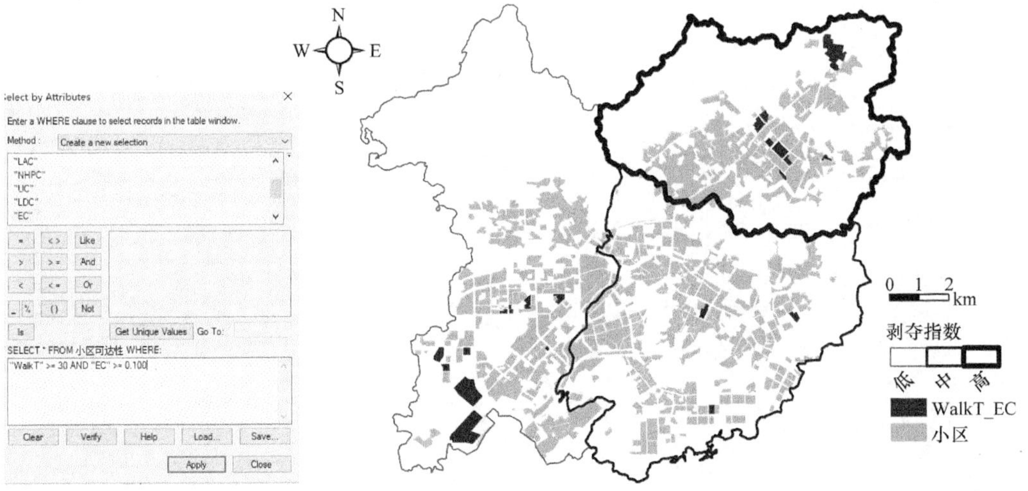

(a) 条件选择　　(b) 空间分布

图 3.20　老龄化-食品荒漠

3.3　讨论与总结

本实验主要通过多层线性回归模型来分析并探究居民健康食品可获性与街道水平、小区水平的社会经济因素的关系，并依次运用零模型、随机效应回归模型、完整模型来逐步探索各层变量对可获性的影响及其机制，主要目的是使读者能够基本了解相关知识，熟悉相关软件操作。

实验还存在一些值得商榷的地方：在样本选取时需满足分层回归样本要求，如样本量及变量比例的设置；在模型构建时，两层社会经济指标选取可以进一步补充及筛选；本实验中第二层的理论模型并不完善，如何构建更接近实际的理论模型，提高斜率的信度估计，还需要进一步的研究与分析；多层回归模型的分析结果虽然在一定程度上解释了街道水平社会人口指标对于小区社会指标与可达性的影响作用，但是缺乏对其影响机制的进一步分析，未来的研究还可以加入中介效应、主效应的讨论。另外，完整模型的残差显示，小区的健康食品可达性差异仍有一部分是未被解释的，说明仍有未被统计的其他因素影响着小区环境与可达性之间的关系，这也有待进一步的研究。读者可遵照本实验的方法和步骤自行尝试。

实验四　社区生活圈可步性测度

4.1 实 验 概 述

4.1.1　背景及目的

在我国新常态和转型发展时期，对基本公共服务可步性的研究具有十分重要的前瞻性，也会对集约型、智慧型城市的发展产生深远的影响。测度城市的可步性程度对于城市建设和社会环境评价具有十分重要的意义。步行指数是目前国际上量化测度步行性的主流方法，该方法于 2007 年由美国研究者提出，如今已在美国、加拿大、澳大利亚、英国、新西兰等国家得到了广泛应用。本实验将利用步行指数理论测度案例区的生活圈可步性，理解对城市可步性测度方法的研究。通过本实验希望能够达到以下目的：①掌握路网分析步骤与结果解读方法；②掌握社区可步性的计算方法。

4.1.2　数据说明

本实验所使用的数据存储于 data_exp4 文件夹中，包含的数据内容及其来源见表 4.1。

表 4.1　实验数据内容及其来源

数据类型	数据来源	数据内容	数据说明
公共设施点数据	开放 API 端口	获取学校、医院、药店、公共交通站点、公园、储蓄、邮局、餐饮、购物、休闲娱乐场所等公共设施点	矢量格式，点数据
小区点数据	开放 API 端口	研究区内所有小区的点要素	矢量格式，点数据
专题数据	土地利用图	道路网数据、街区长度数据、区域边界数据	矢量格式，线、面数据

4.1.3　整体实验设计

本实验根据步行指数理论整体把握和描述某市某区域小区单点可步性，主要包括设施分类表的准备、基础步行指数计算和步行指数修正三个步骤。

因为设施分类表不属于本实验的重点内容，所以设施分类已准备好，相应数据在文件中给出。基础步行指数计算首先将根据路网距离计算小区点周边最远到达范围内的设施数量，并赋予相应权重；其次根据距离衰减规律对权重进行衰减；最后将各类设施的权重相加，得到基础步行指数。

得到基础步行指数后，进一步考虑步行环境的影响，对其进行修正，主要通过所在地区的交叉口密度和街区长度进行测度。其中交叉口密度通过网络分析得到道路网的交叉点和社区长度数据。

本实验的整体流程如图 4.1 所示。

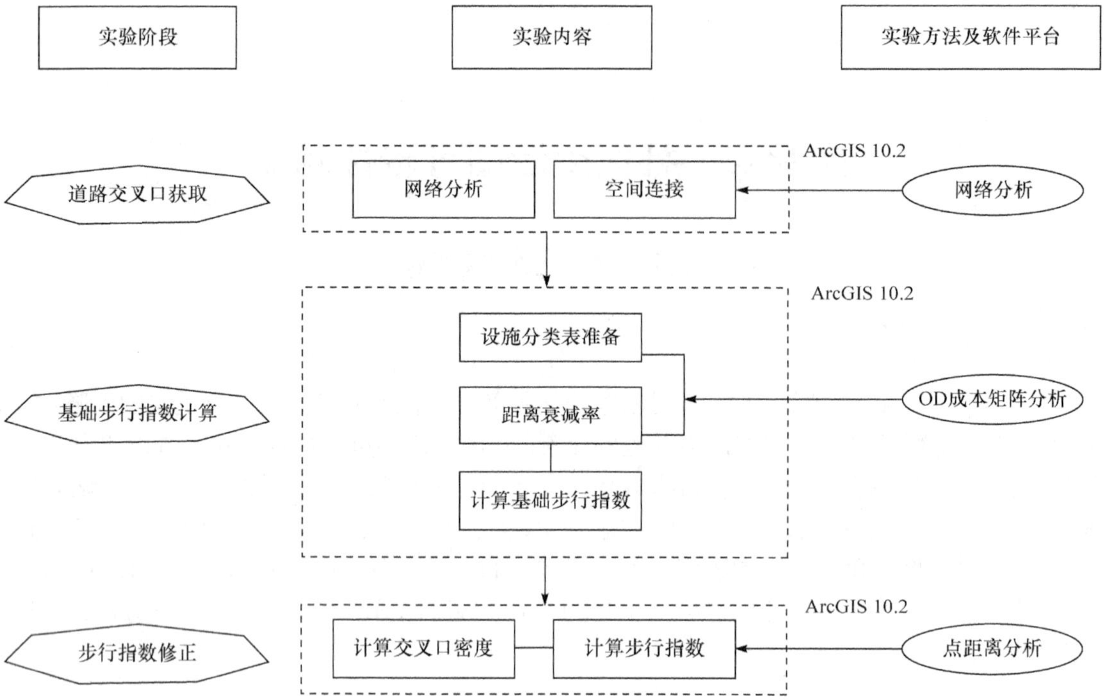

图 4.1　实验流程图

4.2 实验步骤

4.2.1 基础步行指数计算

1. 可步性理论简介

步行指数测度方法以日常设施的类型和空间布局为主要研究对象，包括单点步行指数和面域步行指数两个方面。本实验讨论的是单点步行指数，反映日常设施，如超市、餐馆、邮局等具体地点的步行性，包括出发点周边一定区域范围内的日常设施配置水平、日常设施的步行空间可达性水平等，与城市居民的日常生活关系紧密(图 4.2)。主要内容包括设施分类表的准备、基础步行指数计算、步行指数修正。

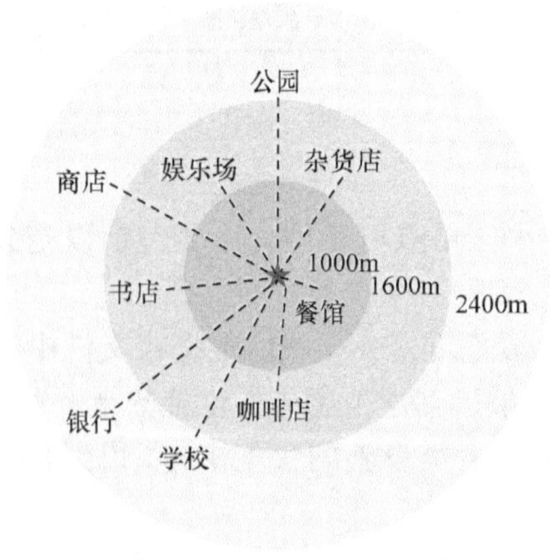

图 4.2　步行指数概念模型

其中，设施分类表是参考我国《城市居住区规划设计规范》[GB 50180—93(2002 年版)]对公共设施的分级配建标准，将城市居住区公共设施配建分为教育、医疗卫生、市政公用、金融邮电、商业服务等五大类。同时，根据每类设施的使用频率等级，赋予每类日常设施一定的标准初始权重，权重与设施使用频率的关系如表 4.2 所示，最终得到本实验区的设施分类及权重如表 4.3 所示。此内容不是本实验的重点，因此设施的数据已准备好。

表 4.2 日常设施初始标准权重与设施使用频率关系表

使用频率等级	高频	中频	低频
标准初始权重	3	2	1

表 4.3 可步性计算的设施分类表

一类	二类	三类	权重
教育	学校	幼儿园、小学、中学	1
医疗卫生	医院(门诊)		1
	药店		1
市政公用	公共交通站点(公交站、地铁站)		2
	公园		3
金融邮电	储蓄	银行、储蓄所、ATM	2
	邮局		1
商业服务	餐饮	餐馆	1
	购物	便利店(食品店、水果店、五金店、百货店、中小超市等)	3
		商场(大型超市、菜场)	2
	休闲娱乐场所	美容美发店、KTV、电影院、健身会所、体育馆等	1

2. 基础步行指数计算原理

在表 4.3 设施分类表的基础上，考虑公共设施点距小区的距离情况，即距离衰减规律，设施的初始权重将随着其与出发点距离的增加而有规律地衰减。计算每个小区点出发到达一定范围内的不同公共设施的基础步行指数。

距离衰减的规律有很多，本实验的距离衰减规律采用三次曲线。根据 walkscore.com 网站的距离衰减规律标准，按标准步行速度 80m/min，得到以下距离衰减规律，如表 4.4 所示。

表 4.4 距离衰减规律表

时间	到达范围	距离衰减规律	备注
5min	400m	不发生距离衰减，$y=1$	
20min	1600m	快速衰减，当位于 1600m 时，衰减到 12% $y=-153.6558x^3+419.4604x^2-395.9706x+201.1086$	
30min	2400m	衰减减慢， 当距离大于 2400m 时，衰减率大于 1 $y=-92.8x^3+566.6x^2-1153.1x+786.6$	2400m 以外的设施对出发点的步行指数无影响

注：式中，y 为衰减率，单位为%；x 为小区点到公共设施的距离，单位为 km。

3. 路网分析

利用网络分析中的 OD 成本矩阵分析各小区在 2400m、1600m 和 400m 范围内可以到达的设施点。

在进行网络分析前要启用 ArcGIS Network Analyst 模块：打开 ArcMap，在菜单栏中点击 Customize→Extensions→Network Analyst，勾选网络分析 Network Analyst 模块(图 4.3)。

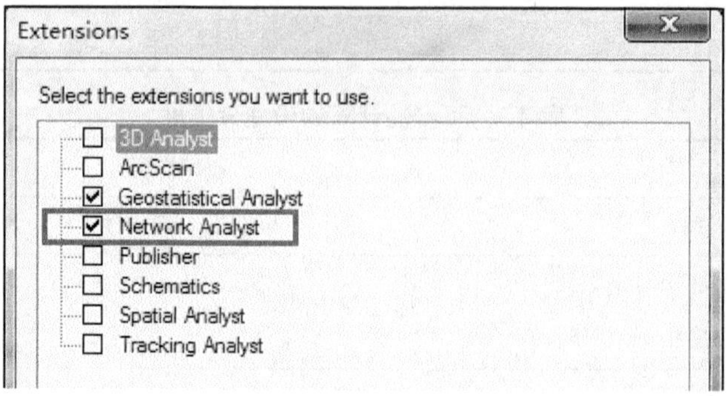

图 4.3　启用网络分析模块

1) 数据预处理

首先，打开要编辑的 street.shp 数据，在工具栏中，选择 Editor→Start Editing，开启编辑状态；选择图层中的全部要素，在图层上右键选择 Selection→Select All；然后调出拓扑编辑工具条 ，在菜单栏右键选择 Topology，建立拓扑关系；最后，点击 Topology 工具条中的“Map Topology”，选中要建立拓扑关系的图层，点击“OK”(图 4.4)。

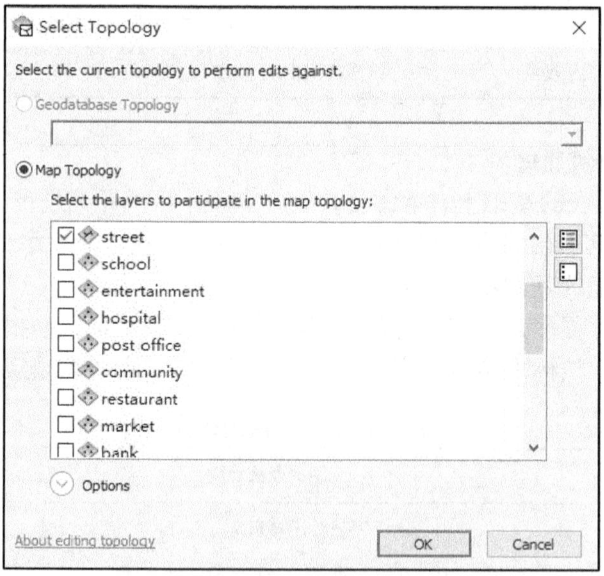

图 4.4　建立道路网图层的拓扑关系

在线的交点处打断线(图 4.5)，点击 Editor 工具条中的 More Editing tools→Advanced Editing→Planarize Lines，默认参数设置，点击“OK”；保存编辑，Save Edits→Stop Editing。

2) 建立网络数据集

打开 ArcCatalog，在刚才的 street.shp 图层上右键点击 New Network Dataset(图 4.6)，点击“Next”和“Yes”。

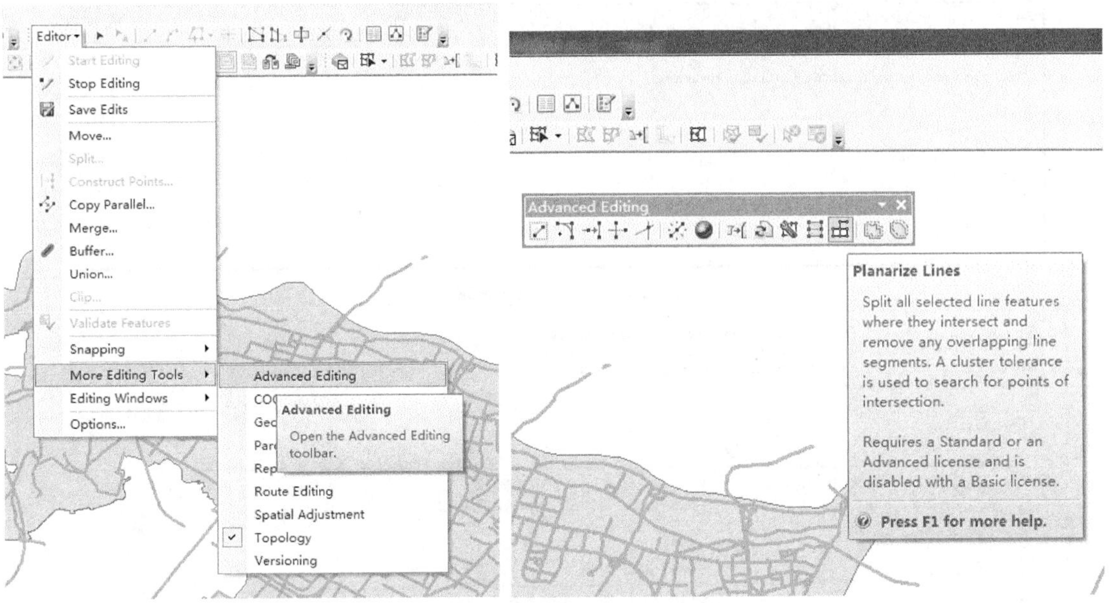

图 4.5　打断线工具

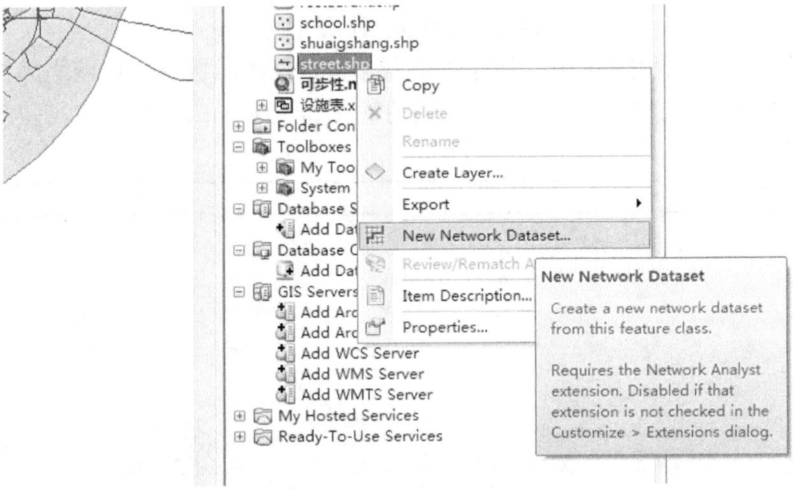

图 4.6　打开新建网络数据集

工具向导首先提示输入网络数据集的名称“street_ND”(图 4.7)；下一步设置转弯要素源(图 4.8)，添加默认转弯惩罚值；接下来单击“Connectivity”，打开连通性对话框(图 4.9)，为该网络设置连通性模型。对于该 street 要素类，所有道路在端点处相互连接，确保 street 的连通性策略已设置为端点。单击“OK”返回新建网络数据集向导。

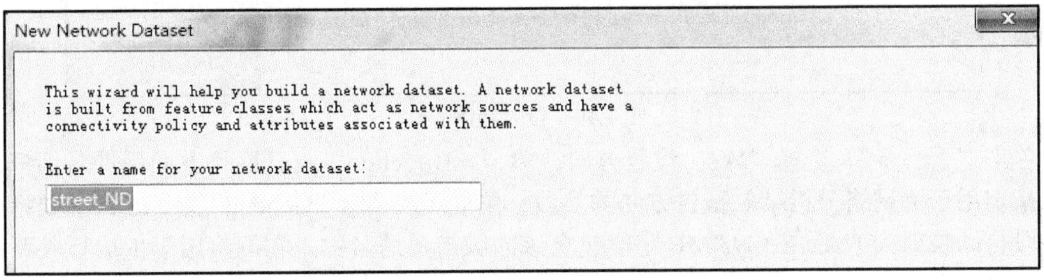

图 4.7　设置新建网络数据集的名称

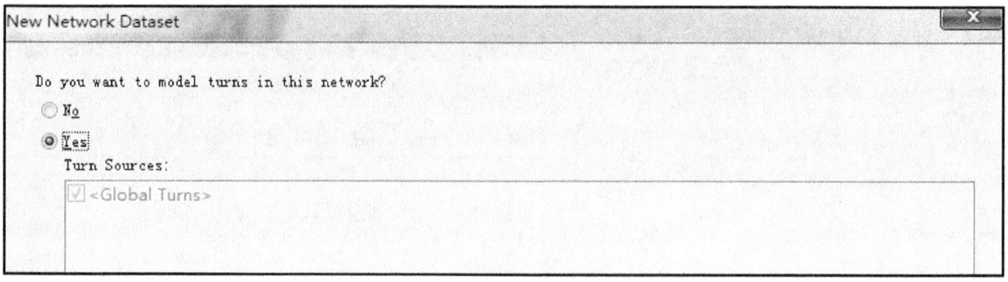

图 4.8　设置转弯要素源

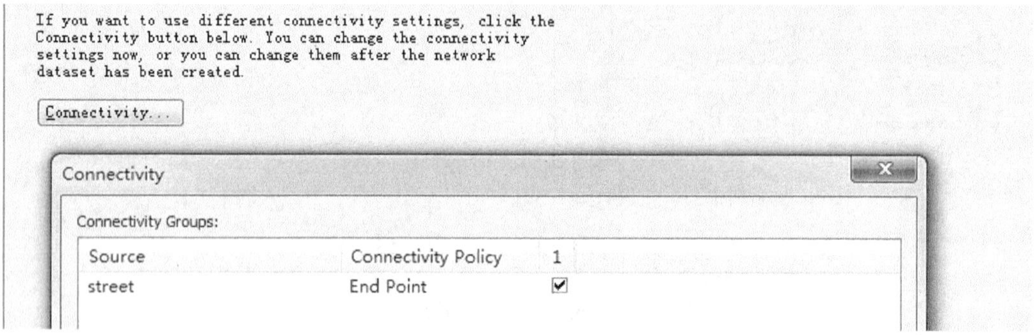

图 4.9　设置连通性模型

下一步是设置网络属性(图 4.10)，用于控制导航，常见的示例有用作网络阻抗的成本属性(Cost)，或禁止双向穿越或单向穿越(如单行线)的约束属性(Restriction)。本实验对此项不做要求。默认选择下一步。

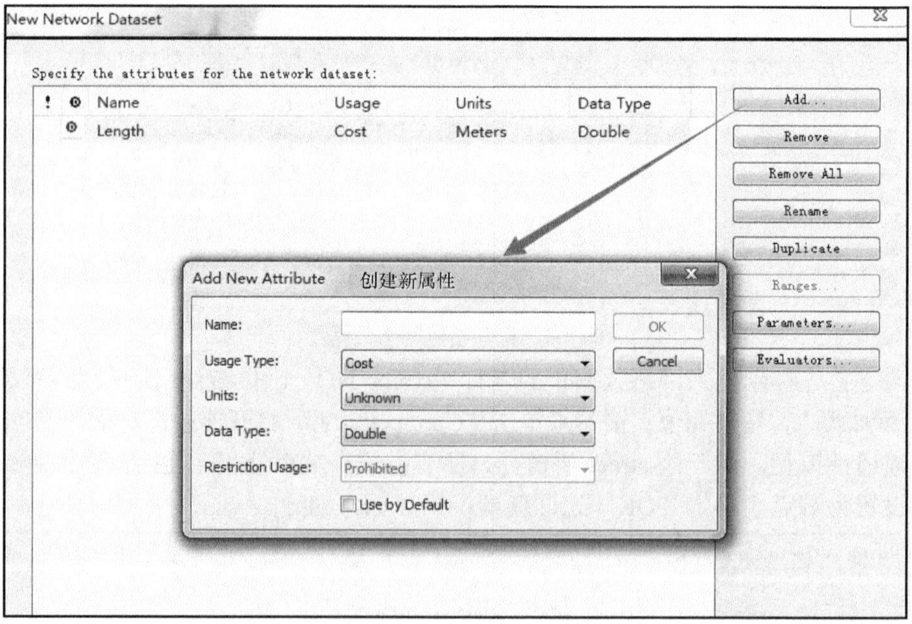

图 4.10　设置网络属性

单击“下一步”，选择“Yes”设置方向，单击“Direction”打开网络方向属性对话框，现在要指定用于为网络分析结果报告方向的字段，在常规选项卡“General”上，确保主要行的名称字段自动映射到 NAME，NAME 字段包含该区域街道的名称，它们将用于生成行驶路线，如图 4.11 所示。

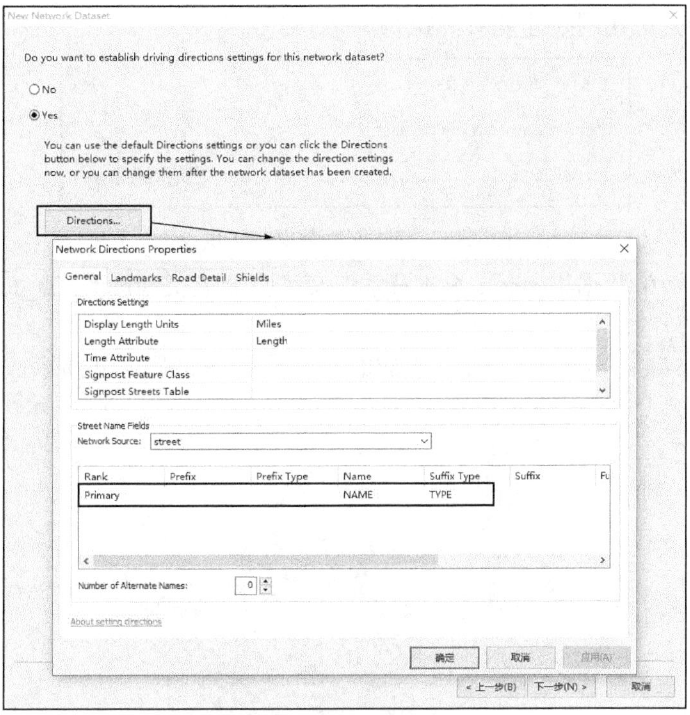

图 4.11　网络方向属性设置

单击“确定”返回新建网络数据集向导窗口，单击“下一步”将显示所有设置的汇总信息供用户查看(图 4.12)。

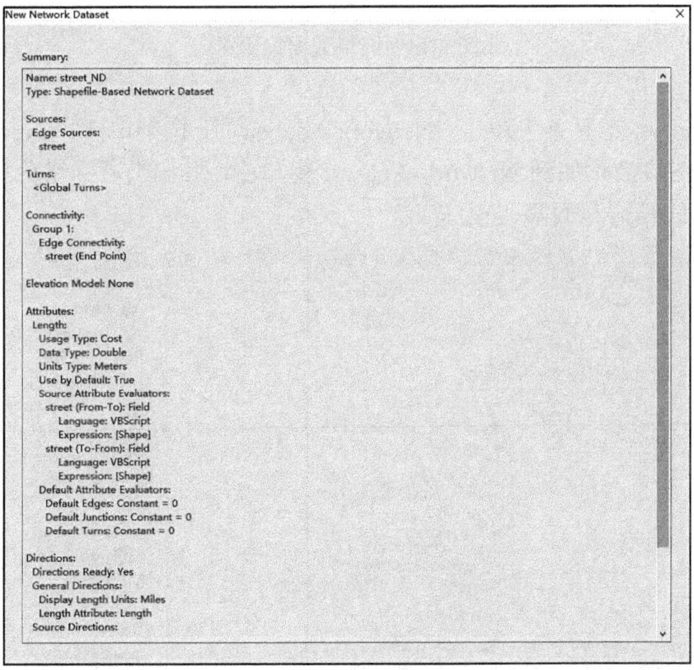

图 4.12　所有设置汇总信息

点击“Finish”，将启动进度条，显示 Network Analyst 正在创建网络数据集(图 4.13)。创建网络后，系统会提示是否要构建它，构建过程会确定哪些网络元素是相互连接的，并填充网络数据集属性。必须先构建网络才能对其执行网络分析。

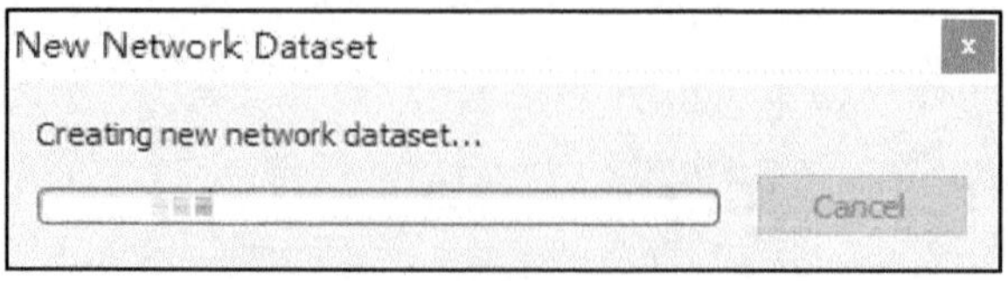

图 4.13　构建网络数据集进度条

此时生成新的网络数据集 street_ND 及系统交汇点要素类 street_ND_Junctions，自动添加到 ArcCatalog 中 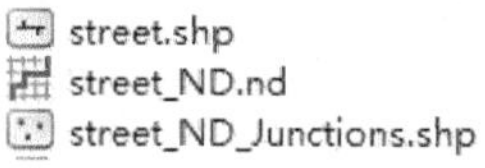

。生成的网络数据集如图 4.14 所示。

图 4.14　网络数据集预览

3) OD 成本矩阵分析

在 Network Analyst 工具条上单击“Network Analyst”下拉菜单选择 New OD Cost Matrix，OD 成本矩阵分析图层被添加到 Network Analyst 窗口中(图 4.15)。网络分析类(起始点、目的地、线、点障碍、线障碍和面障碍)为空。

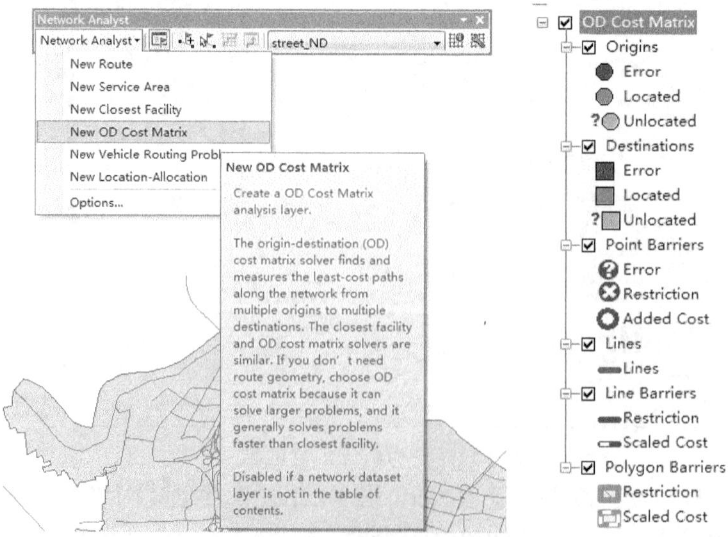

图 4.15　新建 OD 成本矩阵

添加起始点。在 Network Analyst 窗口中，右键单击“Origins(0)”，然后选择加载位置“Load locations”，打开加载位置对话框，单击加载位置“Load From”下拉列表中的小区点 community，如图 4.16 所示。点击“OK”，起始点会显示在地图上，并列于起始点下 Network Analyst 窗口中。

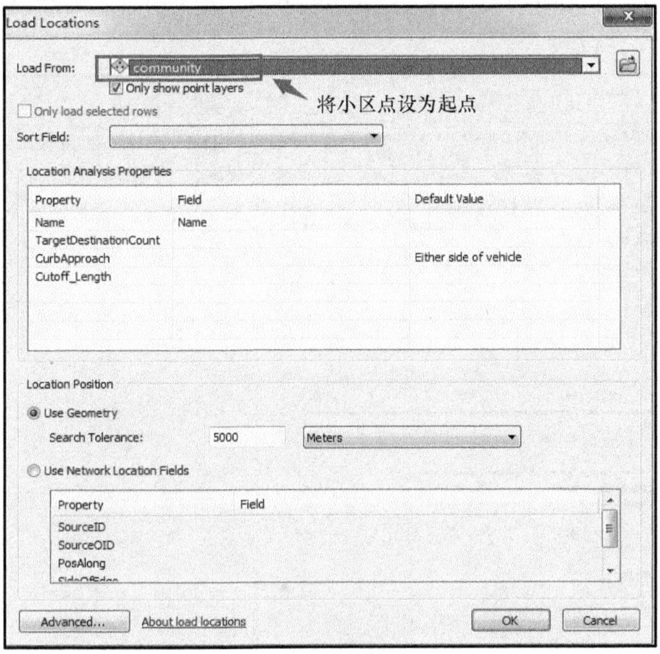

图 4.16 起始点加载位置设置

添加目的地。在 Network Analyst 窗口中，右键单击“Destination(0)”，然后选择加载位置“Load Locations”，单击加载位置 Load From 下拉列表中的设施点，如“post office”，如图 4.17 所示，点击“OK”。

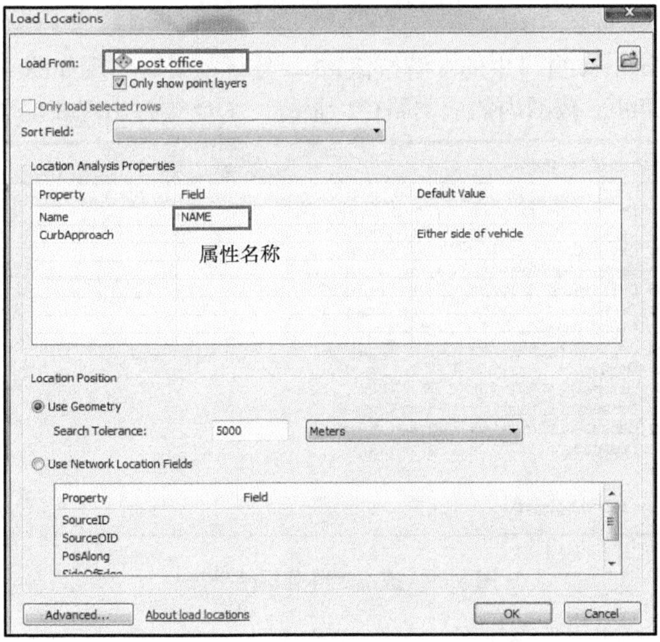

图 4.17 目的地加载位置设置

设置分析参数。单击 Network Analyst 窗口中的分析图层属性按钮，基于路网计算 OD 成本矩阵。单击分析设置选项卡 Analysis Settings，阻抗 Impedance 为路径长度[Length (Meters)]，单位为 m；在默认中断文本框 Default Cutoff Value 中输入 2400；确保要查找的目的地设置为全部(All)；单击交汇点的 U 形转弯(U-Turns at Junctions)下拉箭头，选择 Allowed，如图 4.18 所示。单击“确定”，保存设置。

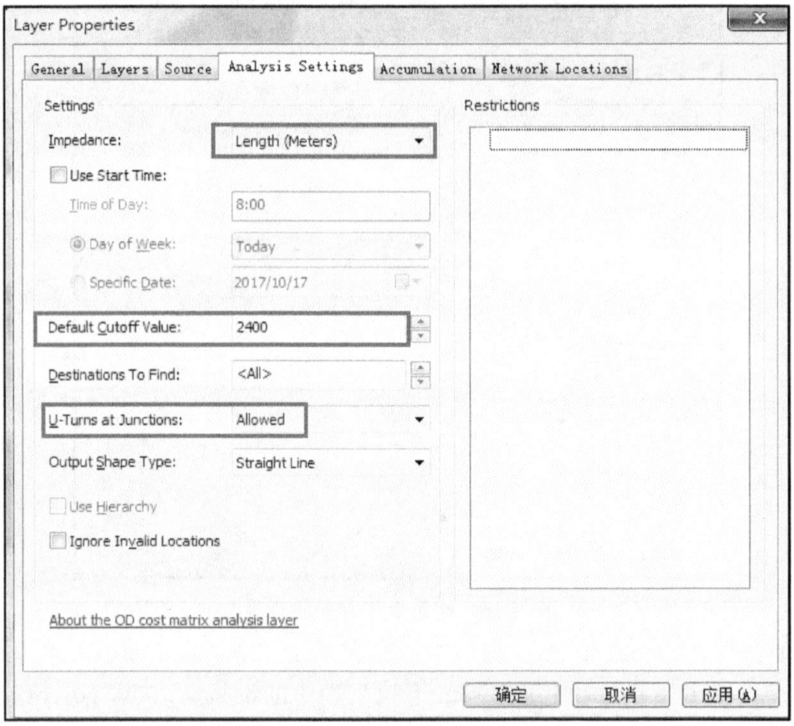

图 4.18　分析选项卡设置

单击 Network Analyst 窗口中的求解按钮，分析结束后出现如图 4.19 所示的对话框，这些提示都是不在 2400m 范围内的成本路径，最终的 OD 线将出现在地图上(图 4.20)。

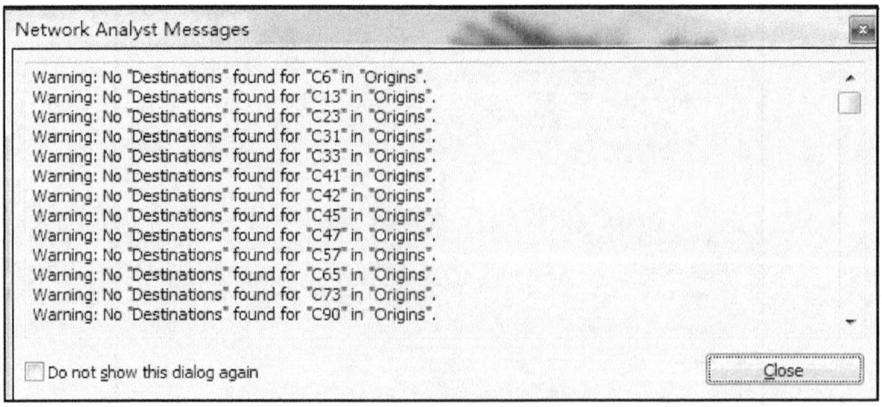

图 4.19　成本矩阵分析结果提示

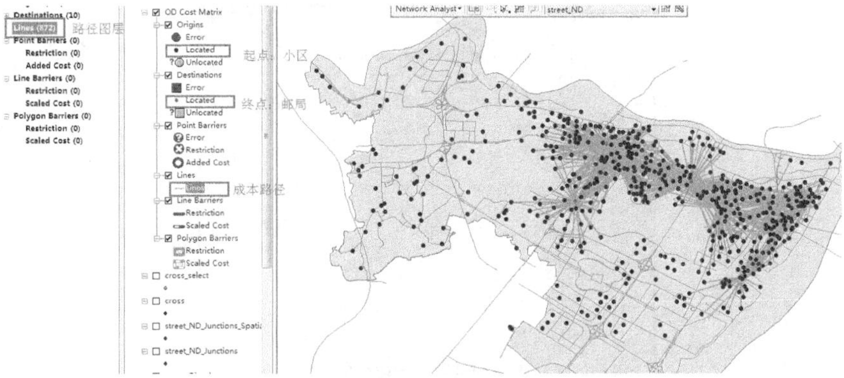

图 4.20　成本矩阵生成

在 Network Analyst 窗口中，右键单击“Line(872)”，然后选择打开属性表(图 4.21)，线属性表表示每个小区与邮局之间的距离在 2400m 内的“起始点—目的地”成本矩阵，OriginID 是小区的 ID，DestinationID 是邮局的 ID，DestinationRank 是分配给每个目的地的等级。小区基于总行驶路径长度到达相应设施。

Table

Lines

ObjectID	Shape	Name	OriginID	DestinationID	DestinationRank	Total_Length
10	Polyline	C5 - P8	5	8	3	2390.206105
317	Polyline	C175 - P7	175	7	3	2386.856727
334	Polyline	C183 - P6	183	6	3	2386.66857
655	Polyline	C373 - P4	373	4	3	2386.12479
601	Polyline	C339 - P7	339	7	3	2382.65663
761	Polyline	C450 - P9	450	9	4	2378.802279
813	Polyline	C476 - P4	476	4	4	2376.429462
613	Polyline	C345 - P2	345	2	3	2376.364588
18	Polyline	C9 - P1	9	1	3	2372.278336
473	Polyline	C258 - P6	258	6	3	2371.196492
12	Polyline	C7 - P1	7	1	2	2370.336645
128	Polyline	C66 - P8	66	8	3	2369.570137
641	Polyline	C357 - P8	357	8	3	2367.550571
475	Polyline	C263 - P4	263	4	1	2366.216014
551	Polyline	C308 - P8	308	8	3	2364.850464
62	Polyline	C30 - P8	30	8	4	2364.692268
242	Polyline	C126 - P8	126	8	4	2364.576701
418	Polyline	C224 - P9	224	9	4	2360.644425
263	Polyline	C142 - P3	142	3	1	2359.855496
824	Polyline	C489 - P3	489	3	1	2359.855496
146	Polyline	C74 - P7	74	7	3	2354.259493
255	Polyline	C134 - P9	134	9	3	2354.071968

1　(0 out of 872 Selected)

Lines

图 4.21　线属性表

右键单击“Line(872)”，选择导出数据，命名为“小区到邮局.shp”作为下一步计算邮局设施的距离衰减的权重。

在“小区到邮局.shp”的属性表中添加一个新的字段“weight”，类型设置为双精度(Double)，用于存储设施的经距离衰减后的权重。

计算距离衰减后的权重如图 4.22 所示。打开按属性选择，如图 4.22 所示在选择条件框内输入"Total_Leng"> 400 AND"Total_Leng"<= 1600，选出小区在 400～1600m 范围内可达的邮局设施的路径(被选中的高亮显示)。其他两个距离范围操作方法同理。

4. 计算基础步行指数

将计算得到的公共设施点到小区的距离，代入相应的衰减函数(表 4.4)，计算公共设施的距离衰减率；将衰减率与公共设施的原始权重相乘，最后得到每个设施点经衰减后的权重值。操作步骤是：在“weight”字段上右键单击“Field Calculator”，利用字段计算器为这些设施计算相应权重，按照表 4.3 给出的初始权重和表 4.4 给出的距离衰减率计算公式进行计算；因为

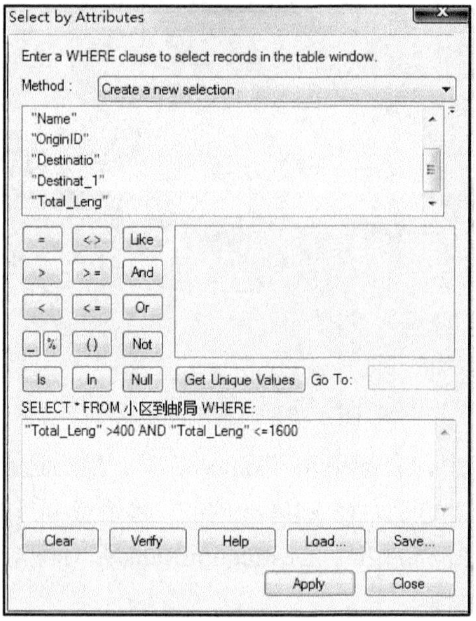

图 4.22　按属性选择各衰减距离范围内的设施

“邮局”的初始权重为 1，所以在表达式框内输入公式 weight=1*(-153.6558* ([Total_Leng]*0.001)^3+419.4604*([Total_Leng]*0.001)^2-395.9706*[Total_Leng] *0.001+201.1086)*0.01，即可得到小区在 400～1600m 范围内可达的邮局设施的权重(图 4.23)。同理可以计算其 400m 内和 1600～2400m 距离范围内的衰减后的权重。其他各设施点的距离衰减权重计算方法也一样，重复路网分析的步骤即可。

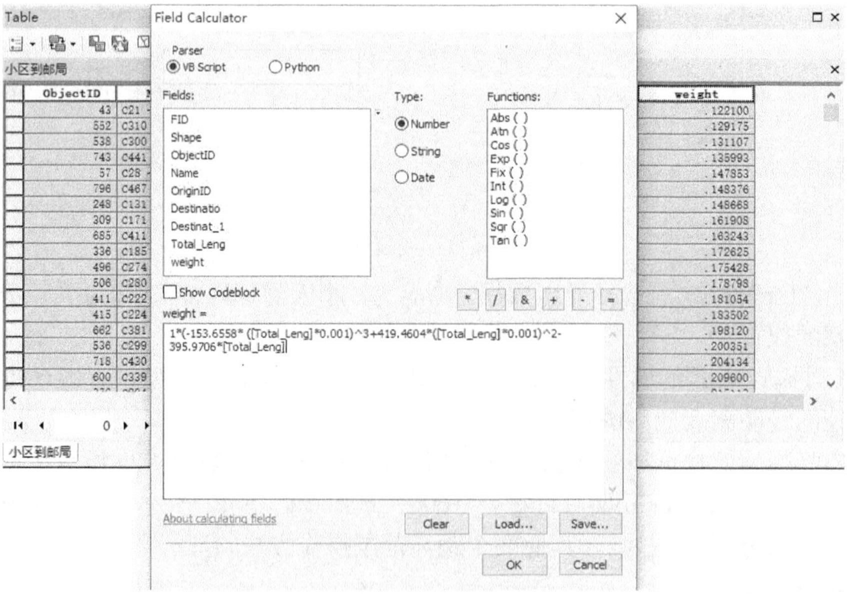

图 4.23　字段计算器计算距离衰减的权重

计算小区到邮局设施单点基础步行指数。在 weight 字段上右键单击“Summarize…”汇总工具(图 4.24)，在弹出的对话框中选择按照小区进行汇总，即选择小区的 ID——OriginID，选择要汇总的字段 weight，统计方式为 Sum，点击“OK”。输出的表如图 4.25 所示，可以看到每个小区的邮局设施的权重。

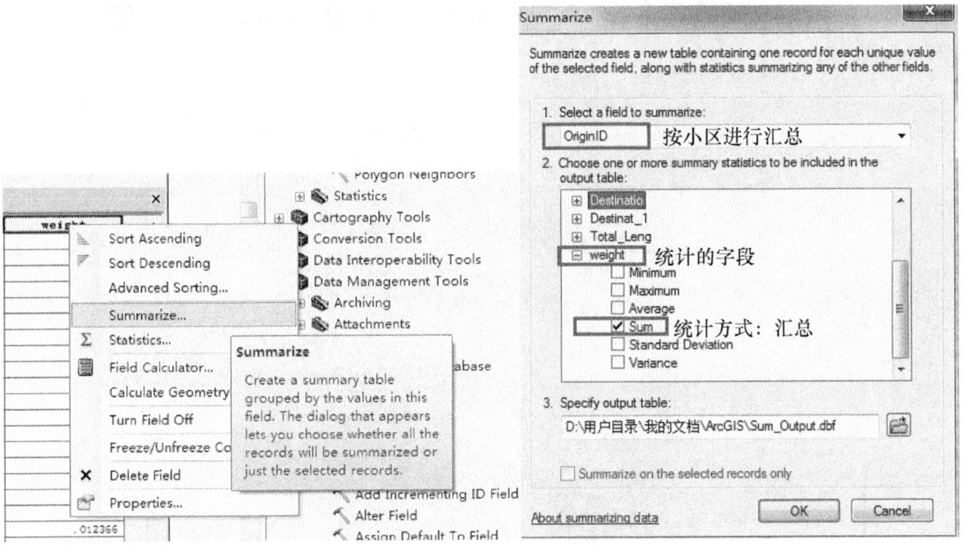

图 4.24　汇总各小区到邮局设施的权重

小区ID				到邮局设施的权重
OriginID	Destinatio	Destinat_1	Total_Leng	weight
5	8	3	2390.206105	.002616
175	7	3	2386.856727	.003778
183	6	3	2386.66857	.003843
373	4	3	2386.12479	.004029
339	7	3	2382.65663	.005205
450	9	4	2378.802279	.006484
476	4	4	2376.429462	.007258
345	2	3	2376.364588	.007279
9	1	3	2372.278336	.008585
258	6	3	2371.196492	.008926
7	1	2	2370.336645	.009195
66	8	3	2369.570137	.009434
357	8	3	2367.550571	.010058
263	4	1	2366.216014	.010466
308	8	3	2364.850464	.010880
30	8	4	2364.692268	.010928
126	8	4	2364.576701	.010963
224	9	4	2360.644425	.012135
142	3	1	2359.855496	.012366

图 4.25　各小区到邮局设施的权重表

同理，小区到其他各设施点的距离衰减权重计算方法也一样，对不同的设施要素重复路网分析的步骤即可。

最后将小区 2400m 范围内各类设施的权重相加，得到小区单点基础步行指数，即

单点基础步行指数 = 小区点 2400m 内所有公共设施经距离衰减后的权重和

首先要将计算得到的各设施经距离衰减后的权重结果添加到小区点“community.shp”数据的属性表里。在属性表的下拉菜单选择 Join and Relates→Join…(图 4.26)。在弹出的对话框中选择基于此图层的“FID”字段进行连接，要连接到该图层的表为路网分析步骤中计算得到的小区到邮局(公共设施)的权重表“Wpost”，连接的相同字段为“OID”，最终将权重值赋给对应的小区的属性表中，如图 4.27 所示。值得注意的是，此时被连接的属性表并未完全写入小区点图层中，需要重新导出一遍数据，在小区点图层上右键单击“Export Data”即可。其他各

项设施的权重值用同样的方法加载到原小区点图层的属性表中，最终得到类似于图 4.28 的表。最后将各类设施的权重相加，得到基础步行指数，方法为添加一个字段，如“Basic_W”。存储基础步行指数，通过字段计算器将各个设施权重的字段相加，字段计算器的使用前面已经介绍过，这里不再赘述。

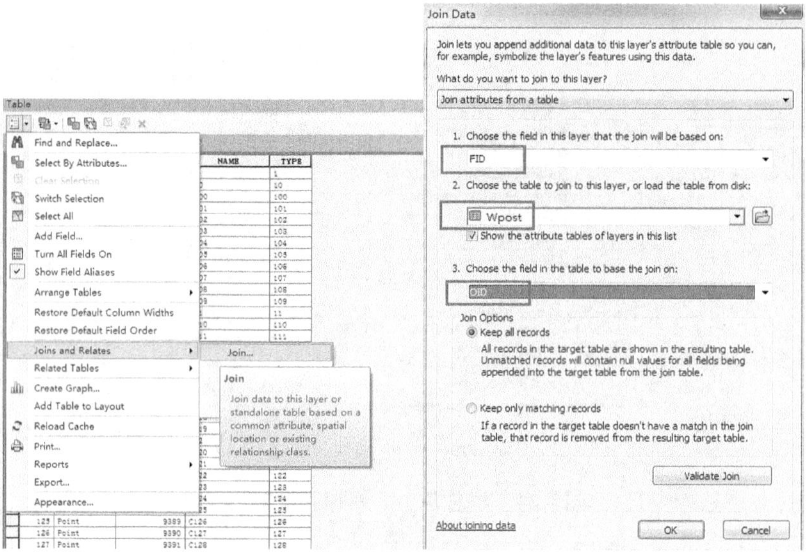

图 4.26　表连接设置

图 4.27　表连接结果

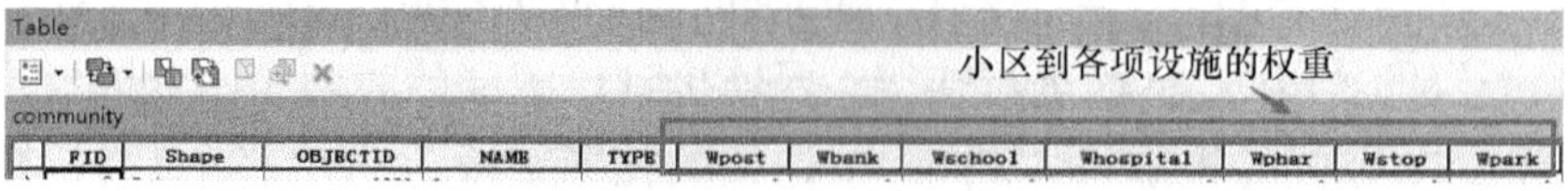

图 4.28　将各设施权重赋给小区图层属性表(截取部分)

4.2.2　步行指数修正

得到小区单点基础步行指数后，考虑路网和社区环境的影响对基础步行指数进行修正，主要通过所在地区的交叉口密度和所在街区长度测度。交叉口密度和街区长度的衰减率如表 4.5 所示。

表 4.5　交叉口密度和街区长度衰减率对照表

交叉口密度/(个/km²)	衰减率/%	街区长度/100m	衰减率/%
⩾200	0	⩽120	0
150～200	1	120～150	1
120～150	2	150～165	2
90～120	3	165～180	3
60～90	4	180～195	4
<60	5	>195	5

1. 道路交叉口获取

在 4.2.1 中路网分析的基础上，获得了 street_ND_Junctions 点数据，但它还不是我们需要的道路交叉口，因为这里有悬挂节点(线段的一端)和自相交节点，因此要去除这些非相交节点。

打断线图层，用 ArcToolbox 中的 Data Management Tools→Generalization→Dissolve，依据道路名进行融合，生成新的 street 图层。交点连接的四条道路可能会存在同名现象，因此需按路名进行融合，避免交点名称出现 ABAB 现象。

选择 ArcToolbox→Analysis Tools→Overlay→Spatial Join，打开空间连接工具，将 street_ND_Junctions.shp 与 street.shp 连接，Target Features 为 street_ND_Junctions 点图层，Join Features 为道路图层 street。Join Operation 要选择 JOIN_ONE_TO_ONE，如图 4.29 所示。

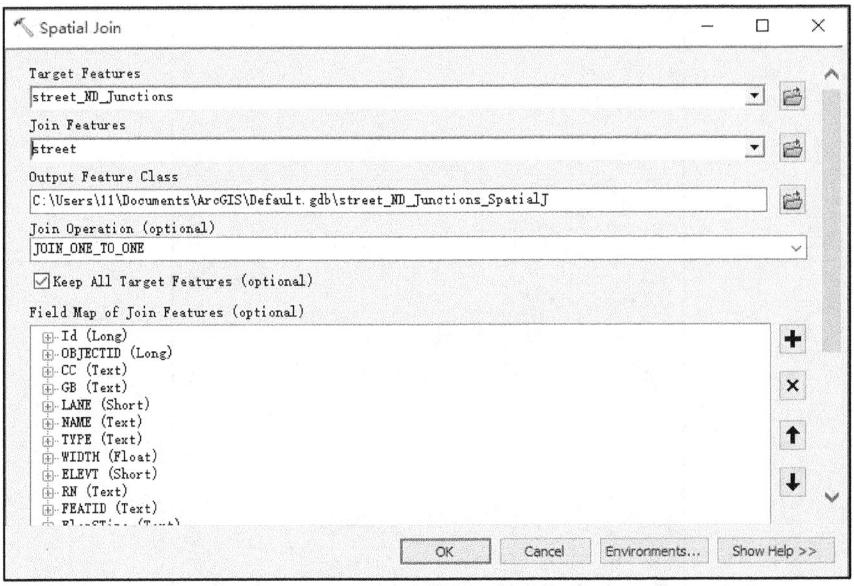

图 4.29　空间连接

生成文件名含有 SpatialJoin 的文件。打开此文件属性表，发现多了一个字段 Join_Count (图 4.30)，这个字段的数值就是点和线相连的个数。

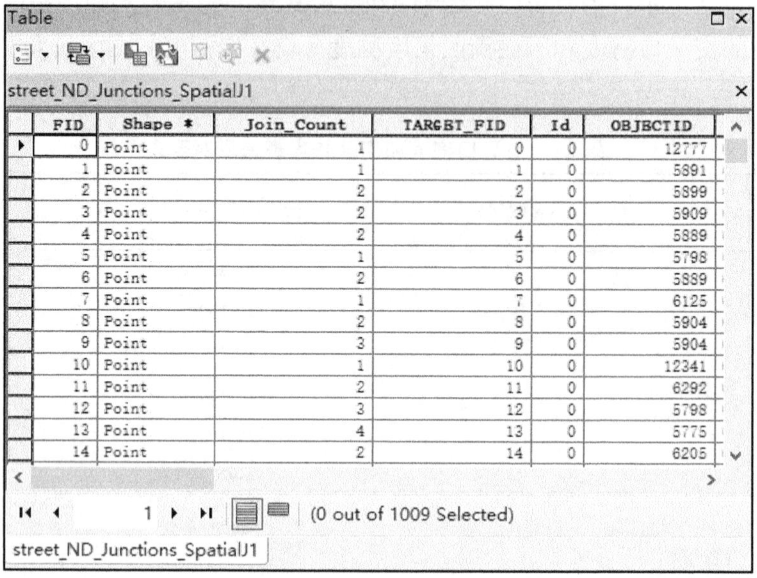

FID	Shape *	Join_Count	TARGET_FID	Id	OBJECTID
0	Point	1	0	0	12777
1	Point	1	1	0	5891
2	Point	2	2	0	5899
3	Point	2	3	0	5909
4	Point	2	4	0	5889
5	Point	1	5	0	5798
6	Point	2	6	0	5889
7	Point	1	7	0	6125
8	Point	2	8	0	5904
9	Point	3	9	0	5904
10	Point	1	10	0	12341
11	Point	2	11	0	6292
12	Point	3	12	0	5798
13	Point	4	13	0	5775
14	Point	2	14	0	6205

图 4.30　空间连接结果

编辑 street_ND_Junctions_SpatialJoin.shp。点击 Table Options→Select by Attributes，按属性选择 Join_Count 小于 2 的点(图 4.31)。右键单击"Delete Selected"删除这些点，然后在工具栏选择 Selection→Select By Location，按位置选出研究区 border 内的数据点，如图 4.32 所示。注意空间选择方法是"are completely within the source layer feature"，导出被选中的点就是需要的道路交叉口，保存文件为"cross.shp"。

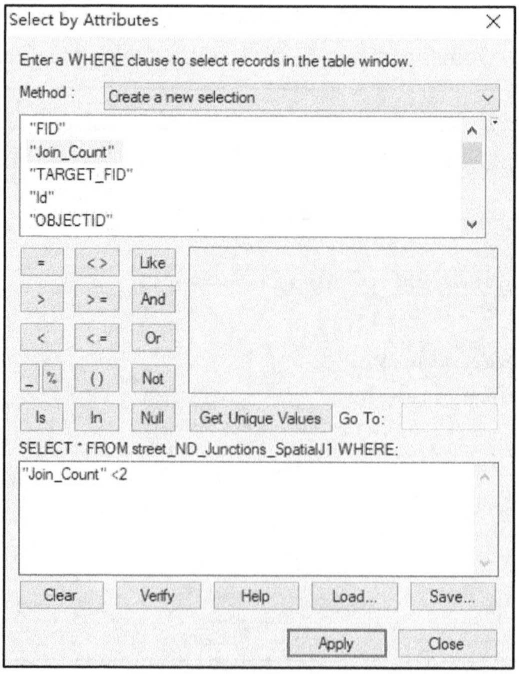

图 4.31　删除非相交节点

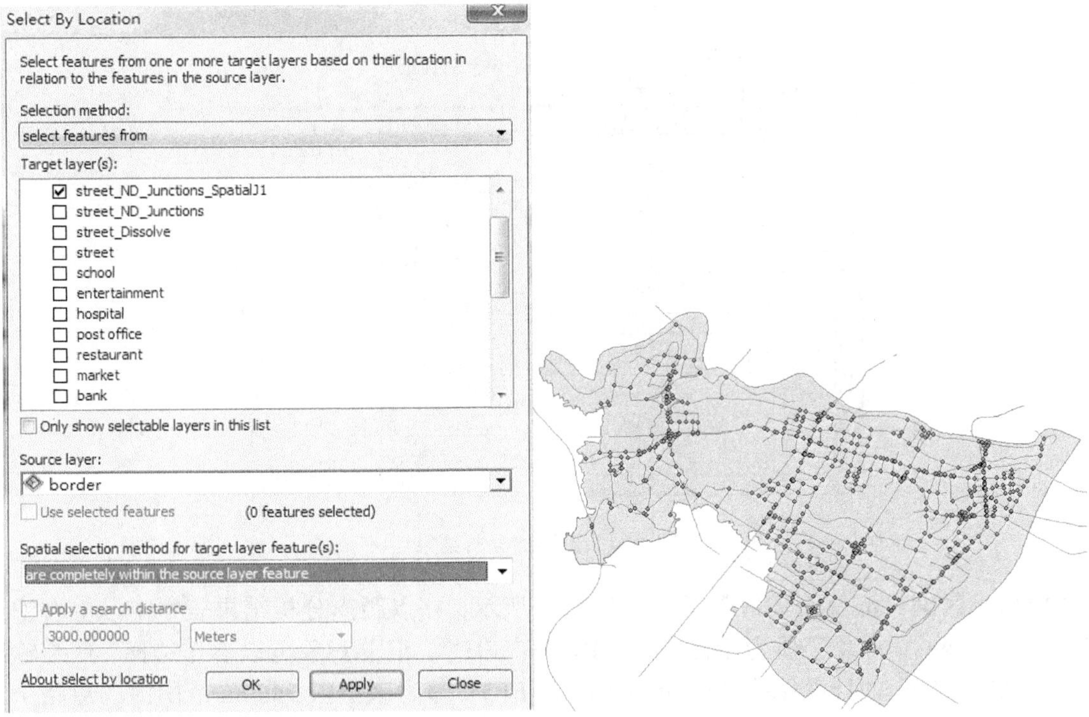

图 4.32　按位置选择出研究区内的交叉口

2. 计算小区点 2400m 范围内交叉口的密度

以上已经得到了道路交叉口点数据。在 ArcGIS 工具条中选择 Analysis Tools→Proximity→Point Distance，利用“点距离”工具计算小区点到周围 2400m 范围内交叉口的欧氏距离(图 4.33)，由此得到距小区点 2400m 的所有交叉口。图 4.34 为输出名为“community_PointDistance”的点距离分析结果。

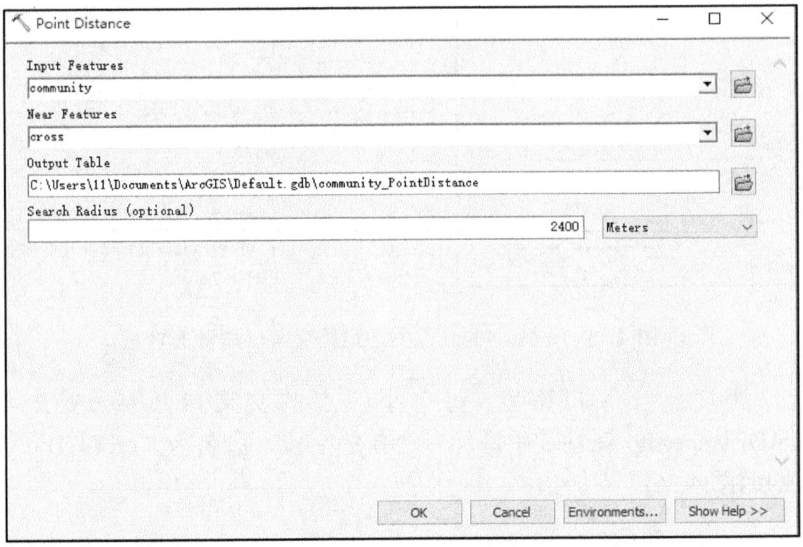

图 4.33　点距离分析

OID	INPUT_FID	NEAR_FID	DISTANCE
0	0	206	2296.022817
1	0	198	1824.424413
2	0	196	2197.568393
3	0	195	1971.084801
4	0	180	2144.268467
5	0	177	2201.094153
6	0	252	1920.279373
7	0	244	2044.668127
8	0	234	2320.435985
9	0	217	1950.279291
10	0	211	2131.747507
11	0	161	1996.281761
12	0	203	1418.119468
13	0	201	1469.198575
14	0	199	1149.00613
15	0	191	1340.893179
16	0	188	1377.339714
17	0	187	1377.427168

图 4.34　点距离分析结果

根据小区编号汇总交叉口数量，如图 4.35 所示，在点距离分析结果表中字段上右键单击“Summarize”，汇总字段为小区点的“INPUT_FID”，汇总对象可以不作选择，最终输出对“INPUT_FID”的计数结果“Count_INPUT_FID”即为该小区 2400m 范围内的道路交叉口数量。

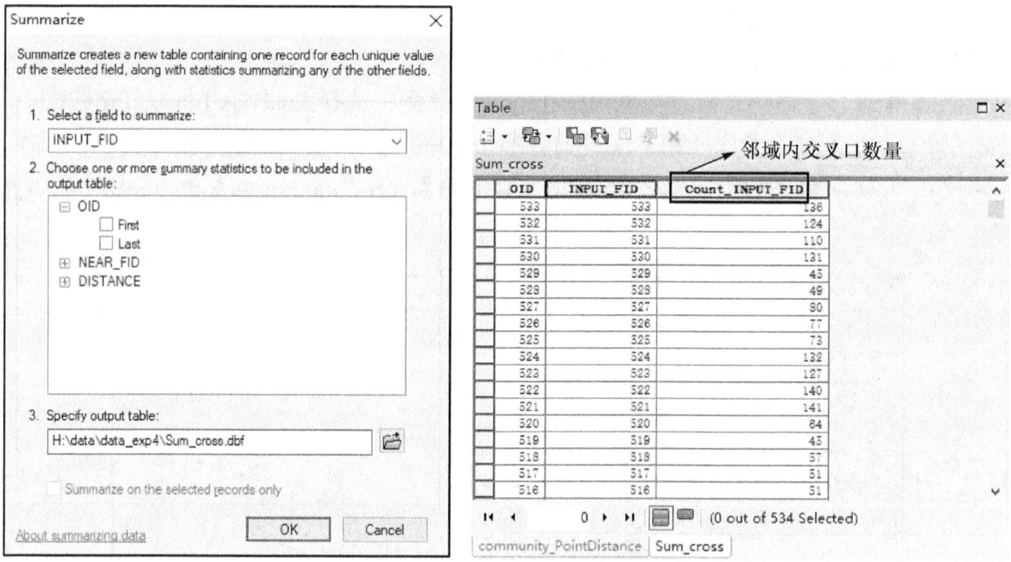

OID	INPUT_FID	Count_INPUT_FID
533	533	136
532	532	124
531	531	110
530	530	131
529	529	45
528	528	49
527	527	80
526	526	77
525	525	73
524	524	132
523	523	127
522	522	140
521	521	141
520	520	64
519	519	45
518	518	57
517	517	51
516	516	51

图 4.35　小区 2400m 范围内道路交叉口数量汇总

计算交叉口密度。交叉口密度=每个小区点的交叉口数量/πR^2(R = 2400m)。在 community_PointDistance.shp 属性表中添加一个新的字段，命名为“cross_D”，利用字段计算器计算交叉口密度(图 4.36)。

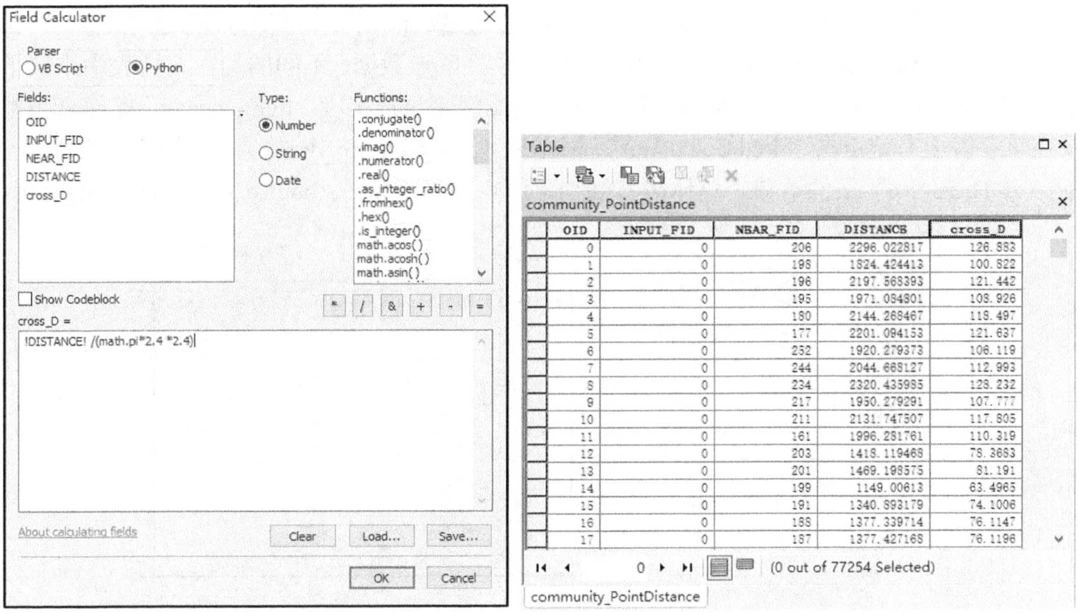

图 4.36　计算交叉口密度

3. 计算修正后的小区单点步行指数

(1) 依据表 4.5 计算基于交叉口密度的小区基础步行指数的衰减率。

(2) 依据表 4.5 计算基于街区长度的小区基础步行指数的衰减率。下面介绍如何得到每个小区的基于街区长度的步行指数衰减率。

打开 ArcToolbox 中的 Analysis Tools→Overlay→Spatial Join，利用空间连接工具得到每个小区所在的街区的长度。

弹出空间连接对话框(图 4.37)，在 Target Features 输入小区点数据“community”，在 Join Features 中输入街区长度数据“blockLength”，连接方式选择“JOIN_ONE_TO_ONE”，选择保存路径，点击“OK”。

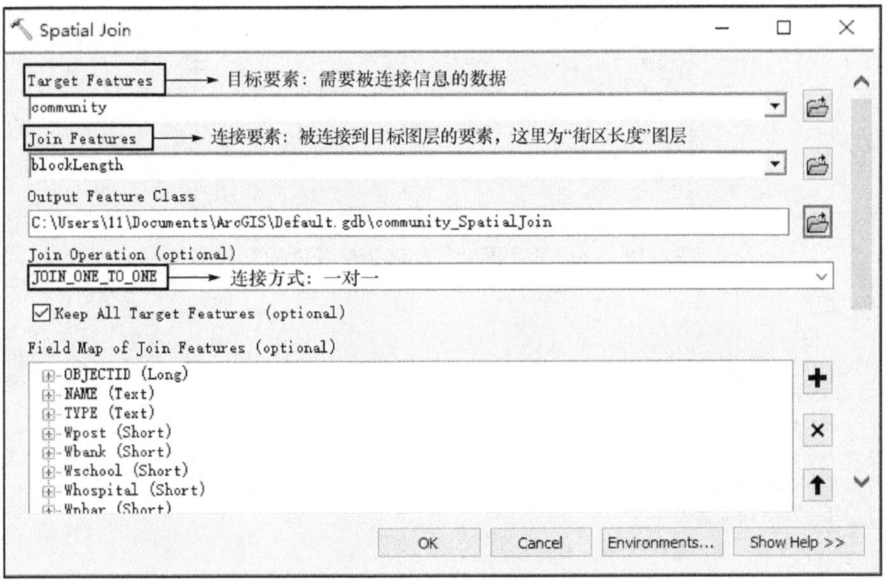

图 4.37　空间连接得到各小区所在的街区

计算各小区基于街区长度的步行指数衰减率。上一步空间连接输出结果“community_SpatialJoin.shp”从要素类型来说还是小区的点数据，不同的是在属性表中添加了该小区所在的街区信息(图 4.38)。如图 4.39 所示，给属性表添加字段“Leng_decay”存储衰减率属性，在该字段上右键点击“Field Calculator”，根据表 4.5 写出 Leng_decay 字段的计算 VB Script，用到“If-Then-else”条件语句。具体语言规则可以点击左下角“About calculating fileds”查看。

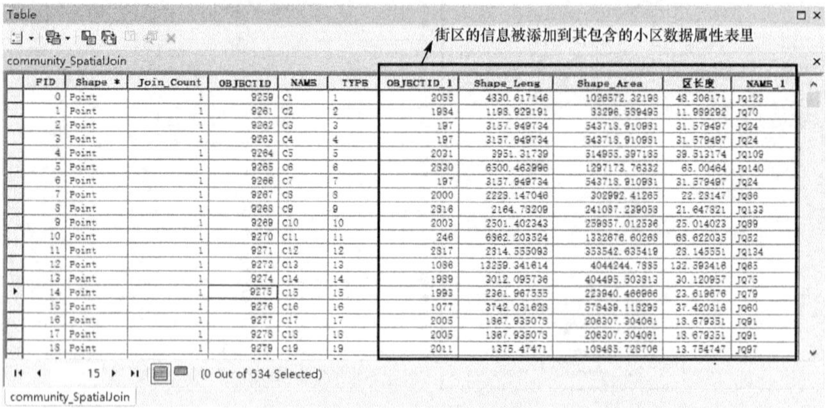

图 4.38　空间连接结果

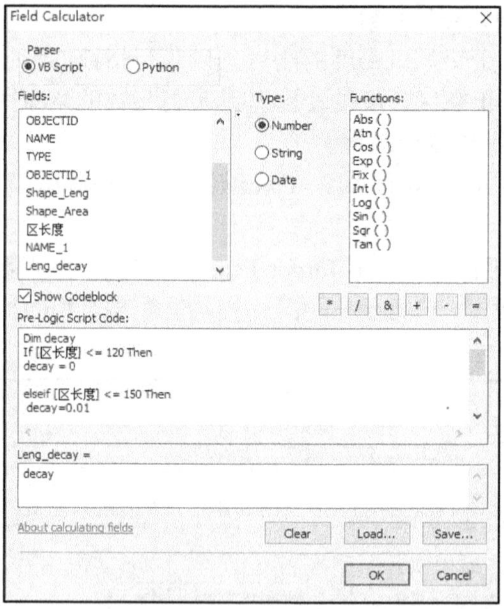

图 4.39　字段计算器计算小区街区长度的衰减率

VB 代码如下：

```
Dim decay
If [区长度] <= 120 Then decay = 0
elseif [区长度] <= 150 Then decay=0.01
elseif [区长度] <= 165 Then decay=0.02
elseif [区长度] <= 180 Then decay=0.03
elseif [区长度] <= 195 Then decay=0.04
else
decay=0.05
end if
```

首先要利用“表连接”将以上计算的各小区的交叉口密度衰减率和街区长度衰减率连接到小区点数据中(方法同上)。根据 4.2.1 节得到的小区单点基础步行指数的结果，经小区周围最远步行区域范围 2400m 内的交叉口密度衰减和小区所在街区的街区长度衰减后，得到小区的单点步行指数修正值(图 4.40)。

修正后的小区单点步行指数 = 基础步行指数×(100–交叉口密度衰减率)×(100–街区长度衰减率)/100。

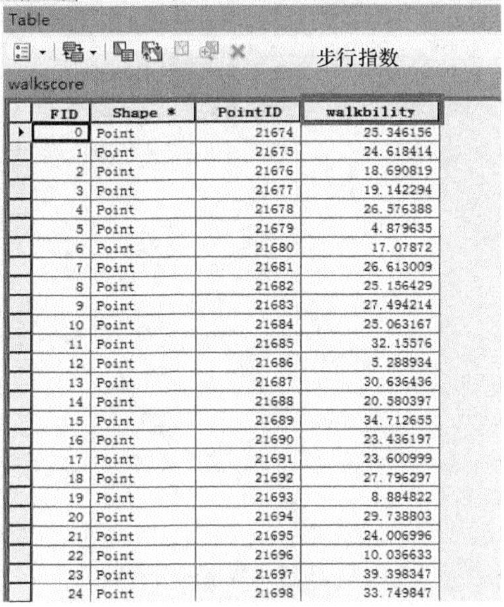

FID	Shape *	PointID	walkbility
0	Point	21674	25.346156
1	Point	21675	24.618414
2	Point	21676	18.690819
3	Point	21677	19.142294
4	Point	21678	26.576388
5	Point	21679	4.879635
6	Point	21680	17.07872
7	Point	21681	26.613009
8	Point	21682	25.156429
9	Point	21683	27.494214
10	Point	21684	25.063167
11	Point	21685	32.15576
12	Point	21686	5.288934
13	Point	21687	30.636436
14	Point	21688	20.580397
15	Point	21689	34.712655
16	Point	21690	23.436197
17	Point	21691	23.600999
18	Point	21692	27.796297
19	Point	21693	8.884822
20	Point	21694	29.738803
21	Point	21695	24.006996
22	Point	21696	10.036633
23	Point	21697	39.398347
24	Point	21698	33.749847

图 4.40　步行指数计算结果

然后利用最大最小归一化公式将步行指数结果归一化到 0～100，最后对属性表数据进行可视化。在包含步行指数的小区点图层单击右键选择 Properties 打开图层属性(Layer Properties)对话框(图 4.41)。选择 Symbology，可视化方式为 Quantities→Graduated colors，Value 中选择

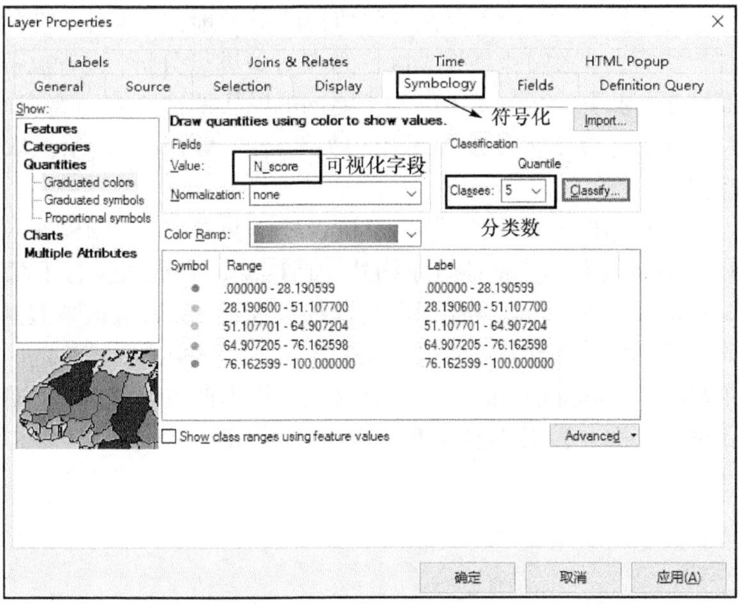

图 4.41　步行指数可视化

可视化的字段，这里为步行指数的字段“N_score”(即归一化了的步行指数)，在 Classification 选项框中可以选择分几类，还可以点击“Classify”修改分类方式。可视化结果如图 4.42 所示，可以直观地看出哪些地方步行指数(可步性)高，哪些地方的步行指数(可步性)较低。

图 4.42　步行指数空间分布特征

4.3　讨论与总结

本实验介绍了以步行指数理论为基础的社区可步性测度方法，读者可以利用该方法对一个区域的单点可步性进行定量评价。单点步行指数计算步骤依次为：设施分类表的准备、基础步行指数计算、步行指数修正。实验还存在一些值得改进的地方：①可步性的评价方法有单点步行指数和面域步行指数，本次实验是将小区作为点对象进行分析，读者也可以尝试以小区面要素为对象测度面域步行指数。②本实验以基于路网的欧氏距离计算距离衰减率，没有考虑实际的交通情况，因此可改进为交通大数据(可用相关平台的 API 进行网络抓取)，这样的计算结果相对更符合实际情况。

本实验的重点知识是路网分析(网络分析)，读者要学会使用 ArcGIS Network Analyst 扩展模块进行网络分析。网络数据集非常适合于构建交通网络，它们由包含了简单要素 (线和点) 和转弯要素的源要素创建而成，而且存储了源要素的连通性。读者应该掌握网络数据集的创建和使用网络数据集创建 OD 成本距离。值得注意的是，在计算交叉口密度的时候用到了用于两点间距离量算的工具——Point Distance，该工具只能计算出两点之间的直线距离，而网络分析则可以计算基于路网的距离，读者需要注意体会两者的不同。

实验五　公园绿地可达性及其优化选址

5.1　实 验 概 述

5.1.1　背景及目的

城市公园作为城市公共开放空间的重要组成部分，不仅影响着市民的生活质量，还具有美化城市、维系城市生态平衡等多种生态效应。公园绿地的可达性已成为除公园数量、面积及质量外又一个重要的城市公园评价指标。实验构建公园绿地资源均等化测算模型，从供给数量(面积)、质量(景观格局)、可达性、均等化等方面评估公园空间格局及其公平性，识别公园服务水平薄弱的社区，为提升居民到达公园设施的便利性与覆盖度提供决策支持；并进一步识别当前公园建设的盲区，为公园优化选址提供参考。通过本实验希望能够达到以下目的：①掌握景观格局分析及其指数计算方法；②掌握熵权法、主成分分析等理论及方法；③掌握并运用两步移动搜索法来计算空间可达性；④了解以 *k* 均值、粒子群算法为代表的优化算法。

5.1.2　数据说明

本实验所使用的数据存储于 data_exp5 文件夹中，包含的数据内容及其来源见表 5.1。

表 5.1　实验数据内容及其来源

数据类型	数据来源	数据内容	数据说明
社会经济数据	中国社会经济统计资料及相关统计年鉴	分别统计小区水平、街道水平的人口、就业、经济、公共服务等方面的基本情况	以属性字段形式存储
专题数据	土地利用图	获取交通路网、行政区划、公园绿地、公园门、居民小区等专题图层	矢量格式，点、线、面数据

5.1.3　整体实验设计

为了构建公园绿地均等化的综合评价体系，实验从公园数量、质量、可达性三个角度评估公园空间格局及其公平性，识别公园服务水平薄弱的社区，进一步识别当前公园建设的盲区，为公园优化选址提供参考。实验主要包括五个部分：①在公园绿地供给数量的分析中，根据《城市绿化规划建设指标的规定》，评价指标主要包括公园数量、绿地面积、人均公园绿地面积、城市公园绿地覆盖率，并利用熵权法得到公园绿地数量综合评价指标，从数量特征上来衡量公园的供给水平；②在公园绿地供给质量的分析中，基于景观生态学的相关理论，采用景观格局指数来定量测度城市绿地的空间分布格局，评价公园绿地的景观质量，并利用主成分分析的方法对指标进行降维，得到公园绿地质量综合评价指标，从质量特征上衡量公园；③在公园绿地可达性分析中，采用考虑了距离衰减效应与不同等级公园服务能力差异性的两步移动搜索法，评价公园绿地的可达性及服务能力；④在综合评价模型中，以公园绿地数量、质量、可达性为基础，通过三个方面的耦合协调分析对公园绿地的供给水平进行综合评价；⑤基于公园绿地可达性分析结果，识别出公园绿地的服务盲区，即公共绿地资源不足的区域，借助 *k*-means 聚类算法和粒子群优化算法，建立公园选址优化模型，为公园绿地资源选址与布局的相关决策提供参考，促进公园绿地资源的均等化。

本实验的整体流程如图 5.1 所示。

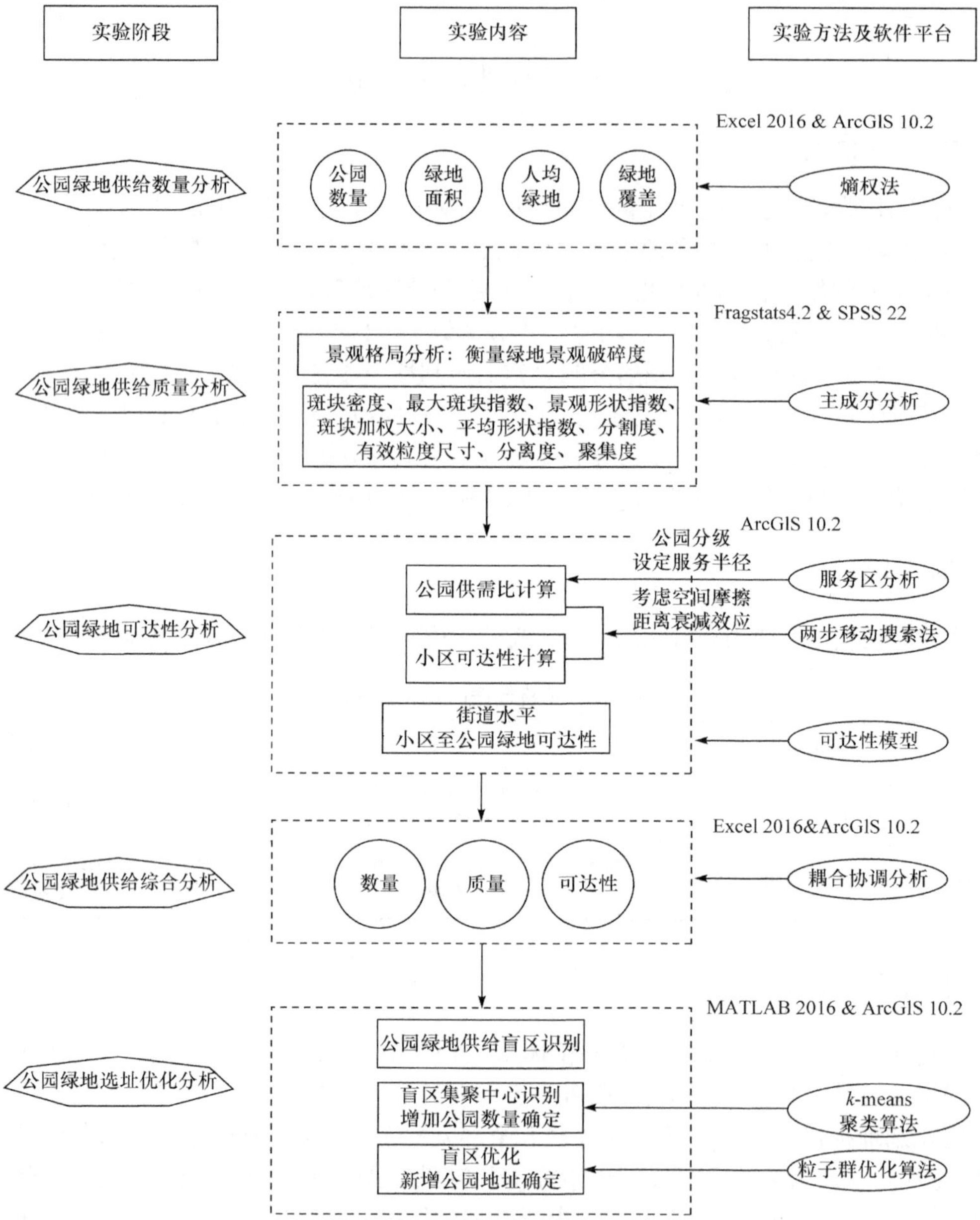

图 5.1　实验流程图

5.2 实验步骤

5.2.1　公园绿地供给数量分析

1. 数量指标确定

公园绿地分类采用官方公布的标准，评估指标包括公园规模、设施配置、便利设施、服务及规范管理方面的指标，实验区公园分为市级、区级、居住区级、居住小区级，其空间分布见图 5.2。本实验引入公园数量、公园绿地面积、人均公共绿地面积、城市公园绿地覆盖率来衡量城市绿地在街道水平上的数量特征。

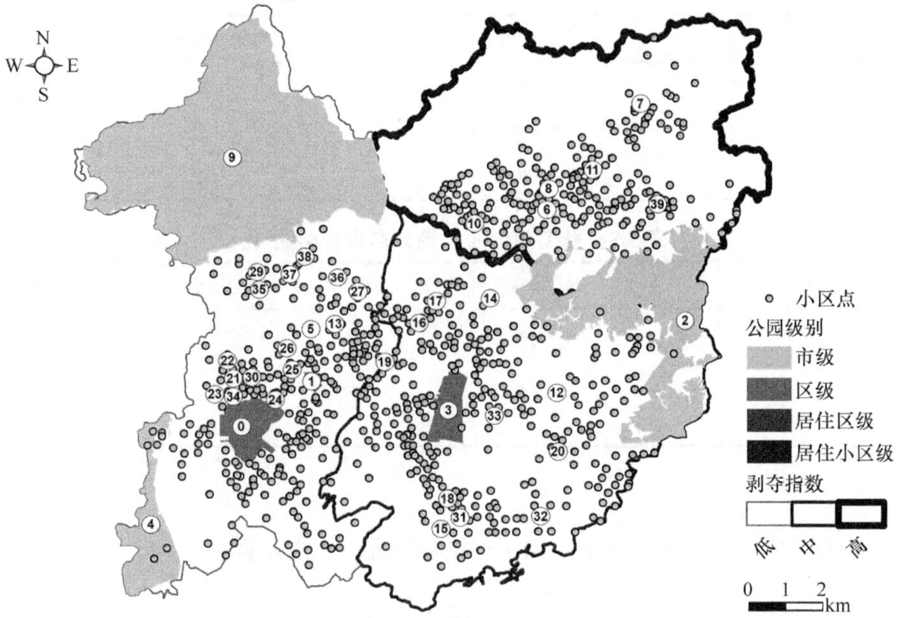

图 5.2　研究区不同级别公园绿地的空间分布

相关数量指标用如下公式计算。

人均公园绿地面积，指城市公园绿地面积与区域人口数量的比值：

$$A=\frac{\mathrm{PA}}{P}$$

式中，A 为一个地区人均公园绿地面积；PA 为公园绿地的总面积；P 为该地区的人口总数。

公园绿地覆盖率，指城市公园绿地面积与地区面积的比值：

$$C=\frac{\mathrm{PA}}{\mathrm{CA}}$$

式中，C 为一个地区城市公园绿地覆盖率；PA 为公园绿地的总面积；CA 为该地区的面积。

以上计算可以利用 ArcGIS 10.2 提供的叠加分析工具实现。

2. 熵权法集成

利用熵权法得到各街道公园数量综合评价指标，从数量上来衡量公园的供给水平。主要步骤如下。

1) 标准化原始数据矩阵

原始数据为 m 个指标，n 个对象，组成的数据矩阵为 $X=\left\{x_{ij},i=1,2,\cdots,m;j=1,2,\cdots,n\right\}$，如表 5.2 所示；通过极差标准化得到其标准化矩阵 $Y=\left\{y_{ij},i=1,2,\cdots,m;j=1,2,\cdots,n\right\}$，如表 5.3 所示；其中 y_{ij} 的计算公式为

$$y_{ij}=\frac{x_{ij}-\min(x_i)}{\max(x_i)-\min(x_i)}$$

表 5.2 各街道公园绿地数量指标(原始)

街道	公园个数	公园绿地面积/hm²	人均绿地面积/(m²/人)	绿地占比
龙城	22	3366	120	0.44
坪地	7	4030	225	0.74
龙岗	12	1378	25	0.21

表 5.3 各街道公园绿地数量指标(标准化)

街道	公园个数	公园绿地面积	人均绿地面积	绿地占比
龙城	1	0.750	0.475	0.434
坪地	0	1	1	1
龙岗	0.333	0	0	0

2) 计算熵值

各指标熵计算结果如表 5.4 所示，第 i 个指标的熵 H_i 的计算公式为

$$H_i=-k\sum_{j=1}^{n}p_{ij}\ln(p_{ij})\quad i=1,2,\cdots,m$$

式中，$p_{ij}=\frac{y_{ij}}{\sum_{j=1}^{n}y_{ij}}$；$k$ 为常数，$k=1/\ln(n)$。

表 5.4 各街道公园绿地数量指标(指标熵)

指标熵	公园数	公园绿地面积	人均绿地面积	绿地占比
H_i	0.51186	0.621577	0.571988	0.558047

3) 确定权重

计算了第 i 个指标的熵 H_i 之后，其熵权 W_i 的计算公式为

$$W_i=\frac{1-H_i}{m-\sum H_i}\quad i=1,2,\cdots,m$$

4) 依据权重计算综合指标

计算得到绿地数量综合评价指标分别为：龙城 $=0.672$；坪地 $=0.719$；龙岗 $=0.094$。

5.2.2 公园绿地供给质量分析

绿地的质量是指绿地内部的尺寸、形态和自然环境功能。城市空间下的绿地景观破碎化是度量绿地质量的一个重要方面，绿地越破碎，生态和社会服务功能越差，绿地质量越低。景观生态学是以整个景观为研究对象，着重研究景观中各组成的异质性、尺度性、镶嵌性、相互作用的规律性及其与生物活动，尤其是人类活动之间的相互影响。因此，基于景观生态学的相关

理论，可采用景观格局指数来定量测度城市绿地的空间分布格局，评价公园绿地的景观质量。利用 ArcGIS 将城市公园绿地分布图栅格化，通过统计分析功能和 Fragstats 景观指数计算软件对绿地斑块进行景观指数计算，再借助主成分分析法将质量指标进行集成。具体操作如下。

1. 利用 ArcGIS 将公园绿地分布栅格化

打开 ArcMap，加载“公园绿地.shp”→要素转栅格：ArcToolbox→Conversion Tools→To Raster→Feature to Raster，景观粒度为 10m×10m，提取绿地最小面积为 $100m^2$，如图 5.3 所示。

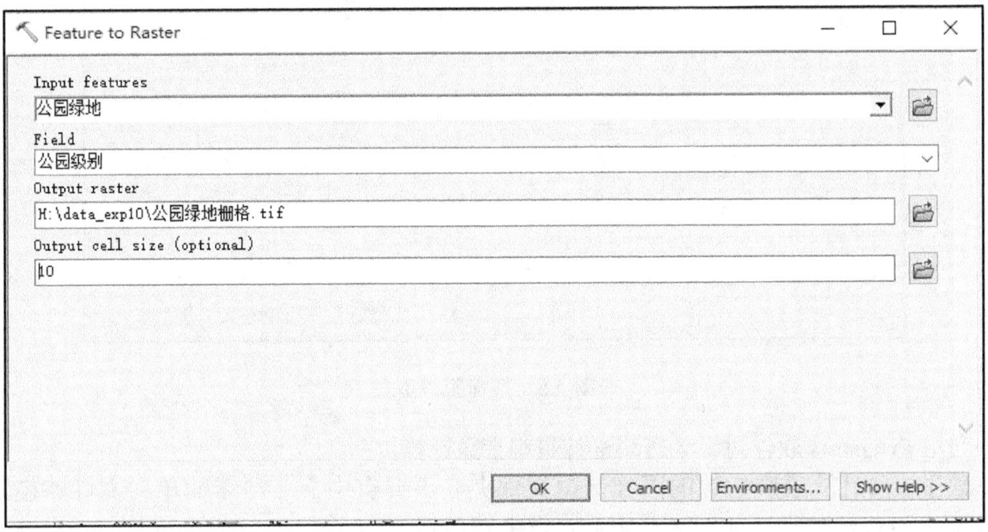

图 5.3　要素转栅格

接下来利用栅格重分类，将研究区域内公园绿地斑块赋值为 1，其他区域赋值为 0：ArcToolbox→Spatial Analyst Tools→Reclass→Reclassify。

将上一步得到的重分类实验区域绿地栅格图依据其所属街道分割，使用空间分析工具中的按掩膜提取工具：Analysis Tools→Extract→Split，如图 5.4 所示，得到各街道范围；进一步用 Spatial Analyst Tools→Extraction→Extract by Mask,如图 5.5 所示，得到各街道公园绿地分布栅格图。

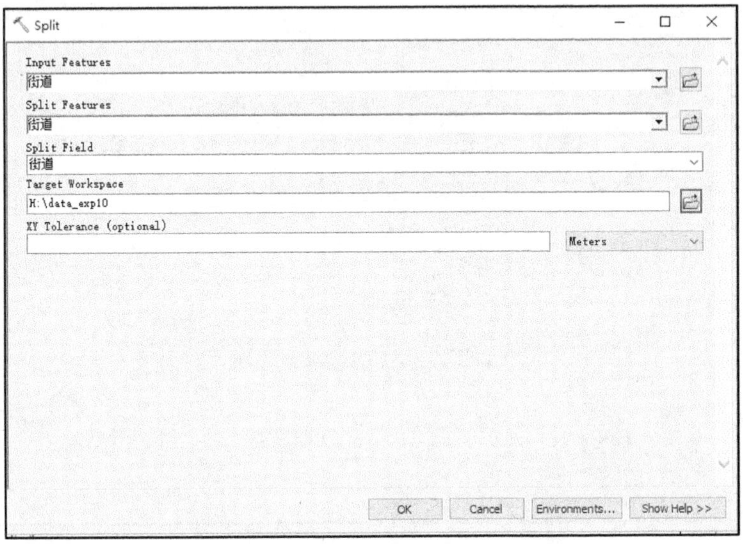

图 5.4　要素分割

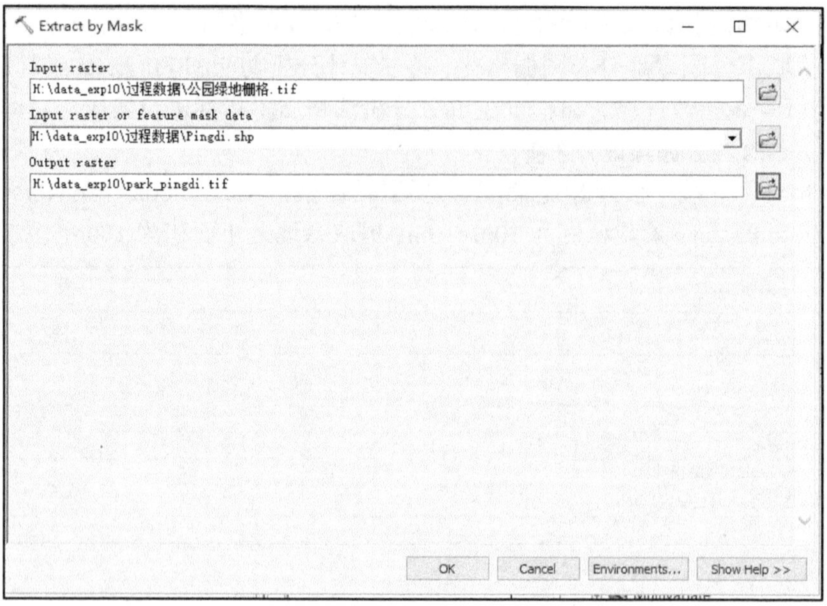

图 5.5　按掩膜提取

2. 利用 Fragstats 软件对绿地斑块进行景观指数计算

注意存放要计算景观指数的图像数据文件夹名不要有中文，尽量简单，文件路径不能太深。打开 Fragstats 软件，如图 5.6 所示，点击菜单栏 File→New，在 Input layers 界面加载图层，点击“Add layer...”，数据类型选择.tif(依据上一步 ArcGIS 所准备的栅格数据类型选择)，如图 5.7 所示。

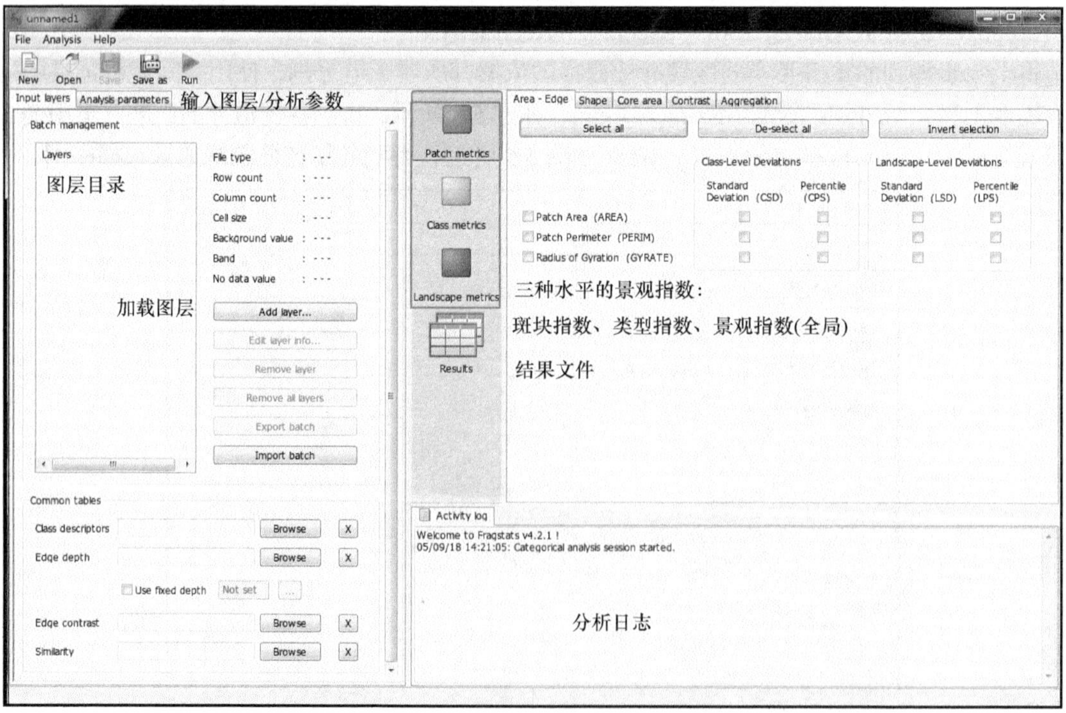

图 5.6　Fragstats 软件界面

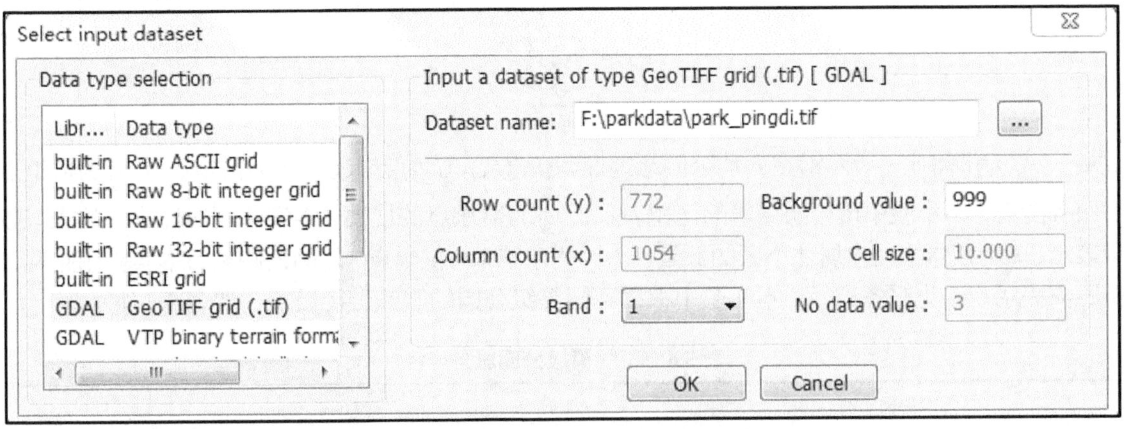

图 5.7　Fragstats 加载数据

分析参数与规则设置。Analysis parameters 窗口选择 Use 8 cell neighborhood rule，选择结果保存路径，选择 Class metrics 水平下的评价参数。景观格局指数为定量研究格局特征的一种方法，这里按照景观格局指数所描述的景观的某一特征，将其划分为三类：①描述斑块面积和密度的部分，本实验选取指标包括斑块密度 PD、最大斑块指数 LPI；②描述斑块形状的部分，包括景观形状指数 LSI、斑块面积加权大小 AREA_AM、平均形状指数 SHAPE_MN；③描述景观空间配置的部分，包括分割度 DIVISION、有效粒度尺寸 MESH、分离度 SPLIT、聚合度 AI。设置好后点击菜单栏 Run→Proceed，运行结果将存储在 Results 窗口。分析结果见表 5.5。

表 5.5　公园绿地景观格局指数

LID	PD	LPI	LSI	AREA_AM	SHAPE_MN	DIVISION	MESH	SPLIT	AI
longcheng	0.30	36.27	3.48	145.50	1.66	0.87	1026.81	7.46	99.57
longgang	0.26	12.39	6.05	56.48	1.59	0.98	102.08	63.22	98.36
pingdi	0.22	6.78	4.57	36.61	1.69	1.00	25.38	213.45	98.29

3. 借助主成分分析法将质量指标进行集成

相关操作步骤参见实验一，注意正向指标与负向指标的标准化。以上指标中评价景观质量的正向指标(即评价景观破碎度的负向指标)有：AI、LPI、MESH；负向指标有：PD、LSI、AREA_AM、SHAPE_MN、DIVISION、SPLIT。计算得到质量评价的综合指标为龙城 =4.40756；龙岗 =–0.37939；坪地 =–1.11244。

5.2.3　公园绿地可达性分析

1. 两步移动搜索法原理

采用可达性模型中的两步移动搜索法，从小区的尺度对研究区 40 个公园绿地进行可达性计算，计算原理如下。

1) 计算供需比

对于每个供给点公园绿地 j，搜索所有在 j 搜索半径 d_0 范围内的需求点 k，计算供需比 R_j：

$$R_j = \frac{S_j}{\sum\limits_{i \in \{d_{ij} \leqslant d_0\}}^{k} D_i}$$

式中，R_j 为供需比，表示潜在人均公园绿地面积(m^2/人)；i 为需求点；j 为供给点；S_j 为供给点的服务能力，本实验中用公园绿地的面积表示；D_i 为需求点的规模，本实验用居住小区的人口数量表示；k 为搜索半径内居住小区的数量；d_{ij} 为需求点 i 与供给点 j 之间的距离，本实验用路网分析距离表示；d_0 为服务半径，本实验中根据不同等级公园的服务半径设置，如表 5.6 所示。

表 5.6　不同等级公园服务半径

公园等级	服务半径/m
市级	5000
区级	2000
居住区级	1000
居住小区级	500

2) 计算可达性

$$A_i = \sum_{i \in \{d_{ij} \leqslant d_0\}}^{m} R_j \cdot f(d_{ij})$$

式中，A_i 为每个小区的可达性值；m 为落在以 i 为核心，以 d_0 为搜索半径的空间作用域内的公园绿地数量；R_j 为第一步计算的供需比。$f(d_{ij})$ 为考虑空间摩擦的距离衰减函数，可以进一步表示为

$$f(d_{ij}) = \begin{cases} \dfrac{e^{-\frac{1}{2}\times\left(\frac{d_{ij}}{d_0}\right)^2}}{1-e^{-\frac{1}{2}}} & d_{ij} \leqslant d_0 \\ 0 & d_{ij} > d_0 \end{cases}$$

2. 具体操作

1) 加载网络分析模块

启用 ArcGIS，加载 Network Analyst 模块，对要建立拓扑关系的路网数据进行预处理，建立拓扑关系，获取道路交叉点，并构建网络数据集，相关步骤见实验六。然后依据上一步的网络数据集进行路网分析。通过网络分析获取绿地与小区之间的路径距离成本，可以建立 OD 成本矩阵，具体步骤见实验四。本实验中将公园等级对其服务能力的影响考虑进来，利用路网分析中创建的服务区来评估可达性。

2) 创建服务区分析图层

单击 Network Analyst→New Service Area，可通过 Network Analyst 工具条创建服务区分析图层，如图 5.8 所示。

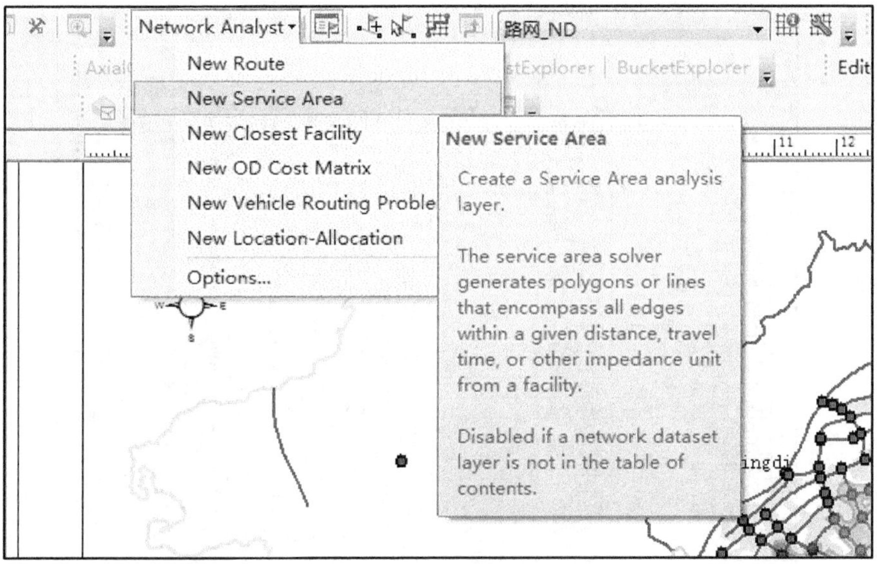

图 5.8　新建服务区

所创建的服务区分析图层会与其六个网络分析类(设施点、线、面、点障碍、线障碍和面障碍)一同出现在 Network Analyst 窗口中，如图 5.9(a)所示。服务区分析图层还会以名为“Service Area”的复合图层显示在内容列表中。如果该地图中已存在同名的服务区，则会将它们依次命名为 Service Area 1、Service Area 2 等。其中共包含六个要素图层，默认符号系统都可在相应的图层属性对话框中修改，如图 5.9(b)所示。

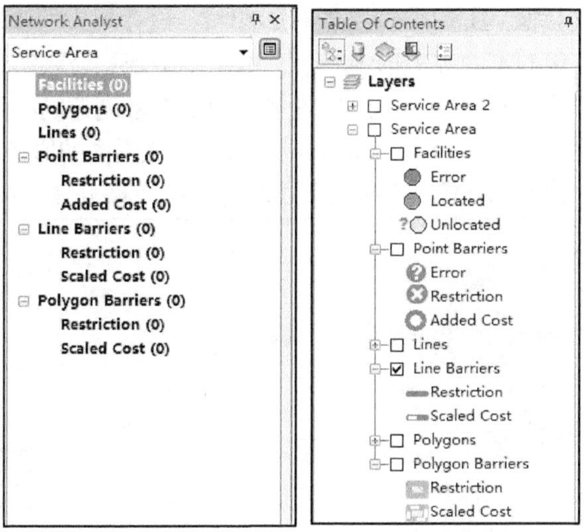

(a) 路网分析窗口　　(b) 内容窗口

图 5.9　服务区分析图层

3) 公园分级设置服务半径

依据公园绿地数据属性表中的公园级别，对公园服务半径进行分级。打开公园绿地.shp 属性表→Add Field，添加属性字段“服务半径”，参考表 5.6 设置服务半径，如图 5.10 所示,依据公园名称将其匹配到公园门.shp 数据上。

Table

公园绿地_point

公园名称	数据来源	图形面积	所在街道	公园类型	公园级	服务半径
怡心公园	区城管数	4012.102128	坪地街道	社区公园	居住小区	500
坪西公园	城管数据	5221.079543	坪地街道	社区公园	居住小区	500
低山公园	图纸信息	3345.75	龙岗街道	社区公园	居住小区	500
比亚迪社区公园	图纸信息	6609.375	龙岗街道	社区公园	居住小区	500
梅岗安贞公园	区城管数	4690.968808	龙岗街道	社区公园	居住小区	500
石湖社区公园	区城管数	2703.906448	龙岗街道	社区公园	居住小区	500
新秀社区公园	图纸信息	8925.159213	龙城街道	社区公园	居住小区	500
海关社区公园	图纸信息	5925.371764	龙城街道	社区公园	居住小区	500
吉祥社区公园	图纸信息	8174.632967	龙城街道	社区公园	居住小区	500
回龙埔社区公园（一、	图纸信息	3500.558841	龙城街道	社区公园	居住小区	500
龙西社区公园	图纸信息	3284.346273	龙城街道	社区公园	居住小区	500
五联广场	图纸信息	3116.153786	龙城街道	社区公园	居住小区	500
朱古石社区公园	图纸信息	1727.27684	龙城街道	社区公园	居住小区	500
愉园社区公园	图纸信息	2782.773326	龙城街道	社区公园	居住小区	500
炳坑公园	二调	4268.55199	龙岗街道	社区公园	居住小区	500
源盛公园	区城管数	7681.499208	龙岗街道	社区公园	居住小区	500
将军帽公园	图纸信息	5591.542372	龙城街道	社区公园	居住小区	500
五联社区公园	图纸信息	6231.217238	龙城街道	社区公园	居住小区	500
瓦窑坑公园	图纸信息	4376.360994	龙城街道	社区公园	居住小区	500
年丰公园	区城管数	3482.133245	坪地街道	社区公园	居住小区	500
富民公园	城管数据	20510.864045	坪地街道	社区公园	居住区级	1000
龙东公园	城管数据	16863.656697	龙岗街道	社区公园	居住区级	1000
紫麟山公园	信息中心	37729.289755	龙城街道	社区公园	居住区级	1000
新生公园	区城管数	35404.293684	龙岗街道	社区公园	居住区级	1000
南约文体公园	区城管数	15401.506286	龙岗街道	社区公园	居住区级	1000
水流田社区公园	区城管数	12396.693028	龙岗街道	社区公园	居住区级	1000
招商依山郡社区公园	图纸信息	17303.082699	龙城街道	社区公园	居住区级	1000
天安数码公园	图纸信息	12087.954429	龙城街道	社区公园	居住区级	1000
宝龙社区公园	图纸信息	11474.832092	龙岗街道	社区公园	居住区级	1000

图 5.10　公园服务半径

4) 添加设施点

在 Network Analyst 窗口中，右键单击 Facilities→Load Locations，打开加载位置对话框，“Load From” 中选择公园绿地点数据，Breaks_Length 代表阻抗，设置相应的属性字段，可依据属性中存储每个服务区设施点所使用的不同多边形中断值，本实验中依据公园等级选择服务半径字段。阻抗字段为空时，将使用默认中断属性，可以设置多个面中断来创建同心服务区。例如，如果要对同一公园设施点分别查找 500m、1000m、2000m 和 5000m 范围内的服务区，就在“默认面中断”文本框中输入“500 1000 2000 5000”，这些数字之间应该以空格分隔，如图 5.11 所示。

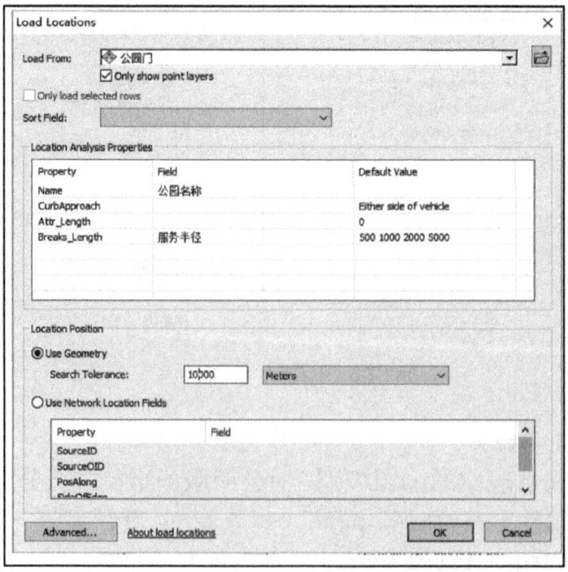

图 5.11　设施点加载位置设置

5) 服务区分析参数设置

可在分析图层的图层属性对话框中设置分析参数。设置阻抗 Impedance 为 Length(Meters)，允许交汇点 U 形转弯，如图 5.12 所示。

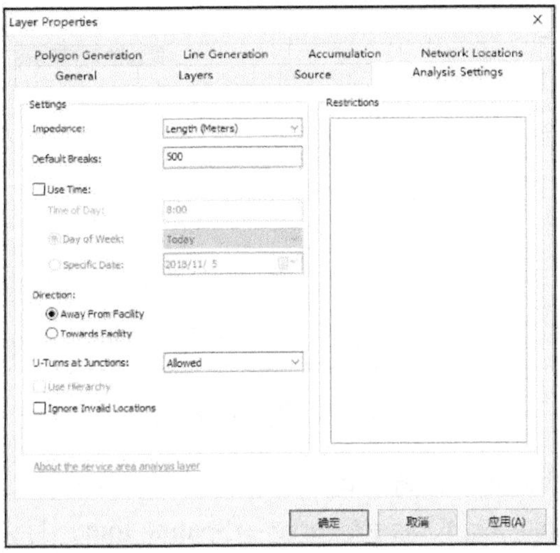

图 5.12　分析图层的图层属性设置

6) 公园服务范围求解

单击 Network Analyst 窗口中的“求解”按钮，得到每个公园分服务等级的服务覆盖范围，如图 5.13 所示。选择 Layers→Service Area→Polygons，右键单击 Data→Export Data，可以将公园绿地沿路网的服务区范围导出保存。

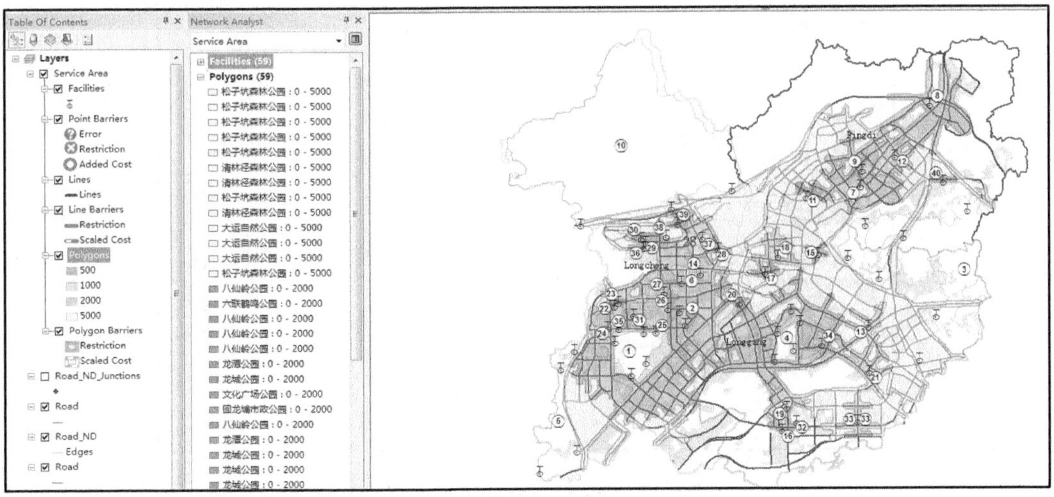

图 5.13　公园绿地服务区求解

上步结果保存为 service_area.shp。考虑到公园有多个门生成不同的服务范围，故依据公园名称将其进行数据融合。ArcToolbox→Data management Tools→Generalization→Dissolve，如图 5.14 所示。

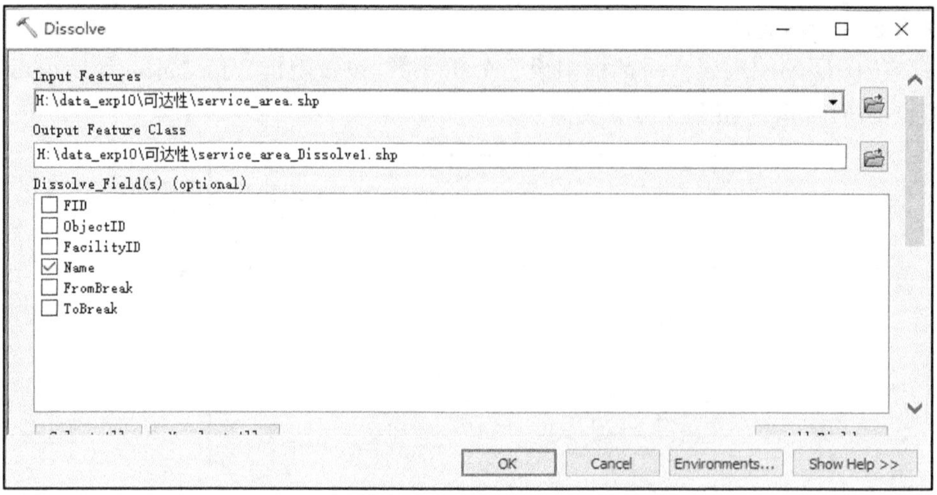

图 5.14　同一公园服务区融合

7) 计算各公园服务区内服务小区的人口

点击 ArcToolbox→Analysis Tools→Overlay→Spatial Join，打开空间连接对话框，Target Features 设置为融合后的公园绿地服务区图层，Join Features 设置为连接了社会经济属性的小区图层，连接方式为 JOIN_ONE_TO_ONE，在 Field Map of Join Features 中右键 people，设置 Merge Rule 为 Sum(其他指标可自行设定)，连接方式选择 CONTAINS，如图 5.15 所示，点击“OK”。得到每个公园服务覆盖的小区数量及人口。

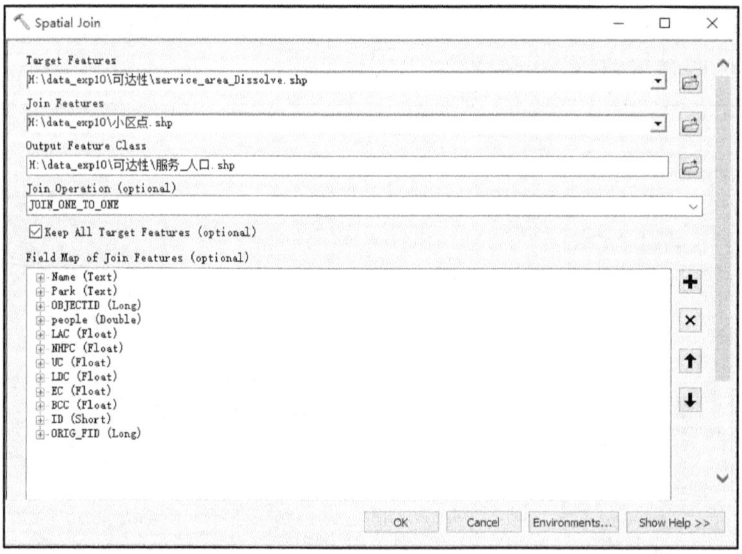

图 5.15　空间连接

8) 计算供需比

选择公园绿地图层，右键单击，选择 Join and Relates→Join...，打开对话框将公园绿地图层与服务人口图层按公园名称进行属性表连接，如图 5.16 所示。打开公园绿地属性表，新建名为“供需比”的字段，打开属性计算器，每个公园供需比 R_j 是公园绿地面积与上一步求得的服务人口的比值，输入相应公式，如图 5.17 所示。点击“OK”，得到公园供需比。

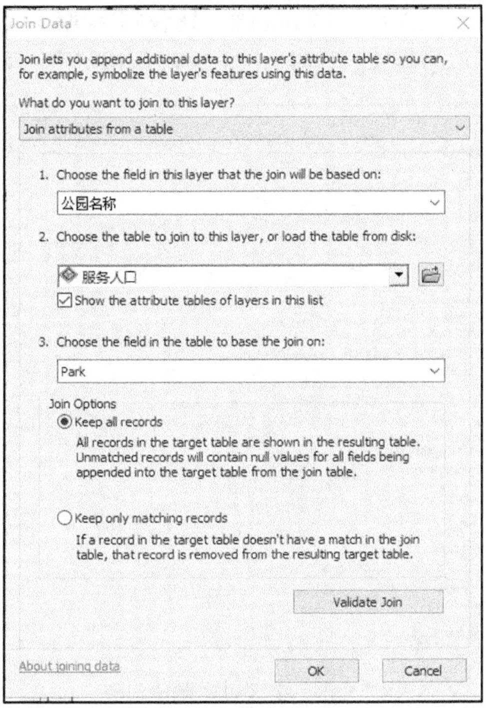

图 5.16　属性表连接

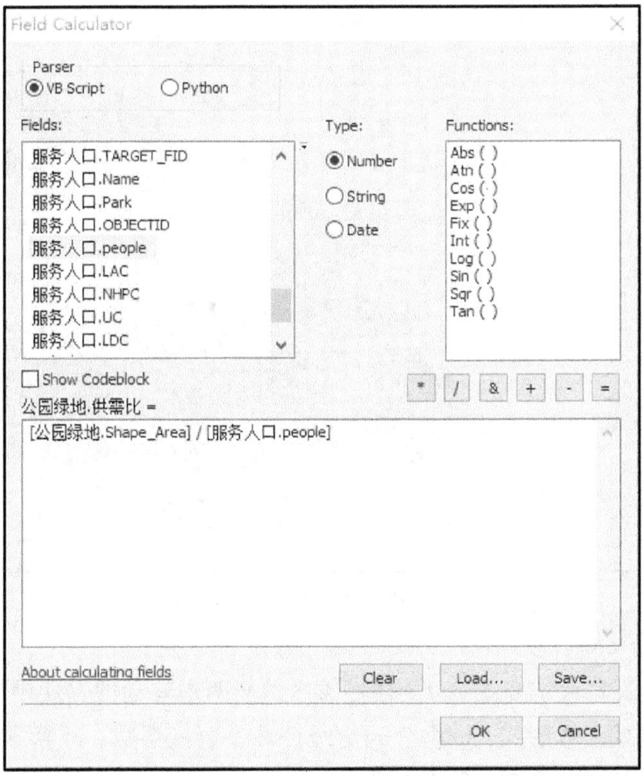

图 5.17　公园供需比计算

9) 小区多级可达范围设置

首先将小区面转点，点击 Data Management→Features→Feature to Point，得到小区点.shp；新

建小区点.shp 的 500m、1000m、2000m、5000m 的沿路网多级服务区，阻抗设置默认值如图 5.18 所示，设置分析参数，设置后点击解算。得到小区的多级可达范围，导出并保存，如图 5.19 所示。

图 5.18　小区可达范围设置

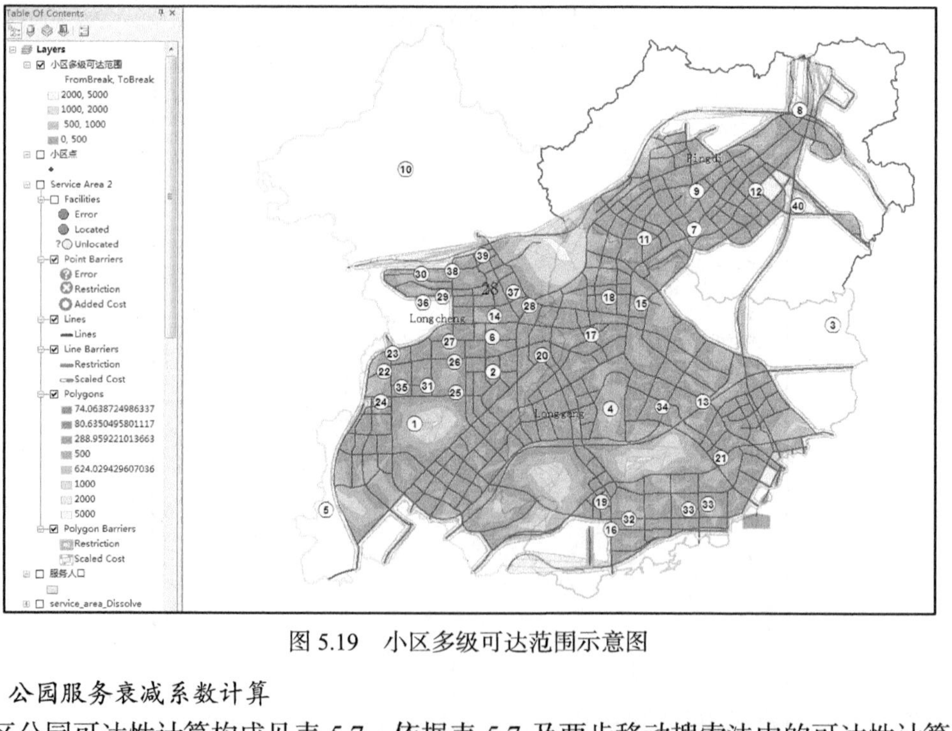

图 5.19　小区多级可达范围示意图

10) 公园服务衰减系数计算

小区公园可达性计算构成见表 5.7。依据表 5.7 及两步移动搜索法中的可达性计算公式，应用幂函数的距离衰减函数形式，依据公园等级计算其衰减系数，计算方法为：打开公园绿地图层属性表，输入以下衰减系数计算公式。

0～500m：500 系数= ((Exp ((-0.5) * (500 / [服务半径]) * (500 / [服务半径]))) /(1-Exp (-0.5))) * [供需比]

500～1000m：1000 系数= ((Exp ((-0.5) * (1000 / [服务半径]) * (1000 / [服务半径]))) /(1-Exp (-0.5))) * [供需比]

1000～2000m：2000 系数= ((Exp ((-0.5) * (2000 / [服务半径]) * (2000 / [服务半径]))) /(1-Exp (-0.5))) * [供需比]

2000～5000m：5000 系数= ((Exp ((-0.5) * (5000/ [服务半径]) * (5000 / [服务半径]))) /(1-Exp (-0.5))) * [供需比]

500m 系数计算如图 5.20 所示。结合表 5.7，将不在服务可达范围内公园的服务系数设置为 0。

表 5.7　小区公园可达性

服务区编号	可达范围/m	可达公园
1	0～500	市级、区级、居住区级、居住小区
2	500～1000	市级、区级、居住区级
3	1000～2000	市级、区级
4	2000～5000	市级

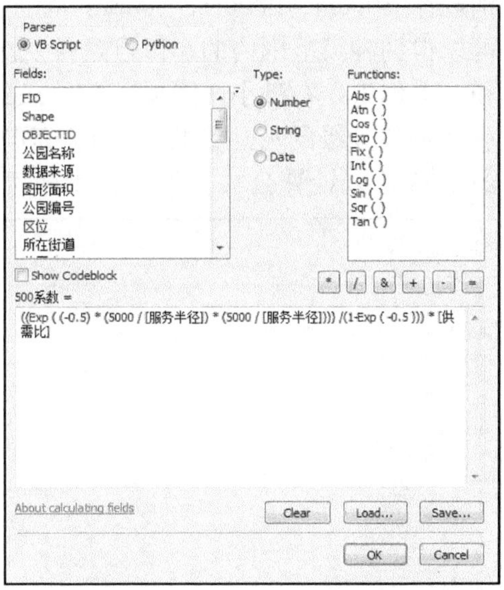

图 5.20　公园绿地服务衰减系数计算

例如，对于 1000～2000m 范围内，不可达公园为居住区级和居住小区级公园，打开属性表，输入选择条件"公园级别" = '居住小区级' OR "公园级别" = '居住区级'，打开字段计算器，设置相应的 2000 系数为 0，如图 5.21 所示。

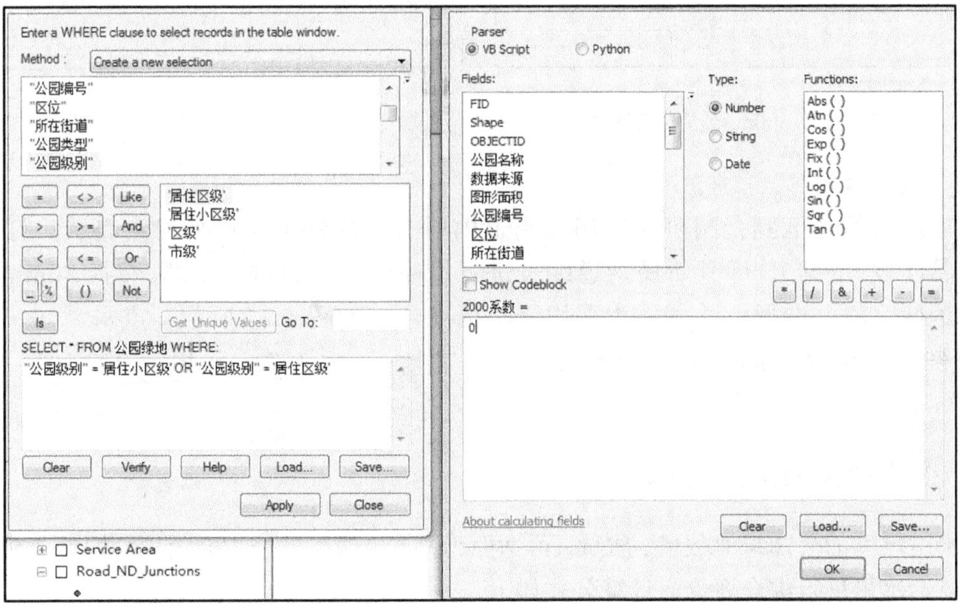

图 5.21　公园有效服务系数设置

11) 小区可达性计算

打开小区多级可达性服务范围属性表，按属性选择，输入选择条件"ToBreak" = 500，选择 500m 范围服务区；打开空间连接对话框，Target Features 设置为小区多级可达性图层，Join Features 设置为公园绿地服务区图层，连接方式为 JOIN_ONE_TO_ONE，Field Map of Join Features 中右键 F500 系数，设置 Merge Rule 为 Sum，如图 5.22 所示。同以上方法，分别选择 1000m、2000m、5000m 范围服务区，空间连接分别选择对应公园的有效服务系数，可以得到各级范围内的小区可达性。最终小区可达性的值为相同小区的这四个范围内值的加和。操作为：右键小区图层，Join and Relates→Join，按照相同小区 ID 分别连接以上结果，然后将各分级的可达性相加，打开属性表，新建可达性字段，打开属性字段计算器，按照图 5.23 输入计算公式，得到各小区可达性。

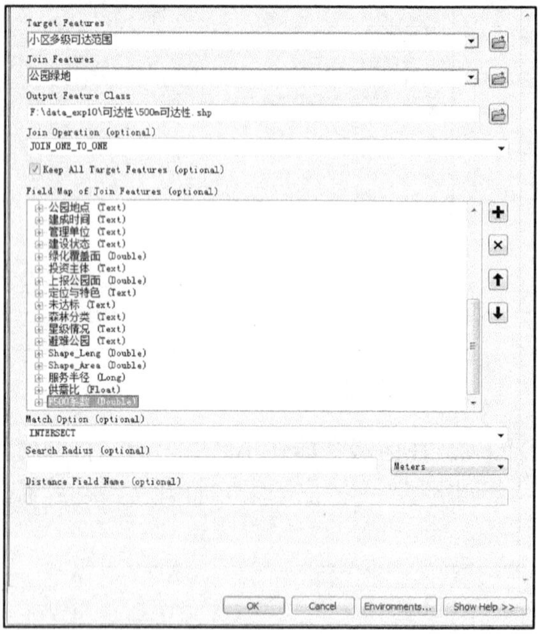

图 5.22　计算 500m 范围内可达性

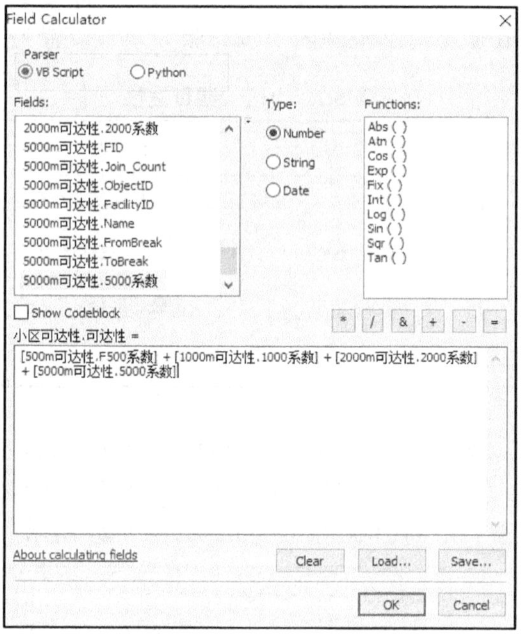

图 5.23　小区可达性计算

12) 街道尺度的可达性计算

街道尺度的小区到公园可达性用该街道内所有小区的可达性平均值表示。打开小区可达性属性表，依据 ID 即其所属街道编号进行排序，右键 ID 进行汇总，选择 Summarize，点击可达性字段，选择汇总方式为平均值与标准差，如图 5.24 所示，点击“OK”。在结果表中得到街道尺度的小区至公园可达性，坪地 = 136.079；龙城 = 232.107；龙岗 = 131.219。

5.2.4　公园绿地供给综合分析

以街道尺度的公园绿地数量、质量、可达性为基础，通过三个方面的耦合协调分析对公园绿地的供给水平进行综合评价。计算公式如下：

$$C=\left\{\frac{U_1\times U_2\times U_3}{(U_1+U_2)(U_2+U_3)(U_1+U_3)}\right\}^{\frac{1}{3}}$$

式中，U_1、U_2、U_3 分别为标准化后的街道水平公园绿地的数量得分、质量得分、可达性得分；C 为该区域的公园绿地综合供给水平。最后得到三个街道的公园绿地供给耦合水平指数为：龙城＝0.50，表现为协调型耦合，公园绿地数量、质量、可达性的发展达到良性共振耦合；龙岗表现为磨合型耦合，公园绿地数量、可达性的发展表现为相对滞后状态；坪地＝0，表现为低水平耦合，公园绿地数量、质量、可达性的发展呈现相对无关的状态。公园绿地综合分析结果如图 5.25 所示。

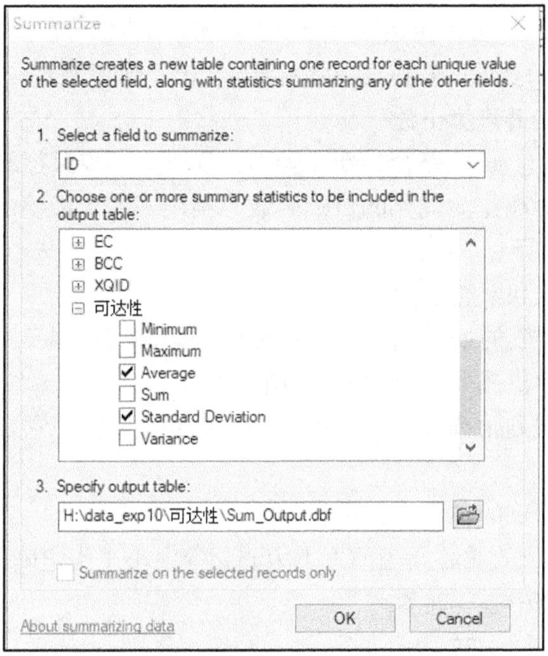

图 5.24　街道尺度小区公园可达性计算

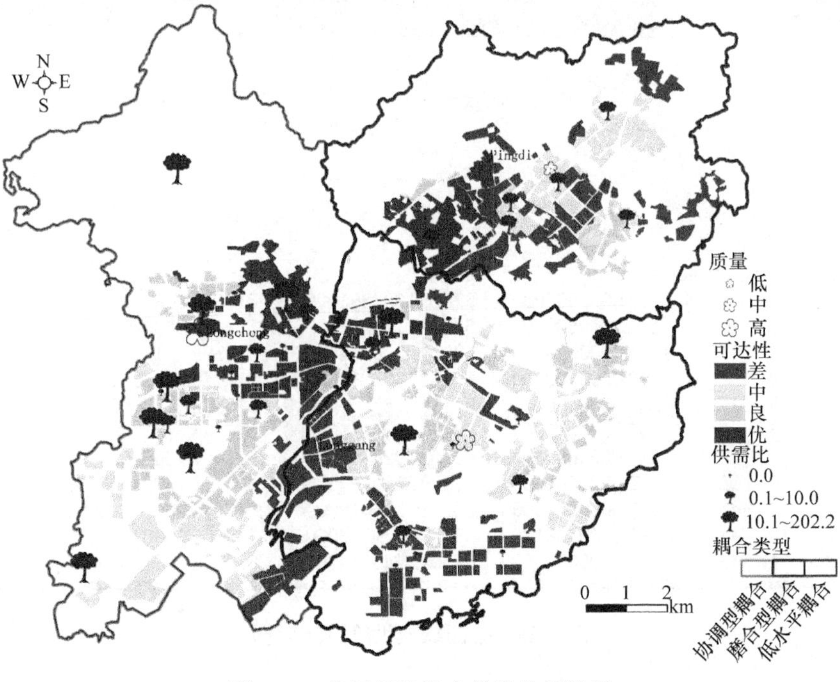

图 5.25　公园绿地综合供给分析结果

5.2.5　公园绿地选址优化分析

依据上一步结果，提取小区至公园绿地可达性较差的区域，即图 5.25 的深色部分，作为公共绿地资源不足的地点，并希望通过在这些小区的集聚位置新建公园来缓解这一问题，选址过程主要涉及 *k*-means 聚类算法和粒子群优化算法。

1. 提取公园绿地可达性盲区

以属性提取方式提取小区公园可达性得分小于 47 的区域(四分位法确定)，添加其中心点 *X*、*Y* 坐标，以及小区包含人口数量，并将其结果表编号导出，保存为.xlsx 格式，如图 5.26 所示。

2. *k*-means 聚类算法计算聚类个数

打开 MATLAB 2016a，设置路径，新建脚本，读取上一步保存的 myExample.xlsx 文件，以样本点到聚类中心的距离作为优化的目标函数，利用函数求极值的方法得到迭代运算的调整规则。详细算法描述如下。

输入：样本点特征值和聚类数 *N*。

输出：样本点从属团簇的编号 1, 2, …, *N* 及各团簇中心的坐标。

S1：在特征空间中随机选取 *k* 个位置作为聚类中心。

S2：计算每个样本点到距离其最近的聚类中心的距离，并把它归到这一聚类中心所代表的类。

S3：重新计算已经得到的各个类的质心。

S4：如果 S3 步骤生成的质心与当前聚类中心相等或小于指定阈值，则算法结束。否则用计算所得质心替换原聚类中心，转 S2。

输入代码及注释，如图 5.27 所示。

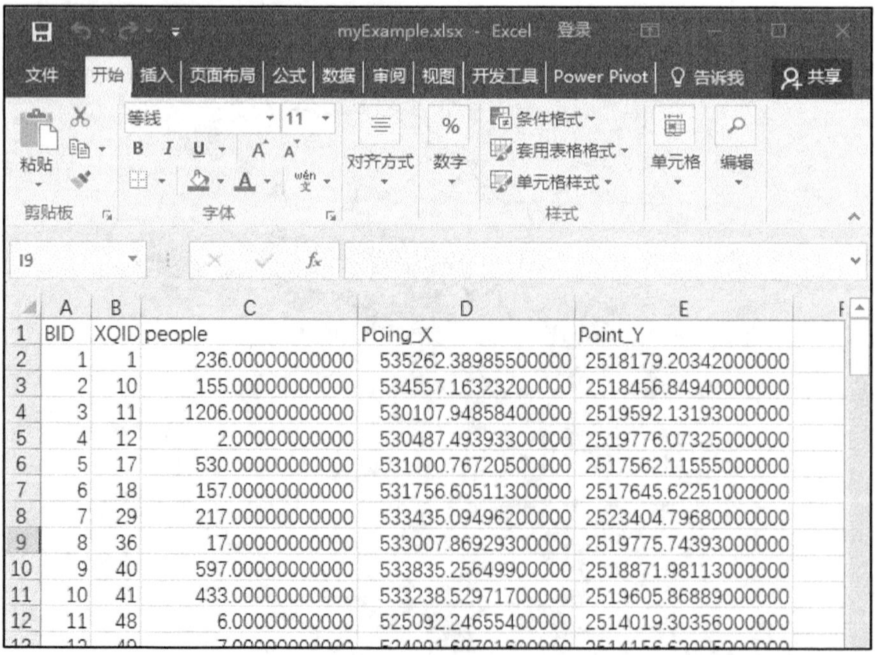

BID	XQID	people	Poing_X	Point_Y
1	1	236.00000000000	535262.38985500000	2518179.20342000000
2	10	155.00000000000	534557.16323200000	2518456.84940000000
3	11	1206.00000000000	530107.94858400000	2519592.13193000000
4	12	2.00000000000	530487.49393300000	2519776.07325000000
5	17	530.00000000000	531000.76720500000	2517562.11555000000
6	18	157.00000000000	531756.60511300000	2517645.62251000000
7	29	217.00000000000	533435.09496200000	2523404.79680000000
8	36	17.00000000000	533007.86929300000	2519775.74393000000
9	40	597.00000000000	533835.25649900000	2518871.98113000000
10	41	433.00000000000	533238.52971700000	2519605.86889000000
11	48	6.00000000000	525092.24655400000	2514019.30356000000

图 5.26　公园绿地供给盲区数据

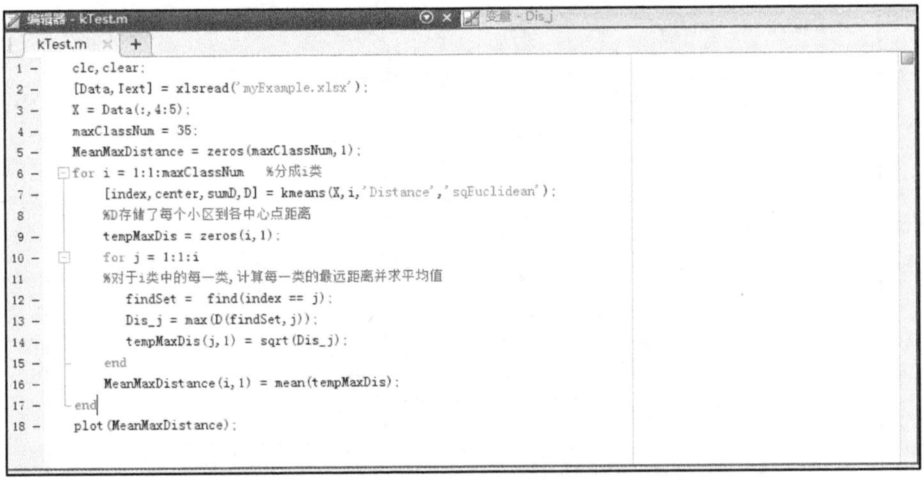

图 5.27　*k*-means 聚类算法求取聚类个数

本实验测试了 1～35 每一个类别个数下的样本点到聚类中心的最大距离值，得到了如图 5.28 所示的曲线。图 5.28 所示曲线的横轴表示聚类中心个数，纵轴表示样本点到聚类中心的最大距离值。由此，本例认为曲线越陡说明增加聚类中心数对聚类效果的增强越显著，曲线越缓说明增加类别数量不会对聚类效果产生显著的提升。综上，根据所示的结果，本实验将最佳聚类数定为 5～10。由于每增加一个聚类数意味着多建设一个公园，本实验考虑增加 5 个公园。

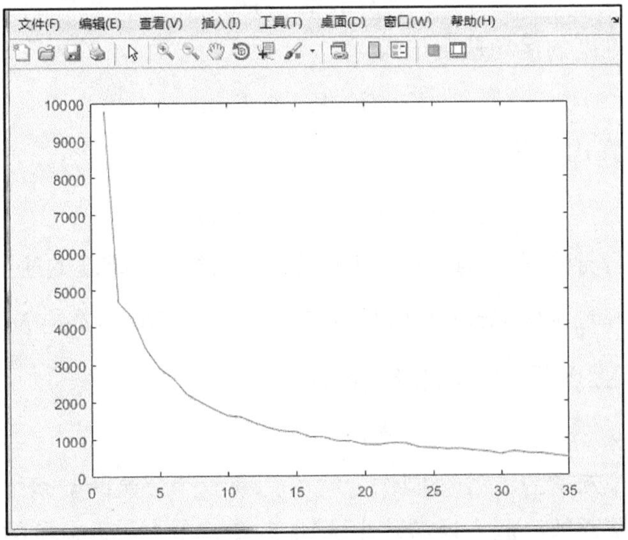

图 5.28　公园优化 *k*-means 聚类曲线

3. 安装 PSO 工具箱

首先在 MATLAB 中设置工具箱的路径：在 MATLAB 的命令窗口点击“主页”→“设置路径”，在弹出的对话框点击“添加文件夹”，然后浏览找到工具箱放置的位置，如图 5.29 所示。若想用到该工具箱所带的测试函数，还需要用如上同样的方法，设置路径指向工具箱下的“testfunctions”文件夹；若想用于神经网络的训练，设置路径指向工具箱下“testfunctions”文件夹下的“nnet”。

图 5.29　设置 PSO 工具箱路径

4. 用户根据自己的需要，定义需要优化的函数

每一个粒子有 d 维属性，则第 i 个粒子在特征空间中的位置可以表示为

$$X_i=(X_{i1},X_{i2},\cdots,X_{id})$$

这个粒子在特征空间中的历史最优位置可以记为

$$P_i=(P_{i1},P_{i2},\cdots,P_{id})$$

这个粒子沿各个维度的运动速度记为

$$V_i=(V_{i1},V_{i2},\cdots,V_{id})$$

P_g 为群体的历史最优位置：

$$P_g=(P_{g1},P_{g2},\cdots,P_{gd})$$

V_{ij} 为 i 粒子结合自身位置与群体位置判断的下一时刻沿 j 维度的速度：

$$V_{ij}=V_{ij}+C_1\times \mathrm{rand}(0,1)(P_{ij}-X_{ij})+C_2\times \mathrm{rand}(0,1)(P_{gj}-X_{gj})$$

粒子 i 在第 j 维度上按下式更新自身的位置：

$$X_{ij}=X_{ij}+V_{ij}$$

在本实验中，将拟新增的 5 个公园作为粒子，将 5 个公园的空间位置作为最终的输出结果，将公共绿地资源匮乏的小区人口与该小区到 5 个粒子中最近粒子的距离乘积之和作为优化的目标函数，即群体最优位置。本实验的优化函数写入文件 test_func.m。

5. 调用 PSO 算法的核心函数

当定义好待优化函数后，设置相应的参数，然后就可以调用 PSO 进行优化了。对上面的优化问题，调用 PSO 核心模块代码：

```
Target = pso_Trelea_vectorized('test_func',n,Max_V,range)
```

写入文件 PSO_Opt.m，如图 5.30 所示。

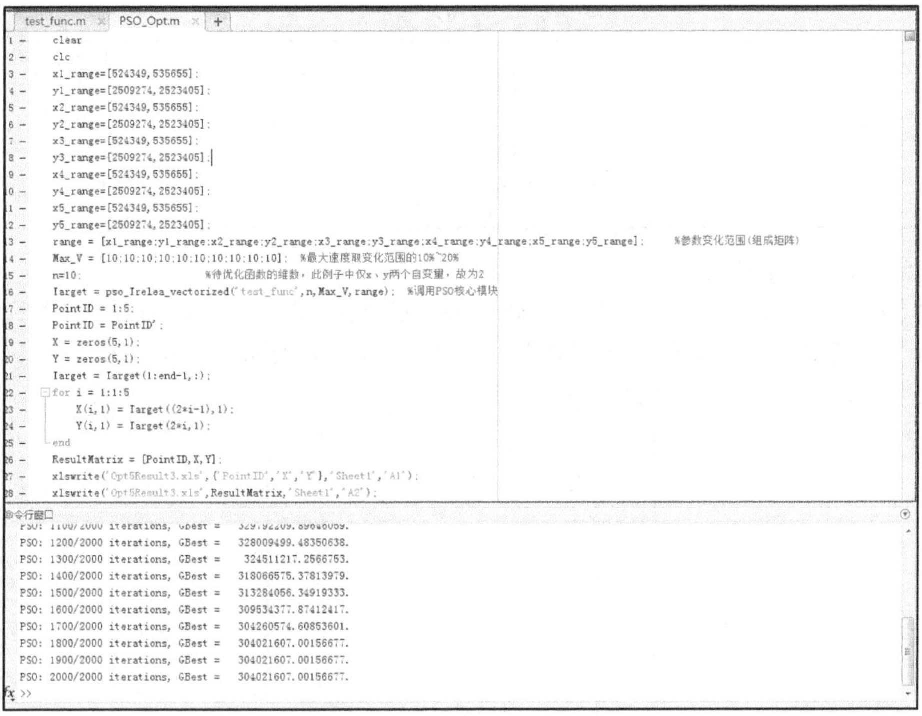

图 5.30　调用 PSO 算法核心函数

6. 应用 PSO 算法

算法的终止条件为：达到最大迭代次数或每 1000 次迭代过程产生的优化目标函数值减小幅度小于 1×10^{-8}。算法在 MATLAB 中的实现结果如图 5.31 所示。所以目标函数的收敛意味着公共绿地资源匮乏地区到拟建公园的通行成本达到最低。由此，可以认为本实验找出了建设公园的最适宜位置，算法给出了 5 个待建公园的坐标，见表 5.8。

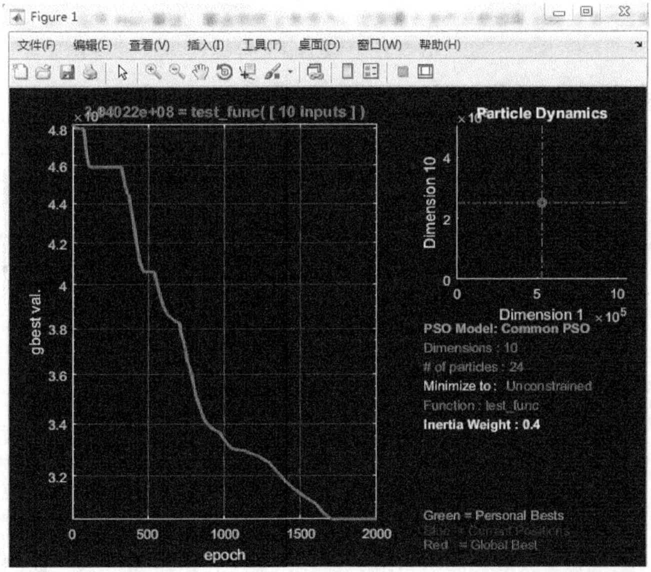

图 5.31　PSO 算法 MATLAB 图形界面输出

表 5.8　建议公园坐标

PointID	*X*	*Y*
1	528270	251080
2	530220	251110
3	526010	251380
4	530830	251880
5	528880	251510

7. 显示建议公园点位置

将表 5.8 保存为.csv 格式。打开 ArcGIS，菜单栏选择 File→Add Data→Add XY Data，如图 5.32 所示，选择上一步保存的.csv 文件，设置对应 *X*、*Y* 坐标，点击“OK”可以得到建议公园点的空间分布，其可视化见图 5.33。

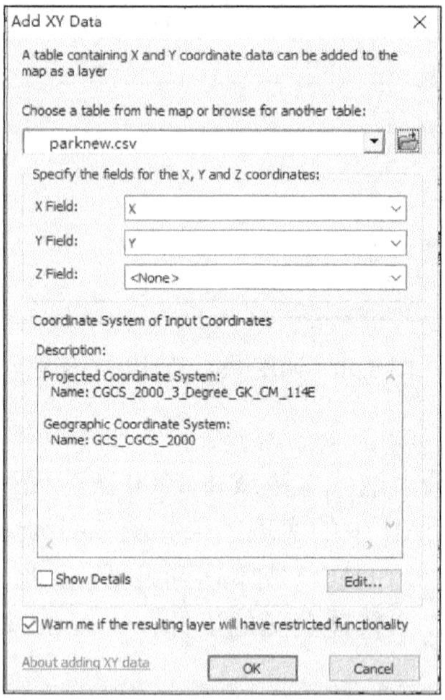

图 5.32　添加 *XY* 坐标

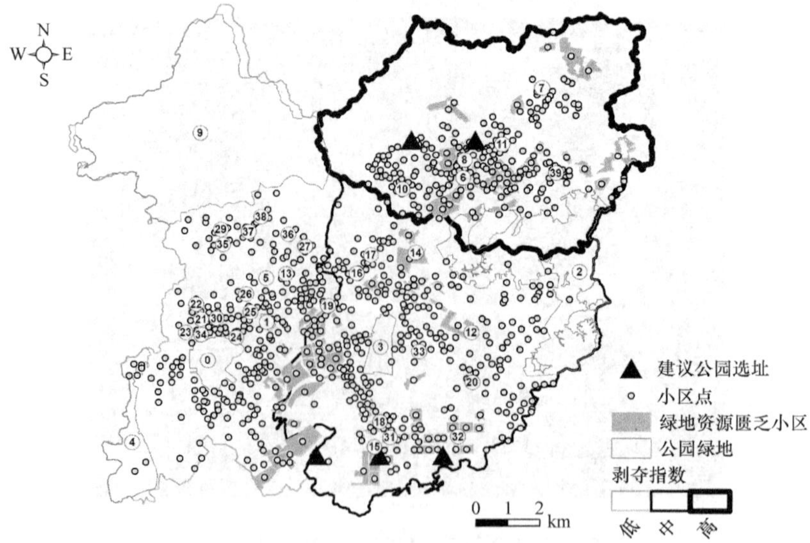

图 5.33　建议公园地址

5.3 讨论与总结

本章实验的重点是可达性模型在实际问题中的应用，主要应用了可达性模型中的两步移动搜索法，建立了公园可达性评价模型，定量识别公园绿地服务能力薄弱地区，并结合机器学习等算法，考虑需求人口，探索性地计算出建议新建的公园数量及其地址。本实验也是针对面向公众的资源均等化评价方面的一个应用，在整个模型中应用了主成分分析、熵权法等客观权重计算方法，从公园绿地数量、质量、可达性(服务能力)方面对公园绿地资源进行了综合分析。

实验也存在一些需要讨论的地方，例如，指标集成时集成方法的选择；公园绿地景观质量评估时指标的选取；两步移动搜索法中对距离衰减函数的选择，以及距离衰减阈值的确定；公园选址计算时优化模型的选择及确定；等等。感兴趣的读者可以进一步完善实验。

实验六　区域多中心性测度

6.1 实 验 概 述

6.1.1 背景及目的

改革开放 40 多年来，中国历经了快速的城市化进程，城市群的逐渐形成是中国城市化进程中的典型标志。科学地界定和识别城市对象，构建和评估城市群空间结构有助于厘清城市化的发展现状，预测未来城市的发展趋势。在已有的大多数研究中，城市对象的识别通常采用基于人口密度的方法，但由于人口流动性较大，这种方法对城市中心的探测不够精确。使用土地覆盖数据，将超过一定阈值的连续建设用地作为一个城市对象，相较于人口密度分析法，更具科学性。通过本实验希望能够达到以下目的：①掌握基于最小生成树的空间聚类方法；②掌握基本的网络分析方法，计算和比较若干网络结点中心度指标。

6.1.2 数据说明

本实验所使用的数据存储于 data_exp 6 文件夹中，包含的数据内容及其来源见表 6.1。

表 6.1　实验数据内容及其来源

数据类型	数据来源	数据内容	数据说明
专题数据	Landsat 影像经监督分类和目视校正得到的土地覆盖图	提供的数据中已将土地覆盖图进行了重分类，只包含建设用地和非建设用地两类	栅格数据，*.tif 格式

6.1.3 整体实验设计

为了构建和评估城市群空间结构，本实验需要经历以下主要处理步骤：①识别城市对象并对其进行矢量化；②对密集的城市对象进行抽稀；③实现基于最小生成树城市对象空间聚类；④进行简单的网络分析，计算网络结点的中心度。

本实验将网络结点的中心度作为城市群中心的划分标准，认为大于某一阈值的网络结点为一个中心，因此，研究中必须先将城市抽象化为点对象，再对其构建网络。由此，基于土地利用栅格识别城市对象并对其进行矢量化成为本实验的首要步骤，实验中采用连通区域标识法进行城市对象的提取。

大量的城市对象(网络结点)将对网络构建和网络分析造成巨大的计算压力，因此需要在提取城市对象的基础上对其进行适当的抽稀。抽稀过程主要分为两个步骤：其一是根据板块形状指数和联通区域面积剔除部分城市对象；其二是对剩余的城市对象使用半变异分析得到的变程进行进一步筛选。

经过两次筛选后，剩余的城市对象可以用于城市网络的构建。与大多数基于最小均方误差的空间聚类不同，最小生成树(minimum spanning tree, MST)采用的是空间最小跨度这一独特的属性。因此，基于 MST 的空间聚类能够表现出比一般聚类方法更强的非球状特征，比较符合人们对复杂城市形态的直观感受，这也使其成为本实验的首选方法。基于最小生成树的空间聚类又可以分为最小生成树构建和剪枝两个部分。

在网络分析部分，本实验将选用度中心度和路径中心度这两种网络结点中心度计算方法，并对两种算法所得的结果进行比较。最后将中心度大于某一阈值的结点视为城市群网络的一个中心。

通过对时序数据的处理，可以从城市对象的聚类中归纳得到城市网络的形成动态和变化规律，从中心数量的年际变化中可以揭示城市群的发展现状并预测其发展趋势。因为对时序数据的处理将采用同样的方法和标准，所以本实验中仅展示一个时期的数据处理流程。

本实验的整体流程如图 6.1 所示。

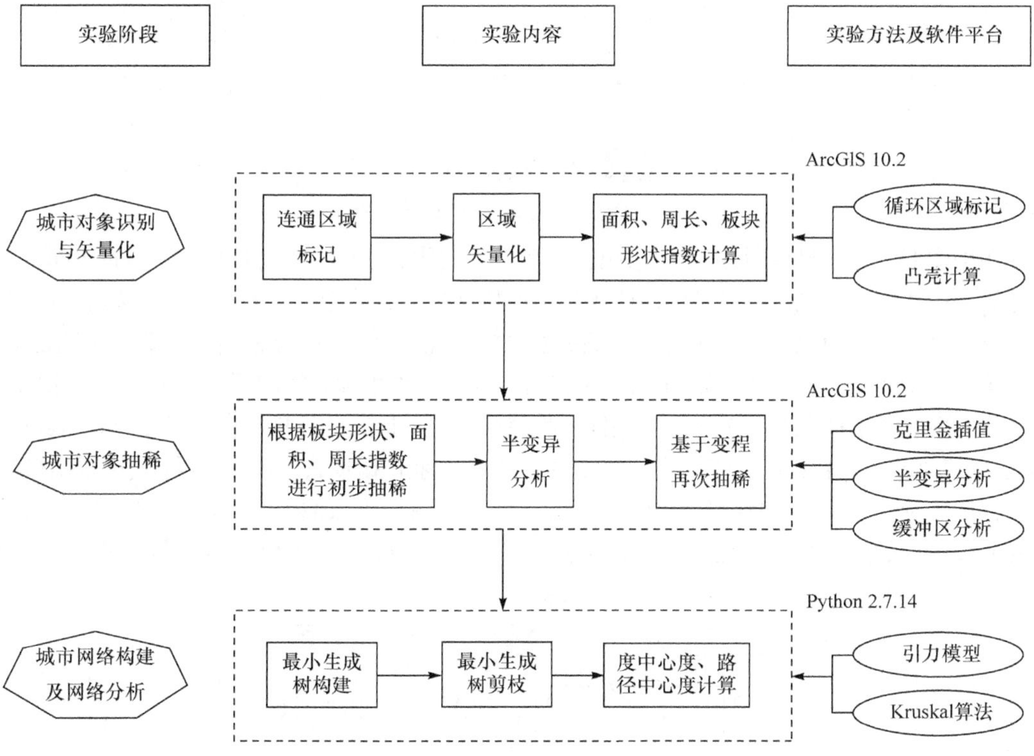

图 6.1　实验流程图

6.2　实 验 步 骤

6.2.1　城市对象识别与矢量化

1. 连通区域标识

本实验所使用的是 Landsat 影像经监督分类和目视校正得到的土地覆盖图。因为本实验主要探究建设用地的动态，所以提供的数据中已将土地覆盖图进行了重分类，只包含建设用地和非建设用地两类，如图 6.2 所示。

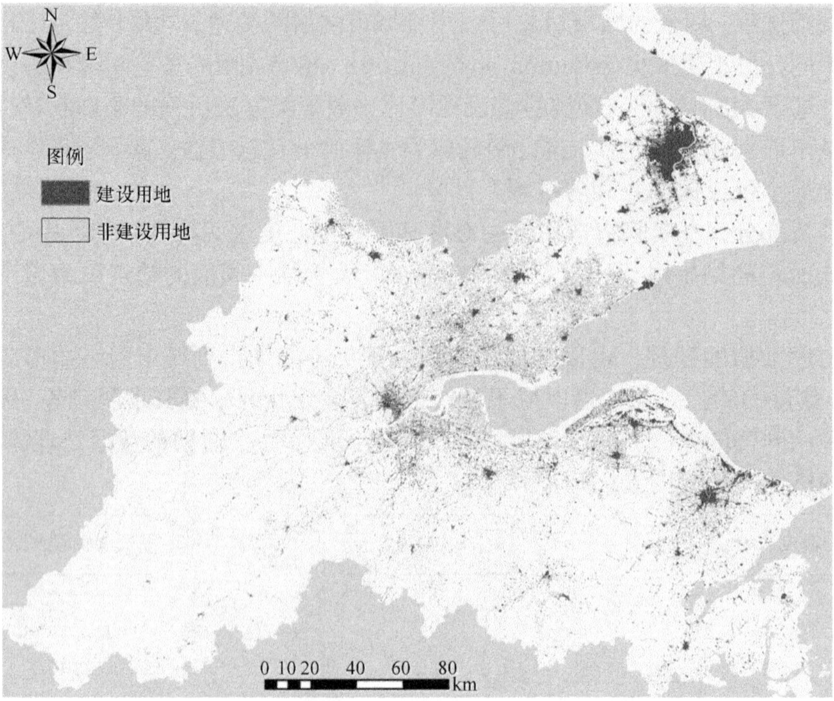

图 6.2 实验研究区域

在栅格图像中，全部建设用地采用同样的标识码，因而对于计算机来说，它们属于同一对象。连通区域标识法的目的就是将建设用地依照其连通特性分割成若干独立的对象，算法流程可以简单概括如下：令临时标记值为 1，从土地覆盖图像的左上角开始逐行扫描，当遇到第一个建设用地像元时，将其作为种子像元并赋予临时标记值；接着寻找这个种子像元的四邻域是否有建设用地像元，找到后作为新的种子像元并赋予该像元同样的临时标记值。递归此过程，直至找出所有与此城市对象相连通的建设用地像元(可以使用栈实现)；其后令临时标记值加 1，继续扫描剩余栅格图像区域中没有被标记的位于最左上位置的建设用地像元，重复上述基于种子像元的查找过程，直至图像中不存在尚未被标记的建设用地像元。根据本算法，某一连通建设用地对象的标记过程如图 6.3 所示。

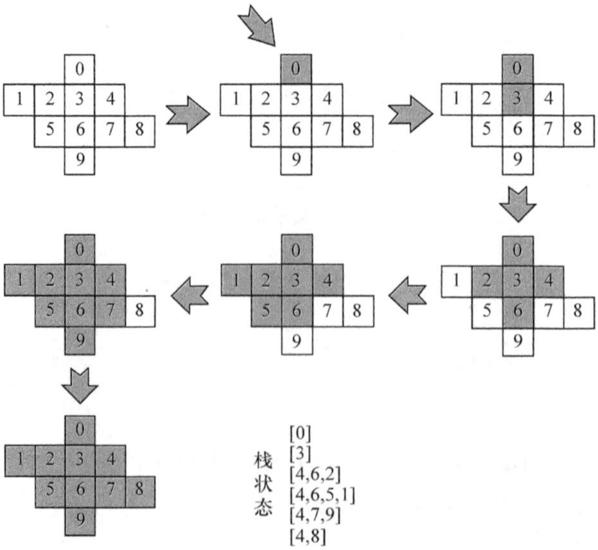

图 6.3 连通区域标识法

2. 区域矢量化

在获得连通区域后可以对每个区域求其凸壳，进而实现该区域的矢量化。卷包裹法是凸壳计算的优秀算法，它由 Chand 和 Kapur 于 1970 年提出，算法基本思想可以概括如下：首先过 y 坐标最小的点 P_1 画一条水平直线 L，显然该点是凸壳的一个顶点。然后令直线 L 绕 P_1 按逆时针方向旋转，碰到顶点集合中的第二个点 P_2 时，令直线继续绕 P_2 做逆时针旋转，此时原直线将在 P_1 和 P_2 之间留下一条线段，该条线段即为凸壳的一条边。继续旋转下去，最后直线 L 旋转 360°回到 P_1 时，便可以形成所求的凸壳。

求得凸壳后，收集所有顶点找到其对应栅格像元中的边界，又可以组成一个新的连通区域闭包，这一闭包对应着 ArcToolbox 转换工具中的“非简化面”选项。

通过巧用 ArcToolbox 提供的工具，可以简单地实现上述复杂的算法。需要用到的工具有 Spatial Analyst Tools→Extraction→Extract by Attributes 及 Conversion Tools→From Raster→Raster to Polygon。

因为使用 Spatial Analyst 工具集需要额外授权，所以应首先添加拓展模块。如图 6.4 所示，点击菜单栏 Customize→Extensions…，在弹出的对话框中勾选 Spatial Analyst，这样就可以使用 Spatial Analyst 工具集中的工具。另外，在使用地理处理工具前还需要检查和重置地理处理环境。首先将 data_exp 6 文件夹中的 hangzhouwan.tif 文件拖入地图视图中，然后点击菜单栏 Geoprocessing→Environments…，在弹出的对话框中设置工作空间(workspace)为 data_exp 6 文件夹，处理范围(Processing Extent)为“Same as layer hangzhouwan.tif”，栅格分析(Raster Analysis)中的像元大小(Cell Size)为“Same as layer hangzhouwan.tif”，如图 6.5 所示。

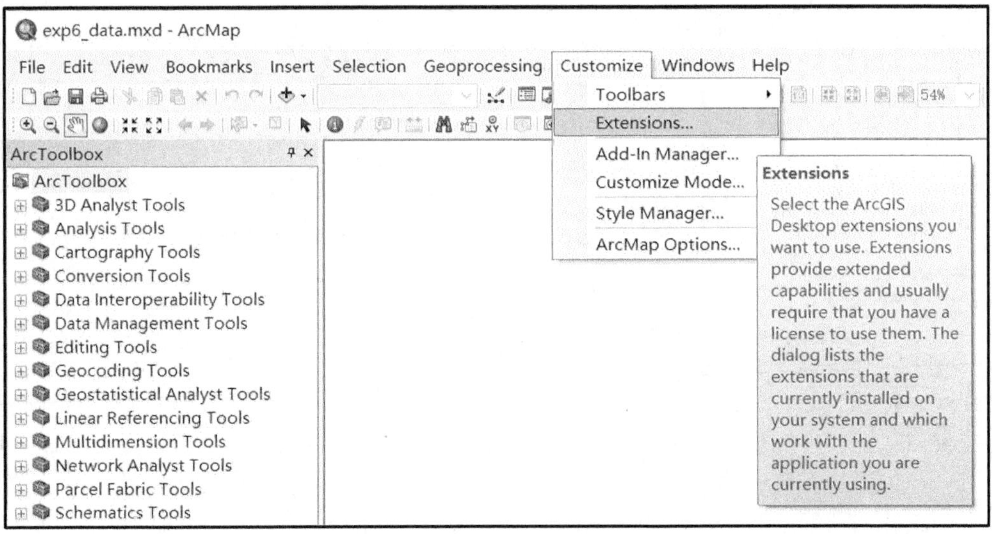

图 6.4 添加 Spatial Analyst 拓展模块

下面使用 Extract by Attributes 工具，提取全部建设用地栅格。设置 SQL 语句为 "Value"= 1，其中 1 为建设用地在栅格图像中的标记值。本例将输出栅格保存为 hangzhouwan_ex.tif，如图 6.6 所示。

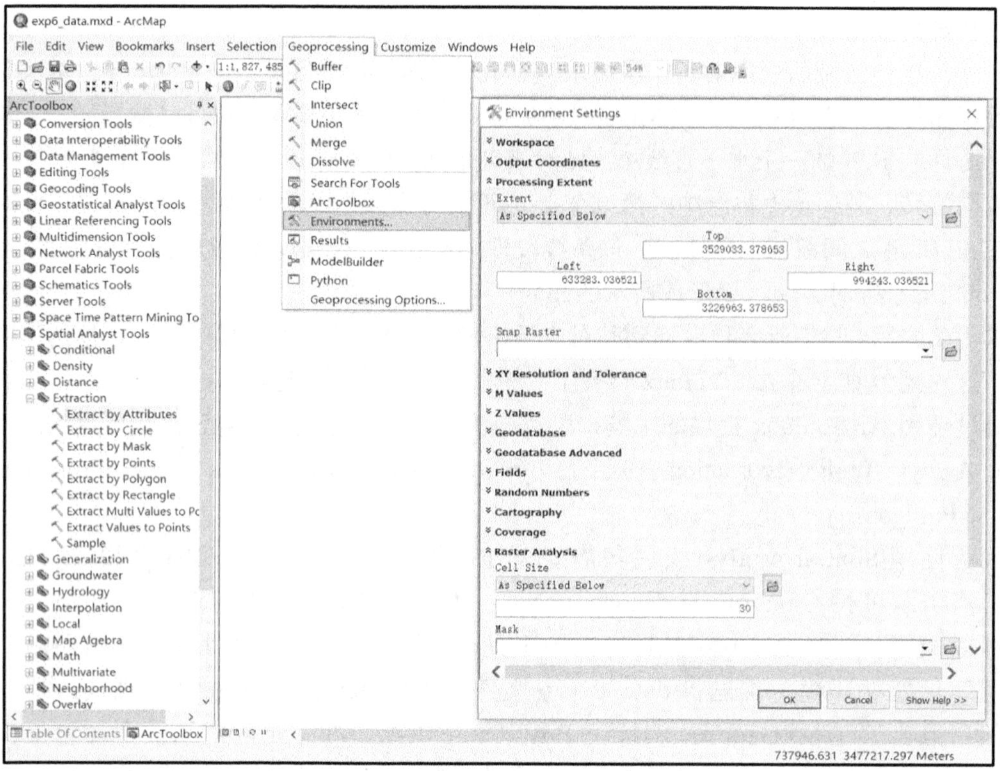

图 6.5　设置地理处理环境

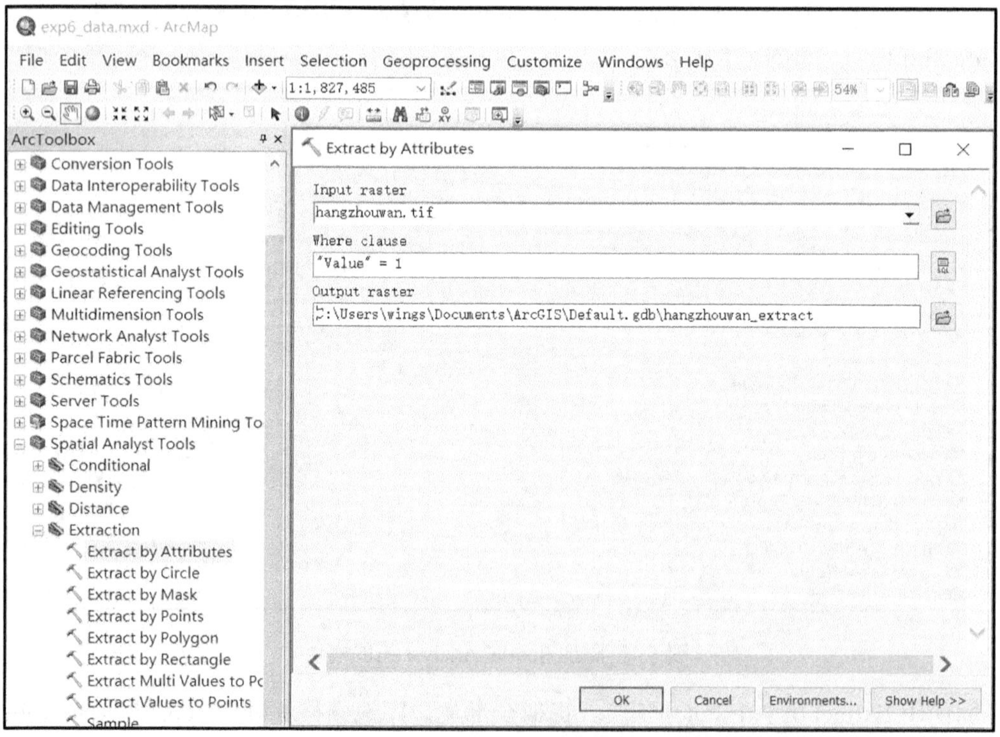

图 6.6　按属性值提取

使用 Raster to Polygon 工具可以实现城市对象的唯一标识和矢量化，该工具的工作原理包括连通区域标识和凸壳算法。工具设置如图 6.7 所示，将前一步中得到的 hangzhouwan_ex.tif 放入 Input raster 中，Field 选择默认的 Value(Field 将在输出要素类的属性表中排成一列，并附加文件头 Grid_code，用于区分矢量要素的不同转化来源。例如，如果设置 Field 为 Value，就可以从输出矢量的 GRIDCODE 字段中得知该要素是由值为多少的栅格像元转化而来)，勾选 Simplify polygons，以凸壳的形式提取连通区域的边界。本例将输出矢量要素保存为 hangzhouwan_city_ply1。

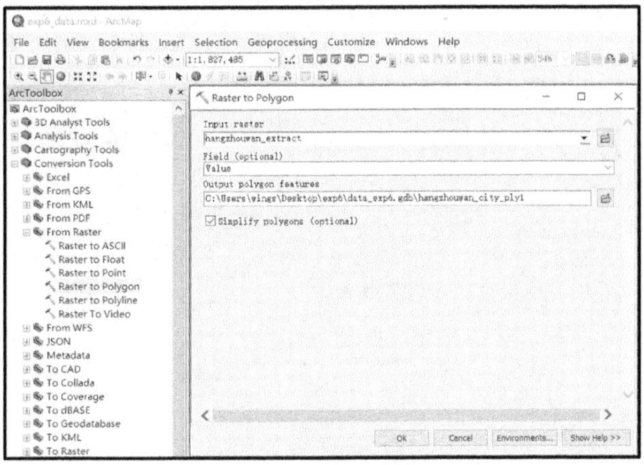

图 6.7　栅格转面

3. 计算几何

如图 6.8 所示，打开 hangzhouwan_city_ply 的属性表，添加 Area 和 Perimeter 字段，字段类型均为 Double，选中字段，使用计算几何分别写入面积和周长信息。

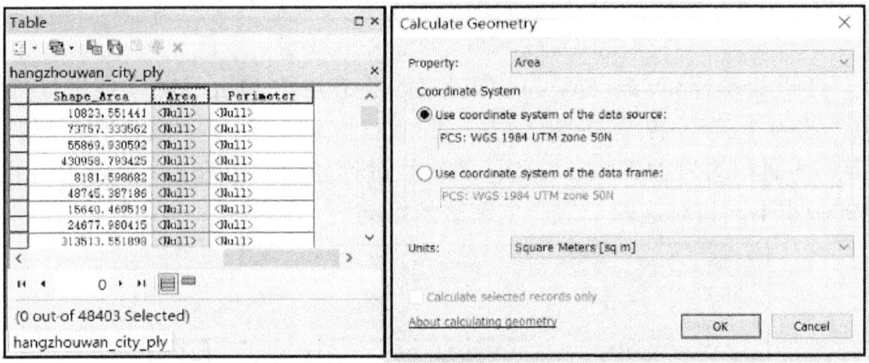

图 6.8　计算城市对象面积与周长

本实验认为过于狭长和面积较小的斑块不应作为城市对象参与网络的构建，因此引入斑块形状指数来定量描述斑块的狭长程度。以圆为参照几何形状的斑块形状指数可以由下式计算得出。

$$S=\frac{P}{2\sqrt{\pi A}}$$

式中，P 为斑块的周长；A 为面积。由此可知斑块为圆形时，S 取到最小值 1。实验中在 hangzhouwan_city_ply 属性表中创建 ShapeIdx 字段，按上式计算每一个斑块的形状指数。选中新建的 ShapeIdx 字段，右击在弹出菜单中选择 Field Calculator，按如图 6.9 的形式输入。

6.2.2　城市对象抽稀

1. 依据几何初步筛选

本实验认为面积小于 10 万平方米，形状指数位于前 10%且面积不大于平均面积(形状指数虽大，但由于其面积较大在网络构建过程中起到十分关键的作用因而不予以剔除)的斑块都

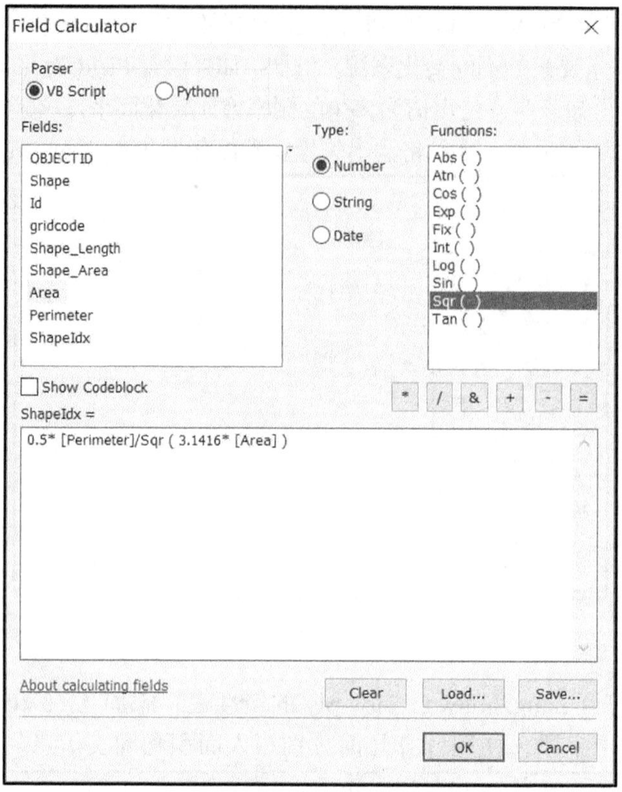

图 6.9　城市对象形状指数计算

应当被剔除。打开 hangzhouwan_city_ply 属性表，将表格按 ShapeIdx 字段进行排列，找出第 90 百分位数，约为 1.675。再按照字段 Area 进行统计(选中 Area 字段右击在弹出菜单中选择 Statistics)，得到的面积约为 364168m²，阈值的查找过程如图 6.10 所示。需要指出的是，ArcGIS 和操作系统的版本不同将对这两个值产生细微的影响。

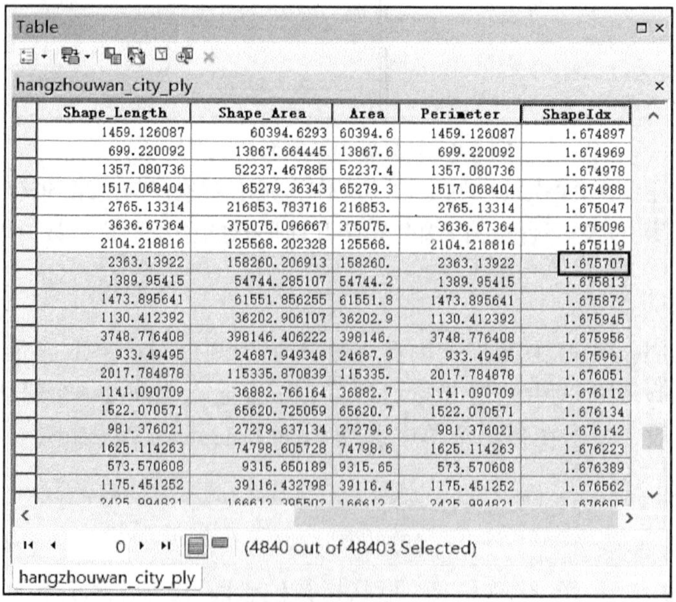

图 6.10　ShapeIdx 阈值查找

使用 Analysis Tools→Extract→Select 工具，输入表达式 "Area" >100000 AND ("ShapeIdx" <= 1.675 OR "Area" >= 364168)，对矢量化后的城市对象矢量进行初步抽稀。工具设置如图 6.11 所示，本例将 Select 工具的输出结果保存为 hangzhouwan_city_ply_Select.shp。

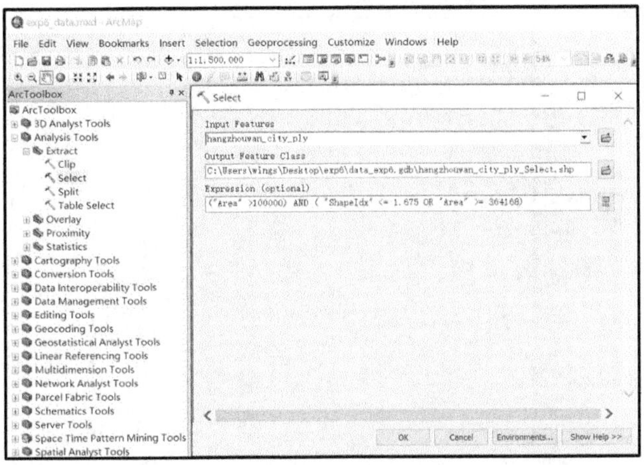

图 6.11　基于面积与形状指数的城市对象初步筛选

2. 要素转点

在执行进一步抽稀操作之前，需要先将城市对象面要素转化为点要素，并添加 *XY* 坐标以满足抽稀的计算条件。这一步骤需要用到 Data Management Tools→Features→Feature To Point 和 Data Management Tools→Features→Add XY Coordinates 两个工具。工具设置如图 6.12 和图 6.13 所示，本例将 Feature To Point 工具的输出结果保存为 hangzhouwan_city_pt.shp。经过以上步骤可以得到如图 6.14 所示的城市对象初步筛选结果。

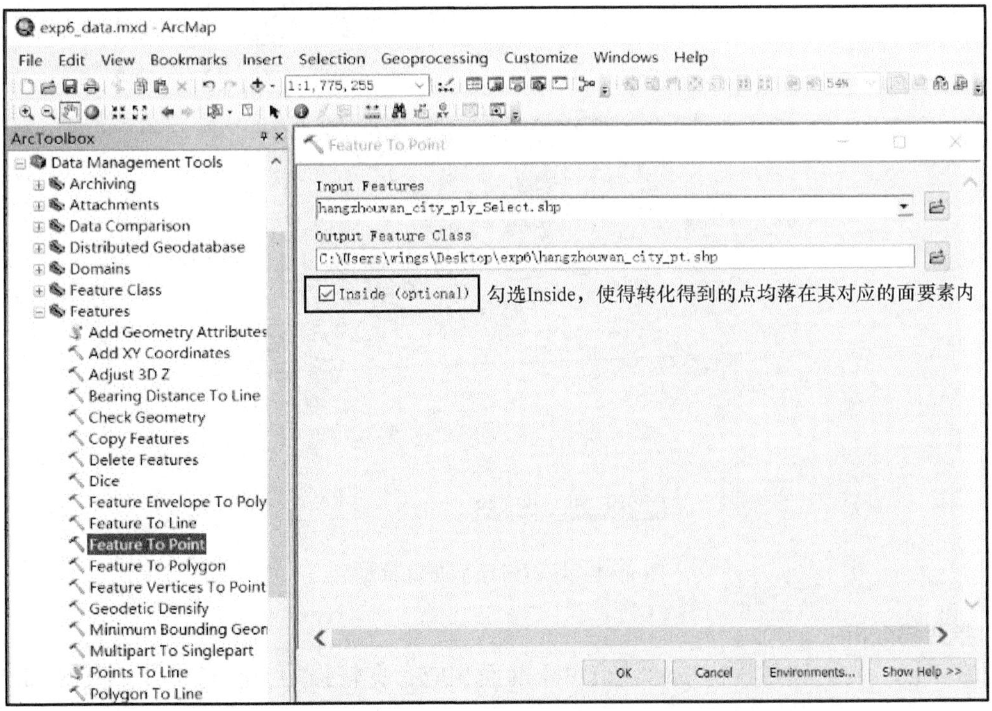

图 6.12　面要素转点

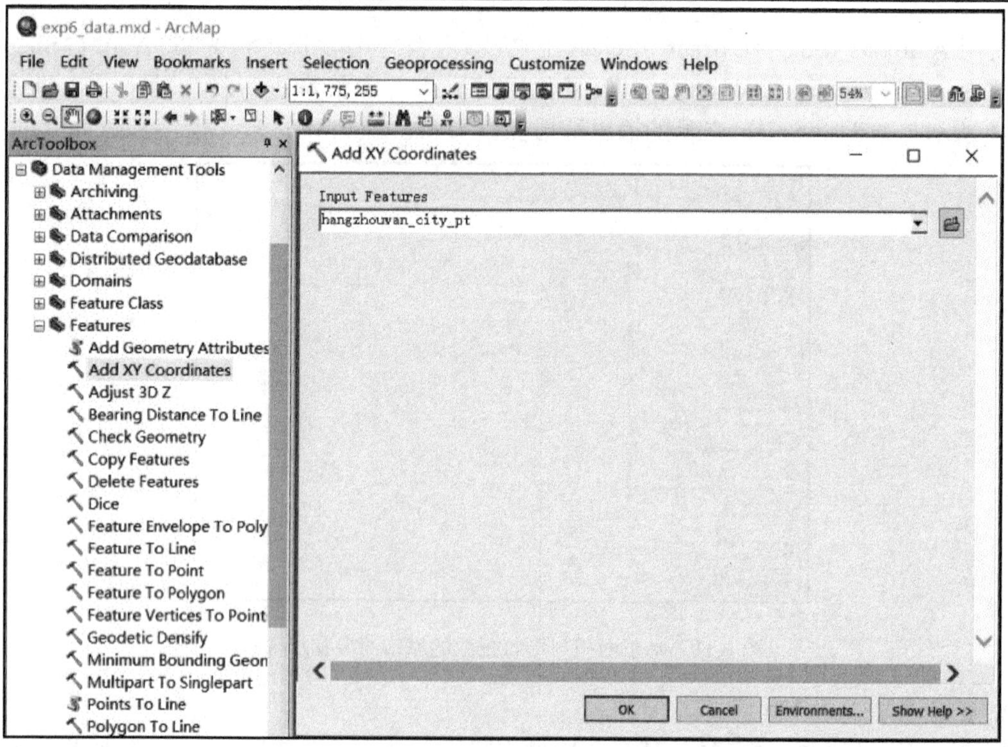

图 6.13　为点要素添加 *XY* 坐标

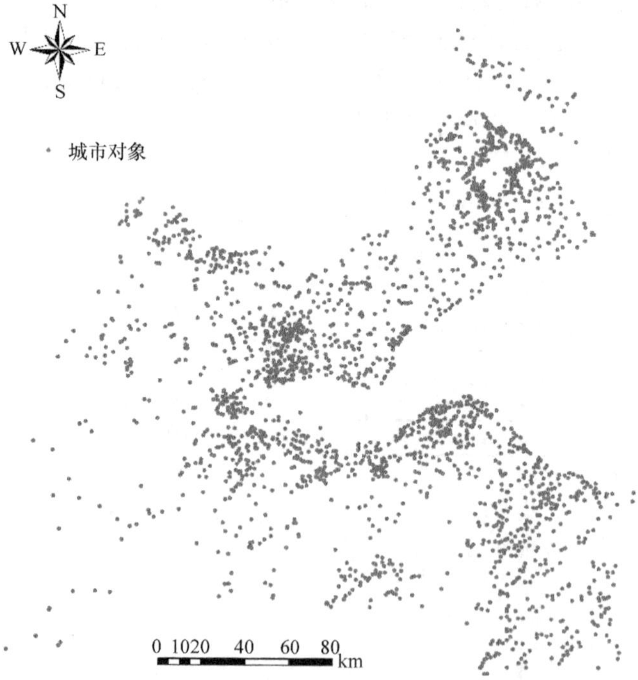

图 6.14　城市对象初步抽稀结果

3. 半变异分析

通常来说，由上述过程提取的城市对象的面积应存在较强的空间自相关。根据 Christller

给出的最优城市系统布局，理想状态下两个大型城市中心的连线上城市对象的面积会出现“高值集聚(HH)-低值集聚(LL)-高值集聚(HH)”的分布模式，对应于空间实体即“大城市及其卫星城-城市间连接带-大城市及其卫星城”。因此，研究中引入了半变异函数估计城市对象面积值的自相关范围 D_0，并依据该值进行城市对象的抽稀。

与 Spatial Analyst 工具集相同，半变异分析所在的 Geostatistical Analyst 工具集也需要加载拓展模块。在菜单栏选择 Customize→Extensions 之后，在弹出的对话框中勾选 Geostatistical Analyst，这样就可以使用 Geostatistical Analyst 工具集下的各种工具。如图 6.15 所示，在菜单栏空白处右击勾选 Geostatistical Analyst 可以打开空间统计工具条。

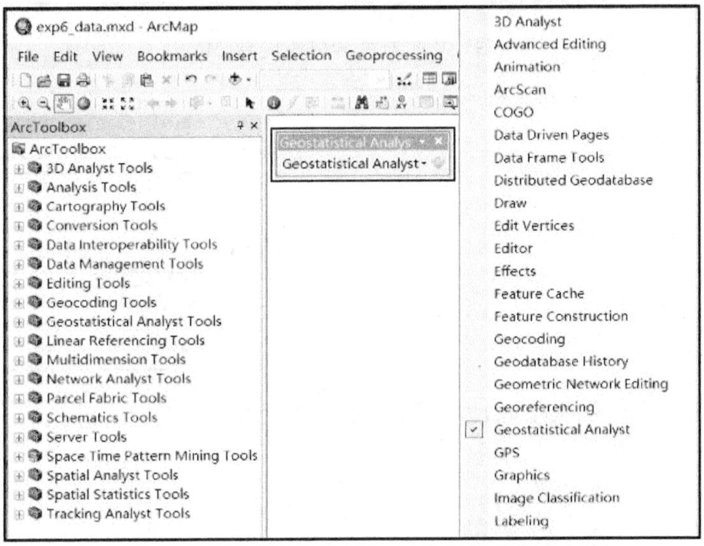

图 6.15　添加 Geostatistical Analyst 工具条

半变异分析是进行克里金(Kriging)插值的前置步骤，因此可以在 Kriging 插值的过程中得到半变异分析的结果。点击 Geostatistical Analyst 工具条上的 Geostatistical Wizard 按钮(工具条右侧的图标或在下拉菜单中寻找)进入空间统计向导，如图 6.16 所示，在第一个界面中选择 Methods 为“Kriging/CoKriging”，设置 Dataset 中的 Source Dataset 为 hangzhouwan_city_pt，区域化变量字段名(Field)为“Area”，点击“Next”进入下一界面。

在下一界面中选择克里金类型(Kriging Type)为普通克里金(Ordinary)，点击“Next”进入下一界面。在第三个界面中设置 General 中 Variable 的值为半变异函数(Semivariogram)，Model#1 中的 Type 值为球面函数(Spherical)，Lag 中的滞后距(Lag Size)为 5000，采样数量(Number of Lags)为 40。特别指出的是，读者可自行修改滞后距与采样数量，当左侧图像中采

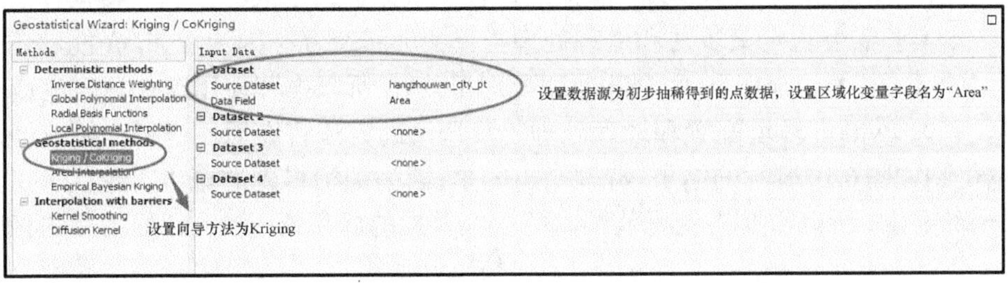

图 6.16　半变异分析向导(1)

样点在拟合曲线上下波动时为较好的拟合结果，经试验本例中选择滞后距为 5000，采样数量为 40。向导界面的参数设置如图 6.17 和图 6.18 所示，ArcGIS 给出的拟合结果中城市对象面积值的自相关范围(变程)约为 8648m。

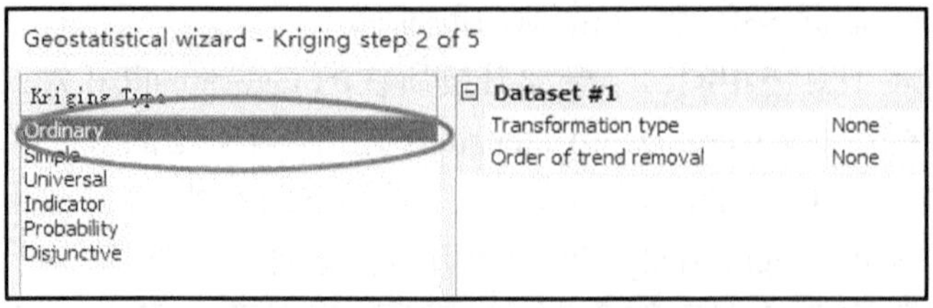

图 6.17　半变异分析向导(2)

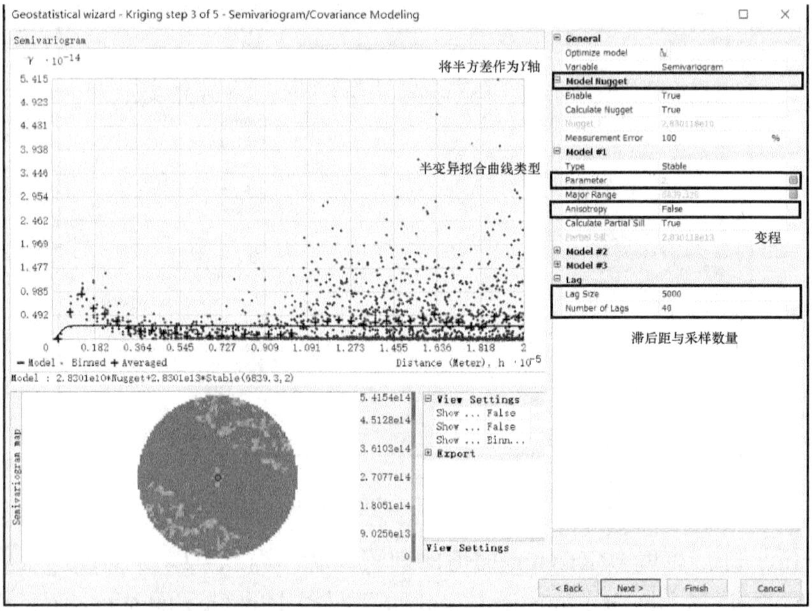

图 6.18　半变异分析向导(3)

4. 依据变程再次抽稀

下面将依据计算得到的变程值进行城市对象的再次抽稀。基本思路是：对于每一个城市对象，在其变程范围查找，若存在大于该对象面积值的城市对象则将该对象标记为 0，否则标记为 1。最后提取全部标记值为 1 的城市对象完成第二次抽稀。

由于 ArcToolbox 中没有可以直接实现这一标记效果的工具，其实现需要反复使用缓冲区和空间连接操作，因而推荐编程实现。但提取过程又可以通过 Select 工具直接操作.shp 文件实现，因此，本实验需要自定义算法和地理处理工具的频繁交互。因为 Python 能够调用 ArcPy 站点包(其中包含了 ArcToolbox 中全部地理处理工具)，所以推荐使用这一语言完成本实验的全部流程。有关 Python 环境配置和地理处理工具调用的方法将在后面进行介绍。经过再次抽稀后，可以得到如图 6.19 所示的结果。特别指出的是，因为抽稀得到的城市对象代表了其 8648m 范围内的全部要素，所以需要将变程范围内的全部要素的面积值，加入到抽稀后的相应城市对象中去。

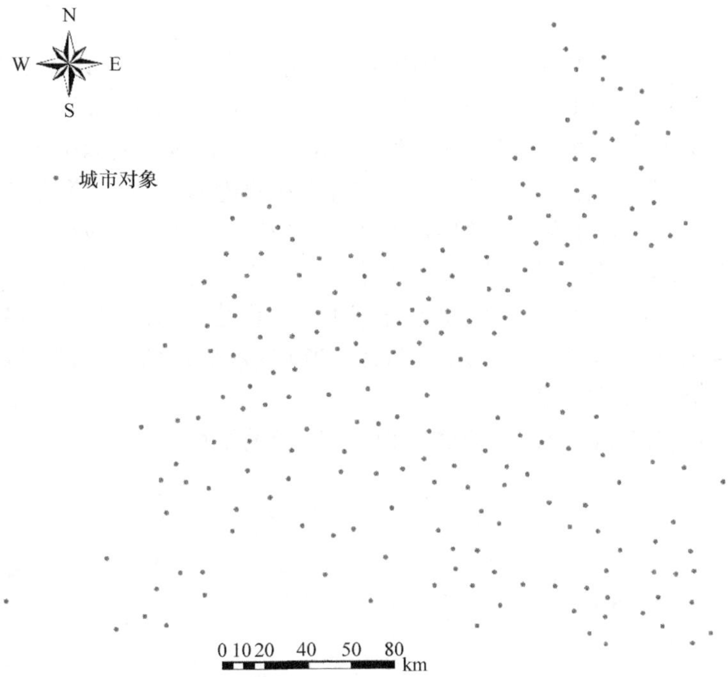

图 6.19　城市对象二次抽稀结果

6.2.3　城市网络构建及网络分析

1. 最小生成树建立

如前所述，因为基于最小生成树(MST)的空间聚类能够表现出比一般聚类方法更强的非球状特征，比较符合人们对复杂城市形态的直观感受，所以成为本实验首选的聚类方法。MST是无向带权图的最小连通子图，本研究将城市点对象作为带权图 G 的节点，引入引力模型确定城市对象 u，v 之间边的权值，权值计算公式为

$$w(u,v)=\frac{D^2(u,v)}{\sqrt{A_u A_v}}$$

式中，$D(u,v)$ 为城市对象 u，v 间的欧氏距离；A_u，A_v 分别为城市对象 u，v 的面积。分子的平方和分母的开方操作是为了保持二者的量纲，将 $w(u,v)$ 的值控制在合理的范围之内。

由公式可知，城市对象面积越大，对象间的距离越小，城市间的联系越紧密，以 $w(u,v)$ 为权的边就越容易被选择构成 MST。最小生成树的建立可以使用 Kruskal 算法，算法的实现过程(图 6.20)及其自然语言描述如下。

输入：无向权图 $G(V,E,W)$，其中 V 为顶点集合，E 为边集合，W 为权重。

输出：最小生成树 T。

S1：标记全部顶点的树编号为 0，临时树编号 temp 为 1。

S2：判断 V 集合中是否存在树编号为 0 的点，如果不存在则算法结束，否则转 S3。

S3：取 E 中 W 值最小的边 e。① 如果 e 中两侧顶点的树编号均为 0，则将该边关联的顶点赋值为 temp，并令 temp = temp + 1，$T=T+e$，$E=E-e$；② 如果 e 中两侧顶点的树编号相同且都不为 0，则令 $E=E-e$；③ 如果 e 中两侧顶点的树编号不相等且其中一个等于 0，则赋予编号为 0 的顶点另一顶点的树编号，并令 $T=T+e$，$E=E-e$；④ 如果 e 中两侧的树编号不相等且都不为 0(a, b)，则将所有值为 a 的点赋予值 b，并令 $T=T+e$，$E=E-e$。

转 S2。

应用上述算法，如图 6.20 所示，考虑两条权重为 5 的边，由于 *AD*、*CE* 两边没有公共交点，满足 S3 中的条件①，所以 *T*={*AD*，*CE*}，*A*、*D* 编号为 1，*C*、*E* 编号为 2；下面考察权重为 6 的边，顶点 *D* 的编号为 1，*F* 为 0，满足 S3 中的条件③，所以标记 *F* 为 1，*T* = {*AD*, *CE*, *DF*}。考察权重为 7 的边 *AB*，满足条件①，赋予 *B* 的树编号为 1。考察权重为 7 的边 *BE*，其中 *B* 的编号为 1，*E* 的编号为 2，满足条件④，所以赋 *A*，*B*，*C*，*D*，*E*，*F* 的树编号为 1，*T*={*AD*，*CE*，*DF*，*AB*，*BE*}；考虑权重为 8 的 *BC*、*EF* 两边，因为满足条件②，所以不加入 *T*；考虑权重为 9 的边 *BD*，*EG*，*BD* 满足条件②不予以考虑，*EG* 满足条件③，所以赋 *G* 的树编号为 1，*T* = { *AD*，*CE*，*DF*，*AB*，*BE*，*EG*}。当 *G* 被赋值之后，图中已经没有树编号为 0 的顶点，满足 S2 的终止条件，算法结束。

将上述过程使用 Python 实现，得到如图 6.21 所示的结果。

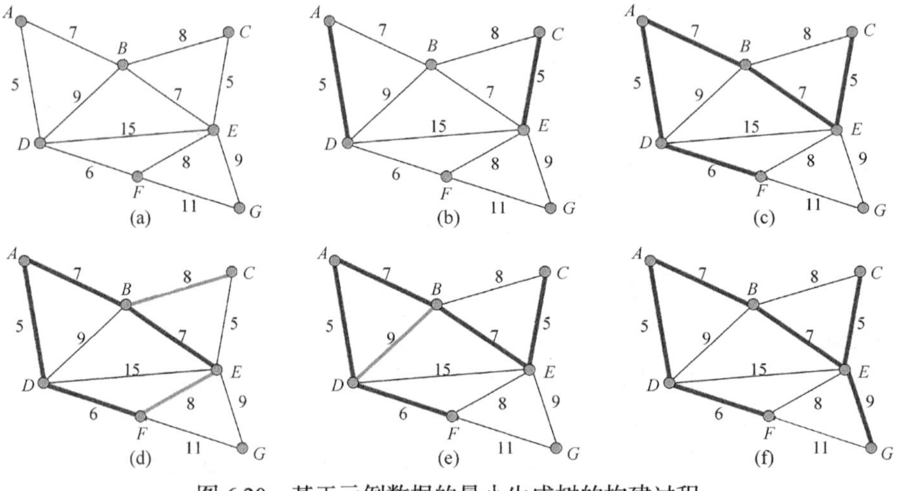

图 6.20　基于示例数据的最小生成树的构建过程

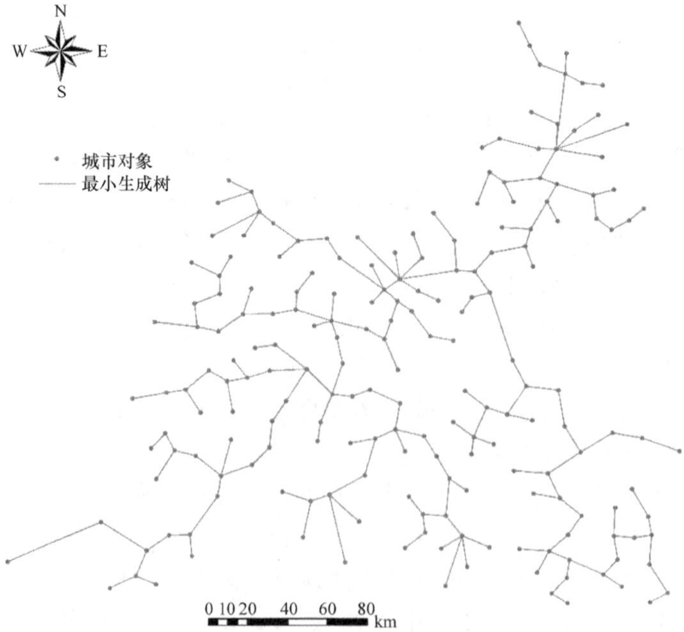

图 6.21　最小生成树构建结果

2. 最小生成树剪枝

基于最小生成树进行空间聚类的基本思想是，通过比较某一边与其关联边的权重关系决定是否删除该边，将最小生成树分割成为两棵子树，生成的每一棵子树就是结点对象在空间的一个集聚。对于是否删除最小生成树的边，本实验采用了 Charles 提出的方法，方法原理如图 6.22 所示。

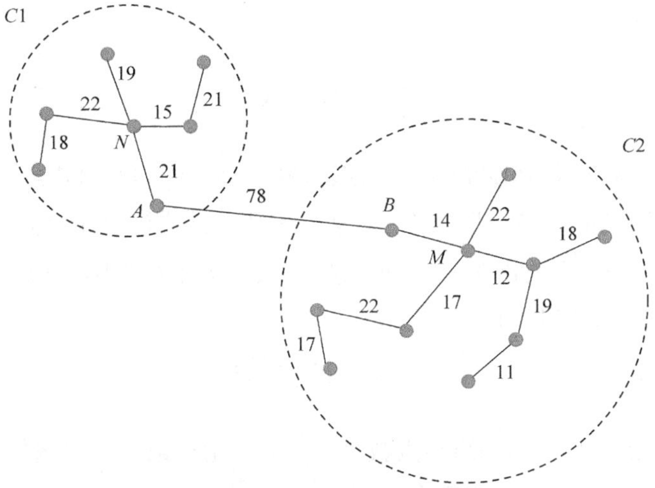

图 6.22　最小生成树剪枝原理

对于最小生成树的任意一边 AB，首先找到与 AB 两步之内相连的全部边。如图 6.22 所示，与 AB 一步(直接)相连的边有 AN 和 BM，在此定义的基础上可以找出两步之内与 AB 相连的所有边：A 一侧是边长分别为 21、15、19、22 的四条边，B 一侧是边长分别为 14、22、12、17 的四条边，这八条边长度的平均值为 17.75，标准差为 3.85。通常认为最小生成树中某一边超过其两步内关联边平均值与两倍标准差之和就应当予以删除。本例中，由于 $78 > 17.75 + 2\times3.85$，所以将 AB 边删除，原有的最小生成树裂解形成 C_1、C_2 两个团簇。

根据最小生成树的构建结果，同样使用 Python 实现上述过程，得到如图 6.23 所示的结果。由图可知，算法准确探测到了以某区域为中心的几大城市集聚。

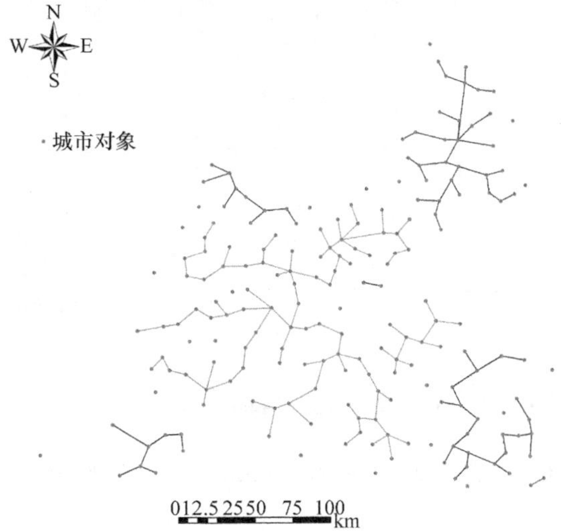

图 6.23　最小生成树剪枝结果

3. 结点中心度计算

结点中心度计算是网络分析中的重要环节，可以帮助快速判断网络中心的位置，本实验中使用了度中心度和路径中心度两种计算方法。

1) 度中心度计算

度中心度(degree centrality)是在网络分析中刻画结点中心性最直接的指标，对于无向图中的结点 N_i，其中心度为

$$C_D(N_i)=\sum_{j=1}^{n}x_{ij}$$

式中，$C_D(N_i)$ 为结点 N_i 的度中心度；n 为结点的总数量；x_{ij} 为邻接矩阵中的元素。如果 N_i 和 N_j 两节点间有边相连则 x_{ij} 为 1，反之为 0。然而采用上述方法度量结点的中心性，其大小不仅与 N_i 关联的边数相关，也与网络规模 n 直接相关。为了消除网络规模的影响，Stanley 和 Katherine 给出了一个标准化的测量公式：

$$C'_D(N_i)=\frac{C_D(N_i)}{n-1}$$

根据最小生成树的特性，当网络结点数量为 n 时，由该结点组成树结构的边数为 n–1。由此，结点度中心度实际上是与 N_i 结点直接关联的边数占 MST 总边数的比。根据上述理论，本实验计算得到以度中心度为标准的杭州湾城市中心等级探测结果如图 6.24 所示。

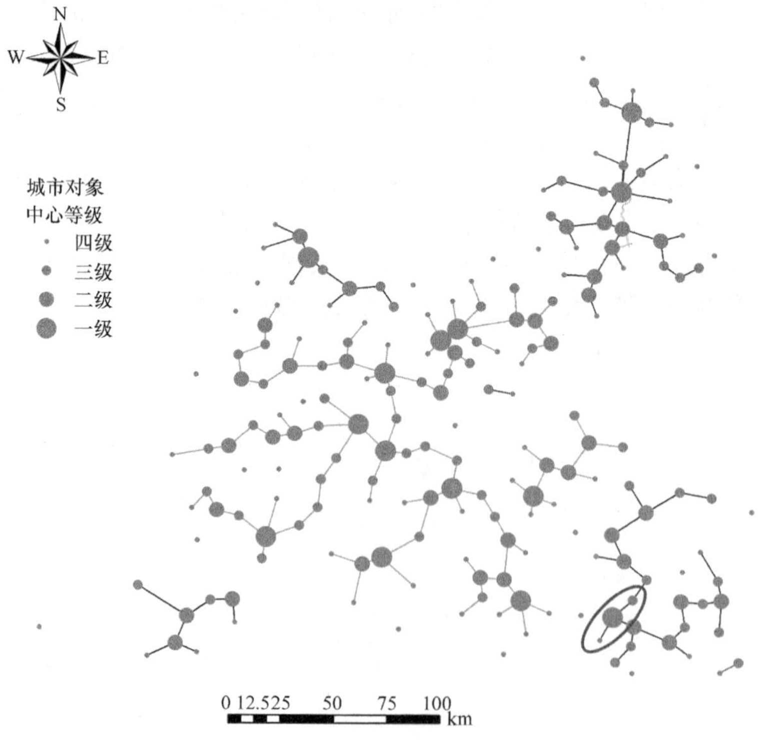

图 6.24　基于度中心度的杭州湾城市中心等级探测结果

将中心位置对应于具体城市，可以看到，上海、杭州、嘉兴、绍兴等城市都被准确地识别为一级中心，符合我们对杭州湾地区城市的先验知识，算法结果具有较大的可信度。然而需要指出的是，度中心度的值会受到城市对象空间位置关系的显著影响，例如，一个很小的城市对象会使得与其相连的较大城市对象变为一个更大的中心(图 6.24 中椭圆包含的部分)。因此，本实验同时采用了路径中心度探究结点的中心性。

2) 路径中心度计算

路径中心度是本实验针对研究对象在介数中心度(betweenness centrality)基础上的拓展。结点的介数中心度可以表示网络对该结点的依赖性，它可以描述为：结点 N_i 的介数中心度是网络中包含结点 N_i 的最短路径条数与所有最短路径条数的百分比。然而，介数中心度计算过程中默认各结点是等价的，所以可以直接通过最短路径的条数比来定义中心度。然而对于本实验讨论的城市对象而言，存在于两个大型城市的最短路径上和存在于两个较小城市的最短路径上对网络连通性的贡献率是不同的，所以本实验以面积为权重给出了路径中心度计算的新方法。算法原理如图 6.25 所示。

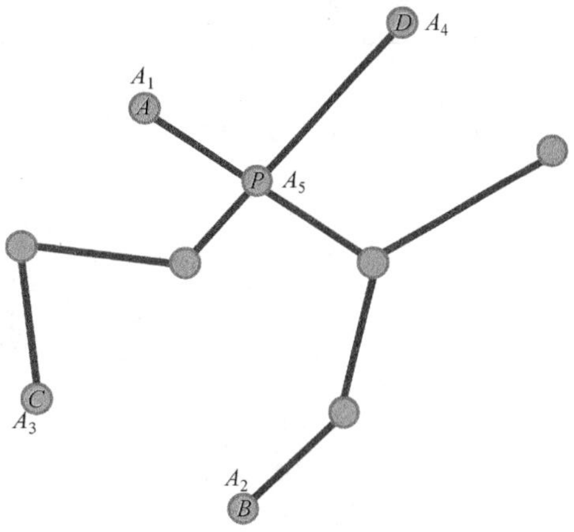

图 6.25　路径中心度计算原理

对于 AB 路径除 A、B 两点之外的其他结点，认为 AB 路径对于结点中心度的提升为 $A_1 + A_2$；对于 AB 路径上的 A、B 两点，认为 AB 路径对于 A 结点的提升为 A_1，对 B 结点的提升为 A_2。由此对于 P 结点，AB、CD 两条路径对其中心度的提升为 $A_1 + A_2 + A_3 + A_4$。按照上述定义遍历所有的最短路径可以算得网络中每一个结点的中心度，将得到的中心度进行最大最小归一化可以得到网络中各结点的相对中心度大小。

因为本实验的假设是存在面积上的差异，网络结点是不等价的，所以计算得到的相对中心度依旧不能反映结点在网络中的重要程度。对此，研究中将相对路径中心度与结点面积值的乘积作为结点重要性的评价标准。

因为 MST 中是不存在闭合回路的，所以在 MST 中两结点之间只存在唯一一条路径，这条路径同时也是连接两结点的最短路径。因此，基于 MST 的最短路径查找与在其他无向权图的最短路径查找在算法上有所不同。算法原理如图 6.26 所示。

若寻找从 A 到 F 的最短路径，需要构建一个列表，该列表记录着以 A 为基点的层次信息，且令列表中出现终点 F 时停止列表生长。如图 6.26 中(b)过程所示，算法找到了与 A 直接相连的点 B 则构建列表{[B,1]}；(c)过程中找到了与 A 两步相连的点 C 则拓展列表为{[B,1],[C,2]}；依此类推，(d)状态下的列表为{[B,1],[C,2],[D,3]}，(e)状态下的列表为{[B,1],[C,2],[D,3],[E,4],[F,4], [G,4]}，此时列表中已经出现了目标点 F，所以停止列表生长进入下一状态。从列表中可知 F 的层次数为 4，在 F 的下一层次中寻找与 F 直接相连的点可以得到 D(D 是第三层次)，接着在 D 的下一层次寻找与 D 直接相连的点。依此类推，可以得到从 F 到 A 的逆向路径{F,D,C,B,A}。基于路径中心度的杭州湾城市中心探测结果如图 6.27 所示。

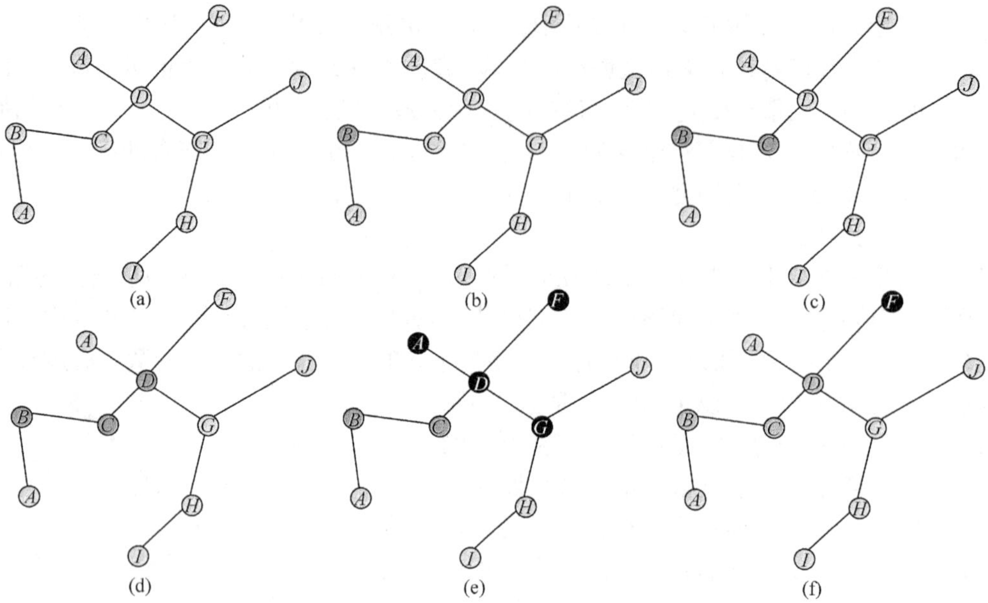

图 6.26　基于 MST 的最短路径查找算法

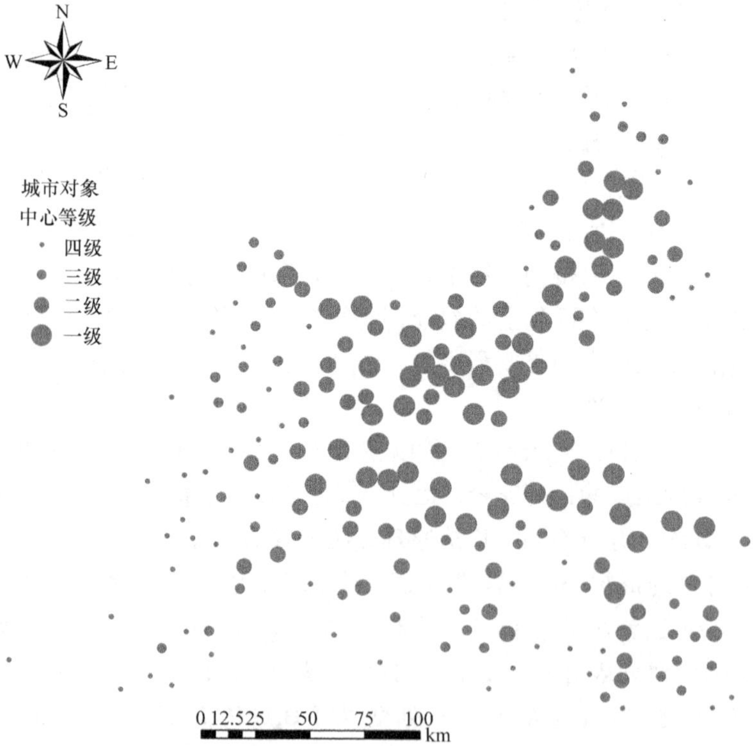

图 6.27　基于路径中心度的杭州湾城市中心等级探测结果

6.2.4　使用 Python 调用地理处理工具

如前所述，因为本实验需要调用大量地理处理工具并有较多自定义算法，所以推荐使用 Python 实现。在安装 ArcGIS Desktop 的过程中会提示是否安装 Python，如果安装了 ArcGIS

Desktop 安装程序中自带的 Python，将在所有程序 ArcGIS 文件夹下找到 Python 编辑器，如图 6.28 所示。

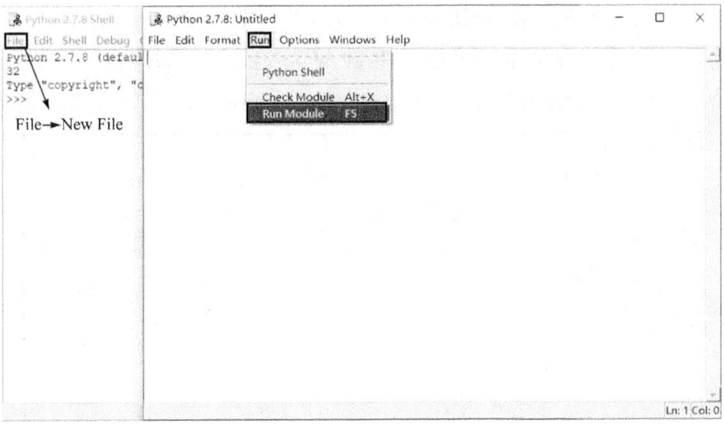

图 6.28　编辑器界面

如果之前漏装了 Python，则可以访问 Python 官网(https://www.python.org/)下载 Python。Python 版本推荐使用 32 位 2.7.X，这是因为 ArcGIS 本身为 32 位的软件，采用 64 位的 Python 会出现编译错误，同时 Python2.7 为 ESRI 官方推荐的 Python 语言版本。点击 IDLE(Python GUI)将弹出 Python Shell，这是 Python 的命令行窗口，点击 File→New File 将打开 Python 的脚本编辑界面。在这里输入代码后，选择 Run→Run Module 便可以在 Shell 看到代码执行结果。

以本实验使用的第一个地理处理工具 Extract by Attributes 为例，打开工具帮助(打开工具后右下角 Tool Help)可以找到如图 6.29 所示的代码示例。

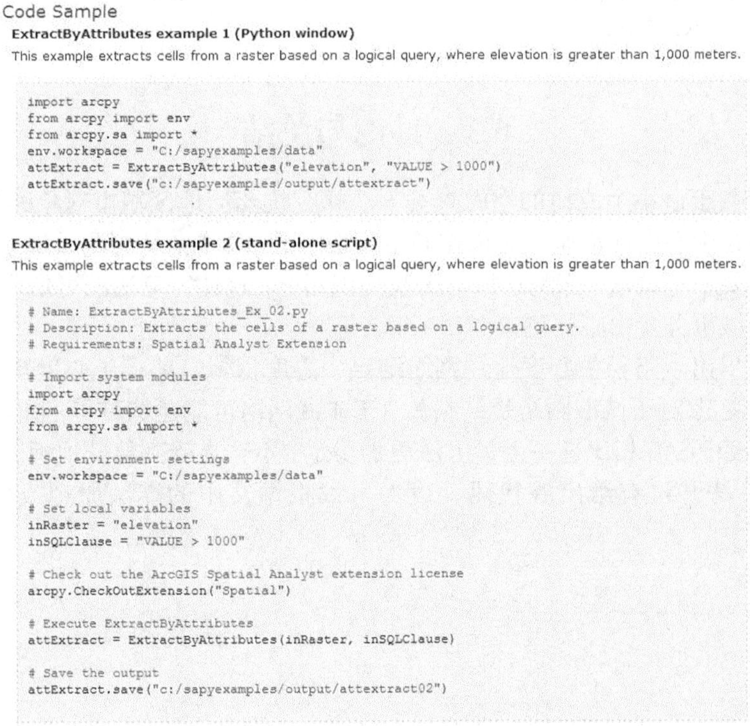

Code Sample

ExtractByAttributes example 1 (Python window)

This example extracts cells from a raster based on a logical query, where elevation is greater than 1,000 meters.

```
import arcpy
from arcpy import env
from arcpy.sa import *
env.workspace = "C:/sapyexamples/data"
attExtract = ExtractByAttributes("elevation", "VALUE > 1000")
attExtract.save("c:/sapyexamples/output/attextract")
```

ExtractByAttributes example 2 (stand-alone script)

This example extracts cells from a raster based on a logical query, where elevation is greater than 1,000 meters.

```
# Name: ExtractByAttributes_Ex_02.py
# Description: Extracts the cells of a raster based on a logical query.
# Requirements: Spatial Analyst Extension

# Import system modules
import arcpy
from arcpy import env
from arcpy.sa import *

# Set environment settings
env.workspace = "C:/sapyexamples/data"

# Set local variables
inRaster = "elevation"
inSQLClause = "VALUE > 1000"

# Check out the ArcGIS Spatial Analyst extension license
arcpy.CheckOutExtension("Spatial")

# Execute ExtractByAttributes
attExtract = ExtractByAttributes(inRaster, inSQLClause)

# Save the output
attExtract.save("c:/sapyexamples/output/attextract02")
```

图 6.29　Extract by Attributes 代码示例

第一段代码是在 ArcMap 启动之后，在菜单栏点击进入 Python Window(图 6.30)后的输入代码，在编辑器中新建文件编写的独立脚本代码应参照第二段代码。将代码中 env.workspace 赋值为 data_exp 6 所在的位置；将 inRaster 的值改为“hangzhouwan.tif”，inSQLClause 改为“VALUE=1”；将最后一行中 attExtract.save 的参数改为“data_exp 6 路径+hangzhouwan_ex.tif”，点击运行就可以得到和在 ArcMap 中操作 Extract by Attributes 工具同样的效果。

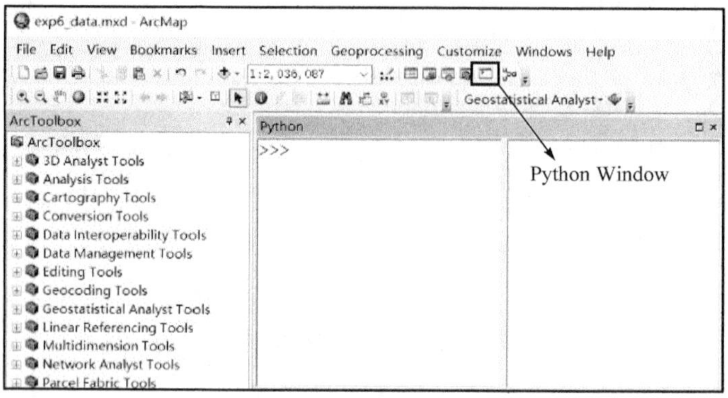

图 6.30　打开 Python Window

如果在自行安装的 Python 中运行上述代码会出现错误，错误原因是没有 ArcPy 站点包。因此需要将 ArcPy 的站点包路径加入到 Python 的搜索路径中，与 ArcPy 相关的路径共有三个，分别为：“/Desktop10.2/bin”、“/Desktop10.2/ArcPy”和“/Desktop10.2/ArcToolbox/Scripts”。因此，需要在全部代码前加入：

```
import sys
sys.path.append('ArcGIS 安装路径/Desktop10.2/bin')
sys.path.append('ArcGIS 安装路径/Desktop10.2/ArcPy')
sys.path.append('ArcGIS 安装路径/Desktop10.2/ArcToolbox/Scripts')
```

6.3　讨论与总结

本实验采用基于最小生成树的空间聚类方法探究杭州湾地区城市对象的集聚状态，并采用度中心度与路径中心度衡量城市对象在城市网络中的重要性。从探测效果来看，算法可以有效识别城市群主要中心城市，探测结果与先验知识相符，这使得算法的可信度较高，可以用于其他研究区域的城市群多中心探测。

本实验首次提出了路径中心度这一网络结点中心度指标。路径中心度是介数中心度的推广，它将区域化变量(对于城市网络是结点，对于矿藏网络可能是储量等)的值作为权重参与中心度的度量，与度中心度相比这一度量方法更加稳定，不容易受到特殊地理分布的影响。实验中涉及的大量算法并没有给出源代码，读者可以根据文中的算法原理或伪代码尝试使用 Python 语言实现。

实验七　区域醉酒空间格局及其影响因素分析

7.1　实验概述

7.1.1　背景及目的

醉酒(excessive drinking)在世界范围内已经成为严重威胁人类健康的因素之一。在此背景下，以中国城市为研究对象，探究醉酒空间格局并分析其影响因素的研究具有一定的价值。相关研究指出，酒品出售点可达性较高、社会经济地位较低的社区，醉酒发生率也相对较高。此外，急救站点的设置是否能够合理地满足醉酒事件的急救需求也是一个值得探讨的问题。通过本实验希望能够达到如下目的：①掌握点格局分析方法；②综合利用缓冲区分析法及 Voronoi 图进行空间分析；③掌握地理加权回归。

7.1.2　数据说明

本实验所使用的数据存储于 data_exp7 文件夹中，包含的数据内容及其来源见表 7.1。

表 7.1　实验数据内容及其来源

数据类型	数据来源	数据内容	数据说明
POI 点	开放 API 端口	商场、酒吧、KTV 位置	矢量格式，点数据
行政区划	土地利用图	某区域街道级行政区划	矢量格式，面数据
专题数据	健康统计数据	醉酒数据	矢量格式，点数据

7.1.3　整体实验设计

为了整体把握和描述 2015 年某区域醉酒相关 120 呼救事件的空间分布情况，需要使用点格局分析。通过对 Ripley's K 函数计算结果的解读，判断醉酒事件在不同的空间尺度上是呈现聚类、离散还是随机分布。

从整体上观察醉酒事件的空间分布还应当回答另一个实际问题，即急救站点的设置与醉酒事件分布是否匹配。一方面利用缓冲区分析，可以计算出急救站点 3km 服务区覆盖研究区域的比例和覆盖醉酒事件的比例，这两个值反映出急救站点设置能够覆盖到公众的程度，其中后者更有针对性。另一方面，通过泰森多边形分析(Voronoi 图)，可以获得每个急救站点对应的最近服务区。通过分析最近服务区中包含的醉酒事件的基本统计量，回答急救站点负荷是否均衡。

在把握整体布局的基础上，以经典理论为依据，利用多元回归模型探究醉酒事件与不同影响因素间的联系。本实验先后利用普通最小二乘(OLS)回归和地理加权回归(geographic weighted regression, GWR)，以酒品出售点相关研究为依据，在街道尺度上，探究醉酒事件密度与餐厅、酒吧、KTV、超市间的联系。

本实验的整体流程如图 7.1 所示。

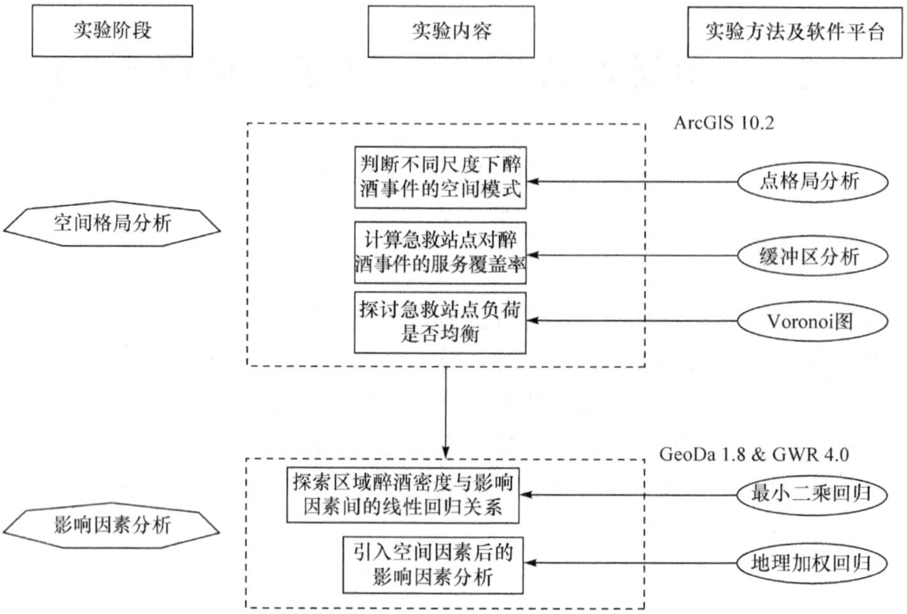

图 7.1　实验流程图

7.2　实验步骤

7.2.1　点格局分析

点格局分析最常用的手段是 Ripley's K 函数。通过对其计算值的评估，描述点群在不同空间尺度下的格局。可以利用 ArcGIS 进行点格局分析，并使用 R 语言的 spatstat 包进行验证。

1. 在 ArcGIS 中执行点格局分析

在 ArcGIS 中加载相关数据，并通过菜单栏 Geoprocessing→Environments…设置地理处理环境(图 7.2)。在本实验中，设置工作空间(workspace)指定的个人地理数据库，方便管理空间统计分析过程中产生的中间数据及结果数据。

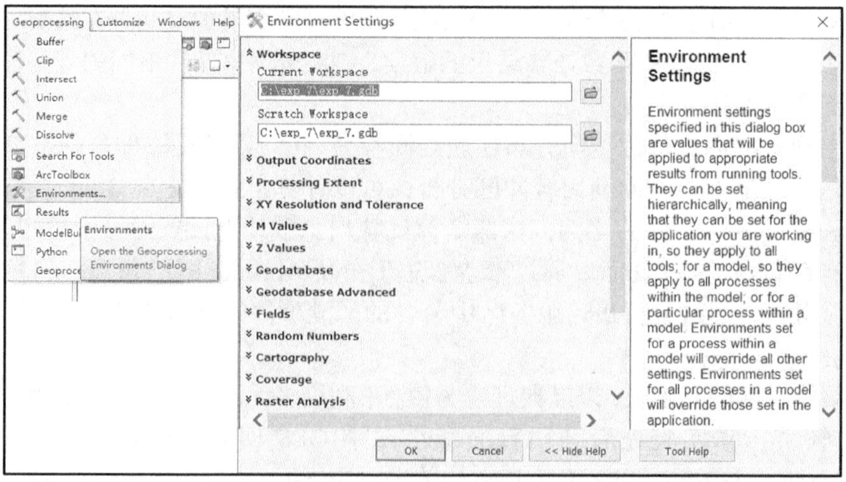

图 7.2　设置地理处理环境

在 ArcGIS 中使用点格局分析的路径为：ArcToolbox→Spatial Statistics Tools→Analyzing Patterns→Multi-Distance Spatial Cluster Analysis (Ripley's K Function)。以醉酒事件图层(drinking.shp)为输入，设置距离带个数为 10，起始距离为 20，距离增量为 50，执行点格局分析工具(图 7.3)。

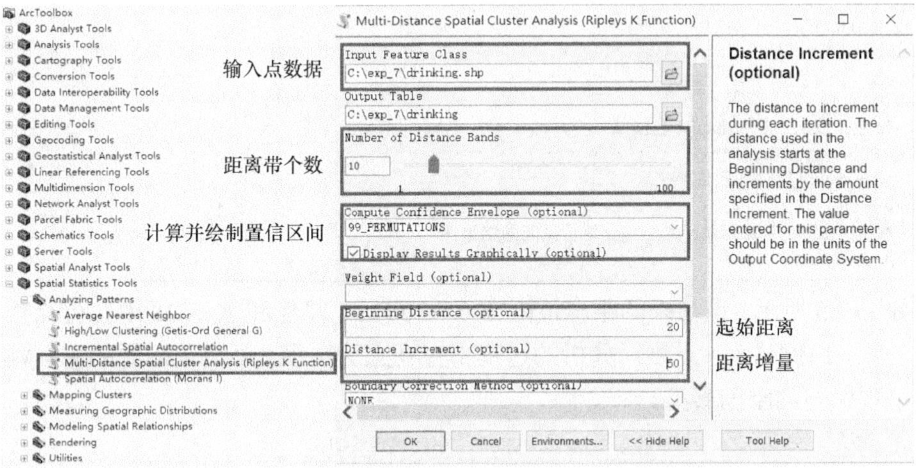

图 7.3　ArcToolbox 点格局分析工具

在勾选“Display Results Graphically”选项的情况下，ArcGIS 会生成结果表格和结果图像。结果图像如图 7.4 所示。分析图 7.4 可知，在 20～470m 尺度上，某市某区域的醉酒事件在 0.01 置信水平上呈明显的空间聚集分布。

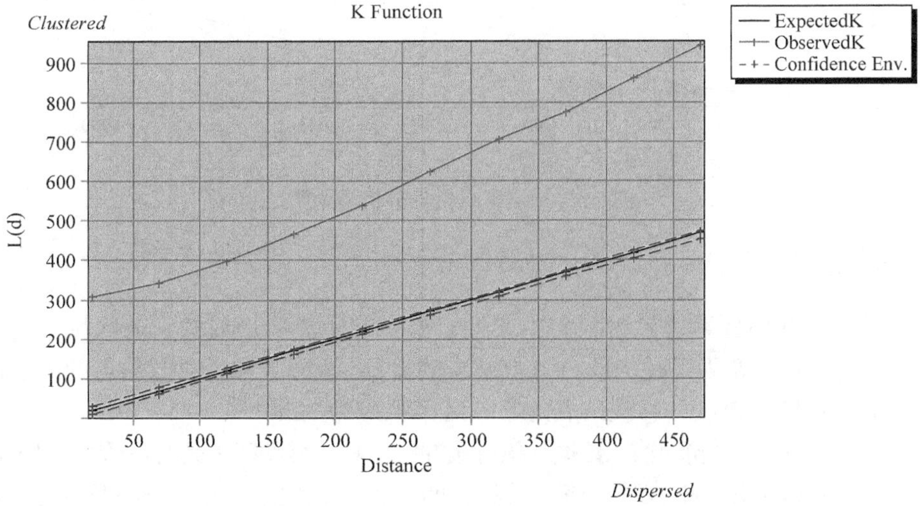

图 7.4　ArcToolbox 点格局分析结果

2. 用 R 语言进行点格局分析

较为常见的点格局分析结果图会呈现出观测曲线与期望曲线交互的现象，这种现象在图 7.4 中并不存在。为了检验 ArcGIS 中的点格局分析结果是否可靠，分析过程是否存在人为失误，利用 R 语言再次进行点格局分析。

R 语言作为一种良好的脚本语言，在统计相关领域得到广泛应用。其强大之处就在于它完善的包，点模式分析的常用包为 spatstat。利用 R 语言进行点格局分析(Ripley's K)的相关代码及注释如下：

```
#下载安装两个相关包，即“maptools”和“spatstat”
install.packages('maptools')
install.packages('spatstat')
#加载两个已经安装好的包
library(maptools)
library(spatstat)
#利用 maptools 包，读取点状 shapefile 数据
pts<-readShapePoints('drinking.shp')
#将数据转化成 spatstat 包能够识别的类型
ptsppp<-as(pts,'ppp')
#利用默认参数执行 Ripley's K 函数，绘制包含执行区间的结果图
plot(envelope(ptsppp,Kest))
```

结果如图 7.5 所示，该结果的距离范围在 0～3000m，趋势和 ArcGIS 中执行点格局分析得到的趋势一致。由此认为，点格局分析的过程不存在人为失误，某市某区域的急救站点在不同尺度上均呈现明显的空间聚类分布。

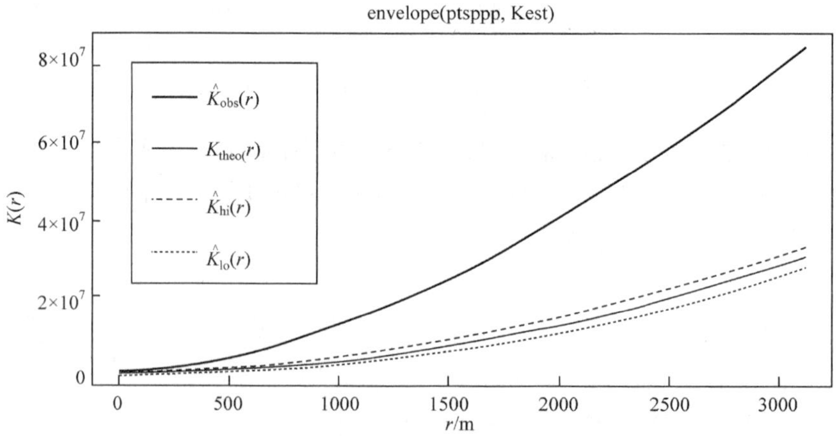

图 7.5　R 语言点格局分析结果图

7.2.2　缓冲区分析

缓冲区是以某几何要素边界为限向内或外扩展一定距离所形成的几何区域。经典的点缓冲区为以某点为圆心，R 为半径的圆。急救站点的 k km 缓冲区称为急救站点的 k km 服务区。依据相关规范，在城市市区，急救站点的服务区半径应为 3km。

以急救站点图层(sites.shp)为输入数据，执行缓冲区工具。缓冲区工具的路径为：ArcToolbox→Analysis Tools→Proximity→Buffer。该工具具有两个重要选项，一个是缓冲区半径(Distance)，本实验中设置为 3000m(图 7.6)。另一个是融合选项(Dissolve Type)，若选择 NONE，则各缓冲区独立；若选择 ALL，则自动合并所有缓冲区，得到一个总的缓冲区面状图层。两种缓冲区融合选项结果如图 7.7 所示。

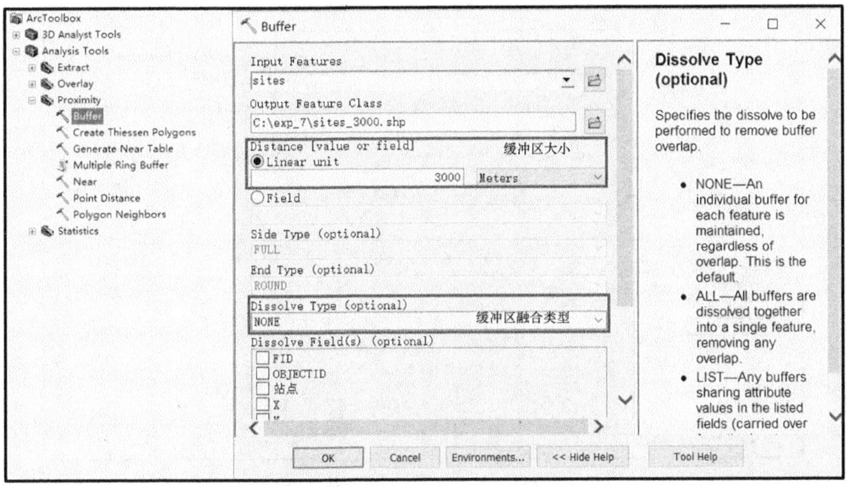

图 7.6　ArcToolbox 缓冲区工具

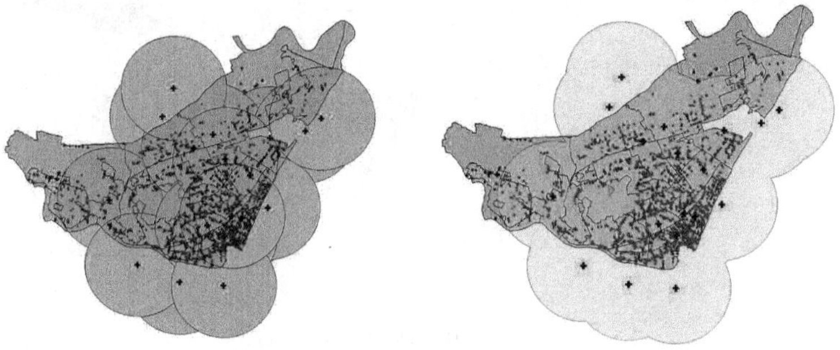

NONE　　　　ALL

图 7.7　两种不同的缓冲区

创建缓冲区并不意味着完整的缓冲区分析，还需要在创建缓冲区的基础上进一步计算急救站点 3km 服务区行政区域面积覆盖率和急救站点 3km 服务区醉酒事件覆盖率。计算所需的主要操作步骤为：①合并行政区域；②剪裁缓冲区；③通过几何计算统计面积，并做比值计算；④通过几何选择获得落入急救站点服务区的醉酒事件，做比值计算。

合并操作通过编辑工具条实现。启用编辑操作，框选整个行政区，执行合并操作即可，其结果如图 7.8 所示。注意，合并操作直接修改源数据，因此需要现对原始数据进行备份。

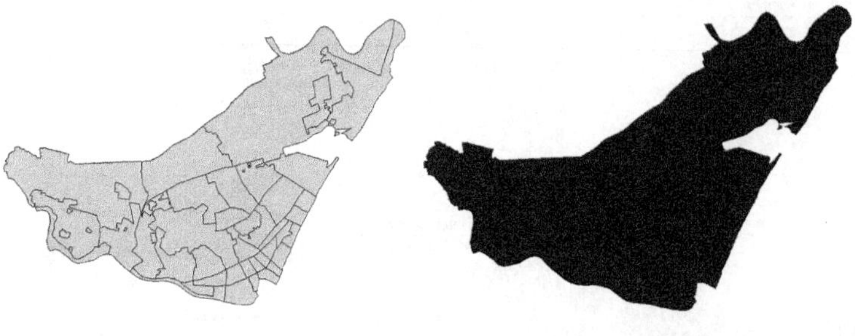

合并前　　　　合并后

图 7.8　合并行政区

缓冲区部分超出了行政区域。为统计行政区域内缓冲区的面积，需要对缓冲区图层进行剪裁。剪裁工具的路径为：ArcToolbox→Analysis Tools→Extract→Clip(图 7.9)，剪裁效果如图 7.10 所示。

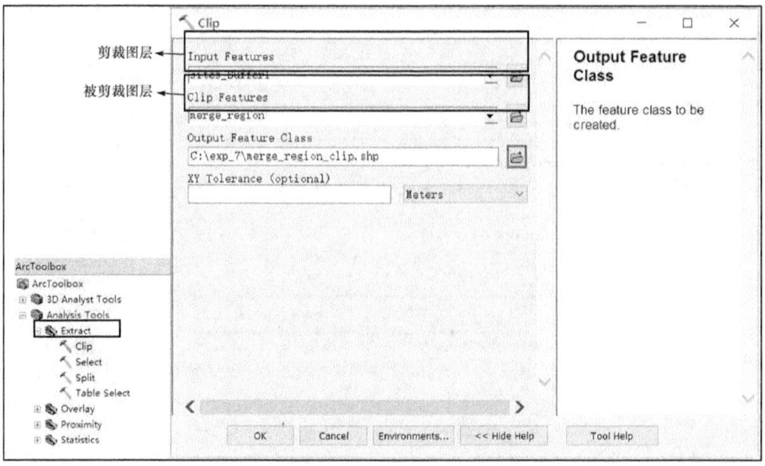

图 7.9　ArcToolbox 剪裁工具

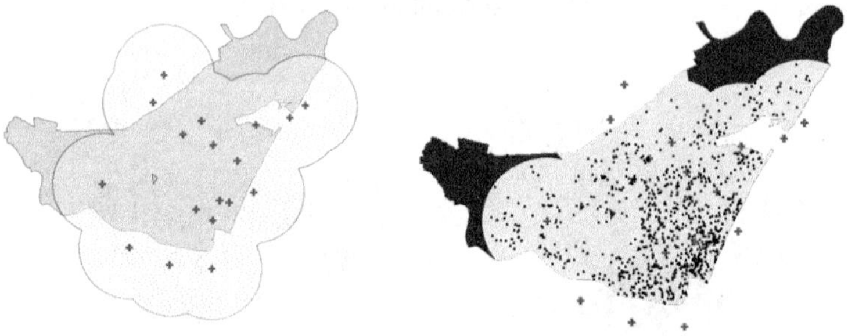

剪裁前　　剪裁后

图 7.10　剪裁效果

利用几何选择工具(Select By Location)选中落入缓冲区的醉酒事件点(图 7.11)，打开醉酒事件点图层属性表，查看选中记录与总记录比值(图 7.12)。急救站点 3km 服务区行政区域面积覆盖率为 1662/1700 × 100% = 97.76%。

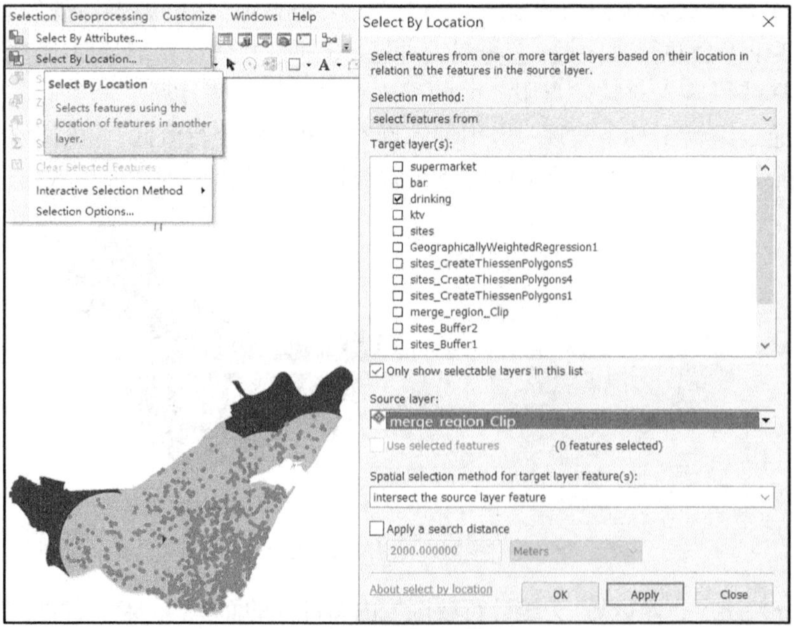

图 7.11　几何选择

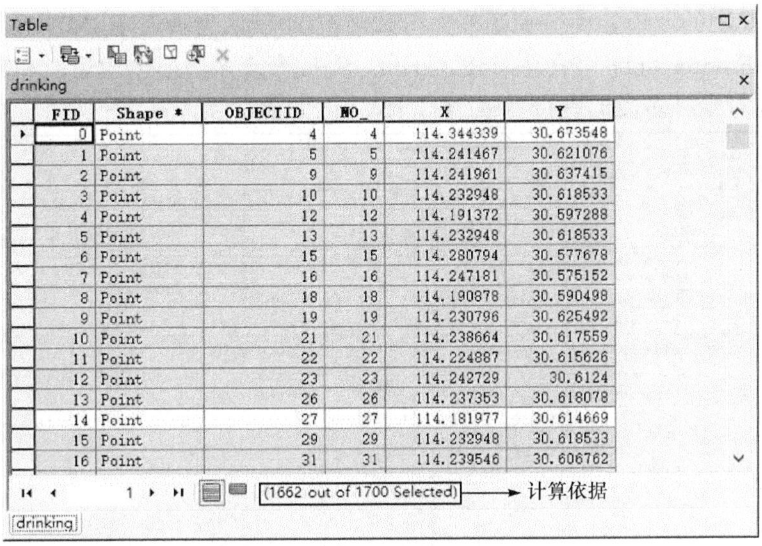

图 7.12　计算醉酒事件覆盖率

通过在属性表中新建字段，并执行计算几何，可以获得面状图层要素的面积(图 7.13)。剪裁后的缓冲区总面积为 94.6975km^2，而研究区域的总面积为 121.1299km^2，因此急救站点 3km 服务区醉酒事件覆盖率为 94.6975/121.1299 × 100% = 78.18%。

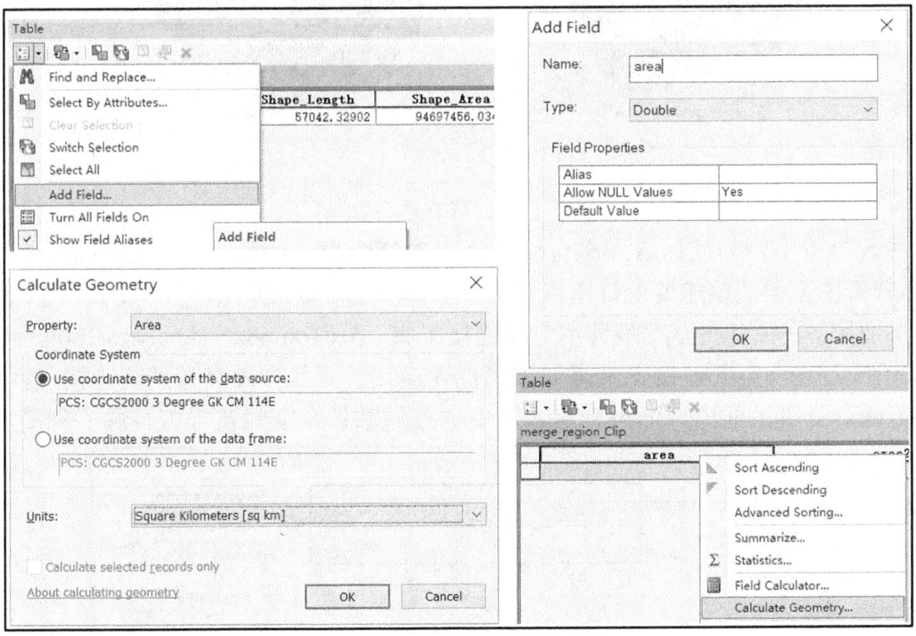

图 7.13　计算几何

7.2.3　Voronoi 图

Voronoi 图又称泰森多边形。若以急救站点为输入作泰森多边形，则生成的多边形称为该急救站点的最近服务区。创建泰森多边形工具路径为：ArcToolbox→Analysis Tools→Proximity→Create Thiessen Polygons(图 7.14)。值得注意的是，在执行创建泰森多边形工具前，应该设置地理处理环境，将其中的地理处理范围调整为行政区范围(默认为输入图层范围)。该调整路径为：Geoprocessing→Enviroments→Processing Extent。完成泰森多边形创建后，和缓冲区分析中的步骤类似，需要对泰森多边形进行剪裁(图 7.15)，以方便后续计算。

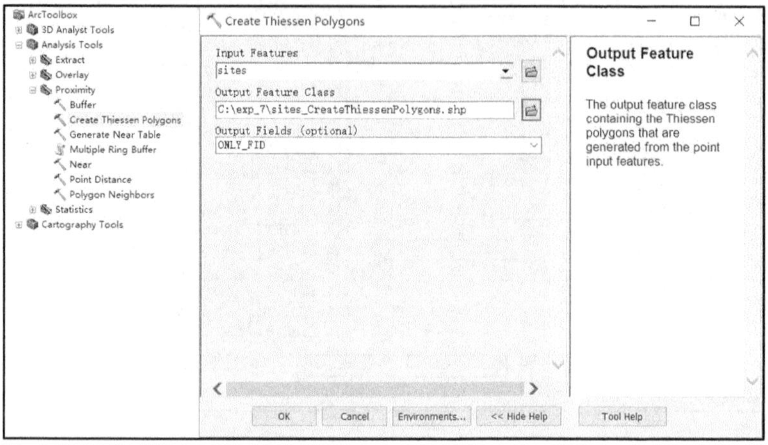

图 7.14　创建泰森多边形工具

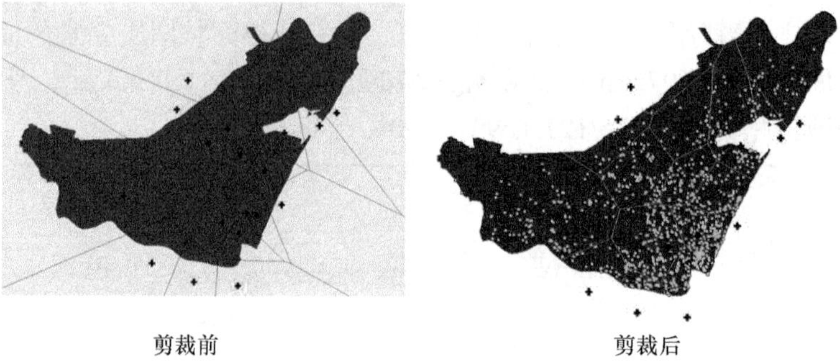

图 7.15　剪裁泰森多边形

在缓冲区分析中，为统计落入融合缓冲区中的醉酒事件的数量，采用的是几何选择。在 Voronoi 图分析中，类似地需要统计落入每一个泰森多边形的醉酒事件的数量。这时简单的几何选择不再适用。一种解决方案是利用空间连接工具：ArcToolbox→Analysis Tools→Overlay→Spatial Join(图 7.16)。空间连接工具类似于属性表连接，只是额外具备了在连接过程中根据几何关系进行统计计算的能力。而统计落入面中的点的数量是空间连接工具的一种简单应用。

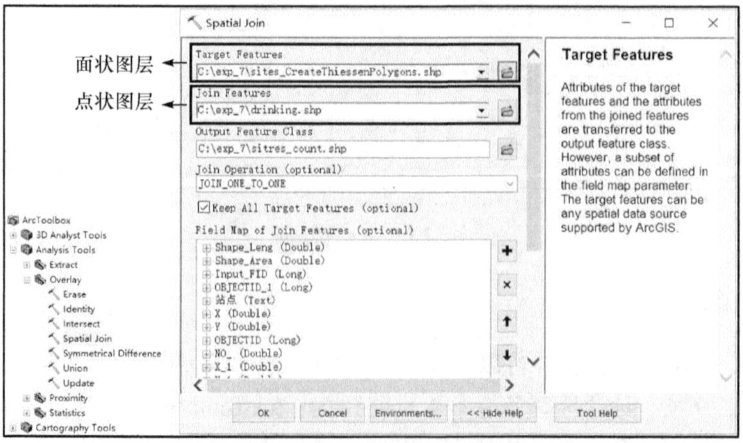

图 7.16　空间连接工具

为实现“统计落入面中的点的数量”，需要在空间连接中进行两步操作。其一是添加输出字段(图 7.17)，其二是设置输出字段数据源(图 7.18)。前者核心是设置融合规则(Merge Rule)为计数(Count)，后者的核心是设置数据源为点状图层的任意字段。

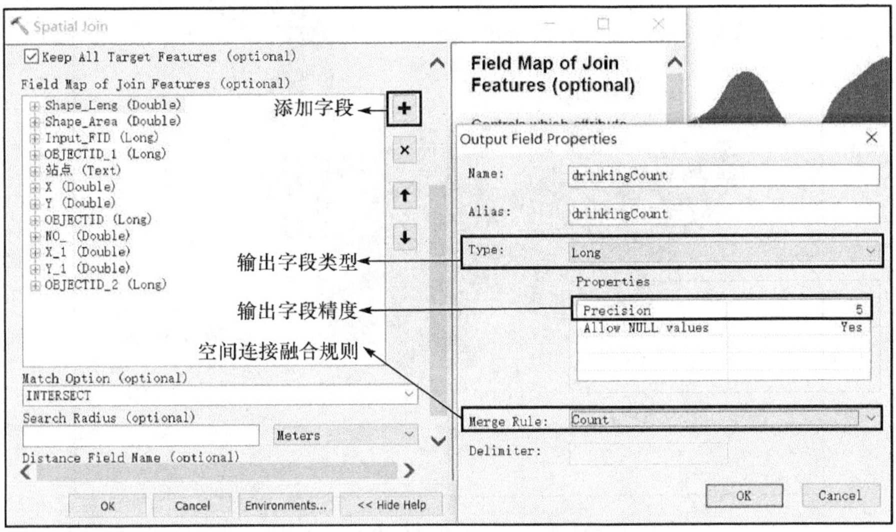

图 7.17　添加输出字段

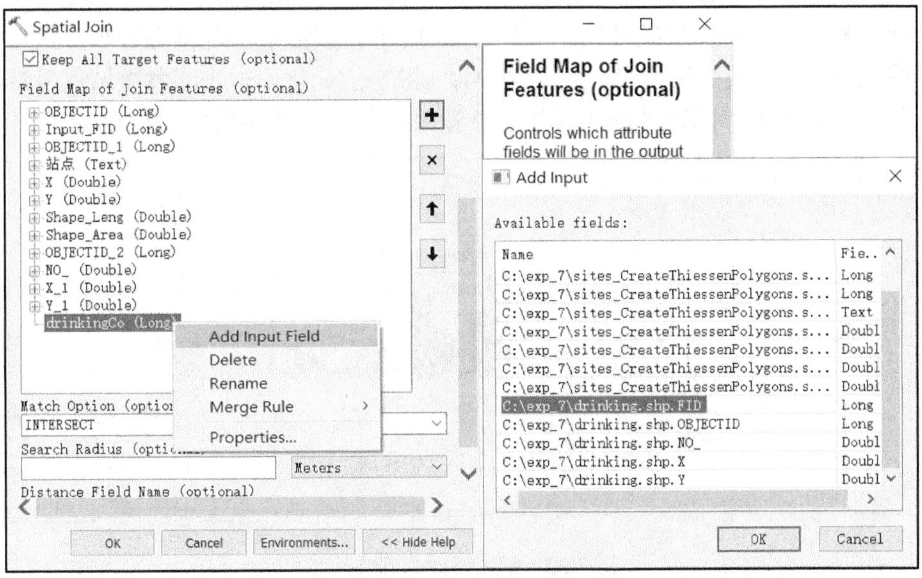

图 7.18　设置输出字段数据源

获取计算字段后，可以对泰森多边形进行分层设色。设置路径为：右键选择图层→Layer Properties→Symbology→Quantities→Graduated Colors。分层设色图像可以直观地显示出不同的急救站点最近服务区的负载均衡情况，判断是否差异过大，是否分布均匀。根据图 7.19 可以定性地给出描述：某区域中部偏南地区急救站点负荷较大，负荷向南北两侧递减。整体负荷水平，西侧压力大于东侧。

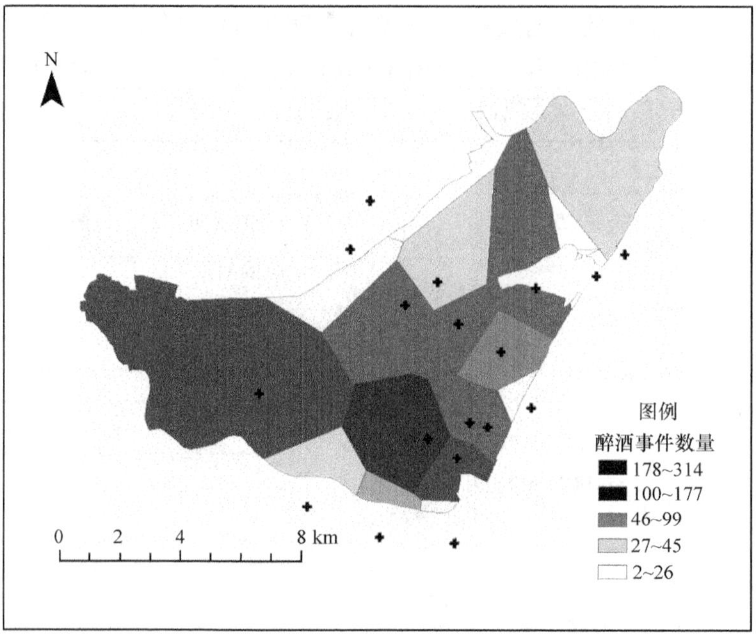

图 7.19　泰森多边形分层设色

除直观的图像和定性描述外，可以在属性表中右击查看字段基础统计数据，定量描述。急救站点最近服务区醉酒事件量统计结果如图 7.20 所示，该结果呈现偏态分布。最近服务区最大醉酒事件数为 314，最小仅为 2，均值为 94，标准差为 78。这表明急救站点最近服务区负荷存在显著的不均衡，不同地区的居民接受急救服务的稳定性存在较大差异。

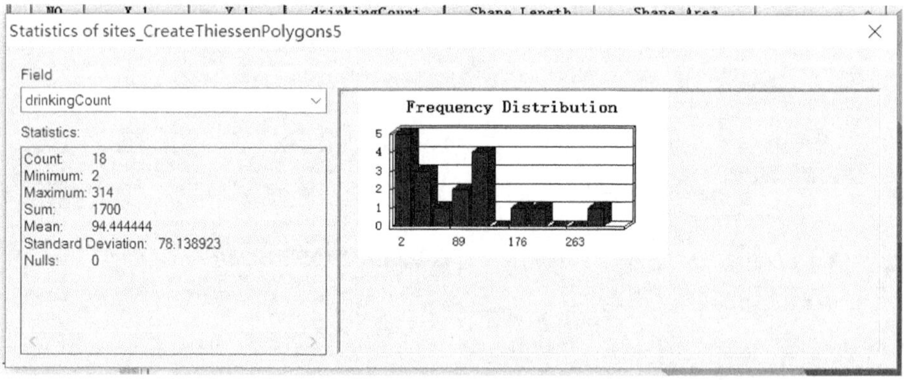

图 7.20　醉酒事件基础统计量

7.2.4　回归分析

普通最小二乘(OLS)回归是常用的探究不同变量间联系的回归方法，在多数情况下适用。但最小二乘回归存在两个基本假设：误差随机且模型残差不相关。但是，空间数据间的联系总是存在着空间异质性和空间自相关，从而违背了 OLS 回归的使用原则。地理加权回归(GWR)模型是对 OLS 回归模型的扩展。因为 OLS 回归模型中变量的空间关系仅在残差中体现出来，所以当自变量对因变量的影响存在空间异质性时，OLS 回归模型显然不再适用。地理加权回归模型是一种局部模型，它在研究区域的每一处产生一个描述局部关系的回归模型，从而能很好地解释变量的局部空间关系与空间异质性。

1. 最小二乘回归

利用 ArcGIS 中的空间连接工具，统计每个街区中醉酒事件、酒吧、KTV、商场的数量，并除以面积，得到点密度(表 7.2)。所有输入参数在进行多元回归前，均应进行标准化，其目的是消除量纲和量级对结果的影响。结果如图 7.21 所示。

表 7.2　回归数据编码及统计描述

变量名	编码	单位	最小值	最大值	平均值	标准差
区域醉酒密度	Y	per/km^2	0	138.44	20.57	26.29
酒吧密度	Xa1	per/km^2	0	13.27	1.16	2.22
KTV 密度	Xa2	per/km^2	0	14.61	0.99	2.60
商场密度	Xa3	per/km^2	0	15.05	1.05	2.29

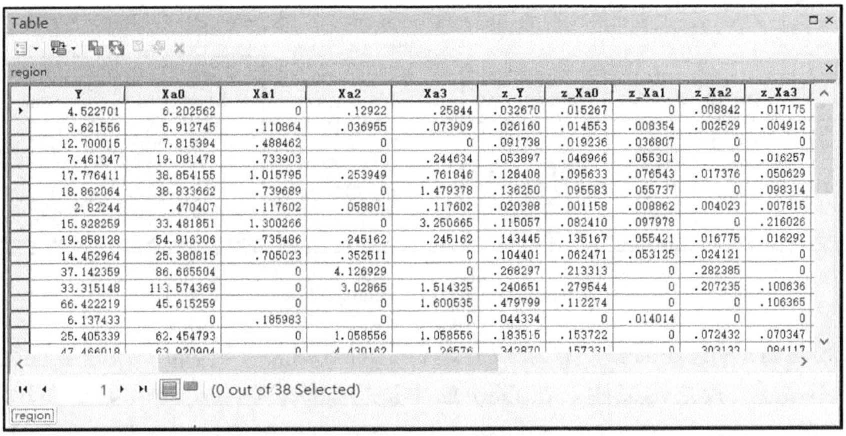
Table
region

Y	Xa0	Xa1	Xa2	Xa3	z_Y	z_Xa0	z_Xa1	z_Xa2	z_Xa3
4.522701	6.202562	0	.12922	.25844	.032670	.015267	0	.008842	.017175
3.621556	5.912745	.110864	.036955	.073909	.026160	.014553	.008354	.002529	.004912
12.700015	7.815394	.488462	0	0	.091738	.019236	.036807	0	0
7.461347	19.081478	.733903	0	.244634	.053897	.046966	.055301	0	.016257
17.776411	38.854155	1.015795	.253949	.761846	.128408	.095633	.076543	.017376	.050629
18.862064	38.833662	.739689	0	1.479378	.136250	.095583	.055737	0	.098314
2.82244	.470407	.117602	.058801	.117602	.020388	.001158	.008862	.004023	.007815
15.928259	33.481851	1.300266	0	3.250665	.115057	.082410	.097978	0	.216026
19.858128	54.916306	.735486	.245162	.245162	.143445	.135167	.055421	.016775	.016292
14.452964	25.380815	.705023	.352511	0	.104401	.062471	.053125	.024121	0
37.142359	86.665504	0	4.126929	0	.268297	.213313	0	.282385	0
33.315148	113.574369	0	3.02865	1.514325	.240651	.279544	0	.207235	.100636
66.422219	45.615259	0	0	1.600535	.479799	.112274	0	0	.106365
6.137433	0	.185983	0	0	.044334	0	.014014	0	0
25.405339	62.454793	0	1.058556	1.058556	.183515	.153722	0	.072432	.070347

(0 out of 38 Selected)

图 7.21　回归数据标准化结果

在 GeoDa 中，对上述标准化后的数据建立最小二乘回归模型。其路径为菜单栏→Regression。准备好一个因变量和三个自变量后，选择 Models 为 Classic，即为最小二乘回归模型(图 7.22)。

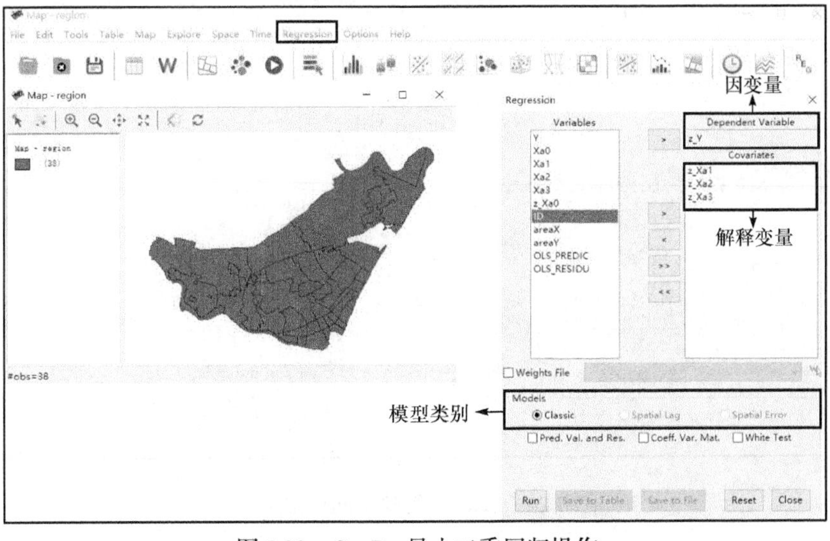

图 7.22　GeoDa 最小二乘回归操作

如图 7.23 所示，由模型的 F 统计量和对应 p 值模型成立。调整 R^2 和赤池信息量准则(AIC)是常用的判别模型好坏的标准，前者越大越接近 1 越好，后者越小越好。从模型系数上看，各变量 t 统计量及其 p 值说明，各变量通过假设检验，具有实际解释意义。另外，因为所有变量均经过标准化，所以变量系数大小具有一定的可比性，系数较大的变量对因变量的解释力度更强。从结果来看，商场分布对醉酒密度的影响要强于酒吧和 KTV。

```
SUMMARY OF OUTPUT: ORDINARY LEAST SQUARES ESTIMATION
Data set              :  region
Dependent Variable    :        z_Y  Number of Observations:  38
Mean dependent var    :    0.26289  Number of Variables   :   4
S.D. dependent var    :    0.22033  Degrees of Freedom    :  34

R-squared             :   0.645806  F-statistic           :     20.6642
Adjusted R-squared    :   0.614553  Prob(F-statistic)     :8.42766e-008
Sum squared residual:      0.65339  Log likelihood        :     23.2805
Sigma-square          :  0.0192174  Akaike info criterion :     -38.561
S.E. of regression    :   0.138627  Schwarz criterion     :    -32.0107
Sigma-square ML       :  0.0171945
S.E of regression ML:     0.131128

-----------------------------------------------------------------------
       Variable        Coefficient      Std.Error     t-Statistic   Probability
-----------------------------------------------------------------------
        CONSTANT        0.128872       0.0285753       4.50989       0.00007
           z_Xa1         0.25147        0.117879       2.13329       0.04020
           z_Xa2        0.255093       0.0884224       2.88494       0.00675
           z_Xa3        0.482873        0.125609       3.84426       0.00050
-----------------------------------------------------------------------
```

图 7.23　最小二乘回归结果

判断 OLS 是否适用，还需要对模型残差进行空间自相关分析。如果残差呈现空间自相关，则 OLS 模型不适用，反之则适用。在 GeoDa 中进行空间自相关分析，需要先建立空间权重。其路径为：菜单栏→Tools→Weights Manager。选择 Create 创建权重文件，创建方式选择为 k-Nearest Neighbors，对应邻近数填写为 17(图 7.24)。

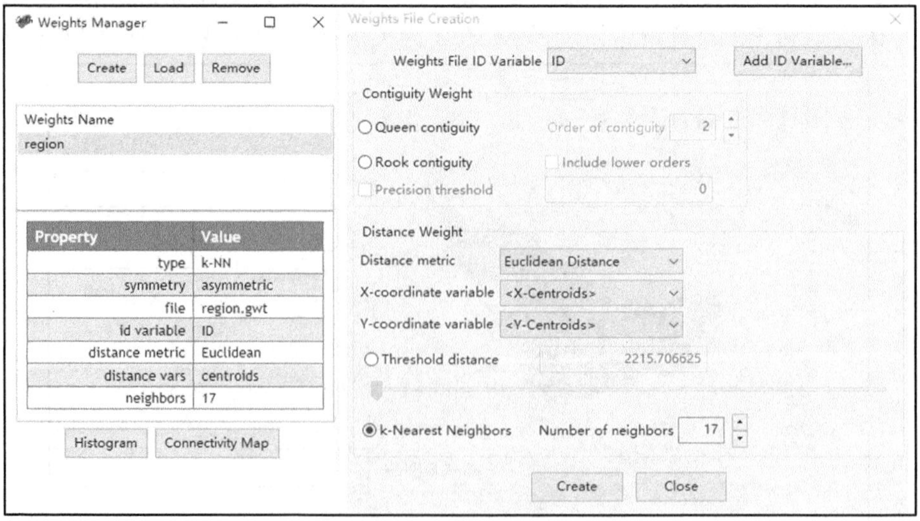

图 7.24　GeoDa 创建空间权重文件

在加载了空间权重文件的基础上，通过 Geoda 菜单→Space→Univariate Moran's I 计算全局 Moran's I 值(图 7.25)。在弹出的图像上右键选择 999 次仿真，得到全局空间自相关分析结果。Moran's I 是全局的空间自相关指数，其值在−1 到 1 间。其值接近 0 则意味着随机分布，而其绝对值接近 1 则意味着空间自相关，正则为正向空间自相关，负则为负向空间自相关。这里 Moran's I 值为 0.049，999 次随机实验对应的 z 值为 2.29，p 值为 0.03。因为 $0.03 < 0.05$，所以可以判定模型残差在 95%的置信区间上呈现随机分布。这意味着最小二乘回归足以解释研究区域内自变量与因变量间的关系，在实际研究中，到此处即可终止，不需要进一步使用地理加权回归。本实验为对比 OLS 与 GWR，在此情况下依然进一步建立 GWR 模型。

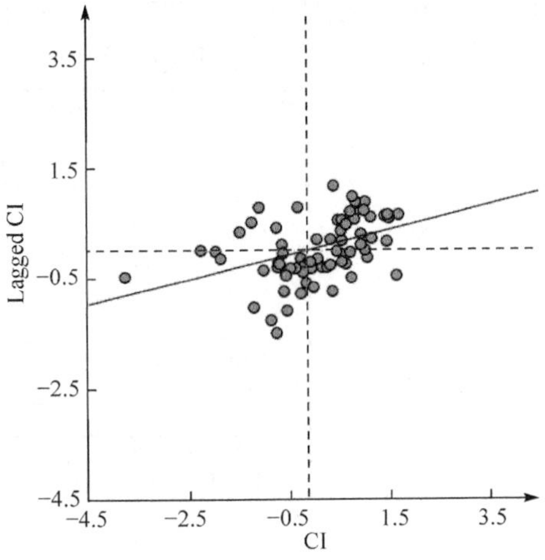

图 7.25　Moran's I 计算结果($I = 0.049$，$p = 0.03$)

2. 地理加权回归

地理加权回归，在思想和方法层面和最小二乘回归类似，只是采用距离衰减函数在空间范围内给观测点加权。而决定地理加权回归计算过程中空间范围的核心是核函数的带宽。地理加权回归的结果对带宽高度敏感，只有当带宽所代表的测量尺度与地理现象或过程的内在尺度相一致的时候，地理加权回归才能将不同地理因子间的联系解释得最好。考虑到 GWR 软件对 GWR 模型的高度可调节性，本实验采用 GWR 4.0.9 软件进行地理加权回归。为了使回归数据满足 GWR 软件要求，需要在 ArcGIS 里添加字段 areaX，areaY 分别代表面中心的 X,Y 坐标(图 7.26)。其中的核心是计算几何。

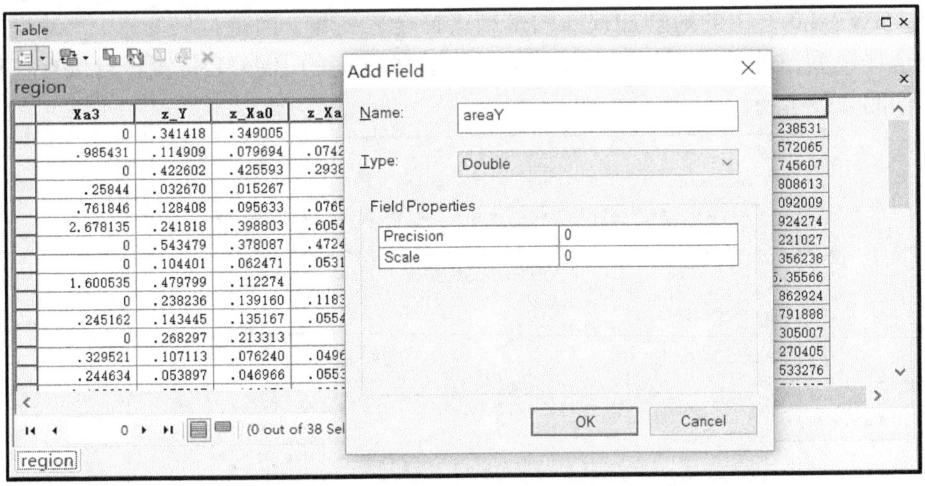

图 7.26　回归数据中添加面中心字段

利用 GWR 4.0.9 软件计算地理加权回归模型，需要数据准备、模型选择、参数设置、设置输出和执行求解五个步骤。

1) 数据准备

这一步最重要的是选择建立模型的数据源，本实验原始数据为 region.dbf，即 region.shp 对应的属性表。Session title 是本次计算结点的名称，可以自主设置。在载入数据源后，点击右下部的“Open”将数据读入软件，获取字段数和区域数。点击“View Data”可以查看已经导入软件的数据，判断数据是否存在问题(图 7.27)。

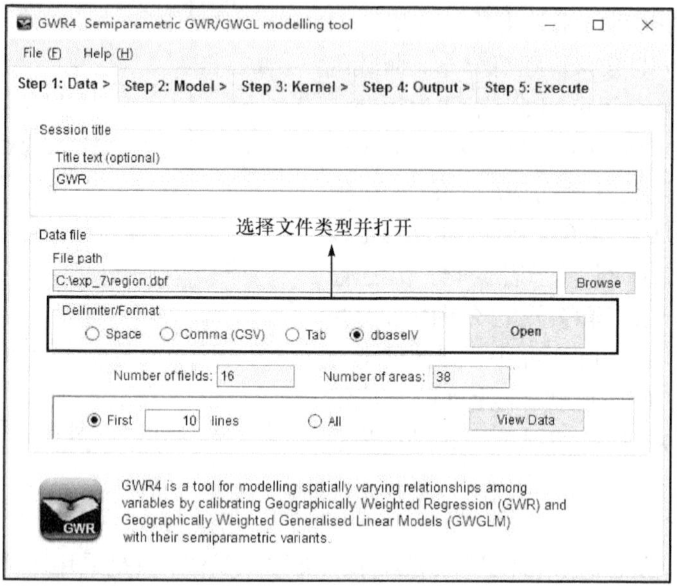

图 7.27　GWR Data 窗体

2) 模型选择

此阶段的任务是确定地理加权回归模型种类，设置自变量与因变量。GWR 4.0.9 支持三种地理加权回归模型：①传统地理加权回归 GWR(Gaussian)；②地理加权泊松回归 GWPR(Poisson(count))；③地理加权逻辑回归 GWLR(Logistic(binary))。本实验的 Model type 参数选择为 Gaussian，即传统地理加权回归模型。在窗口右侧定义模型的自变量与因变量。值得注意的是，GWR 4.0.9 中的地理加权回归模型支持全局变量。当有全局变量时，地理加权回归模型变成全局模型与地理模型的混合体。另外，将处理好的 ID/*X*/*Y* 位置信息填在窗体左侧对应位置，如图 7.28 所示。

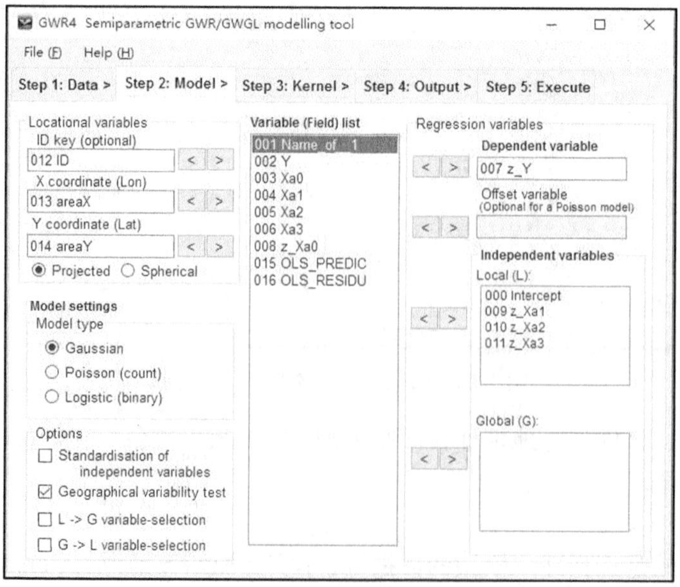

图 7.28　GWR Model 窗体

3) 参数设置

确定模型类型与涉及的变量后，需要进一步设置模型具体参数。主要涉及三个部分：核函数类型、最优带宽选择方法、选择标准。

GWR 4.0.9 支持高斯核函数和双重平方核函数两种核函数，前者变化和缓平滑，后者存在突变。核函数中带宽的计算可以分成固定(Fixed)和自适应(Adaptive)两大类，前者的核使用固定带宽计算，后者根据指定邻近数，计算过程中带宽不断改变。因为带宽对地理加权回归结果有显著影响，所以在进行地理加权回归时，应该选择使模型最优的带宽。其基本方法是根据研究区域和研究对象的实际情况，设置一系列带宽。利用该系列带宽进行地理加权回归的计算，获得每一次回归模型的评价指数，使得模型评价指数最好的带宽，就是最优带宽。一般地，如果使用固定型的核函数，则应该采用稳定性指数(stability index, SI)作为模型优劣评价指标，而使用自适应型核函数，则应该采用赤池信息量准则(AIC)或其针对较少样本的改进指标 AICc。值得注意的是，在 GWR 软件计算时，若采用固定型核函数，则带宽指地理范围的半径，使用距离单位；而使用自适应型核函数时，输入框中的带宽实际上指的是邻近数——真实带宽通过邻近数间接计算获得。

本实验中，采用自适应高斯核函数(Adaptive Gaussian)作为计算地理权重的核函数。使用间隔搜索法产生系列带宽，其起始值设置为 2，上限设置为 37，间隔设置为 1。因为共有 38 个样本，所以如此设置等价于遍历所有自适应带宽的可能取值。考虑到本实验数据样本量较少，因此采用 AICc 作为模型优劣判断标准(图 7.29)。

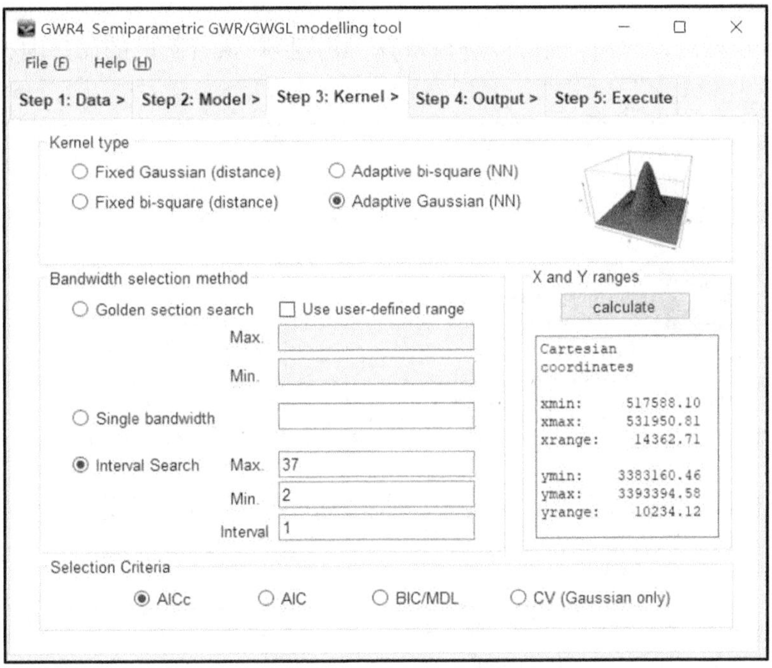

图 7.29　GWR Kernel 窗体

4) 设置输出

GWR 4.0.9 的输出文件包含三个，*.ctl 文件用于存储 GWR 计算相关控制信息，summary.txt 用于存储对模型的描述，listwise.csv 文件用于存储 GWR 模型的具体参数。该阶段只需点击窗体第一个 Browse 设置一次文件路径和文件名即可(图 7.30)。

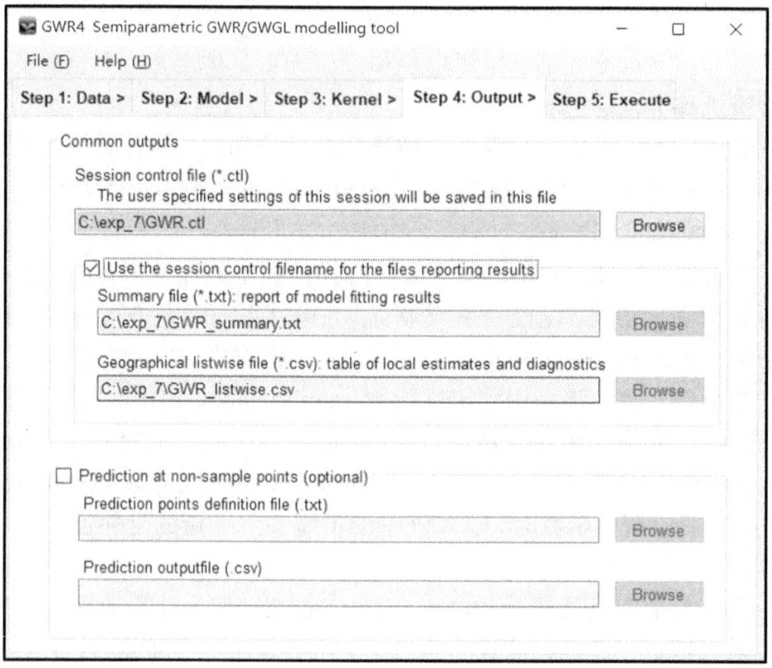

图 7.30　GWR Output 窗体

5) 执行求解

完成前四个阶段的设置后，便可以进行计算，并直接在执行阶段的窗口内，查看模型结果，如图 7.31 所示。

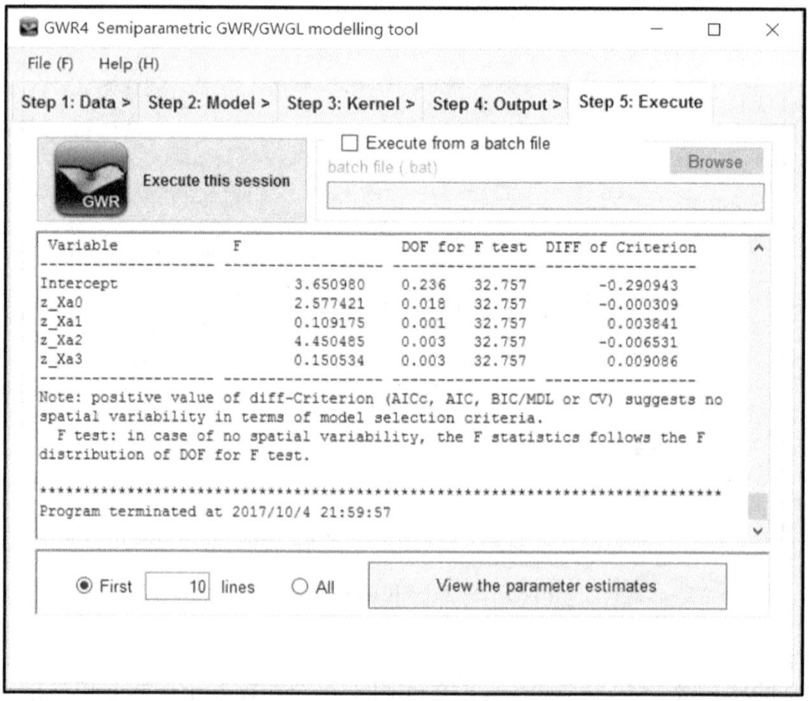

图 7.31　GWR Execute 窗体

图 7.32 显示的是最优带宽选择过程。经过多次地理加权回归，最终获得了使 AICc 值最小，模型表现最好的最佳带宽(邻近数)。在本实验中，最佳带宽(邻近数)为 17。该带宽对应的模型结果如图 7.33 所示，其 AIC 值为−40.07，调整 R^2 为 0.638。

```
*****************************************************************************
Bandwidth search <interval search> min, max, step
   2,  37,  1
 Bandwdith:  37.000  Dev:   -47.521  trace(Hat):   4.216  Criterion:  -35.047  Valid_fit
 Bandwdith:  36.000  Dev:   -47.746  trace(Hat):   4.249  Criterion:  -35.183  Valid_fit
 Bandwdith:  35.000  Dev:   -47.891  trace(Hat):   4.306  Criterion:  -35.168  Valid_fit
 Bandwdith:  34.000  Dev:   -47.970  trace(Hat):   4.338  Criterion:  -35.157  Valid_fit
 Bandwdith:  33.000  Dev:   -48.282  trace(Hat):   4.393  Criterion:  -35.315  Valid_fit
 Bandwdith:  32.000  Dev:   -48.440  trace(Hat):   4.428  Criterion:  -35.373  Valid_fit
 Bandwdith:  31.000  Dev:   -48.776  trace(Hat):   4.485  Criterion:  -35.548  Valid_fit
 Bandwdith:  30.000  Dev:   -49.055  trace(Hat):   4.525  Criterion:  -35.713  Valid_fit
 Bandwdith:  29.000  Dev:   -49.422  trace(Hat):   4.590  Criterion:  -35.897  Valid_fit
 Bandwdith:  28.000  Dev:   -49.766  trace(Hat):   4.643  Criterion:  -36.088  Valid_fit
 Bandwdith:  27.000  Dev:   -50.037  trace(Hat):   4.699  Criterion:  -36.199  Valid_fit
 Bandwdith:  26.000  Dev:   -50.280  trace(Hat):   4.737  Criterion:  -36.334  Valid_fit
 Bandwdith:  25.000  Dev:   -50.450  trace(Hat):   4.778  Criterion:  -36.384  Valid_fit
 Bandwdith:  24.000  Dev:   -50.540  trace(Hat):   4.827  Criterion:  -36.334  Valid_fit
 Bandwdith:  23.000  Dev:   -51.002  trace(Hat):   4.900  Criterion:  -36.584  Valid_fit
 Bandwdith:  22.000  Dev:   -51.049  trace(Hat):   4.965  Criterion:  -36.441  Valid_fit
 Bandwdith:  21.000  Dev:   -51.558  trace(Hat):   5.049  Criterion:  -36.704  Valid_fit
 Bandwdith:  20.000  Dev:   -51.610  trace(Hat):   5.133  Criterion:  -36.508  Valid_fit
 Bandwdith:  19.000  Dev:   -51.933  trace(Hat):   5.194  Criterion:  -36.653  Valid_fit
 Bandwdith:  18.000  Dev:   -52.193  trace(Hat):   5.282  Criterion:  -36.651  Valid_fit
 Bandwdith:  17.000  Dev:   -52.817  trace(Hat):   5.372  Criterion:  -37.005  Valid_fit
 Bandwdith:  16.000  Dev:   -52.882  trace(Hat):   5.521  Criterion:  -36.622  Valid_fit
 Bandwdith:  15.000  Dev:   -53.304  trace(Hat):   5.645  Criterion:  -36.666  Valid_fit
 Bandwdith:  14.000  Dev:   -53.499  trace(Hat):   5.804  Criterion:  -36.376  Valid_fit
 Bandwdith:  13.000  Dev:   -54.085  trace(Hat):   5.972  Criterion:  -36.441  Valid_fit
 Bandwdith:  12.000  Dev:   -54.418  trace(Hat):   6.182  Criterion:  -36.113  Valid_fit
 Bandwdith:  11.000  Dev:   -54.923  trace(Hat):   6.388  Criterion:  -35.962  Valid_fit
 Bandwdith:  10.000  Dev:   -55.693  trace(Hat):   6.656  Criterion:  -35.864  Valid_fit
 Bandwdith:   9.000  Dev:   -56.481  trace(Hat):   7.061  Criterion:  -35.311  Valid_fit
 Bandwdith:   8.000  Dev:   -57.737  trace(Hat):   7.442  Criterion:  -35.269  Valid_fit
 Bandwdith:   7.000  Dev:   -59.279  trace(Hat):   8.096  Criterion:  -34.506  Valid_fit
 Bandwdith:   6.000  Dev:   -61.664  trace(Hat):   9.024  Criterion:  -33.421  Valid_fit
 Bandwdith:   5.000  Dev:   -65.806  trace(Hat):  10.644  Criterion:  -30.904  Valid_fit
 Bandwdith:   4.000  Dev:   -68.695  trace(Hat):  12.387  Criterion:  -25.606  Valid_fit
 Bandwdith:   3.000  Dev:   -78.371  trace(Hat):  17.074  Criterion:   -5.791  Valid_fit
 Bandwdith:   2.000  Dev:   -97.883  trace(Hat):  24.359  Criterion:   67.671  Valid_fit
Best bandwidth size 17.000
Minimum AICc        -37.005
```

图 7.32　自适应核与 AICc 标准下的带宽选择

```
*****************************************************************************
  GWR (Geographically weighted regression) result
*****************************************************************************
  Bandwidth and geographic ranges
Bandwidth size:                   17.000000
Coordinate                 Min              Max              Range
--------------- --------------- --------------- ---------------
X-coord            517588.100612     531950.808613     14362.708001
Y-coord           3383160.456530    3393394.578250     10234.121720

  Diagnostic information
Residual sum of squares:              0.554207
Effective number of parameters (model: trace(S)):                        5.372403
Effective number of parameters (variance: trace(S'S)):                   4.458186
Degree of freedom (model: n - trace(S)):                                32.627597
Degree of freedom (residual: n - 2trace(S) + trace(S'S)):               31.713381
ML based sigma estimate:              0.120766
Unbiased sigma estimate:              0.132195
-2 log-likelihood:                  -52.817215
Classic AIC:                        -40.072410
AICc:                               -37.004594
BIC/MDL:                            -29.637052
CV:                                   0.023601
R square:                             0.699572
Adjusted R square:                    0.638078
```

图 7.33　GWR 模型总结

为了观察地理加权回归模型的细节，可以查看模型参数的统计描述或具体参数。从图 7.34 中可以看到，三个自变量都具有极小标准差，而 z_Xa3(商场密度标准值)的均值较大。较小的标准差意味着均值能够较好地反映样本整体的聚集程度，因此可以认为在不同的区域中商场密度对醉酒事件都有较强的影响。

```
***********************************************************
 << Geographically varying (Local) coefficients >>
***********************************************************
Estimates of varying coefficients have been saved in the following file.
    Listwise output file: C:\Users\sunyifan\Desktop\final_listwise.csv

Summary statistics for varying (Local) coefficients
Variable                         Mean             STD
-------------------- --------------- ---------------
Intercept                    0.166556        0.030799
z_Xa1                        0.218586        0.022916
z_Xa2                        0.217755        0.035582
z_Xa3                        0.464541        0.011476
```

图 7.34　GWR 参数描述性统计

判断地理加权回归模型是否成立，一方面，需要检验残差是否空间自相关。另一方面，可以通过描述统计和可视化分析检验地理加权回归表现出的空间异质性。将 GWR 4.0.9 中得到的结果表格，在 GeoDa 中与原始数据进行融合，融合操作路径为：菜单→Table→Merge Table Data。然后对 GWR 残差进行和之前 OLS 残差一致的空间自相关分析，结果显示 Moran's I 值为 0.034，999 次模拟实验的 z 值为 2.1578，p 值为 0.04。由于 0.04 < 0.05，所以残差不存在空间自相关，模型成立。在 GeoDa 中利用菜单→Map→Natural Breaks Map→6，分别得到具备 R^2 和三个自变量局部模型系数的空间分布地图，可以观察到较为明显的空间差异(图 7.35)。

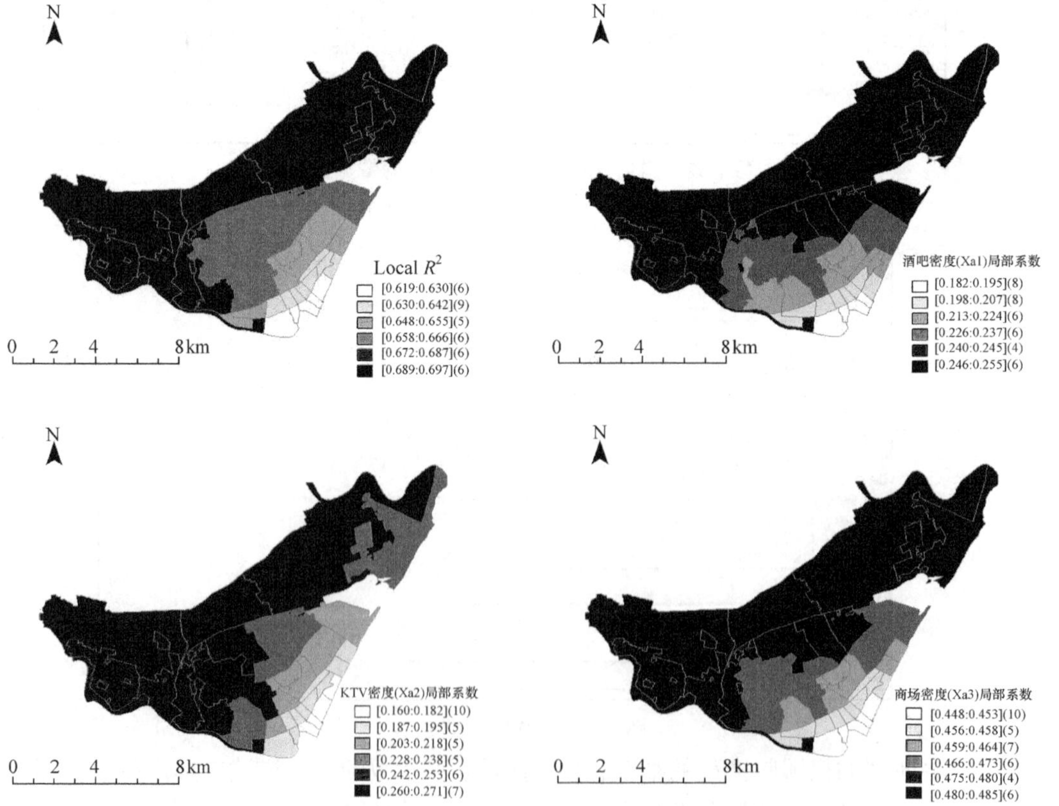

图 7.35　GWR 模型相关统计量分层设色

另外还利用固定高斯核函数和稳定性指数(SI)选择最优带宽。稳定性指数(SI)是评价 GWR 模型稳定性的重要指标之一，其计算公式为 SI = GWR 模型标准误差的四分距/OLS 模型参数的标准误差。一个 GWR 模型拥有和其自变量个数相等的 SI 值。SI 值越小意味着模型越稳定，若 SI 值小于 1 则认为模型平稳。GWR 4.0.9 软件不支持直接以 SI 值作为选择标准，因此需要在 GWR 4.0.9 软件中调整唯一带宽取值，多次计算模型，并利用模型结果计算 SI 值选择最优带宽(图 7.36)。

Q	R	S	T	U	V
y	yhat	residual	std_residual	localR2	influence
0.341418	0.196331	0.145087	1.149061	0.642665	0.103211
0.114909	0.205667	-0.09076	-0.70521	0.647293	0.06836
0.422602	0.433148	-0.01055	-0.101461	0.631337	0.392246
0.03267	0.066972	-0.0343	-0.34045	0.681422	0.428991
0.128408	0.196975	-0.06857	-0.545765	0.678327	0.112162
0.241818	0.37918	-0.13736	-1.146177	0.632483	0.192125
0.543479	0.284711	0.258768	2.148652	0.629016	0.184157
0.104401	0.190609	-0.08621	-0.677452	0.651782	0.089137
0.479799	0.214643	0.265156	2.082968	0.635607	0.088506
0.238236	0.262051	-0.02382	-0.193318	0.649881	0.146361
0.143445	0.161459	-0.01801	-0.141796	0.625849	0.092161
0.268297	0.230161	0.038136	0.302714	0.665657	0.107262
0.107113	0.108703	-0.00159	-0.013024	0.664716	0.161881
0.053897	0.133203	-0.07931	-0.645947	0.584113	0.152126
0.375825	0.419131	-0.04331	-0.350974	0.624442	0.143612
0.103996	0.177868	-0.07387	-0.591716	0.663917	0.123309
0.18533	0.322752	-0.13742	-1.060417	0.635522	0.055339

Listwise.csv文件中存储的GWR的标准误差

```
*****************************************************************************
Global regression result
*****************************************************************************
< Diagnostic information >
Residual sum of squares:                          0.653390
Number of parameters:                             4
(Note: this num does not include an error variance term for a Gaussian model)
ML based global sigma estimate:                   0.131128
Unbiased global sigma estimate:                   0.138627
-2 log-likelihood:                              -46.561000
Classic AIC:                                    -36.561000
AICc:                                           -34.686000
BIC/MDL:                                        -28.373070
CV:                                               0.024786
R square:                                         0.645806
Adjusted R square:                                0.602873

Variable                Estimate      Standard Error      t(Est/SE)
-------------------- ------------- ------------------ ----------------
Intercept               0.128872          0.028575          4.509891
z_Xa1                   0.251470          0.117879          2.133288
z_Xa2                   0.255093          0.088422          2.884937
z_Xa3                   0.482873          0.125609          3.844264
```

summary.txt文件中存储的OLS的标准误差

图 7.36 带宽范围与 SI 值计算关键

本实验中，从 GWR 计算第三步中查看 x 和 y 坐标对应的范围，综合考虑，取带宽变化范围为 5000～18000m，带宽变化幅度为 1000m，在 GWR 4.0.9 中多次执行。

用于 SI 值计算的，其一是 Listwise.csv 中存储的 GWR 模型标准误差，其二是 summary.txt 文件中存储的 OLS 模型参数的标准误差。计算结果如图 7.37 所示。

	A	B	C	D	E	F	G	H
1	带宽	GWR标准误的四分位距	2stderr_Xa1	2stderr_Xa1	2stderr_Xa1	SI_Xa1	SI_Xa2	SI_Xa3
2	5000	0.96562875	0.236	0.176	0.252	4.091647	5.486527	3.83186
3	6000	0.950899	0.236	0.176	0.252	4.029233	5.4028352	3.773409
4	7000	0.911354	0.236	0.176	0.252	3.861669	5.1781477	3.616484
5	8000	0.88337125	0.236	0.176	0.252	3.743099	5.0191548	3.505441
6	9000	0.8632315	0.236	0.176	0.252	3.657761	4.9047244	3.425522
7	10000	0.867985	0.236	0.176	0.252	3.677903	4.931733	3.444385
8	11000	0.87726975	0.236	0.176	0.252	3.717245	4.9844872	3.481229
9	12000	0.88428525	0.236	0.176	0.252	3.746971	5.024348	3.509068
10	13000	0.88971	0.236	0.176	0.252	3.769958	5.0551705	3.530595
11	14000	0.89399	0.236	0.176	0.252	3.788093	5.0794886	3.547579
12	15000	0.897426	0.236	0.176	0.252	3.802653	5.0990114	3.561214
13	16000	0.90022575	0.236	0.176	0.252	3.814516	5.114919	3.572324
14	17000	0.902536	0.236	0.176	0.252	3.824305	5.1280455	3.581492
15	18000	0.9044655	0.236	0.176	0.252	3.832481	5.1390085	3.589149
16								

图 7.37 以 SI 为标准的带宽选择过程

利用计算结果绘制折线图，如图 7.38 所示。可以观察到，三个自变量对应的 SI 值随着带宽的增长均先下降后趋于平稳。其中 Xa1 的下降梯度要明显小于 Xa2 和 Xa3。图像中快速下降和转为平缓的区间就是测量尺度与地理现象或过程的内在尺度相接近的区间。在本实验中，认为该合适的带宽为 9000m。值得注意的是，这里三个 SI 值趋于平稳时值都没有降低到 1 以下，这说明变量的地理联系不紧密。利用选出的最优带宽，可以在 GWR 4.0.9 中进行模型的解算和评估。考虑到其过程与前文一致，不再赘述。

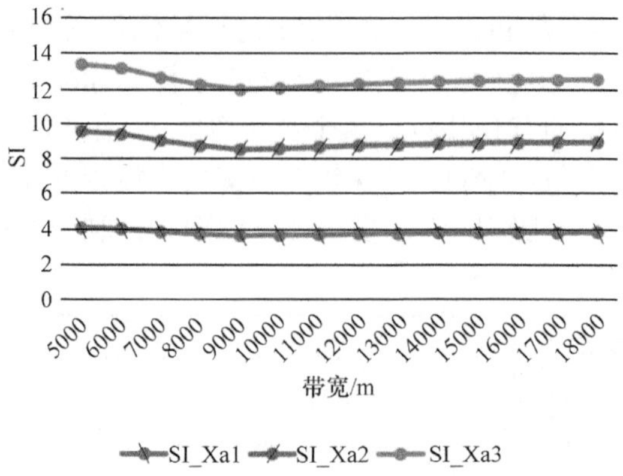

图 7.38　SI 值-带宽图像

3. OLS 与 GWR 的比较

可以从 AIC 值、调整 R^2 和残差空间自相关性三个方面比较普通最小二乘(OLS)回归模型与地理加权回归(GWR)模型(表 7.3)。较小的 AIC 值意味着更好的模型表现，若两个 AIC 值相差超过 3，则拥有较小 AIC 值的模型较优秀。较大的调整 R^2 同样意味着较好的模型表现。从残差分布的角度来看，如果残差分布接近随机则该模型较好。从结果对比来看，本实验案例中的 GWR 模型表现略优于 OLS 模型，但这种差异并不显著。

表 7.3　GWR 与 OLS 表现比较

模型	AIC	调整 R^2	Moran's I($I/z/p$)
最小二乘回归	−38.6	0.61	0.049/2.28/0.04*
地理加权回归	−40.1	0.64	0.034/2.15/0.04*

7.3　讨论与总结

本实验利用点格局分析、缓冲区分析、Voronoi 图等方法来探究区域醉酒事件的空间分布，并采用 OLS 和 GWR 探究了区域醉酒事件密度与不同的酒品出售点密度间的内在联系，其中在不同情况下选择 GWR 模型的最优带宽的值格外重要。值得注意的是虽然 ArcGIS 同样可以计算地理加权回归(GWR)模型，但是在可能条件下应该尽量采用 GWR 软件。其核心原因在于 ArcGIS 中带宽选择过程对用户不透明，用户无法自主调节，进而时常出现计算结果和实际最优结果有偏差的情况。另外，GWR 软件作为轻量级的专业软件，有模型灵活多变、计算快速、步骤清晰等诸多优点。

实验中还存在一些值得商榷的地方，其一是泰森多边形分析(Voronoi 图)，其二是最小二乘回归模型与地理加权回归模型的对比。除实验中的简单泰森多边形外，还可以创建加权泰森多边形。例如，以急救站点为输入时，可以用急救站点中救护车的数量表示该急救站点的急救能力，进而作为创建加权泰森多边形的权重。这种根据实际能力划分服务区域的方法具有更强的实际意义，读者可自行进行探究并与简单泰森多边形进行比较。实验中通过比较调整 R^2、AIC，未能指出 GWR 模型相对于 OLS 模型的优越，主要原因是变量的空间差异性不明显。读者可以依据本实验的方法，采用其他地理数据进行实验，对比 GWR 模型与 OLS 模型结果。

实验八　街道活力综合评价

8.1　实 验 概 述

8.1.1　背景及目的

城市街道作为城市系统的基础单元，既是城市公共空间的重要组成，又是组织城市公共生活的媒介。因此，评价我国城市街道活力的现状，研究如何塑造有活力的街道具有重要的现实意义。通过本实验希望能够达到以下目的：①掌握空间句法的运算方法；②掌握缓冲区分析、网络分析、近邻分析、叠加分析等空间分析；③掌握熵权法在指标体系确立权重中的应用。

8.1.2　数据说明

本实验所使用的数据存储于 data_exp8 文件夹中，包含的数据内容及其来源见表 8.1。

表 8.1　实验数据内容及其来源

数据类型	数据来源	数据名称	数据说明
行政区划数据	土地利用图	area.shp	矢量格式，面数据
专题数据	开放 API 端口	(1) 8 类 POI 点数据：政府机构(A.shp)、交通运输(B.shp)、商业(C.shp)，教育(D.shp)、公司企业(E.shp)、社区(F.shp)、绿地(G.shp)、其他(H.shp) (2) 公交站点和地铁站点数据：公交站点.shp、地铁站点.shp	矢量格式，点数据
道路数据	开放 API 端口	road.shp	矢量格式，线数据

实验数据统一使用 CGCS2000_3_Degree_GK_CM_114E 坐标系，其可视化展现如图 8.1 所示。

8.1.3　整体实验设计

本实验首先提出了一套结合区域实际情况的街道活力综合评价指标体系。

为了计算指标体系涉及的 10 个分指标，首先进行数据收集与预处理，将爬取的 POI 数据分为 8 大类：政府机构、交通运输、商业、教育、公司企业、社区、绿地、其他；对道路进行筛选，作为后续研究步骤的基础。

然后在数据准备完善的基础上，采用相应的空间统计分析方法，如空间句法、网络分析、近邻分析、叠加分析、数学建模等，计算得出所有道路的分指标值。

最后，实验选用熵权法进行指标集成，求出每条道路的一级指标值(连接度指标、物理特征、道路肌理、区位、功能)，最终计算得到街道活力指数值及该区域的街道活力空间分布差异图。

本实验所使用的主要软件平台为 ArcGIS 10.2，需要安装 Axwoman 6.3 插件，实验过程中所使用的其余空间统计分析工具包含在 ArcToolbox 中，其他建模和运算过程在 Excel 2016 中完成。

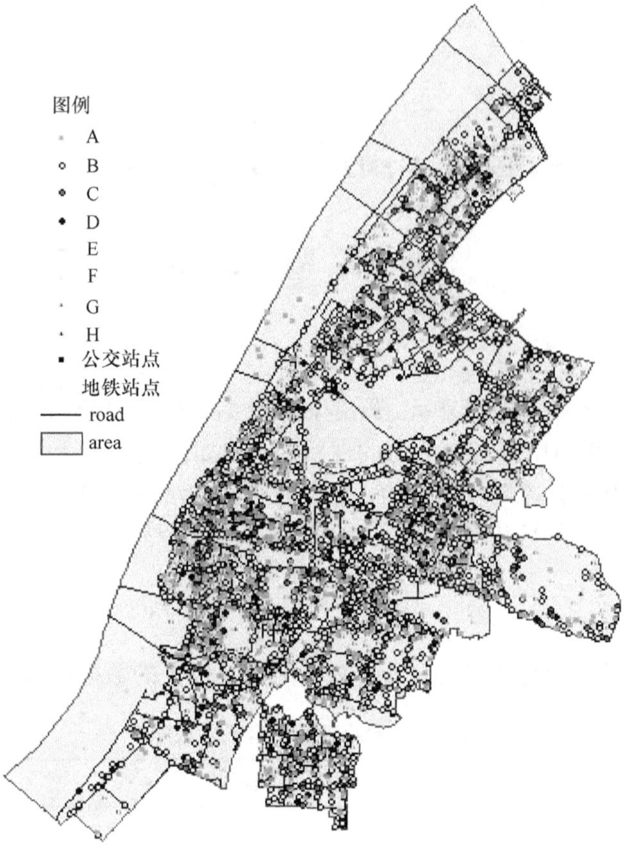

图 8.1　实验数据展示图

本实验的整体流程如图 8.2 所示。

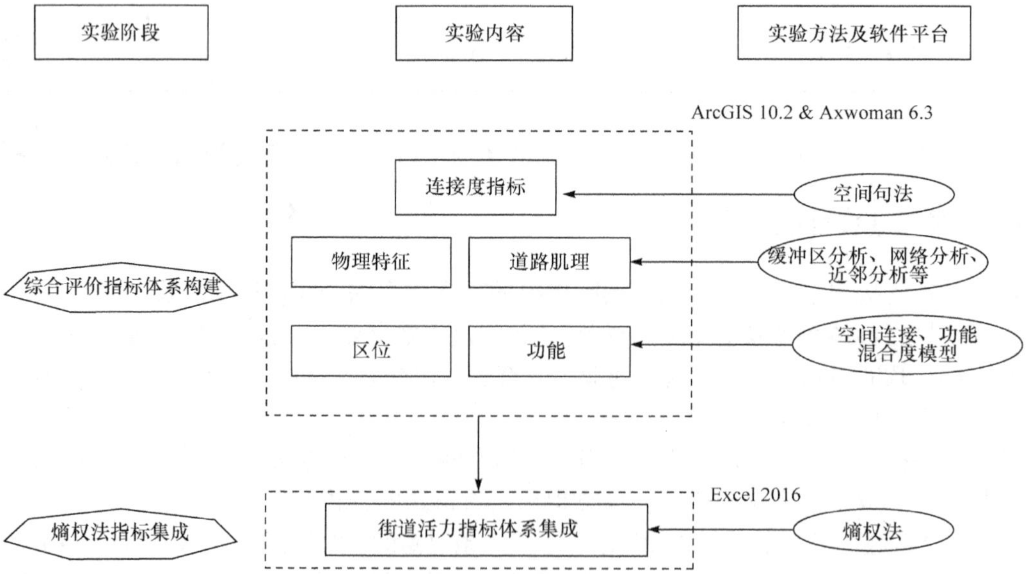

图 8.2　实验流程图

8.2 实 验 步 骤

8.2.1　综合评价指标体系构建

综合评价指标体系的构建包括分级构建指标体系和分指标计算。本实验参考多篇文献，考虑街道连接度、街道自身属性及周边环境等指标，提出一套针对实验研究区的街道活力综合评价指标体系(表 8.2)。

表 8.2　街道活力综合评价指标体系

一级指标	二级指标	指标解释
道路连接度 A	全局集成度 A_1	表示系统中的所有空间到该空间的句法可达性，整合度的值越高，表征句法可达性越高，系统中到达该空间所必须穿过的空间数目越少
	控制值 A_2	表征一个空间对与之相交空间的控制程度，反映一个空间对周围空间的影响程度。控制值越高表征既定空间对其领域空间的连接重要性程度越高
	连接度 A_3	表示系统中与第 i 个空间相交的其他单元空间的数目，对应于轴线地图，连接度值则表示与指定道路 i 相交的其他道路的总数
物理特征 B	道路宽度 B_1	道路属性
	道路长度 B_2	道路属性
道路肌理 C	交叉口密度 C_1	道路中心线 500m 缓冲区范围内的交叉口密度
区位 D	公交站点密度 D_1	道路中心线 55m 缓冲区范围内的公交站点密度
	距地铁口的最近直线距离 D_2	由道路中点计算到最近地铁口的距离
功能 E	功能密度 E_1	道路中心线 55m 缓冲区范围内的 POI 点数
	功能混合度 E_2	街道功能混合度用信息熵来计算 $\text{Diversity} = -\sum_{i=1}^{n}(p_i \times \ln p_i) \quad (i = 1,2,\cdots,n)$ 式中，Diversity 为某街道的功能混合度；n 为该街道 POI 的类别数；p_i 为某类 POI 占所在街道 POI 总数的比例

在计算分指标之前，需要进行数据预处理，主要工作是工作空间的设置、道路数据的筛选与拓扑检查。

首先设置工作空间：在空间统计分析开始前，检查和设置地理处理环境：Geoprocessing→Environments(图 8.3)。在本实验中，设置工作空间(Workspace)指定的个人地理数据库，方便管理空间统计分析过程中产生的中间数据及结果数据。

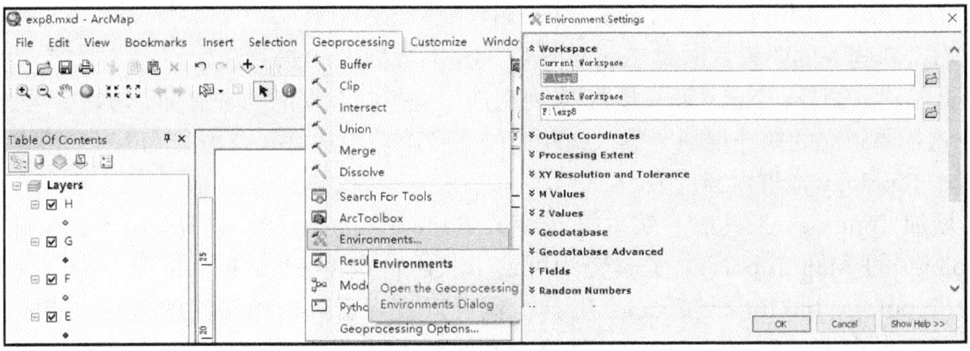

图 8.3　设置地理处理环境

然后进行道路数据的筛选与拓扑检查：爬取的原始路网数据细节过多，且存在可能的拓扑错误等问题，为方便后续空间统计分析，对路网进行选取与拓扑处理；经处理后的道路路段剩余 1014 条。

(1) 道路数据的筛选。爬取的原始数据包含了类型(type)、宽度(width)等属性，将类型不符合要求、宽度值异常的路删除，按属性选择，TYPE = "地铁" OR TYPE = "天桥"OR WIDTH = -8888890(图 8.4)，开始编辑，删除选取的道路。

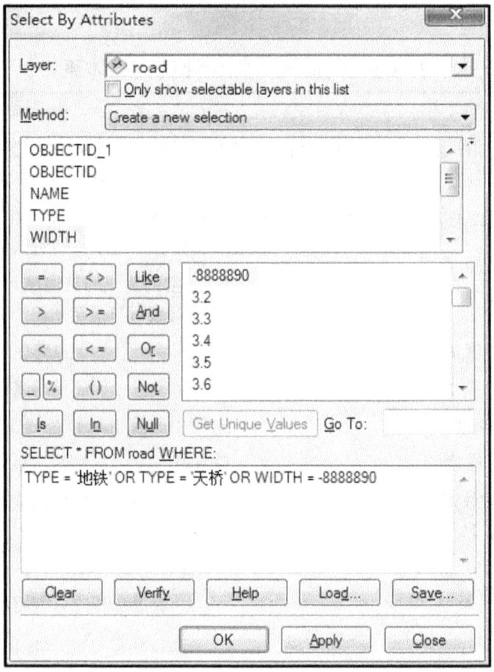

图 8.4　按属性选择

(2) 拓扑检查。

a) 打开 ArcCatalog，创建个人数据库(Personal Geodatabase)。

b) 在个人数据库上点击右键创建一个要素数据集(Feature Dataset)，弹出一个 New Feature Dataset 窗口，命名好该要素类(如命名为 Topology)，点击“下一步”(图 8.5)。

c) 选择坐标系统，这里可以直接导入需要建立拓扑的路网数据的坐标系 CGCS_2000_3_Degree_GK_CM_114E，点击“Import”，找到路网数据，然后点击“Add”，点击“下一步”，后面几步可以默认，然后点击“Finish”(图 8.6)。

d) 右击新建好的要素数据集 Topology,导入路网数据(图 8.7)。

e) 开始建立拓扑，点击“下一步”，来到选择建立拓扑数据的勾选界面，勾好后再点击“下一步”，选择要建立的拓扑规则个数，在左边的下拉菜单中选好，点击“Finish”，将拓扑生成文件 road_Topology 拖进内容列表(图 8.8)。

f) 增加 Topology 工具条。然后打开编辑(Editor)，选择开始编辑(Start Editing),可以看到 Topology 的 Map Topology 工具变为可编辑状态；点击 Map Topology 工具，然后点击 Validate Topology In Current Extent 工具，就可以直观看到出现错误的区域。点击“Error Inspector”，再点击“Search Now”，就可看到统计的错误类型和个数；用编辑工具进行修改，至拓扑错误为 0(图 8.9)。

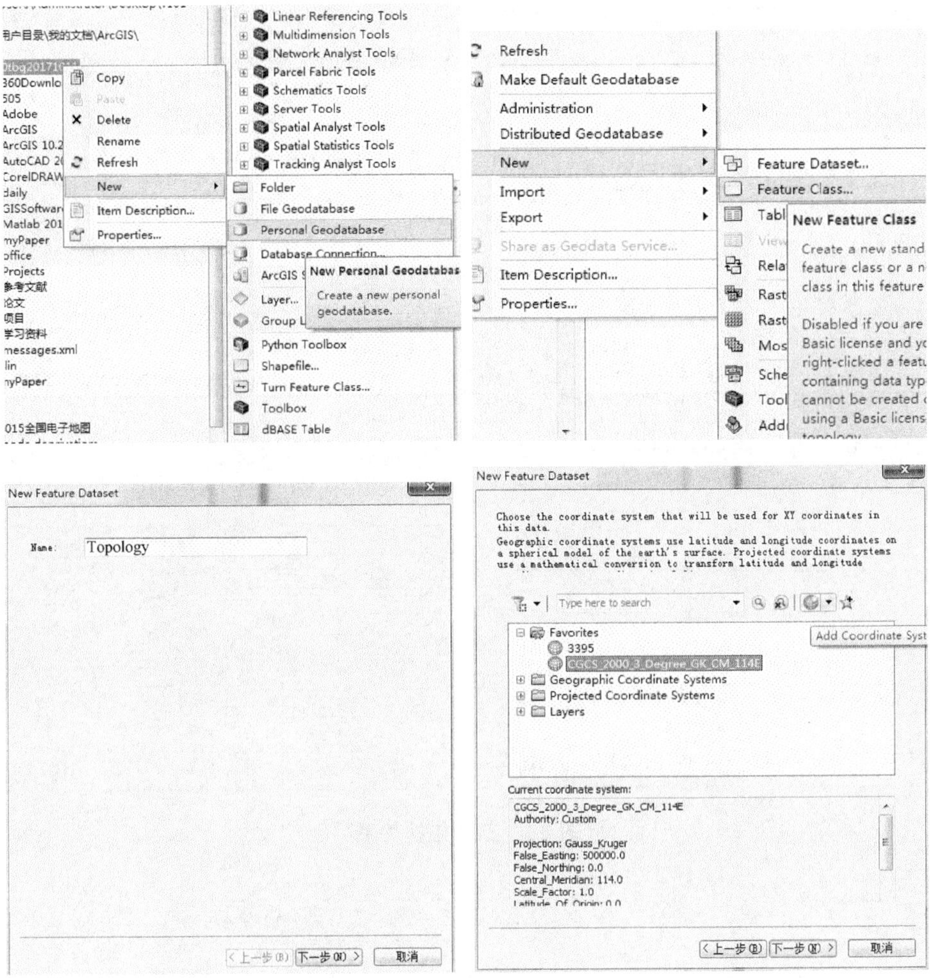

图 8.5　新建要素数据集

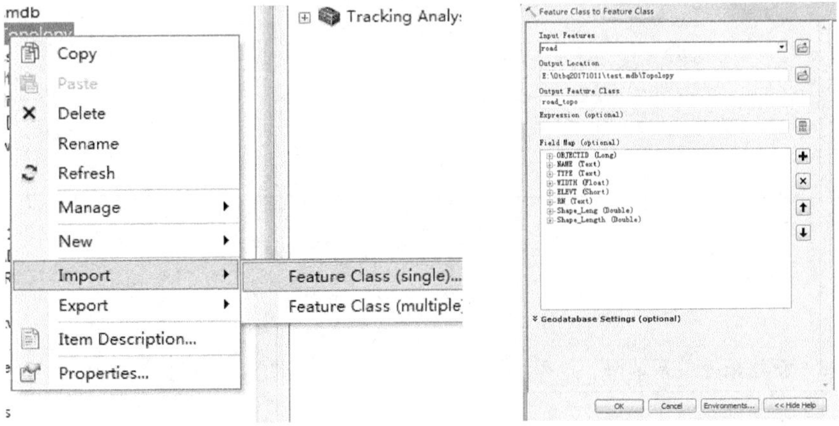

图 8.6　导入路网数据

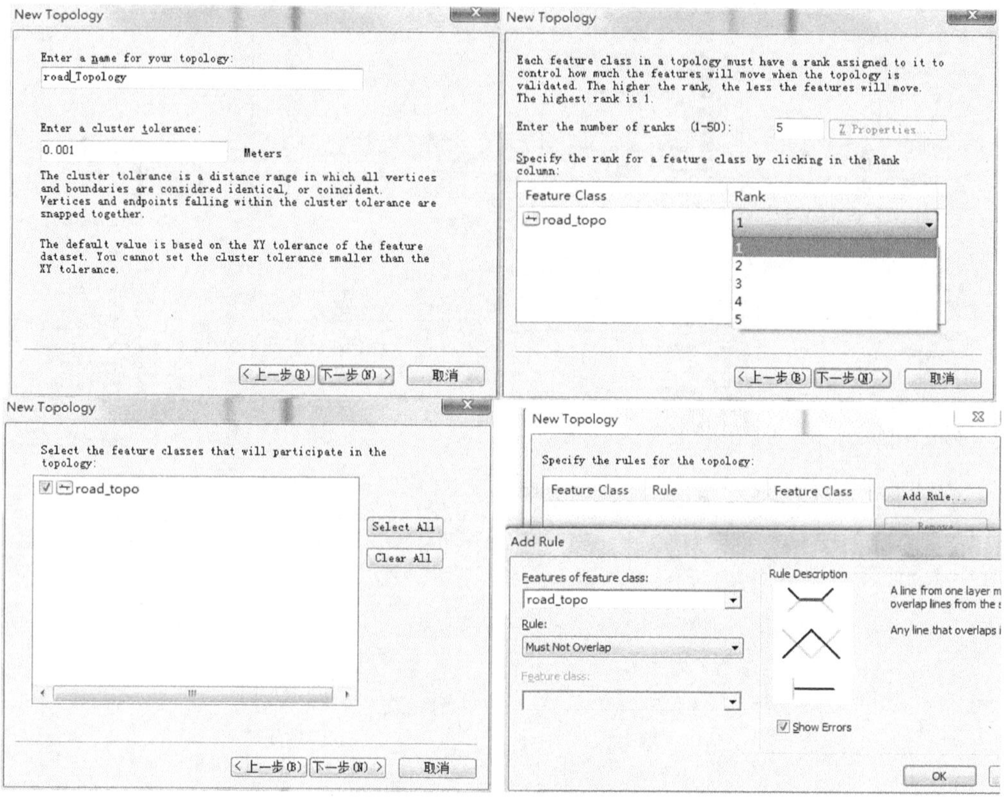

图 8.7　新建拓扑关系

图 8.8　新建拓扑关系结果

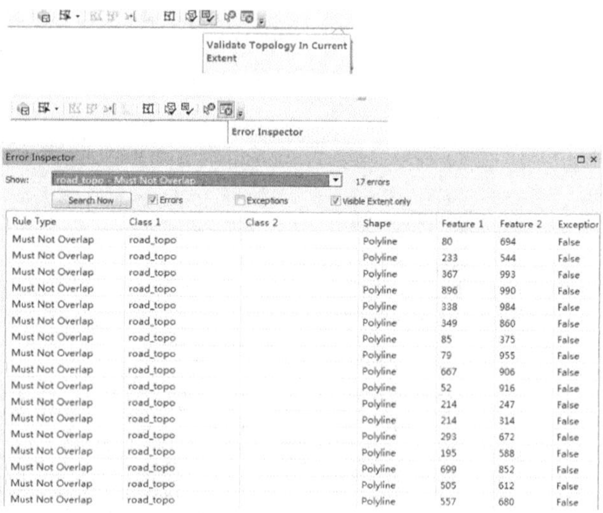

图 8.9　拓扑关系修正

1. 连接度指标

本实验中连接度指标是基于空间句法计算得到的。空间句法方法是拓扑研究法的深化，主要用中心度和连接度两个拓扑学的概念来量化分析网络的优化程度，并在拓扑研究基础上增加了人在空间中的实际活动和空间结构的感受，以及对空间社会性的认识。空间句法主要是由伦敦大学的 Hiller 和 Hanson(1984 年)在他们的著作 *The Social Logic of Space* 中提出的，通过计算机量化分析城市空间组织，重在揭示结点间的连接关系组成的结构系统。其原理是对城市空间进行分割，以生成的句法轴线为新的空间单元分析内在关联和变化规律。对于城市街道交通系统，它能够在抽象空间系统上采用轴线的方式进行句法建模，其表现形式是轴线地图(axial map)。轴线地图是把研究范围内的城市街道/道路网用数量最小、最长的直线描绘出的空间网络。借助相应的轴线地图分析软件，可以得到一系列空间形态分析变量，用以量化分析城市空间形态的演化特征和演化规律。

1) 准备好软件及环境，安装空间句法插件

软件：ArcGIS 10.2 配以 Axwoman 6.3 插件或 ArcGIS 10.0 配以 Axwoman 6.0 插件。

环境：Microsoft .Net Framework Version 4.0。

将 Axwoman 6.3 添加进工具栏，ArcMap→Tools Menu→Extensions→check Axwoman 6.3 and AxialGen 2.0(图 8.10)。

Axwoman 插件安装成功，工具栏如图 8.11 所示。

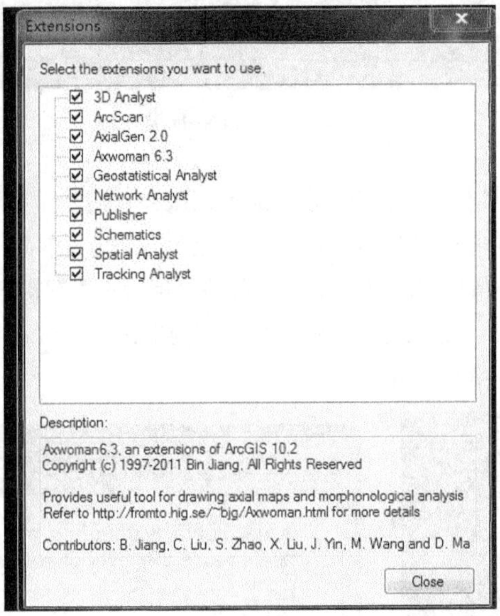

图 8.10　Axwoman 6.3 安装

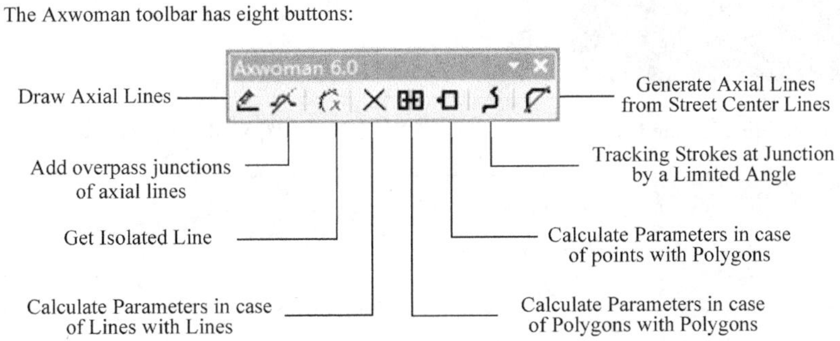

图 8.11　Axwoman 分析工具栏

2) 开始实验区空间句法运算

(1) 绘制城市轴线地图(axial map)：采用 Axwoman 的手工矢量化工具  或利用已有的

经过数据预处理的城市内部路网数据 road.shp。

(2) 使轴线地图中的每条道路都是相互连通的(Get Isolated Lines)：首先从轴线地图中选择任意一条轴线，点击选择基础图标栏中的要素图标(图 8.12)。

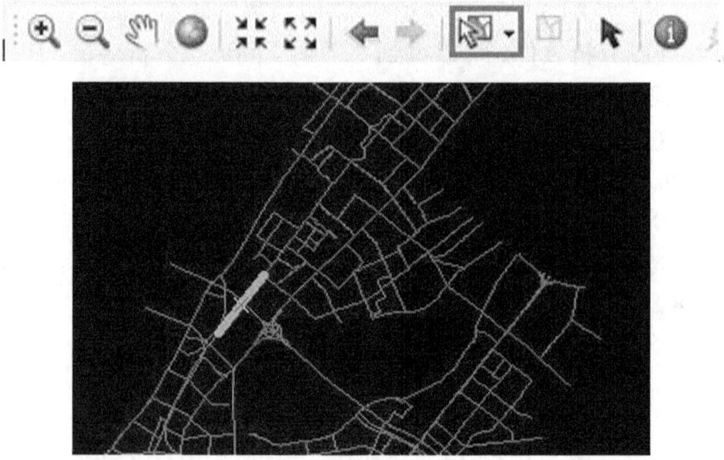

图 8.12　选择轴线

然后点击 Axwoman 工具栏中的 Get Isolated Lines ，如果有孤立的线，将弹出一个对话框说明多少条不连通的线被选中了(图 8.13)。点击“确定”按钮，然后用编辑工具对轴线地图中选出来的孤立的线进行编辑，确保每条孤立的线都最终被连接起来(图 8.14)。

保存编辑，再次使用 Get Isolated Lines 功能，直到路网中没有孤立的线为止(图 8.15)。经过处理，最终参与计算的道路有 1003 条。

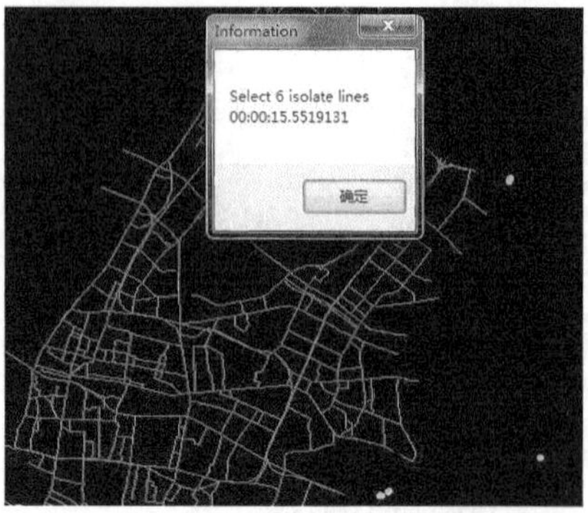

图 8.13　Axwoman—Get Isolated Lines

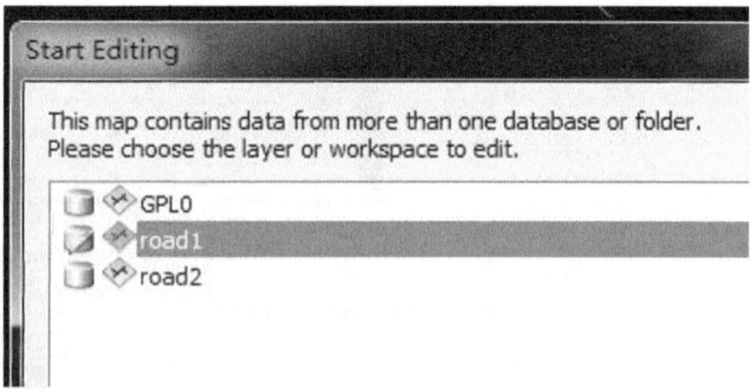

图 8.14　编辑轴线

图 8.15　孤立线为 0 条

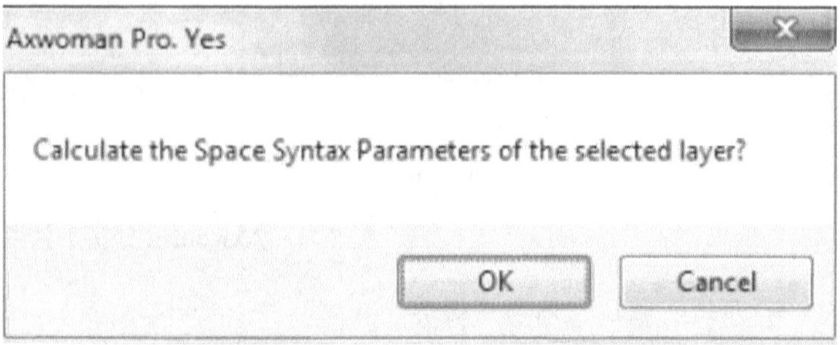

图 8.16　空间句法运算

(3) 计算：开启编辑状态，点击图标，点击“OK”，开始计算(图 8.16)，输出运算结果 road1.shp，属性表如图 8.17 所示，指标连接度 A_3(connect)可视化表达如图 8.18 所示。

Connect	Control	MeanDepth	GInteg	LInteg	TotalDepth	LocalDepth
7	1.178571	13.177291	.607626	3.252267	13230	2
3	.783333	12.084661	.667521	1.89575	12133	1
7	1.02381	8.366534	1.00444	3.212704	8400	2
4	.766667	8.931275	.932920	2.396309	8967	2
5	1.2	8.194223	1.028498	2.615278	8227	2
3	.833333	17.551793	.447036	1.833333	17622	1
5	.966667	14.61255	.543560	2.688782	14671	2
4	.950000	9.140438	.908949	2.312281	9177	2
5	1.066667	8.981076	.927098	2.93911	9017	4
1	.333333	9.308765	.890535	.5	9346	[illegible]
4	.75	16.956175	.463723	2.217556	17024	1
5	1.009524	8.49004	.987878	2.688782	8524	2
4	1.083333	12.405378	.648750	2.238387	12455	1
5	1.033333	8.193227	1.02864	2.660946	8226	2

图 8.17　运算结果属性表

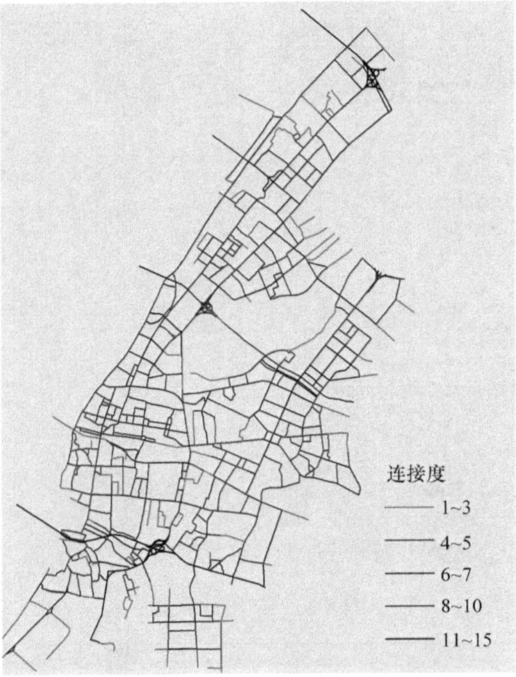

图 8.18　空间句法分析结果可视化

2. 物理特征

为了方便连接道路的其他指标，对计算过空间句法的道路图层 road1.shp 添加固定的标识字段，打开道路属性表→添加字段“identify”(图 8.19)→字段计算器“identify=[OBJECTID_1]”(图 8.20)。

打开道路属性表，添加字段“length”，右键单击 length 字段标题，然后单击 Calculate Geometry…，得到道路长度。道路宽度为属性表中的“WIDTH”字段(图 8.21)。

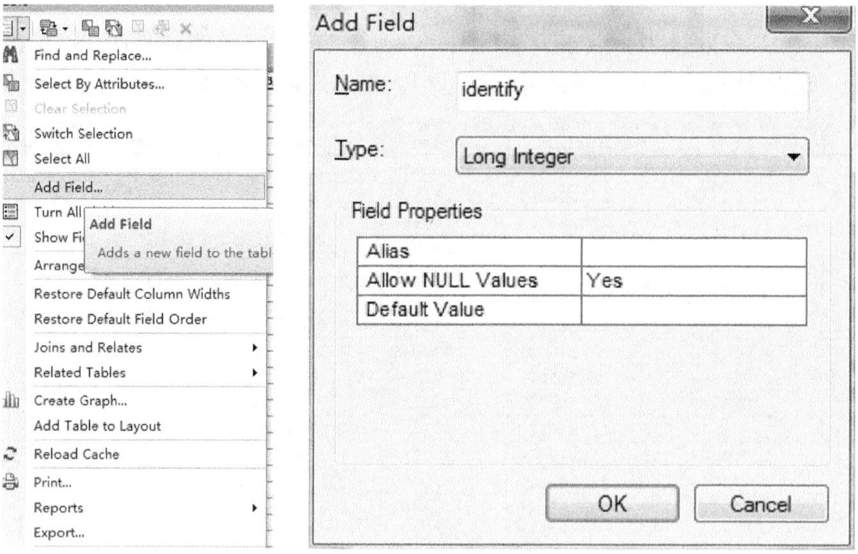

图 8.19　添加道路标识字段

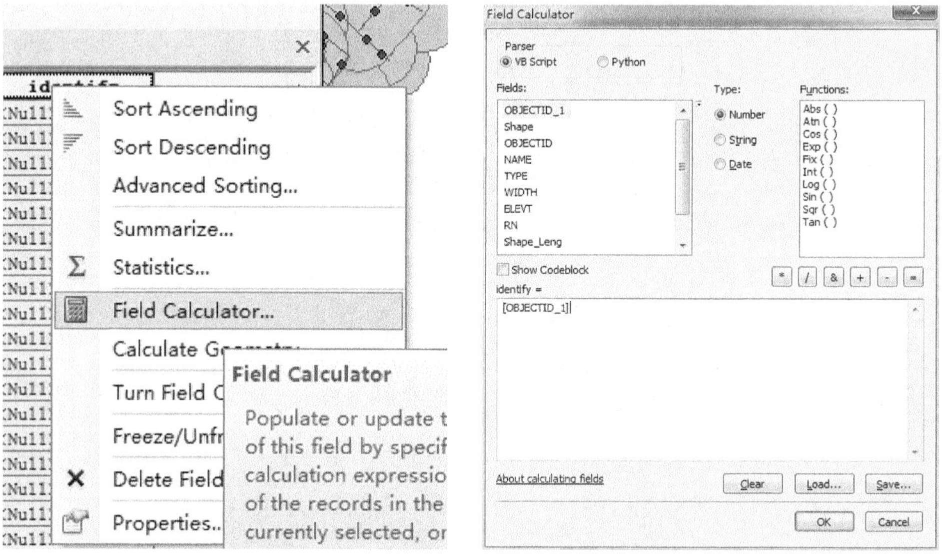

图 8.20　字段计算器

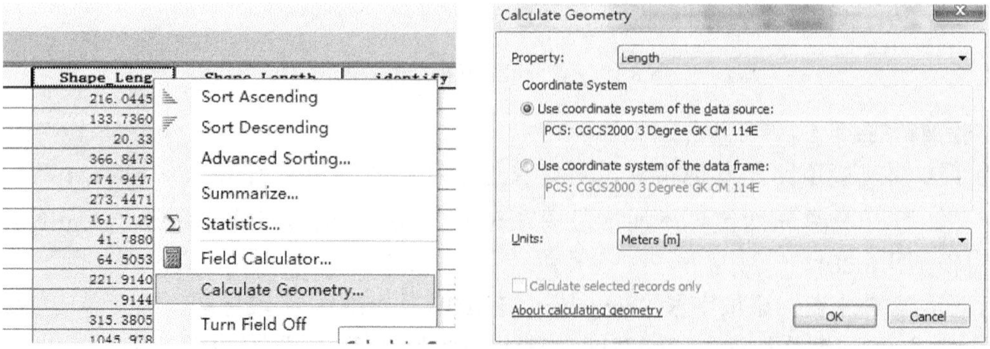

图 8.21　计算道路长度

3. 道路肌理

该部分是计算道路中心线两侧 500m 缓冲区范围内的交叉口密度。首先利用网络获取道路交叉口，再进行缓冲区分析，然后利用空间连接统计每条道路缓冲区区域下道路交叉点的数量。

1) 道路交叉口获取

参考实验四社区生活图可步性测度的 4.2.2 节，建立网络数据集，导入道路线图层 road1.shp，对得到的 ND_Junctions 点图层进行处理，去除非相交结点，得到道路交叉口点数据(图 8.22)。

图 8.22　道路交叉口点数据

2) 缓冲区分析

缓冲区是以某几何要素边界为限向内或外扩展一定距离所形成的几何区域。实验中用到的是线缓冲区，以添加过 identify 字段的街道空间句法(road1.shp)为输入数据，执行缓冲区工具。缓冲区工具的路径为：ArcToolbox→Analysis Tools→Proximity→Buffer。该工具具有两个重要选项，一个是缓冲区半径(Distance)，本实验中设置为 500m；另一个是融合选项(Dissolve Type)，若选择 NONE，则各缓冲区独立；若选择 ALL，则自动合并所有缓冲区，得到一个总的缓冲区面状图层。本实验选择 NONE，得到 road_500mbuffer.shp(图 8.23)。

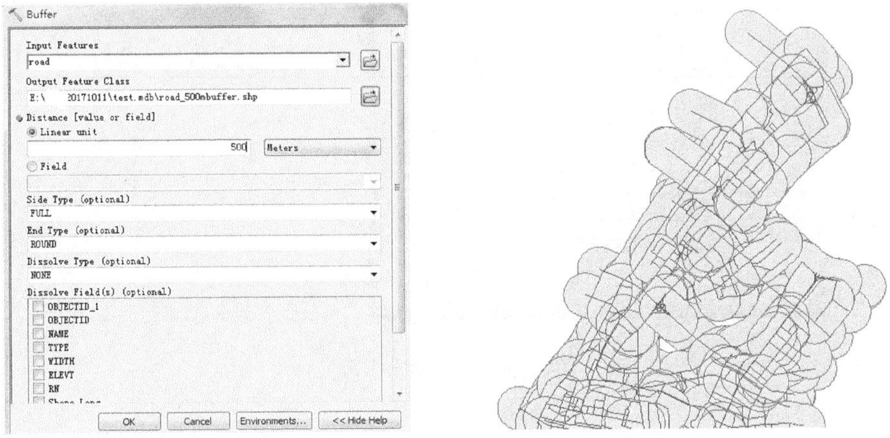

图 8.23　缓冲区分析

3) 空间连接

在缓冲区分析中，为统计落入融合缓冲区中的 POI 点和道路交叉口数量，利用空间连接工具：ArcToolbox→Analysis Tools→Overlay→Spatial Join。空间连接工具类似于属性表连接，只是额外具备了在连接过程中根据几何关系进行统计计算的能力。而统计落入面中的点的数量是空间连接工具的一种简单应用(图 8.24)。

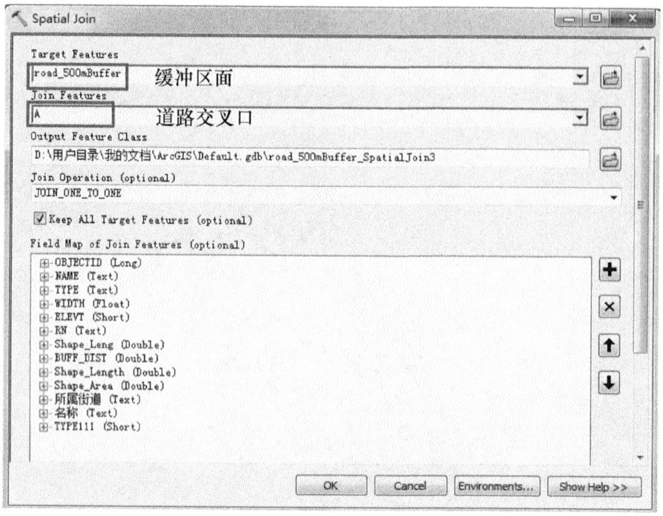

图 8.24　空间连接工具

为实现“统计落入面中的点的数量”，需要在空间连接中进行两步操作。其一是输出字段，其二是设置输出字段数据源。前者核心是设置融合规则(Merge Rule)为计数(Count)，后者的核心是设置数据源为点状图层的任意字段(图 8.25)。

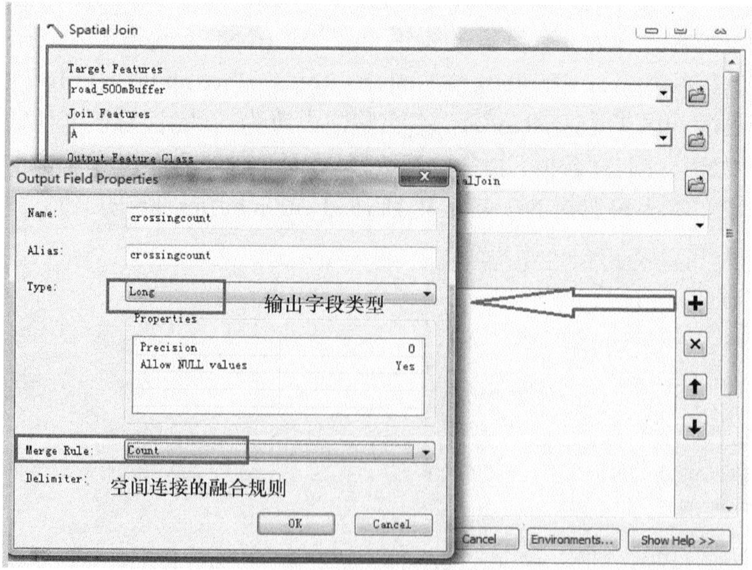

图 8.25　添加输出字段

4. 区位

该部分计算公交站点密度的方法可参考本小节第 3 点道路肌理部分中的第 2)步和第 3)步

操作，不同的是将缓冲区半径设为 55m,生成 road_55mbuffer.shp，再进行空间连接，统计每个 buffer 下公交站点个数。计算道路中点距地铁口的最近直线距离，首先需要利用要素转点工具得到道路中点，再利用近邻分析计算每个道路中点距离最近地铁口的直线距离。

1) 要素转点

点击 Data Mangement Tools →Features→Feature to Point，选择 Inside，得到道路中点数据 road_point.shp(图 8.26)。

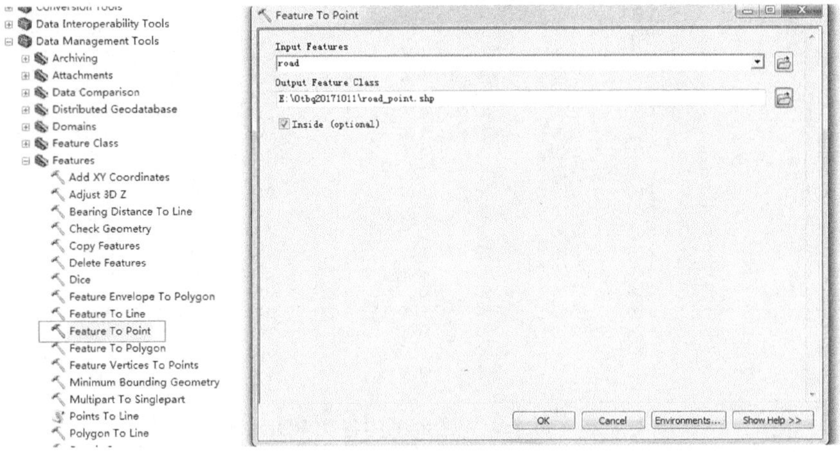

图 8.26　要素转点工具

2) 近邻分析

点击 Analysis Tools→Proximity→Near，在搜索半径范围内(本实验未设置搜索半径)，确定输入要素中的每个要素与邻近要素中的最近要素之间的距离。输入要素为道路中点数据，邻近要素为地铁口数据。以下两个字段将被添加到输入要素 road_point.shp 的属性表中。

NEAR_FID：存储最近要素的要素 ID。

NEAR_DIST：存储输入要素与最近要素之间的距离。此字段的值采用输入要素的坐标系的线性单位。该字段即为要求得的每个道路中点距离最近地铁口的直线距离(图 8.27)。

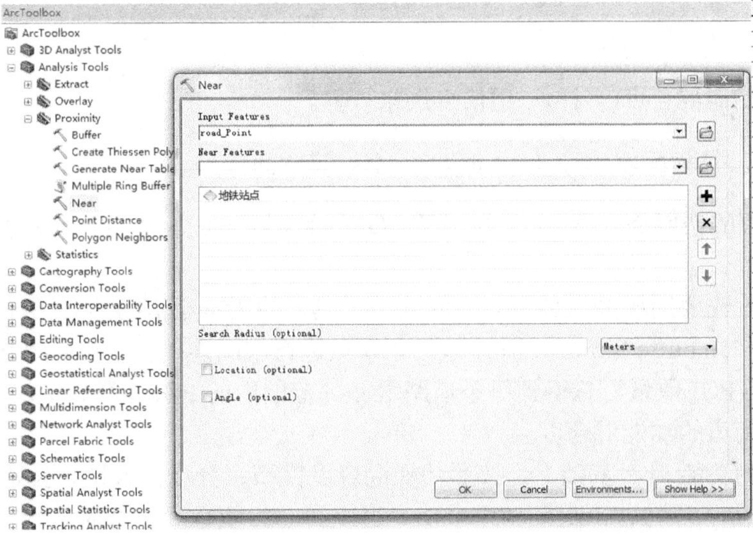

NEAR_FID	NEAR_DIST
12	1771.451145
11	1126.803124
7	259.863957
5	1095.449108
12	141.596266
10	3895.085459
10	3087.513637
8	473.351422
12	1129.440962
10	995.082951
12	3127.492038
5	183.534991
10	4985.062746
10	101.126407
10	3321.89929
1	1662.10622
12	1514.97163
10	2805.015783
5	2906.372624
9	1066.125754
10	2116.147991
14	902.487701
9	1994.499813
10	1048.30975
5	2801.855968
10	4220.959491
11	1229.83258
12	628.089217
8	315.132001
2	142.392406
9	938.087653
6	1920.159366
12	3343.306838
5	1129.879457

图 8.27　近邻分析

5. 功能

1) 功能密度计算

以 identify 为连接字段，连接 8 类 POI 点，导出成 DBF，在 Excel 中打开并整理，得到功能.xlsx，结果如图 8.28 所示。

	A	B	C	D	E	F	G	H	I	J
1	道路identify	A	B	C	D	E	F	G	H	SUM
2	1	0.00	0.00	1.00	0.00	0.00	0.00	0.00	0	1.00
3	2	0.00	2.00	1.00	0.00	10.00	15.00	0.00	0.00	28.00
4	3	0.00	0.00	2.00	0.00	1.00	0.00	0.00	0.00	3.00
5	4	0.00	1.00	0.00	1.00	0.00	0.00	0.00	0.00	2.00
6	5	2.00	1.00	2.00	1.00	20.00	0.00	0.00	0.00	26.00
7	6	0.00	0.00	1.00	0.00	1.00	0.00	0.00	0.00	2.00
8	7	0.00	4.00	0.00	0.00	4.00	0.00	0.00	0.00	8.00
9	8	0.00	0.00	0.00	0.00	0.00	0.00	0.00	0.00	0.00
10	9	0.00	1.00	0.00	1.00	0.00	0.00	0.00	0.00	2.00
11	10	0.00	2.00	1.00	0.00	2.00	0.00	0.00	0.00	5.00
12	11	0.00	0.00	0.00	0.00	0.00	1.00	0.00	0.00	1.00
13	12	3.00	3.00	2.00	0.00	3.00	0.00	0.00	0.00	11.00
14	13	0.00	0.00	0.00	0.00	4.00	0.00	0.00	0.00	4.00
15	14	0.00	1.00	2.00	0.00	2.00	0.00	0.00	0.00	5.00
16	15	2.00	0.00	0.00	0.00	12.00	0.00	0.00	0.00	14.00
17	16	0.00	1.00	0.00	0.00	0.00	1.00	0.00	0.00	2.00
18	17	2.00	0.00	1.00	0.00	4.00	0.00	0.00	1.00	8.00
19	18	1.00	0.00	4.00	1.00	1.00	0.00	0.00	0.00	7.00
20	19	0.00	0.00	0.00	0.00	0.00	0.00	0.00	0.00	0.00
21	20	2.00	0.00	0.00	0.00	16.00	0.00	0.00	0.00	18.00
22	21	0.00	1.00	0.00	0.00	0.00	0.00	0.00	0.00	1.00

图 8.28　每个缓冲区范围内各类 POI 点数量

功能密度为每行 B 列至 I 列的数据之和，计算公式和结果如图 8.29 所示。

J2　　=SUM(B2:I2)

	A	B	C	D	E	F	G	H	I	J
1	道路identify	A	B	C	D	E	F	G	H	SUM
2	1	0.00	0.00	1.00	0.00	0.00	0.00	0.00	0	1.00
3	2	0.00	2.00	1.00	0.00	10.00	15.00	0.00	0.00	28.00
4	3	0.00	0.00	2.00	0.00	1.00	0.00	0.00	0.00	3.00
5	4	0.00	1.00	0.00	1.00	0.00	0.00	0.00	0.00	2.00
6	5	2.00	1.00	2.00	1.00	20.00	0.00	0.00	0.00	26.00
7	6	0.00	0.00	1.00	0.00	1.00	0.00	0.00	0.00	2.00
8	7	0.00	4.00	0.00	0.00	4.00	0.00	0.00	0.00	8.00
9	8	0.00	0.00	0.00	0.00	0.00	0.00	0.00	0.00	0.00
10	9	0.00	1.00	0.00	1.00	0.00	0.00	0.00	0.00	2.00

图 8.29　功能密度计算

2) 功能混合度计算

功能混合度：街道功能混合度(多样性)用信息熵来计算。

$$\text{Diversity} = -\sum_{i=1}^{n}(p_i \times \ln p_i) \quad (i = 1,2,\cdots,n) \tag{8.1}$$

式中，Diversity 为某街道的功能混合度；n 为该街道 POI 的类别数；p_i 为某类 POI 占所在街道 POI 总数的比例。

功能混合度的计算首先要用缓冲区分析和空间连接工具，使用本小节第 4 点中得到的缓冲区分析结果数据 road_55mbuffer.shp，分别对每类 POI 点进行空间连接，统计落入缓冲区范围内的 POI 点数，将 8 类 POI 数量汇总得到每条道路缓冲区范围内的 POI 总数，即功能密度；再根据公式，计算每条街道的功能混合度。

在上一步计算得到的功能.xlsx 基础上，按照功能混合度模型，分步输入计算公式。

第一步，计算 Diversity $i = -p_i \times \ln p_i$ $(i=1, \cdots, n)$，当该类 POI 点数大于 0 时，参与公式计算；否则 Diversity i 值直接赋 0 值，表示此缓冲区范围内不包含该类 POI 点(图 8.30)。

K2　=IF(B2>0,-B2/J2*LN(B2/J2),0)

	A	B	C	D	E	F	G	H	I	J	K
1	道路identify	A	B	C	D	E	F	G	H	SUM	Diversity1
2	1	0.00	0.00	1.00	0.00	0.00	0.00	0.00	0.00	1.00	0
3	2	0.00	2.00	1.00	0.00	10.00	15.00	0.00	0.00	28.00	0
4	3	0.00	0.00	2.00	0.00	1.00	0.00	0.00	0.00	3.00	0
5	4	0.00	1.00	0.00	1.00	0.00	0.00	0.00	0.00	2.00	0
6	5	2.00	1.00	2.00	1.00	20.00	0.00	0.00	0.00	26.00	0.197304
7	6	0.00	0.00	1.00	0.00	1.00	0.00	0.00	0.00	2.00	0
8	7	0.00	4.00	0.00	0.00	4.00	0.00	0.00	0.00	8.00	0

图 8.30　功能混合度计算(1)

第二步，计算 Diversity = sum Diversity i (i = 1，⋯, n)，最终得到每条街道的功能混合度(图 8.31)。

S2　=SUM(K2:R2)

	A	K	L	M	N	O	P	Q	R	S
1	道路identify	Diversity1	Diversity2	Diversity3	Diversity4	Diversity5	Diversity6	Diversity7	Diversity8	SUNDIVERSITY
2	1	0	0	0	0	0	0	0	0	0
3	2	0	0.188504	0.119007	0	0.367721	0.334368	0	0	1.009600999
4	3	0	0	0.27031	0	0.366204	0	0	0	0.636514168
5	4	0	0.346574	0	0.346574	0	0	0	0	0.693147181
6	5	0.197304	0.125311	0.197304	0.125311	0.201819	0	0	0	0.847049069
7	6	0	0	0.346574	0	0.346574	0	0	0	0.693147181
8	7	0	0.346574	0	0	0.346574	0	0	0	0.693147181
9	8	0	0	0	0	0	0	0	0	0
10	9	0	0.346574	0	0.346574	0	0	0	0	0.693147181

图 8.31　功能混合度计算(2)

8.2.2　熵权法指标集成

经过上述综合指标构建的空间统计分析与数学建模等步骤计算出 10 个二级指标，以 identify 为连接字段，将其连接到一张属性表上，导出成 DBF(图 8.32)，在 Excel 中打开并整理至如图 8.33 所示。

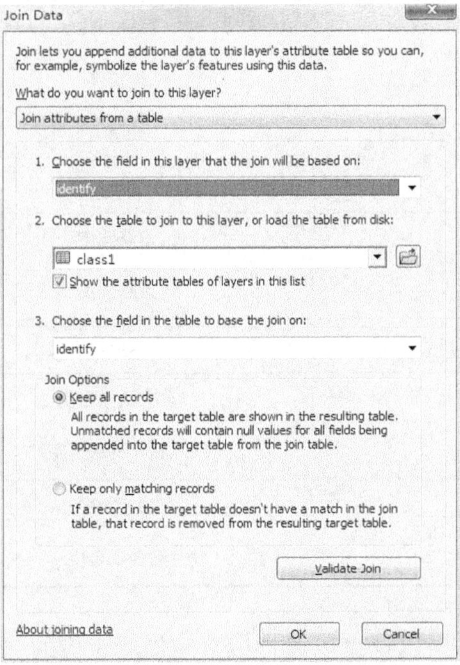

图 8.32　按 identify 字段连接属性表

	功能		区位		道路自身属性		肌理	空间句法		
道路编号 identify	功能密度	功能混合度	公交站点密度	道路中心距地铁站点最近距离	宽度	长度	道路交叉口密度	连接度	控制值	全局集成度
1	1.000	0.000	0.000	1771.040	4.100	216.045	16.000	7.000	1.179	0.608
2	28.000	1.010	2.000	1126.814	19.100	133.736	9.000	3.000	0.783	0.668
3	3.000	0.637	0.000	259.860	38.100	20.340	12.000	7.000	1.024	1.004
4	2.000	0.693	0.000	1095.154	35.100	366.847	18.000	4.000	0.767	0.933
5	26.000	0.847	0.000	141.425	4.700	274.945	11.000	5.000	1.200	1.028
6	2.000	0.693	0.000	2881.406	4.800	273.447	14.000	3.000	0.833	0.447
7	8.000	0.693	2.000	2782.251	12.100	161.713	9.000	5.000	0.967	0.544
8	0.000	0.000	0.000	473.355	25.600	41.788	9.000	4.000	0.950	0.909
9	2.000	0.693	1.000	1129.441	7.500	64.505	21.000	5.000	1.067	0.927
10	5.000	1.055	0.000	995.324	26.500	221.914	1.000	1.000	0.333	0.891
11	1.000	0.000	0.000	3127.492	36.600	0.914	2.000	4.000	0.750	0.464
12	11.000	1.373	2.000	183.512	10.100	315.381	10.000	5.000	1.010	0.988
13	4.000	0.000	0.000	2989.573	7.500	1045.979	5.000	4.000	1.083	0.649
14	5.000	1.055	0.000	101.126	45.800	210.490	8.000	5.000	1.033	1.029
15	14.000	0.410	0.000	3033.339	44.200	159.659	6.000	5.000	0.918	0.577
16	2.000	0.693	1.000	1662.101	31.600	36.673	2.000	4.000	0.643	0.883
17	8.000	1.213	0.000	1527.148	18.600	1252.458	26.000	3.000	0.650	0.723
18	7.000	1.154	0.000	2442.941	14.100	209.160	10.000	4.000	0.926	0.490
19	0.000	0.000	0.000	2879.220	8.900	258.229	19.000	4.000	1.033	0.634
20	18.000	0.349	0.000	1072.685	3.400	229.136	31.000	7.000	1.056	0.904
21	1.000	0.000	0.000	1866.763	7.400	0.190	3.000	1.000	0.333	0.480
22	27.000	0.916	2.000	902.253	16.500	486.405	23.000	5.000	1.100	0.734
23	12.000	1.119	2.000	1994.500	24.600	511.218	7.000	6.000	1.317	0.645
24	2.000	0.000	1.000	494.863	47.600	54.787	6.000	2.000	0.500	1.024

图 8.33　指标数据整理

本实验中采用熵权法计算街道活力指数，进行综合评价。熵权法是一种客观赋权方法，可运用多个指标对多个被评价对象进行评价。按照信息论基本原理的解释，信息是系统有序程度的一个度量，熵是系统无序程度的一个度量；如果指标的信息熵越小，该指标提供的信息量越大，在综合评价中所起的作用理应越大，权重就应该越高。

街道活力综合评价指标体系分为三层：总指标、一级指标、二级指标。因此，首先根据熵权法计算每个一级指标对应的二级指标的权重，从而可计算得出一级指标 A 的评价值；计算出五个一级指标评价值之后，再重复熵权法步骤，求得一级指标权重，最后计算得到街道活力指数，如表 8.3 所示。

表 8.3　权重计算结果

一级指标	一级指标权重	二级指标	二级指标权重
道路连接度	0.047	连接度	0.366
		控制值	0.181
		全局集成度	0.453
物理特征	0.239	道路宽度	0.533
		道路长度	0.467
道路肌理	0.134	交叉口密度	1.000
区位	0.270	公交站点密度	0.807
		距地铁口的最近距离	0.193
功能	0.310	功能密度	0.666
		功能混合度	0.334

熵权法应用分为以下几步(以计算一级指标空间句法对应的二级指标的权重为例)。

1. 数据标准化

所需要处理的原始数据中，可能会出现各指标之间单位不相同或数值相差太大等问题，使各指数之间不具可比性。如果将它们都转化成无量纲数据，对各指标进行标准化处理，即可消除因数据量纲不同或数据过于悬殊导致的影响，克服其不可比性。为此，采用极差标准化方法(源自 2010 年朱建平主编的《应用多元统计分析》)对各个指标进行标准化处理，并作为统计分析的基础数据。

设第 i 个子系统有 n 个指标，分别为 $x_1, x_2, \cdots, x_n$。当 x_{ij} 值越大表明系统功能越好，即数值大小对系统的功效贡献为正时，称为正指标；当 x_{ij} 值越小表明系统功能越好，即数值大小对系统的功效贡献为负时，称为负指标。正负指标标准化的公式如下。

$$\begin{cases} P_{ij} = \dfrac{x_{ij} - x_{ij\min}}{x_{ij\max} - x_{ij\min}} & \text{正向指标} \\[2ex] P_{ij} = \dfrac{x_{ij\max} - x_{ij}}{x_{ij\max} - x_{ij\min}} & \text{负向指标} \end{cases}$$

空间句法的三个二级指标都为正向指标，根据正向指标标准化公式计算，得到数据标准化表(图 8.34)，明显看出，经过处理后，$0 \leqslant P_{ij} \leqslant 1$。

	A	I	J	K
1		空间句法		
2	道路编号 identify	连接度	控制值	全局集成度
3	1	7.000	1.179	0.608
4	2	3.000	0.783	0.668
5	3	7.000	1.024	1.004
6	4	4.000	0.767	0.933
7	5	5.000	1.200	1.028
8	6	3.000	0.833	0.447
9	7	5.000	0.967	0.544
10	8	4.000	0.950	0.909
11	9	5.000	1.067	0.927
12	10	1.000	0.333	0.891
13	11	4.000	0.750	0.464
14	12	5.000	1.010	0.988
15	13	4.000	1.083	0.649
16	14	5.000	1.033	1.029
17	15	5.000	0.918	0.577
18	16	4.000	0.643	0.883
19	17	3.000	0.650	0.723
20	18	4.000	0.926	0.490
21	19	4.000	1.033	0.634
22	20	7.000	1.056	0.904
23	21	1.000	0.333	0.480
24	22	5.000	1.100	0.734
25	23	6.000	1.317	0.645

	A	I	J	K
1		空间句法		
2	道路编号	连接度	控制值	全局集成度
3	1	0.428571429	0.470251716	0.308490561
4	2	0.142857143	0.280320366	0.374265321
5	3	0.428571429	0.395881007	0.744262256
6	4	0.214285714	0.272311213	0.665720135
7	5	0.285714286	0.480549199	0.770681766
8	6	0.142857143	0.304347826	0.132133697
9	7	0.285714286	0.368421053	0.238134814
10	8	0.214285714	0.360411899	0.639395991
11	9	0.285714286	0.416475973	0.659327332
12	10	0	0.064073227	0.6191738
13	11	0.214285714	0.264302059	0.150459082
14	12	0.285714286	0.389016018	0.72607362
15	13	0.214285714	0.424485126	0.353651927
16	14	0.285714286	0.400457666	0.770838159
17	15	0.285714286	0.344965675	0.275346947
18	16	0.214285714	0.212814645	0.610689975
19	17	0.142857143	0.21624714	0.435115516
20	18	0.214285714	0.348970252	0.179738663
21	19	0.214285714	0.400457666	0.337953734
22	20	0.428571429	0.411136537	0.63405095
23	21	0	0.064073227	0.167951383
24	22	0.285714286	0.432494279	0.447672353
25	23	0.357142857	0.536613272	0.349630674

图 8.34　数据标准化

2. 求各指标的信息熵

根据信息论中信息熵的定义，一组数据的信息熵 $E_j = -\ln(n)^{-1}\sum_{i=1}^{n} p_{ij}\ln p_{ij}$。其中 $p_{ij} = Y_{ij} / \sum_{i=1}^{n} Y_{ij}$，如果 $p_{ij} = 0$，则定义 $\lim_{p_{ij}\to 0} p_{ij}\ln p_{ij} = 0$；可计算出三个指标各自的信息熵结果：连接度约为 0.988，控制值约为 0.994，全局集成度约为 0.985。

3. 确定各指标权重

根据信息熵的计算公式，计算出各个指标的信息熵为 $E_1, E_2, \cdots, E_k$。通过信息熵计算各指标的权重：$W_i = \dfrac{1-E_i}{k-\sum E_i}(i=1,2,\cdots,k)$。其结果为：连接度约为 0.366，控制值约为 0.181，全局集成度约为 0.453。

4. 分别计算各个评价对象的综合评价值

根据公式：$V_i = \sum_{j=1}^{n} W_j P_{ij}$，求得每一条街道的空间句法评价值，结果如图 8.35 所示。

道路编号	空间句法
1	0.24197942
2	0.102999722
3	0.228534101
4	0.12771237
5	0.191519869
6	0.107343594
7	0.171248465
8	0.143639902
9	0.179936209
10	0.01158366
11	0.126264412
12	0.174971784
13	0.155223561
14	0.177040294
15	0.167008018
16	0.116956114
17	0.091416062
18	0.141571391
19	0.150879689

图 8.35　空间句法计算结果

根据上述步骤，可分别求得一级指标的评价值[图 8.36(a)]，重复熵权法步骤，得到综合评价指数[图 8.36(b)]。连接到道路数据表上，根据分位数法进行分级，对街道活力指数进行可视化，结果如图 8.37 所示。

道路编号	功能	区位	道路自身属性	肌理	空间句法
1	0.002	0.096	0.033	0.231	0.242
2	0.264	0.292	0.124	0.123	0.103
3	0.140	0.014	0.237	0.169	0.229
4	0.150	0.060	0.261	0.262	0.128
5	0.226	0.008	0.045	0.154	0.192
6	0.150	0.157	0.045	0.200	0.107
7	0.161	0.382	0.080	0.123	0.171
8	0.000	0.026	0.156	0.123	0.144
9	0.150	0.177	0.037	0.308	0.180
10	0.232	0.054	0.185	0.000	0.012
11	0.002	0.170	0.224	0.015	0.126
12	0.310	0.241	0.086	0.138	0.175
13	0.007	0.163	0.162	0.062	0.155
14	0.232	0.005	0.313	0.108	0.177
15	0.112	0.165	0.296	0.077	0.167
16	0.150	0.206	0.195	0.015	0.117
17	0.271	0.083	0.262	0.385	0.091

(a)

identify	街道活力指数
1	0.091482919
2	0.26993299
3	0.185596257
4	0.216529489
5	0.146970459
6	0.161895618
7	0.245972537
8	0.088170334
9	0.18603659
10	0.177397404
11	0.143410105
12	0.268091686
13	0.129850911
14	0.235632909
15	0.225044248
16	0.206321691
17	0.288916798

(b)

图 8.36　一级指标评价结果

图 8.37 街道活力指数展示图

8.3 讨论与总结

实验主要分为数据预处理、综合评价指标体系构建、综合评价指标体系集成三个部分。在数据收集与预处理部分，主要是对道路数据进行筛选与拓扑检查，以此作为后续步骤的基础。在综合评价指标体系构建过程中，提出指标体系，采用不同的统计分析方法：空间句法、网络分析、近邻分析、叠加分析、数学建模等计算分指标，得到所有道路的 10 个二级指标值。根据指标体系的特点选取熵权法进行指标集成，计算得出每条道路的街道活力指数。

实验还存在一些值得改进的地方，例如，街道活力评价结果与实时街道人口密度的互相验证，实验者可通过开放 API 端口获取街道人口基于位置的服务(location based service, LBS)数据，获取每小时的平均人口数据，作为街道活力程度的验证指标。另外根据实验区特点可丰富指标体系，如坡度、距消费中心距离等。

实验九　耕地破碎化空间格局及其影响因素分析

9.1　实验概述

9.1.1　背景及目的

随着城市化发展，破碎化已经成为我国农业景观的显著特征之一，制约了多种生态服务的供给。在此背景下，对耕地破碎化的空间格局及其影响因素进行研究具有十分重要的意义。景观格局指数可以揭示景观空间格局的异质性等特征，因此本实验将借助景观格局指数，分别基于移动窗口和格网两个水平分析耕地破碎化空间格局特征。距城市主要道路的距离可以从侧面反映人类活动对环境的影响程度，因此可以用来表征城市化的强度对景观特征的影响。本实验将利用分位数回归分析来探究耕地破碎化空间格局及其影响因素之间的联系。通过本实验希望能够达到以下目的：①掌握景观格局指数的含义和用法；②掌握景观格局分析的方法；③理解景观格局分析尺度的意义；④掌握用 R 语言进行分位数回归分析。

9.1.2　数据说明

本实验所使用的数据存储于 data_exp9 文件夹中，包含的数据内容及其来源见表 9.1。

表 9.1　实验数据内容及其来源

数据类型	数据来源	数据内容	数据说明
土地利用数据	遥感影像	研究区耕地类型栅格数据	栅格数据，*.tif 格式
专题数据	土地利用图	研究区边界、主要道路	矢量格式，线、面数据

其中，土地利用栅格数据 landuse.tif 的像元大小为 90m×90m，像元值表示的土地类型如表 9.2 所示。

表 9.2　栅格数据 Value 与土地利用类型对照表

Value	土地利用类型
0	NoData
10	耕地
20	林地
30	草地
50	湿地
60	水体
80	建设用地
90	裸地

9.1.3　整体实验设计

本实验主要包括耕地破碎化空间格局分析和耕地破碎化影响因素分析两部分。具体而言，通过景观格局指数来定量描述空间格局特征，并分别基于移动窗口和格网两个水平进行分析，该过程在 Fragstats 4.2 软件中进行。

对于格网水平的耕地破碎化空间格局分析，首先要借助 ArcGIS 工具箱创建格网，然后以格网为单元提取土地利用栅格数据(即进行“按掩膜提取”分析)，最后利用 Fragstats 进行景观格局指数计算来评价耕地破碎化空间格局。

为了获得城市化影响因素指标，借助 ArcGIS 的距离分析工具计算各格网距道路的距离。然后以景观格局指数作为因变量，距道路的距离为自变量，利用 R 语言中的 quantreg 包进行分位数回归分析，以此来探究耕地破碎化空间格局及其影响因素。

本实验的整体流程如图 9.1 所示。

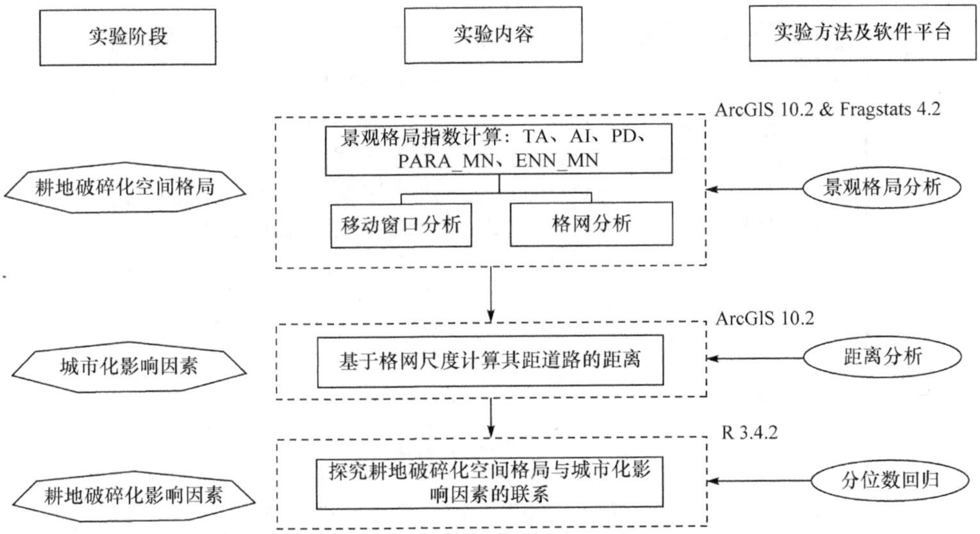

图 9.1　实验流程图

9.2　实 验 步 骤

9.2.1　耕地破碎化空间格局

1. 数据预处理

景观格局分析中有一个不可忽视的问题就是“尺度”，它通常以粒度和幅度来表达，详见《空间数据分析》6.3.1 节。

本实验首先对比不同粒度下分析结果的差异。以 1200m×1200m 大小的窗口对 90m×90m、150m×150m、600m×600m 三种分辨率的耕地栅格数据进行移动窗口分析。150m×150m 和 600m×600m 像元大小的数据可以通过本书提供的基础数据得到，操作方法是在 ArcGIS Desktop 中 landuse 图层上右键选择 Data→Export Data(图 9.2)，在窗口中的“Cell Size”里可以更改像元大小，选择输出的类型并保存数据，如图 9.3 所示。

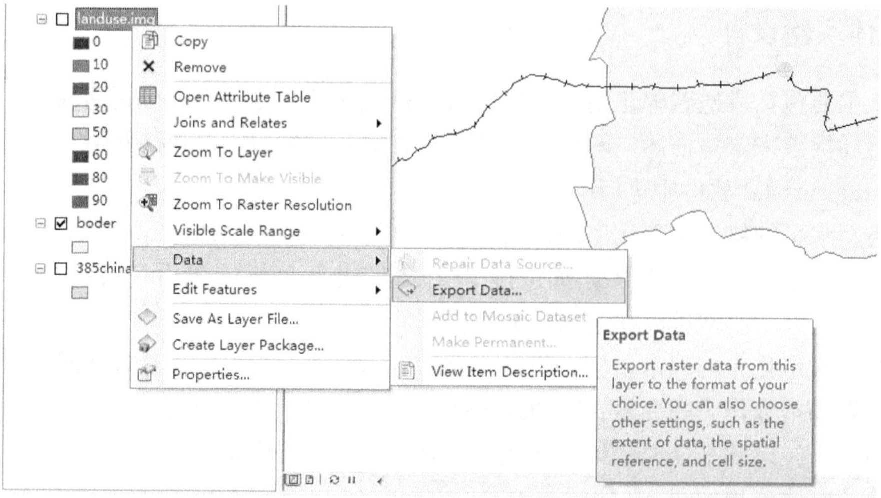

图 9.2　导出栅格数据

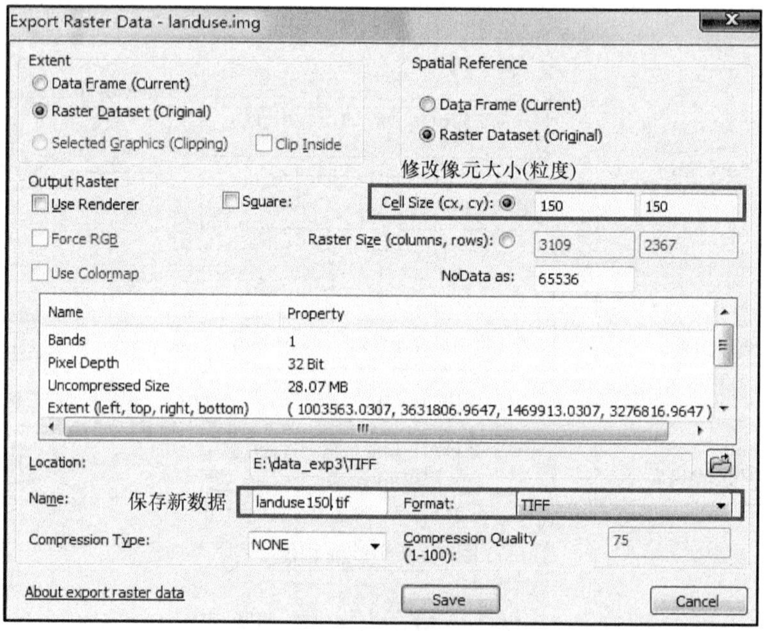

图 9.3　导出栅格数据属性设置

2. 移动窗口分析

基于已有的文献，本实验将计算的景观格局指数包括 TA、PARA_MN、ENN_MN、PD、AI(表 9.3)。下面介绍基于移动窗口计算景观指数的方法，对比不同粒度的土地利用栅格数据的结果差异，该过程在 Fragstats 4.2 软件中进行(图 9.4)。

表 9.3　景观格局指数及其生态含义

指标	名称	生态含义
total area (TA)	斑块面积	该指数与景观可持续性有关联
perimeter area ratio distribution (PARA_MN)	平均周长面积比分布	该指数可以表示形状分布，从一定程度可以反映人类活动对景观格局的干扰
Euclidean nearest neighbour distance (ENN_MN)	平均最邻近体欧氏距离	该指数表示相同类型斑块之间的相对距离，并且可以反映连通性

续表

指标	名称	生态含义
patch density (PD)	斑块密度	单位面积上的斑块数，该指数可以表示景观破碎化程度
aggregation index (AI)	聚合度指数	该指数可以反映城市化过程中的景观结构变化，对城市化进程中的可持续性具有指示作用

Fragstats 4.2 软件界面的简介如图 9.4 所示。

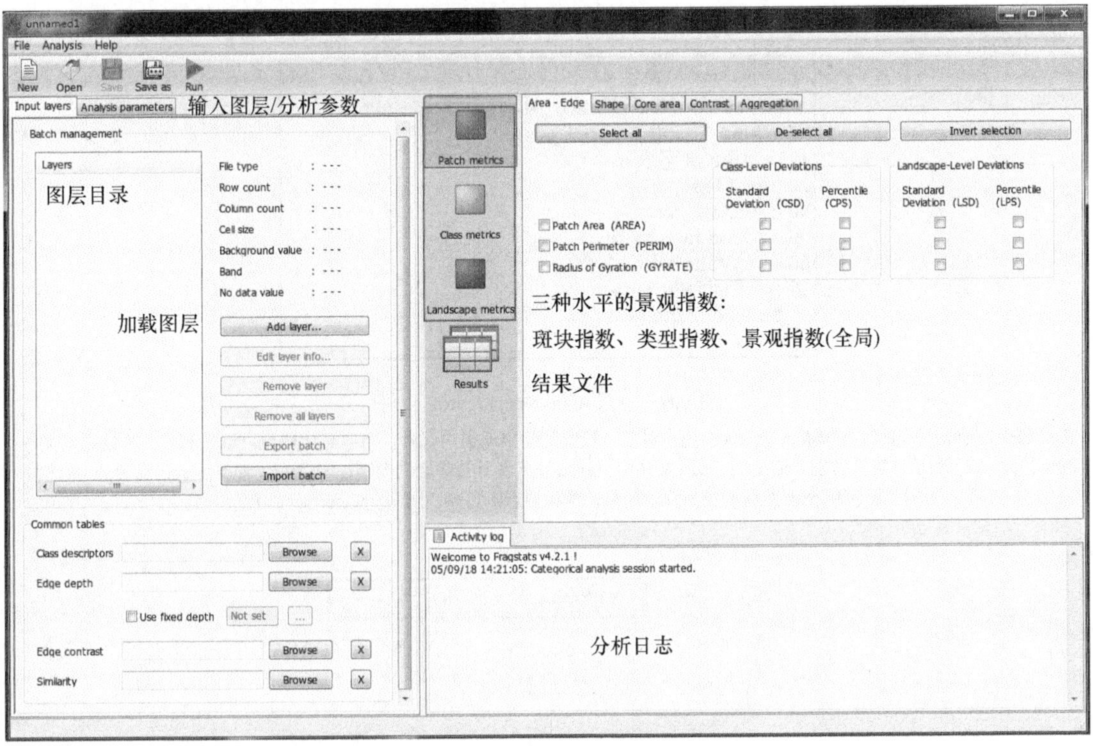

图 9.4　Fragstats 4.2 界面介绍

新建一个文件。在菜单栏上点击“New”或者在 File 下拉菜单选择“New”都可以新建一个工程文件，默认为 unnamed.fca。

导入数据。在 Input layers 窗口选择“Add layer...”，在弹出的对话框选择.tif 数据类型，在右边输入数据 landuse600.tif(图 9.5)。

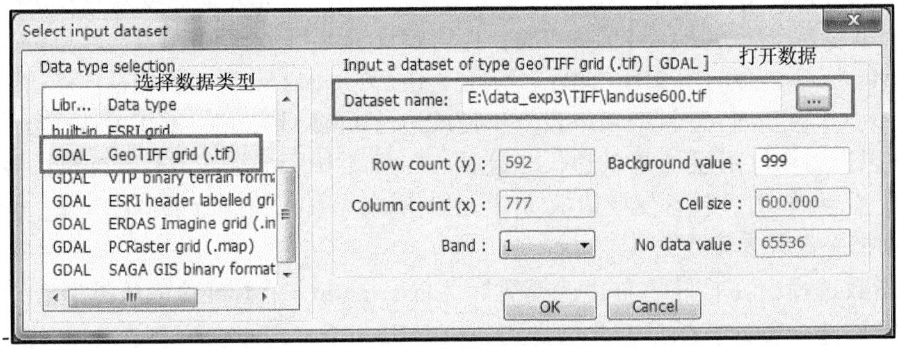

图 9.5　添加数据

创建类型描述文件。因为移动窗口分析的计算密集程度很高，所以大型景观的分析计算过程可能需要很长时间。另外，因为每个选定的景观指数都会产生一个单独的网格，所以在选择度量方面需要非常谨慎，特别是对类型级别(class level)的度量，要仔细考虑哪些地类需要关注。本实验只关注耕地类型的特征。要将移动窗口分析限制到耕地类型，需要创建类描述符表。

利用 Common tables 里面的 Class descriptor 来导入文件，Class descriptor 需要一个“.fcd”后缀的文件，可以自己编辑 TXT 文档来编写 Class descriptor 文件，文件内容如图 9.6 所示，注意将除了 cultivated 类别的 Enabled 参数设为“false”。然后，点击“Class descriptors Browse”导入创建好的“landuse.fcd”文件(图 9.7)。

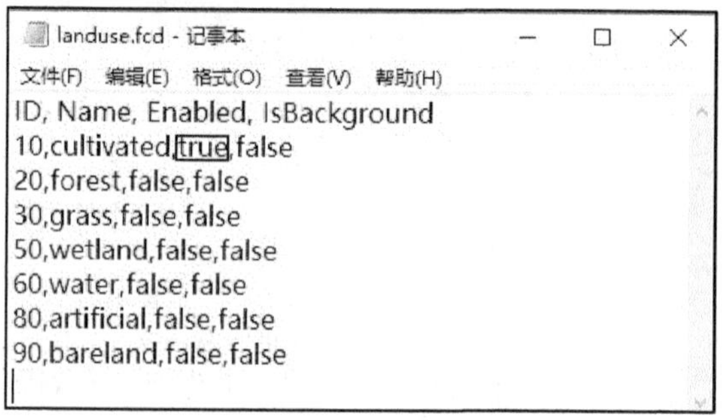

图 9.6　创建 Class descriptor 文件

ID：影像中地类对应的影像 Value；Name：用户可自行设置的输出地类的代号，可以是代码也可以是名称，最好是英文；Enabled：ture 或 t 表示计算该类别并输出到 result 文件中，false 或 f 表示忽略这个类别；IsBackground：ture(t)或者 false(f)对应是(否)把该类别重置为背景栅格，这将会影响许多 Landscape matrics 的值

图 9.7　导入 Class descriptor 文件

设置分析参数。单击用户界面左侧窗格上的分析参数选项卡“Analysis parameters”。这里可以选择邻域规则(4-邻域或 8-邻域)来设置分析窗口大小，并指定是否要对景观进行采样以分析子景观，并设置分析方法。对于本实验，保留默认的 8-邻域规则(图 9.8)。分析方法选择移动窗口法 Moving window(图 9.9)，此外，勾选类型指数 Class metrics 复选框，移动窗口的形状可以选择 Round 或 Square，同时可以设置半径或边长(即窗口大小)。本实验选择方形窗口，并输入 1200(以米为单位)作为方形的边长。最后，在窗口中保留边框/无数据的默认最大值 0%。将此选项设置为 0%时，包含任何边框(负单元格值)或无数据的窗口都将被忽略，焦点单元格值在输出网格中设置为无数据。

景观指数选择。在软件的右边选择图标 Class metircs，本实验将从类型级别计算景观指数。只需勾选想要计算的景观指数即可，这里以一个景观指数为例，在 Shape 选项卡下选择“Perimeter-Area Ratio (PARA_MN)”，如图 9.10 所示。请注意，这一分析可以对 Class

级别和 Landscape 级别同时进行计算，也可以选择其他指标，这样每个指数都将产生一个输出结果。

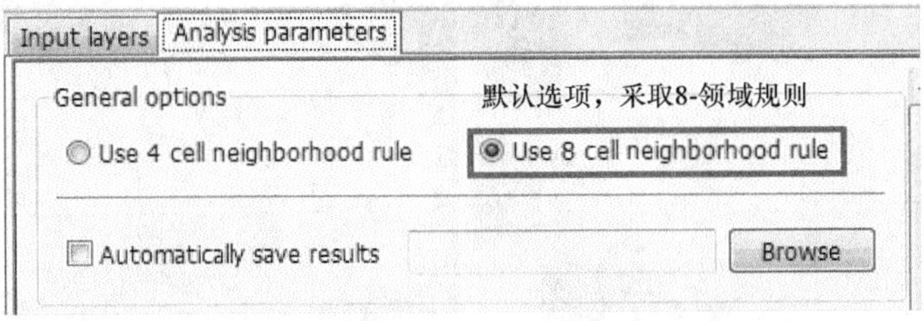

图 9.8　分析参数设置

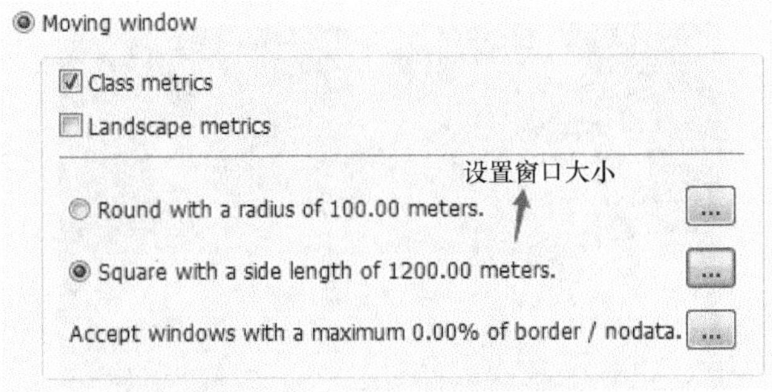

图 9.9　移动窗口分析设置

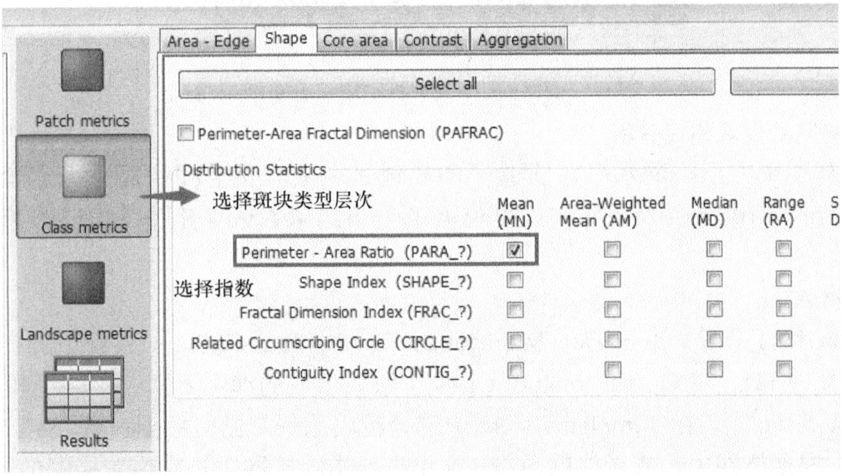

图 9.10　景观格局分析水平及景观指数选择

运行移动窗口分析。点击菜单栏的  即可运行分析模型。运行完成后可以在输入栅格的文件夹中查看结果，结果是与输入格网具有相同数据格式的格网。软件会在该目录下生成一个 “landuse600.tif_mw1” 文件夹(表示对 landuse600.tif 的第一个移动窗口分析)，文件夹中 “para_mn_10.tif” 就是对该栅格数据的 cultivated 地类的 Perimeter-Area Ratio 指数的移动窗口分析结果。类似地，可以对另外两种分辨率的栅格数据“landuse150.tif”“landuse90.tif”进行分析。结果如图 9.11 所示，可以看到对于三种不同分辨率的栅格图像，采用同一移动窗口对其进行景观指数分析的结果也不尽相同，捕捉到的细节特征存在明显的差异。

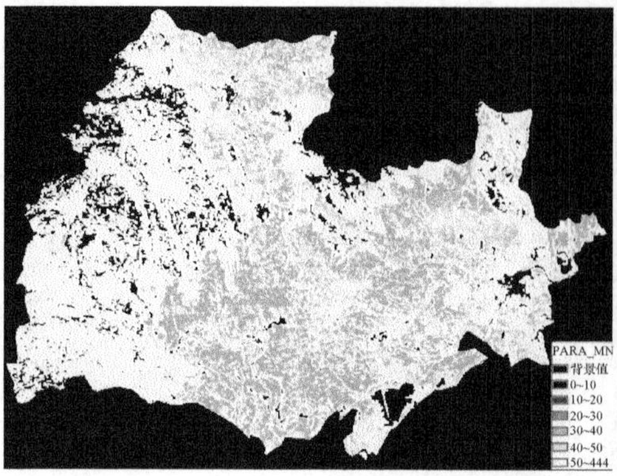

(a) 90m×90m

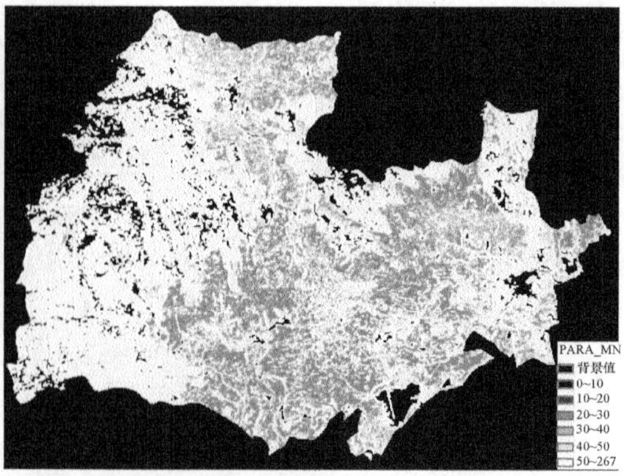

(b) 150m×150m

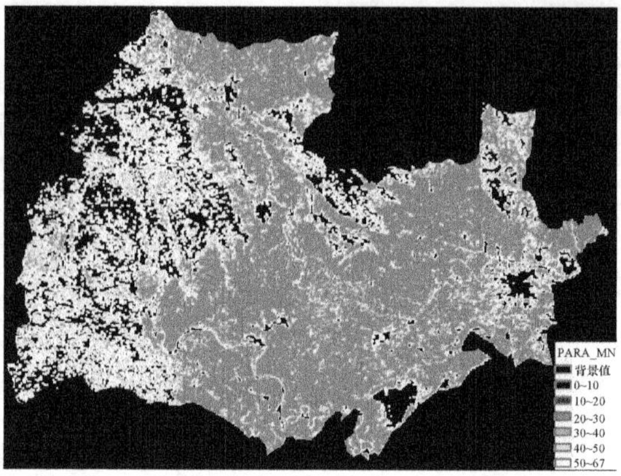

(c) 600m×600m

图 9.11　三种分辨率数据移动窗口分析结果对比

3. 基于格网的景观格局分析

下面将基于正方形格网水平对实验区的耕地景观破碎化空间格局进行定量分析，通过对比 5km×5km 和 10km×10km 两种尺度格网的分析结果，使读者进一步理解景观格局分析的尺度效应。

1) 创建格网

打开 ArcGIS 工具箱，点击 Data Management Tools→Feature Class→Create Fishnet，打开创建渔网工具(图 9.12)。在 Output Feature Class 中输入生成的渔网要素存储路径和名称(这里命名为“fishnet_5.shp”)，在 Template Extent 中选择输出范围与栅格数据一致。定义格网大小的方法有两种：根据格网边长或者格网数量，这里选择指定格网边长来设置格网的大小，在 Cell Size Width 和 Cell Size Height 中输入“5000”，即 5km，最后设置输出格网的几何类型为面 POLYGON(另一个选项是线 POLYLINE)。点击“OK”，即可创建像元大小为 5km×5km 的格网，生成的渔网坐标系统与输入的栅格数据一致。

由于生成的格网范围是栅格数据的最小外界矩形的范围[图 9.13(a)]，为了得到与研究区相同边界的格网，可以利用选择工具进行操作，具体方法为：在菜单栏选择 Selection→Select By Location(图 9.14)，目标图层(Target Layer)为上一步创建的渔网“fishnet_5”图层，源图层(Source Layer)为“border”图层，选择方法为与源图层要素相交(Intersect the source layer feature)，导出所选要素后即可得到与研究区相同范围的格网数据[图 9.13(b)]，命名为“grid_5km.shp”。

同理将格网边长设为 10000m，即可得到 10km×10km 的格网。

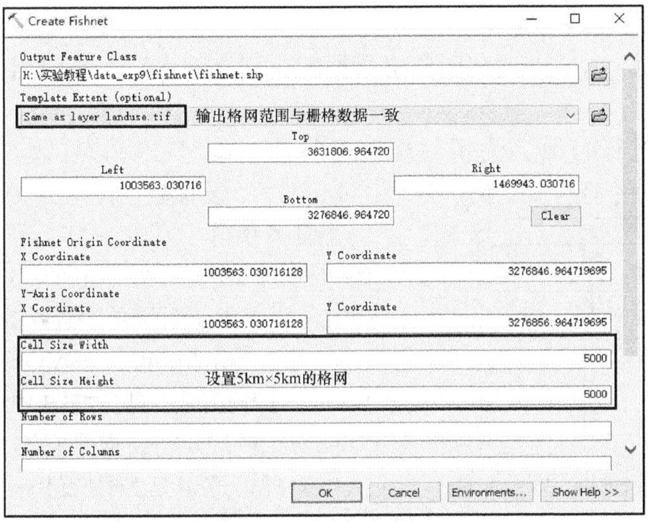

图 9.12　创建渔网

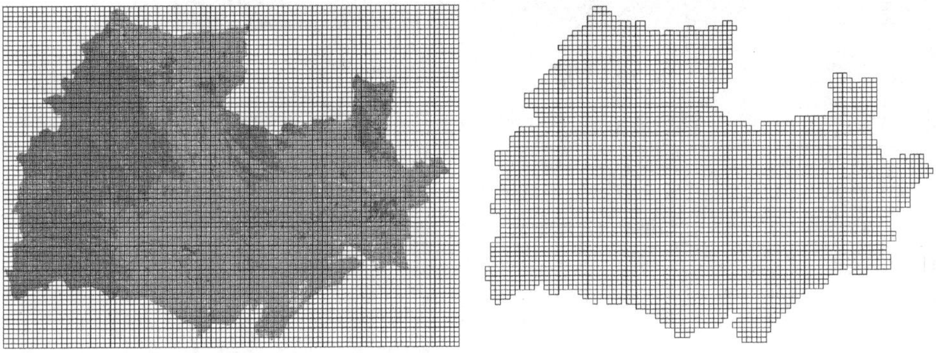

(a)　　(b)

图 9.13　生成的格网

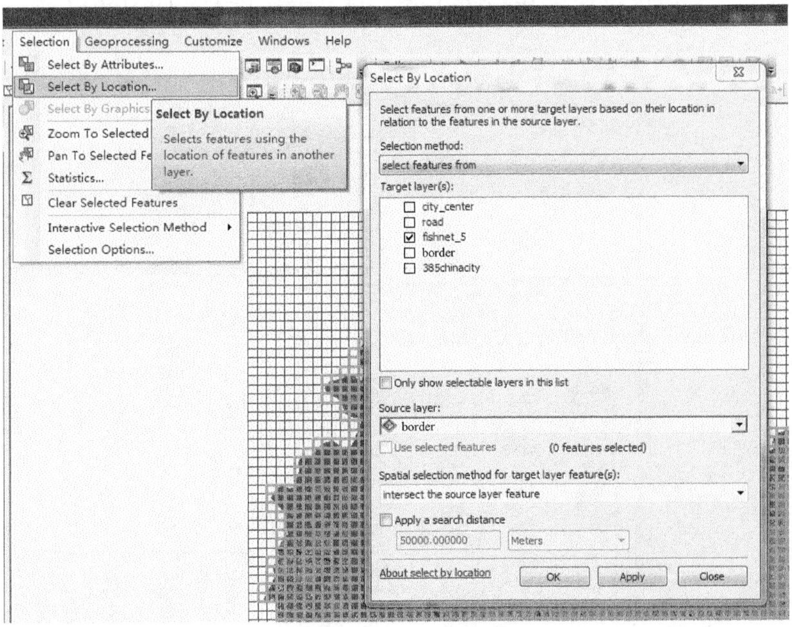

图 9.14　按位置选择

2) 基于格网水平栅格数据获取

接下来要将研究区内的土地利用栅格数据转化到格网水平上，即相当于对栅格数据进行分割。

首先要将格网进行打散，为了对格网进行统一编号，可以在属性表中添加一个字段“Grid_ID”，设置数据类型为文本(Text)，利用字段计算器让其值等于“FID+1”，可以对各要素从 1 开始编号(图 9.15)。另外，也令“Id”字段(短整型)等于“FID+1”，用于后续的表连接操作。

FID	Shape *	Id	Grid_ID
0	Polygon	0	1
1	Polygon	0	2
2	Polygon	0	3
3	Polygon	0	4
4	Polygon	0	5
5	Polygon	0	6
6	Polygon	0	7
7	Polygon	0	8
8	Polygon	0	9
9	Polygon	0	10

图 9.15　对格网各要素进行统一编号

点击 ArcToolbox→Analysis Tools→Extract→Split，打开分割工具，如图 9.16 所示，输入要素为“fishnet_5”，分割要素是它本身，分割字段要求是文本类型，这也是为什么上一步中要将“Grid_ID”字段类型设为文本类型。指定一个输出结果的存储位置(Target Workspace)，点击“OK”。

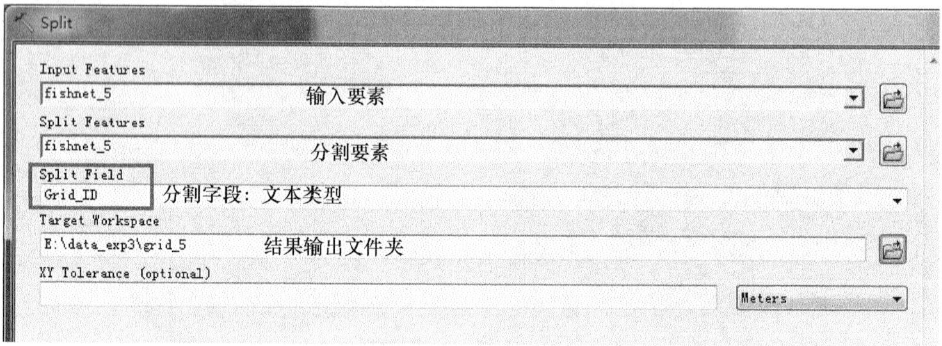

图 9.16　格网分割

输出结果以分割字段进行命名并存储在指定的工作空间里，如图 9.17 所示，一共有 3957 个格网。

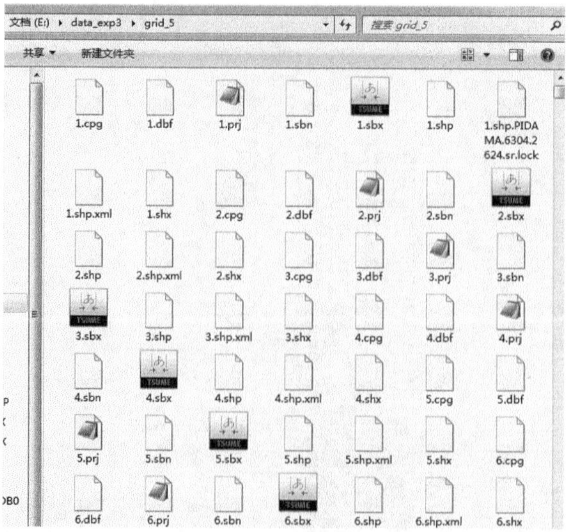

图 9.17　格网分割结果

最后基于格网提取栅格数据，所用的工具为“按掩膜提取”，点击 ArcToolbox→Spatial Analyst Tools→Extraction→Extract by Mask，如图 9.18 所示，输入栅格数据“landuse.tif”，在第二栏输入用于提取栅格的范围矢量数据，指定输出路径，点击“OK”即可。

由于数据量比较大，可以采取批量处理的方式，下面介绍两种方法。

(1) 方法一：工具的“批处理”功能。

ArcGIS 的所有工具都提供批处理，在该工具右键选择 Batch…(图 9.19)，打开对话框便可以看到，与“Extract by Mask”参数是一样的，可以利用 Excel 编辑好，然后复制过来(图 9.20)。此处需要注意，如果要复制 10 行数据，需要在批处理面板中先选中 10 行，右键单击，选择 Paste，即可设置好所有的参数，最后点击“OK”即可批量进行该工具分析。

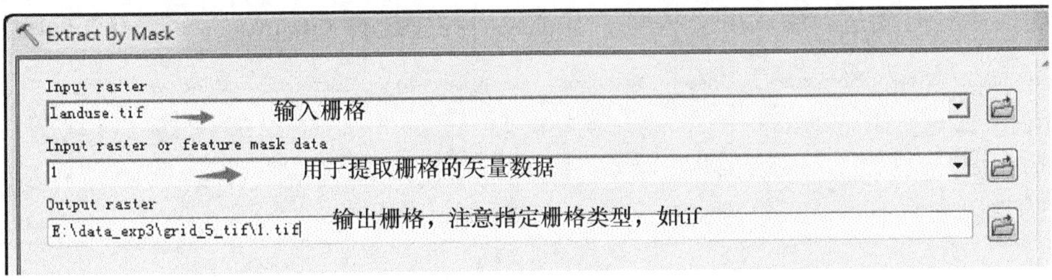

图 9.18　按掩膜提取

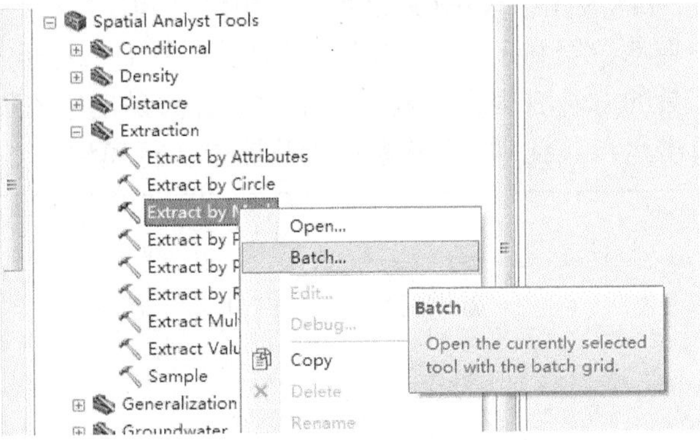

图 9.19　批处理

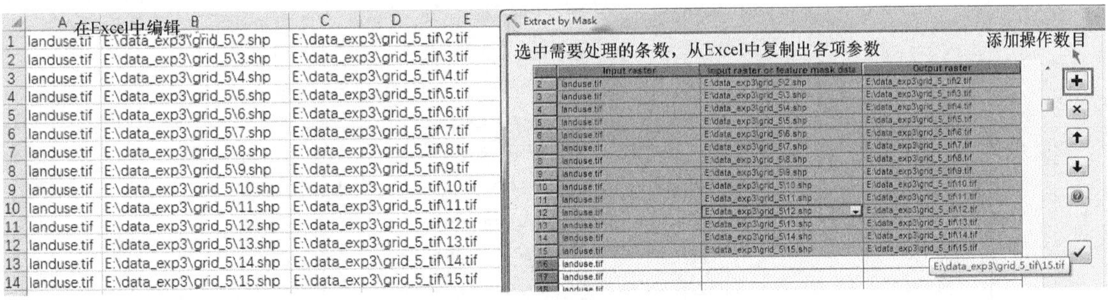

图 9.20　按掩膜提取批处理操作

(2) 方法二：模型构建器。

由于本实验需要处理 3000 多条数据，用工具的批处理也显得有些吃力。模型构建器是一个用来创建、编辑和管理模型的应用程序。模型是将一系列地理处理工具串联在一起的工作流，它将其中一个工具的输出作为另一个工具的输入。也可以将模型构建器看成是用于构建工作流的可视化编程语言。

迭代是指以一定的自动化程度多次重复某个过程，通常又称为循环。在模型构建器中进行迭代时，可以在每次迭代中使用不同的设置和数据来反复执行同一个过程。模型构建器中的迭代操作还具有灵活性，用户可以迭代整个模型，或只是重复执行单个工具或过程。本实验其实就是 3000 多个要素对栅格数据进行掩膜提取的重复操作过程，因此迭代可以节省执行这项任务所需的时间和精力。有关模型构建器的原理和使用方法在 ArcGIS 10.2 Help 中有详细介绍。

打开模型构建器的方式有三种：①单击 ArcMap 标准工具条上的“模型构建器”工具(图 9.21)；②在目录或 ArcToolbox 窗口中，右键单击某个现有工具箱或工具集，然后选择新建→模型，将在模型构建器中打开要进行编辑的新模型；③在菜单栏中选择 Geoprocessing→Model Builder。

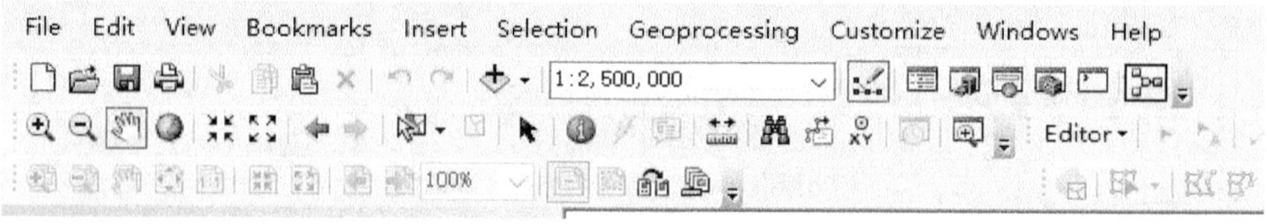

图 9.21　从工具条中打开模型构建器

模型构建器的界面(也称为画布)如图 9.22 所示，用模型构建器执行工具的主要步骤是：通过从目录或搜索窗口中拖动数据和工具，或使用添加按钮 将数据和工具添加到模型构建器画布。将数据连接到工具的方法有很多，其中一个常规方法是使用添加连接工具 。将数据连接到工具后，通过单击运行按钮 可从模型构建器中执行模型。

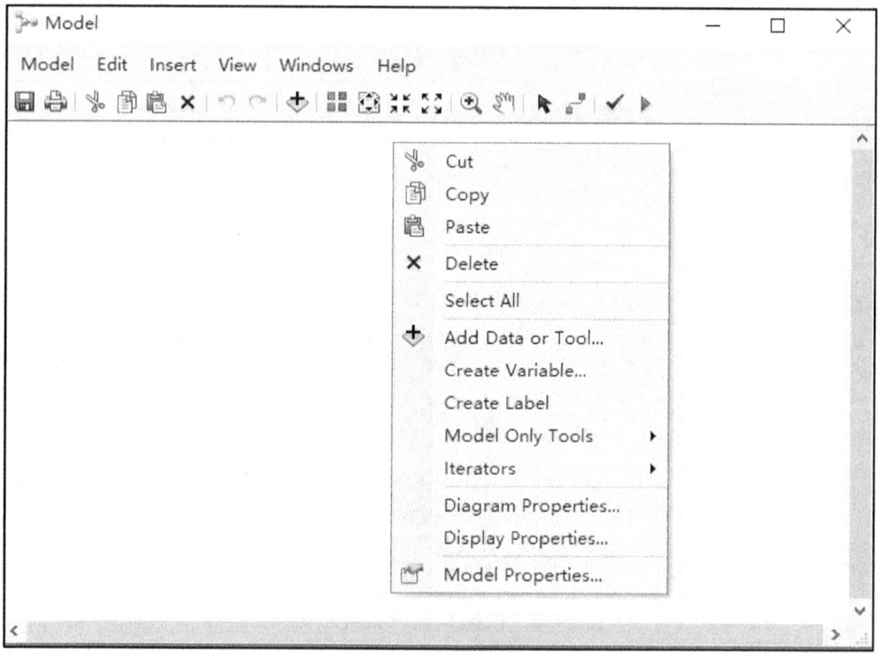

图 9.22　模型构建器的界面

将 Extract by Mask 工具拖动到模型构建器画布的空白区域(图 9.23)，这样便可将工具和输出数据变量添加到模型中。输出变量将通过连接符连接到工具。工具和输出数据均为空(即没有颜色)，这是由于尚未指定任何工具参数。

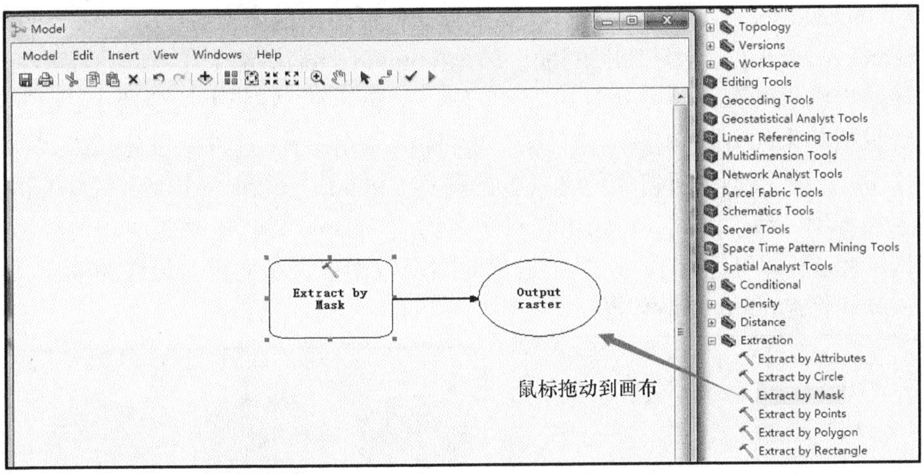

图 9.23　将工具拖动到模型构建器中

由于要对多个要素进行重复多次操作，需要借助迭代器(iterator)迭代要素类，本例用到的是 Iterate Feature Classes，它可以迭代工作空间或要素数据集中的所有要素类。在工具栏上选择 Insert→Iterators→Feature Class 将其添加到画布中。

Iterate Feature Classes 需要一个输入工作空间来存储所有需要迭代的要素类。在 Iterate Feature Classes 上单击右键，点击 Make Variable→From Parameter→Workspace or Feature Dataset(图 9.24)，在 Workspace or Feature Dataset 上右键选择 Open(图 9.25)，导入上一步分割分析得到的所有格网的文件夹(E:\data_exp3\grid_5)。该迭代器有两个输出变量：输出要素类与要素类名称。输出要素类可以连接到下一个工具以执行处理，并且名称变量可以用于行内变量替换。例如，如果 Extract by Mask 工具被添加到模型上，并且 Feature Class 变量连接到了工具上，那么工作空间中的每个要素类都将进行“按掩膜提取”分析。

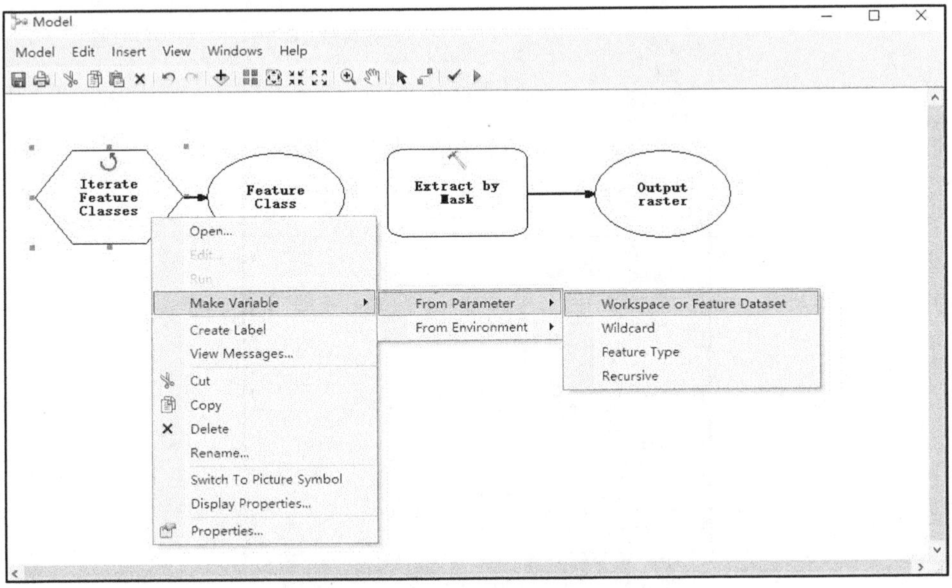

图 9.24　为迭代要素类添加输入变量

为工具指定输入输出参数。将“landuse.tif”数据拖到画布中，并用连接工具将其连接到工具上，作为“Input raster”，如图 9.25 所示。要素类迭代器输出的要素类(Feature Class)作为 Input raster or feature mask data。对于工具的输出结果(output raster)指定工作空间，在其上右键选择 Open，选择输出结果的存储路径并对其命名。值得注意的是，在模型构建器中，可通过以百分号将替换变量括起来的方式，用一个变量的内容替换另一变量，这种变量替换方式称为行内变量替换。这里，要将模型中所使用的迭代器的名称“Name”输出用作行内变量使得输出结果名称与输入的要素一致。因此，将输出栅格命名为“%Name%.tif”。最终构建的模型如图 9.26 所示。点击“Run”即可运行(图 9.27)，运行时间视数据量大小而定。最终在输出文件夹中将得到以 1～3957 命名的 tif 栅格数据。

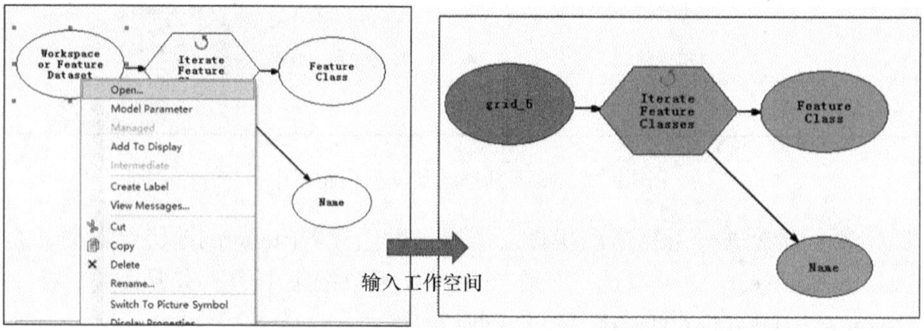

图 9.25　设置迭代要素类输入变量的工作空间

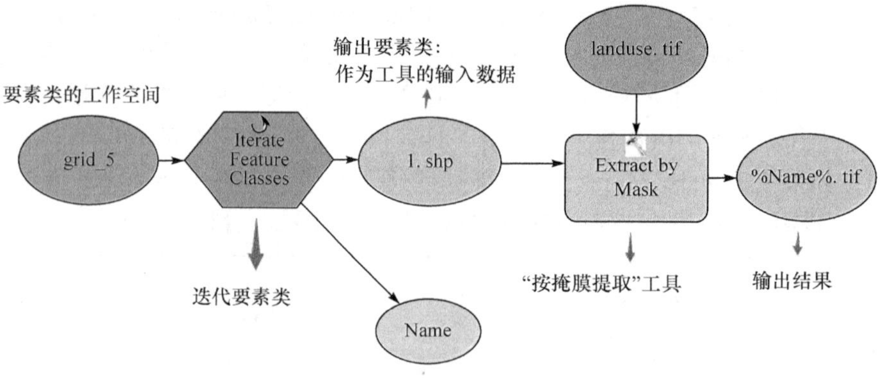

图 9.26　“按掩膜提取”模型构建器

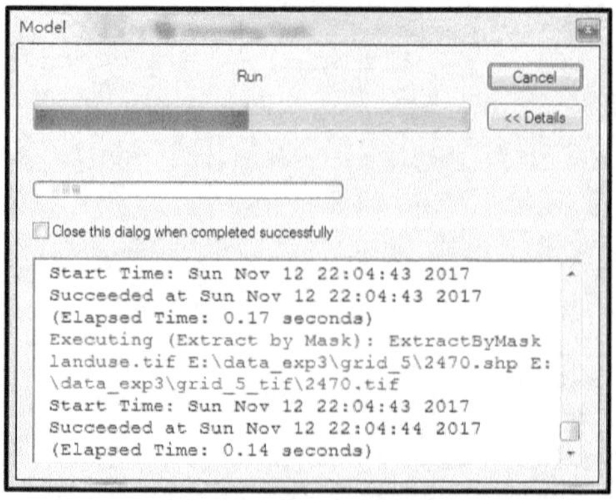

图 9.27　“按掩膜提取”模型运行过程

3) 景观格局指数计算

以上已得到了基于格网水平的栅格数据，接下来将在 Fragstats 4.2 软件中计算耕地破碎化景观格局指数。基本操作与移动窗口分析类似。

打开 Fragstats 4.2 软件，在菜单栏上点击“New”新建一个工作文件。

创建批量导入数据文件。在移动窗口分析中已介绍了选择 Add layer 来添加图层数据的方法，然而本节需要计算的数据有 3957 条，如果一条一条地添加需要耗费大量的时间。Fragstats 4.2 有批量导入数据的功能。首先，手动添加一条数据如“1.tif”，然后点击 Batch management 窗口中的 Export batch，对其命名，此时会得到一个“.fbt”文件。然后，打开 Excel，选择“数据→自文本”，打开刚刚得到的“.fbt”文件，原始数据类型选择“分隔符号”(图 9.28)。可以看到该文件共包含 8 列(图 9.29)，依次分别表示完整路径、像元大小、默认背景值、行数、列数、波段数、NoData 值、数据类型。可知，需要导入的数据文件除了路径不同之外，其他参数都一致，因此，对于第一列直接下拉得到 3957 条路径，后面的七列直接复制即可(图 9.30)。最后将 Excel 表另存为.csv 格式的文件。

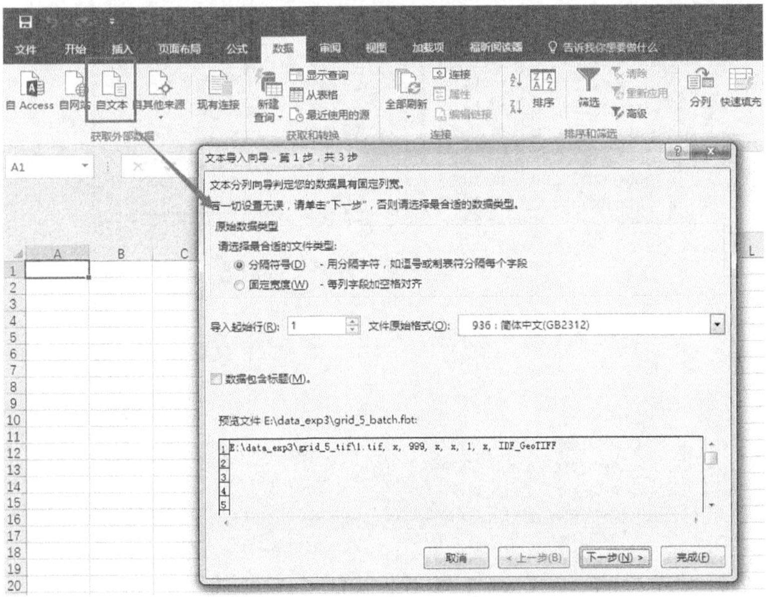

图 9.28　利用 Excel 打开“.fbt”文件

E:\data_exp3\grid_5_tif\1.tif	x	999	x	x	1	x	IDF_GeoTIFF

图 9.29　批量处理的文件格式

批量导入数据。在 Batch management 中点击 Import batch，选择上一步保存的.csv 文件，即可批量将所有的栅格数据添加进来(图 9.31)。

计算景观格局指数(图 9.32)。在 Analysis paraments→Sampling strategy 选择 No sampling 方法，本例是对耕地景观进行分析，属于类型水平，因此勾选 Class metrics。然后在右边指数选择窗口勾选表 9.3 列出的指数。点击“Run”图标即可开始运行计算。

查看景观格局指数计算结果。景观格局指数计算完成后可以在 Activity log 看到结果日志(图 9.33)。可以点击右边景观格局指数计算窗口的“Results”查看结果(图 9.34)，Fragstats 输出结果一般默认输出的地类都是以“cls_影像中的地类对应的值”命名，如“cls_10”。也可以在自动存储的文件夹中查看，软件生成一个文件“grid_5.class”，可以用记事本打开。同理，也可以用 Excel 处理，与创建批处理的.csv 文件类似，“自文本”导入景观格局指数计算结果文件，使用逗号分隔数据(图 9.35)。

图 9.30　创建输入数据文件内容

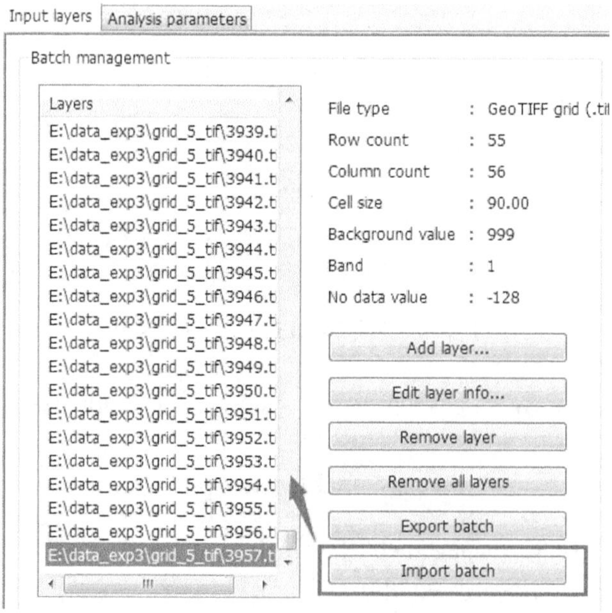

图 9.31　批量导入栅格数据图层

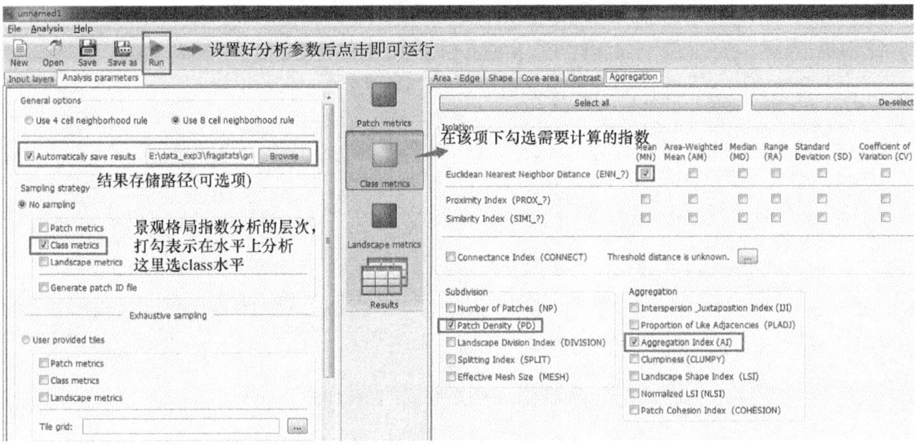

图 9.32　景观格局指数计算参数设置

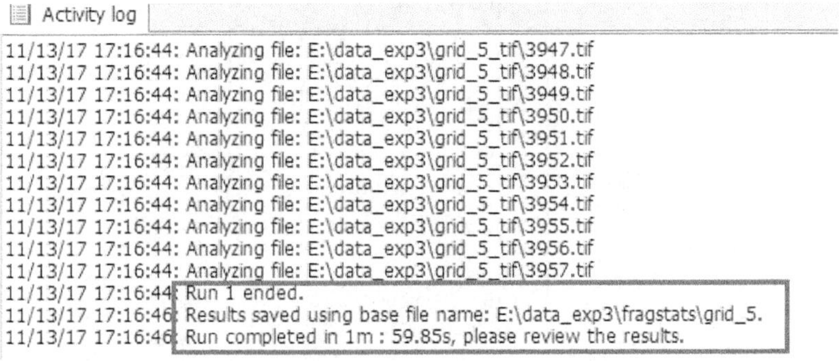

图 9.33　景观格局指数计算完成

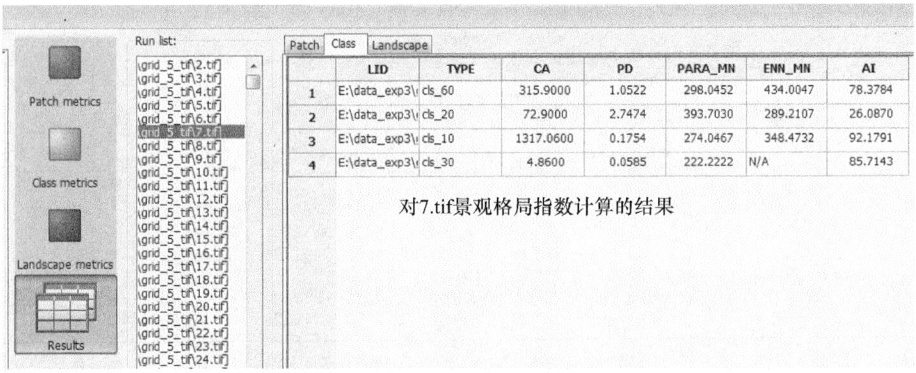

图 9.34　景观格局指数计算结果查看

在将计算结果导入 ArcGIS 之前要对结果文件进行处理。为了后面使用表连接将景观格局指数计算结果添加到原格网图层中，要求有与格网标示字段“Grid_ID”一致的标识码。因此，对数据进行清洗使得每条数据的命名如图 9.36 的第二列所示。同时对“TYPE”列进行筛选，选中该列，点击 Excel 工具栏的“排序与筛选→筛选”，只保留“cls_10”项，即耕地的计算结果。另外，有些景观指数的计算结果可能存在“N/A”，这里将其统一用“0”代替。最终得到的表如图 9.37 所示。将其另存为.xls 或.csv 文件用于连接到 ArcGIS 图层中。

	A	B	C	D	E	F	G
1	LID	TYPE	CA	PD	PARA_MN	ENN_MN	AI
2	E:\data_exp3\grid_5_tif\2.tif	cls_20	0.81	123.4568	444.4444	N/A	N/A
3	E:\data_exp3\grid_5_tif\3.tif	cls_60	114.21	0.7541	244.0797	771.4286	78.6822
4	E:\data_exp3\grid_5_tif\3.tif	cls_10	559.71	0.4309	287.7399	185.3115	85.4778
5	E:\data_exp3\grid_5_tif\3.tif	cls_20	154.71	5.2787	410.9241	248.5596	57.9096
6	E:\data_exp3\grid_5_tif\3.tif	cls_30	27.54	1.185	387.2054	332.3132	41.0714
7	E:\data_exp3\grid_5_tif\3.tif	cls_80	72.09	0.3232	149.743	1084.1558	81.761
8	E:\data_exp3\grid_5_tif\4.tif	cls_60	19.44	1.1122	303.7037	2188.2546	76.3158
9	E:\data_exp3\grid_5_tif\4.tif	cls_20	127.17	3.3367	363.2586	205.4982	67.0139
10	E:\data_exp3\grid_5_tif\4.tif	cls_30	123.12	4.4489	317.5036	183.541	62.0072
11	E:\data_exp3\grid_5_tif\5.tif	cls_30	24.3	2.7743	234.127	1352.9967	81.6327
12	E:\data_exp3\grid_5_tif\5.tif	cls_60	14.58	4.1615	289.2416	671.6504	81.4815
13	E:\data_exp3\grid_5_tif\5.tif	cls_20	33.21	4.1615	286.9536	210	81.1594

图 9.35　景观格局指数计算结果导入 Excel

A	B	C	D	E	F	G	H
LID	frg_id	TYPE	CA	PD	PARA_MN	ENN_MN	AI
E:\data_exp3\grid_5_tif\2.tif	2	cls_20	0.81	123.4568	444.4444	N/A	N/A
E:\data_exp3\grid_5_tif\3.tif	3	cls_60	114.21	0.7541	244.0797	771.4286	78.6822
E:\data_exp3\grid_5_tif\3.tif	3	cls_10	559.71	0.4309	287.7399	185.3115	85.4778
E:\data_exp3\grid_5_tif\3.tif	3	cls_20	154.71	5.2787	410.9241	248.5596	57.9096
E:\data_exp3\grid_5_tif\3.tif	3	cls_30	27.54	1.185	387.2054	332.3132	41.0714
E:\data_exp3\grid_5_tif\3.tif	3	cls_80	72.09	0.3232	149.743	1084.1558	81.761
E:\data_exp3\grid_5_tif\4.tif	4	cls_60	19.44	1.1122	303.7037	2188.2546	76.3158
E:\data_exp3\grid_5_tif\4.tif	4	cls_20	127.17	3.3367	363.2586	205.4982	67.0139
E:\data_exp3\grid_5_tif\4.tif	4	cls_30	123.12	4.4489	317.5036	183.541	62.0072
E:\data_exp3\grid_5_tif\5.tif	5	cls_30	24.3	2.7743	234.127	1352.9967	81.6327
E:\data_exp3\grid_5_tif\5.tif	5	cls_60	14.58	4.1615	289.2416	671.6504	81.4815
E:\data_exp3\grid_5_tif\5.tif	5	cls_20	33.21	4.1615	286.9536	210	81.1594
E:\data_exp3\grid_5_tif\6.tif	6	cls_60	40.5	0.8398	106.6667	N/A	89.4118
E:\data_exp3\grid_5_tif\6.tif	6	cls_20	4.05	4.1992	444.4444	404.1374	0
E:\data_exp3\grid_5_tif\6.tif	6	cls_10	74.52	0.8398	89.372	N/A	89.6341
E:\data_exp3\grid_5_tif\7.tif	7	cls_60	315.9	1.0522	298.0452	434.0047	78.3784
E:\data_exp3\grid_5_tif\7.tif	7	cls_20	72.9	2.7474	393.703	289.2107	26.087
E:\data_exp3\grid_5_tif\7.tif	7	cls_10	1317.06	0.1754	274.0467	348.4732	92.1791
E:\data_exp3\grid_5_tif\7.tif	7	cls_30	4.86	0.0585	222.2222	N/A	85.7143
E:\data_exp3\grid_5_tif\8.tif	8	cls_60	35.64	4.9631	332.5836	269.2137	56.7568
E:\data_exp3\grid_5_tif\8.tif	8	cls_10	121.5	1.2408	273.6764	180	83.2727
E:\data_exp3\grid_5_tif\8.tif	8	cls_30	2.43	1.2408	388.8889	180	50
E:\data_exp3\grid_5_tif\8.tif	8	cls_20	1.62	1.2408	444.4444	201.2461	0

图 9.36　景观格局指数计算结果导入 Excel

唯一码　　景观指数

A	B	C	D	E	F	G
frg_id	TYPE	CA	PD	PARA_MN	ENN_MN	AI
3	cls_10	559.71	0.4309	287.7399	185.3115	85.4778
6	cls_10	74.52	0.8398	89.372	0	89.6341
7	cls_10	1317.06	0.1754	274.0467	348.4732	92.1791
8	cls_10	121.5	1.2408	273.6764	180	83.2727
9	cls_10	721.71	0.1194	36.1641	0	95.0639
10	cls_10	1215.81	0.1748	211.8094	477.8115	94.4596
11	cls_10	673.92	0.1094	67.6405	2133.589	88.4807
12	cls_10	724.95	0.0787	86.1007	2495.776	86.763
13	cls_10	435.78	0.0426	53.2838	0	92.0311
14	cls_10	656.1	0.2661	191.4976	284.605	91.4267
15	cls_10	144.99	1.5562	203.2768	204.8528	89.426
16	cls_10	1899.45	0.163	238.6285	315.9454	92.2708
17	cls_10	1832.22	0.1356	128.3956	201.2461	96.1156
18	cls_10	831.06	0.2297	56.0128	270	98.2889
19	cls_10	1709.91	0.0482	29.6858	0	95.3995
20	cls_10	1467.72	0.1968	291.181	192.7477	92.1142

图 9.37　景观格局指数计算结果整理

在 ArcGIS 中添加表“grid_5.xls”，在 5km 格网数据“grid_5km.shp”图层上右键选择 Joins and Relates→Join，通过 ID 字段与表“grid_5.xls”的“frg_id”字段进行连接，这样就能将景观指数结果连接到格网数据上(图 9.38)。

重新导出格网图层(命名为“grid_5.shp”)即可得到包含景观指数的格网数据，且景观指数中所有<null>数据将自动转换为 0，“TYPE”字段的<null>为空值，这些代表此单元格中没有

Table

将景观指数结果表内容连接过来

grid_5km

FID	Shape	Id	Grid_ID	frg_id	TYPE	CA	PD	PARA_MN	ENN_MN	AI
0	Polygon	1	1	<Null>	<Null>	<Null>	<Null>	<Null>	<Null>	<Null
1	Polygon	2	2	<Null>	<Null>	<Null>	<Null>	<Null>	<Null>	<Null
2	Polygon	3	3	3	cls_10	559.71	.43090	287.7399	185.3115	85.4
3	Polygon	4	4	<Null>	<Null>	<Null>	<Null>	<Null>	<Null>	<Null
4	Polygon	5	5	<Null>	<Null>	<Null>	<Null>	<Null>	<Null>	<Null
5	Polygon	6	6	6	cls_10	74.52	.83980	89.372	0	89.6
6	Polygon	7	7	7	cls_10	1317.06	.1754	274.0467	348.4732	92.1
7	Polygon	8	8	8	cls_10	121.5	1.2408	273.6764	180	83.2
8	Polygon	9	9	9	cls_10	721.71	.11940	36.1641	0	95.0
9	Polygon	10	10	10	cls_10	1215.81	.17480	211.8094	477.8115	94.4
10	Polygon	11	11	11	cls_10	673.92	.1094	67.6405	2133.5885	88.4
11	Polygon	12	12	12	cls_10	724.95	.07870	86.1007	2495.7764	86.7
12	Polygon	13	13	13	cls_10	435.78	.04260	53.2838	0	92.0

5 (0 out of 3957 Selected)

grid_5km

图 9.38　将景观格局指数计算结果连接到格网图层

耕地类型的数据，如图 9.39 所示。可以对各景观指数进行可视化，如图 9.40 所示。从耕地景观的斑块面积(CA)的空间分布格局，可以看出研究区大块的耕地主要分布在中部、东部地区，西部耕地较少。

Table

grid_5

FID	Shape *	Id	Grid_ID	frg_id	TYPE	CA	PD	PARA_MN	ENN_MN	AI
0	Polygon	1	1	0		0	0	0	0	0
1	Polygon	2	2	0		0	0	0	0	0
2	Polygon	3	3	3	cls_10	559.71	.430900	287.7399	185.3115	85.4778
3	Polygon	4	4	0		0	0	0	0	0
4	Polygon	5	5	0		0	0	0	0	0
5	Polygon	6	6	6	cls_10	74.52	.839800	89.372	0	89.6341
6	Polygon	7	7	7	cls_10	1317.06	.1754	274.0467	348.4732	92.1791
7	Polygon	8	8	8	cls_10	121.5	1.2408	273.6764	180	83.2727
8	Polygon	9	9	9	cls_10	721.71	.119400	36.1641	0	95.0639
9	Polygon	10	10	10	cls_10	1215.81	.174800	211.8094	477.8115	94.4596
10	Polygon	11	11	11	cls_10	673.92	.1094	67.6405	2133.5885	88.4807
11	Polygon	12	12	12	cls_10	724.95	.078700	86.1007	2495.7764	86.763
12	Polygon	13	13	13	cls_10	435.78	.042600	53.2838	0	92.0311

1 (0 out of 3957 Selected)

grid_5km grid_5

图 9.39　导出数据，得到包含景观指数的格网数据

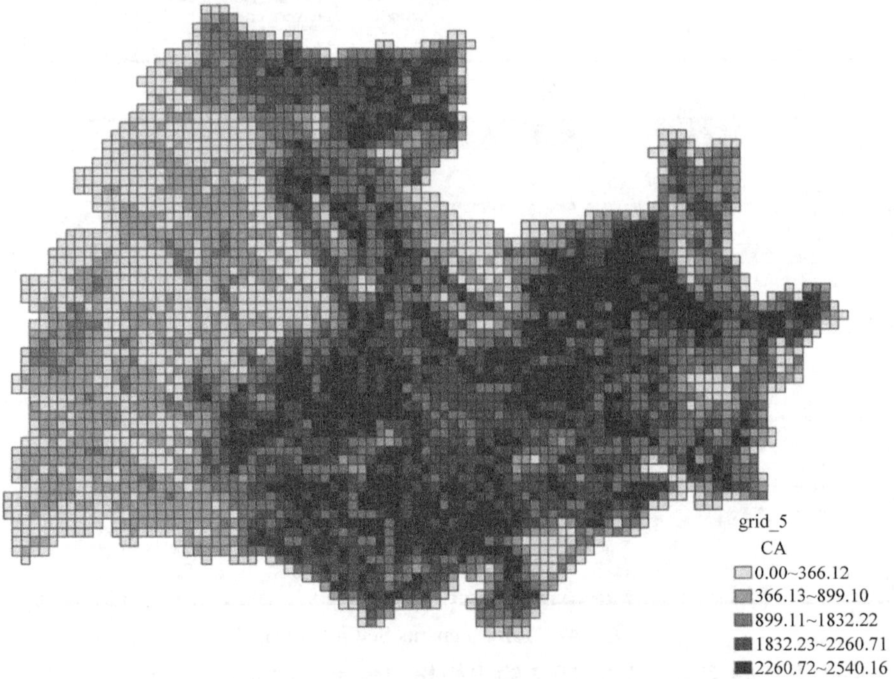

图 9.40　5km×5km 格网水平下耕地景观斑块面积(CA)空间格局

9.2.2　城市化影响因素

在 9.2.1 节中我们介绍了可以用“距道路的距离”来表示城市化影响因素。为了得到每个格网到道路的距离，本实验将借助 ArcGIS 的距离分析模块——欧氏距离给出栅格中每个像元到最近源的距离。

点击 ArcToolbox→Spatial Analyst Tools→Distance→Euclidean Distance 打开欧氏距离分析工具(图 9.41)，在 Input raster or feature source data 中输入生成距离的源数据，即提供的实验数据中的道路数据“road.shp”。栅格的分辨率可以由输出像元大小参数或像元大小环境来控制。默认情况下，分辨率将由输入空间参考中输入要素范围的宽度与高度中的较小值除以 250 来确定。本例输出的像元大小设为与格网大小一致，即 5km，在 Output cell size 中输入 5000。在 Environments Settings 中将处理范围 Processing Extent 选择与研究区边界 border.shp 一致(图 9.42)。

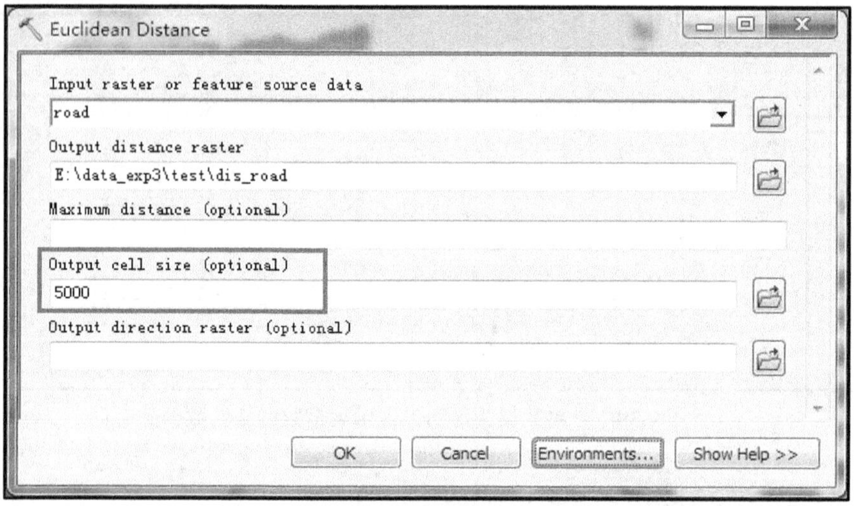

图 9.41　欧氏距离分析

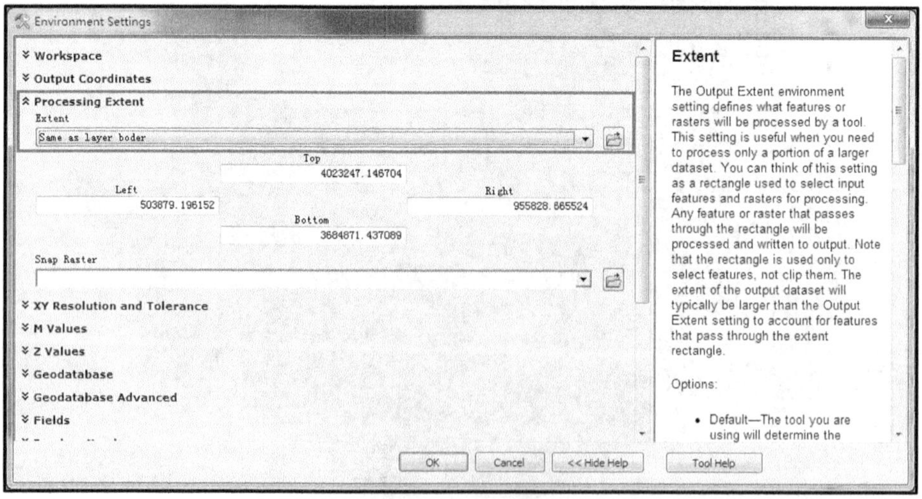

图 9.42　Environments Settings 设置

输出结果如图 9.43 所示。欧氏距离输出栅格包含每个像元与最近源之间的测定距离。距离以栅格的投影单位沿直线测量(欧氏距离)，从像元中心到像元中心进行计算。

图 9.43　欧氏距离结果(Value 为各格网距道路的距离，单位：m)

计算每个格网到道路的距离。点击 ArcToolbox→Spatial Analyst Tools→Zonal→Zonal Statistics as Table，以表格显示分区统计工具，该工具可以汇总另一个数据集区域内的栅格数据值并将结果报告输出为表。如图 9.44 所示，汇总字段 Zone field 为格网的唯一标示码“Grid_ID”，输入值为上一步生成的欧氏距离“dis_road”，汇总方式(Statistics type)选择平均值(MEAN)。结果如图 9.45 所示。

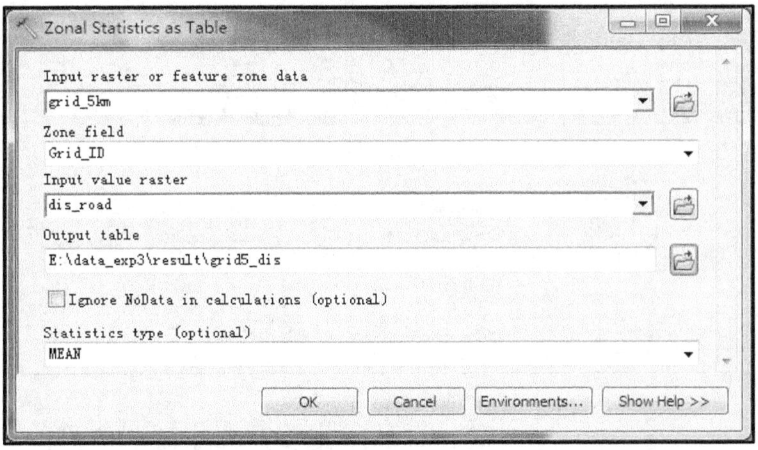

图 9.44　以表格显示分区统计

类似地，利用表连接将格网距道路的距离数据连接到上一步中的包含景观格局指数的格网数据“grid_5.shp”中，最终得到的格网数据(grid_5_qr.shp)应同时包含各项景观指数和距道路的距离属性字段。

将最终的格网数据(grid_5_qr.shp)表导出，如图 9.46 所示，导出 dbf 表文件。该表可以用

Excel 打开，可以删掉无用的字段，只保留用于分位数回归的数据。由于输出的距离默认单位为米，为了计算方便，这里将其统一除以 1000，使其单位为千米。最终的表如图 9.47 所示，将其另存为.csv 文件 grid_5_qr.csv。

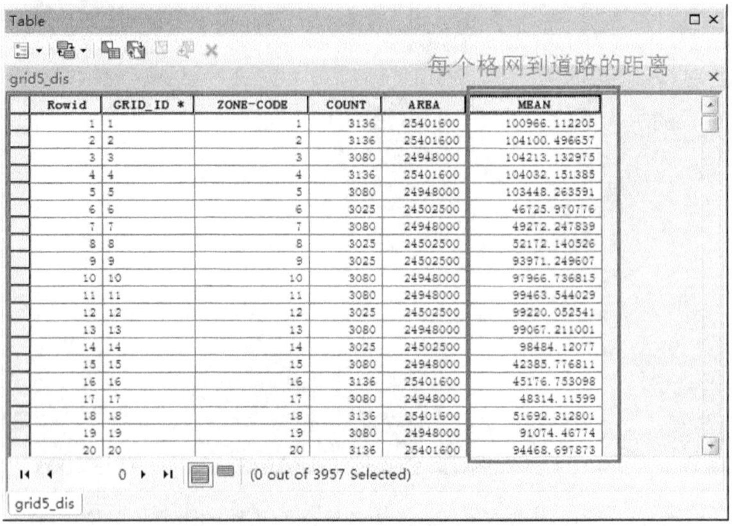

Rowid	GRID_ID *	ZONE-CODE	COUNT	AREA	MEAN
1	1	1	3136	25401600	100966.112205
2	2	2	3136	25401600	104100.496657
3	3	3	3080	24948000	104213.132975
4	4	4	3136	25401600	104032.151385
5	5	5	3080	24948000	103448.263591
6	6	6	3025	24502500	46725.970776
7	7	7	3080	24948000	49272.247839
8	8	8	3025	24502500	52172.140526
9	9	9	3025	24502500	93971.249607
10	10	10	3080	24948000	97966.736815
11	11	11	3080	24948000	99463.544029
12	12	12	3025	24502500	99220.052541
13	13	13	3080	24948000	99067.211001
14	14	14	3025	24502500	98484.12077
15	15	15	3080	24948000	42385.776811
16	16	16	3136	25401600	45176.753098
17	17	17	3080	24948000	48314.11599
18	18	18	3136	25401600	51692.312801
19	19	19	3080	24948000	91074.46774
20	20	20	3136	25401600	94468.697873

图 9.45　以表格显示分区统计结果

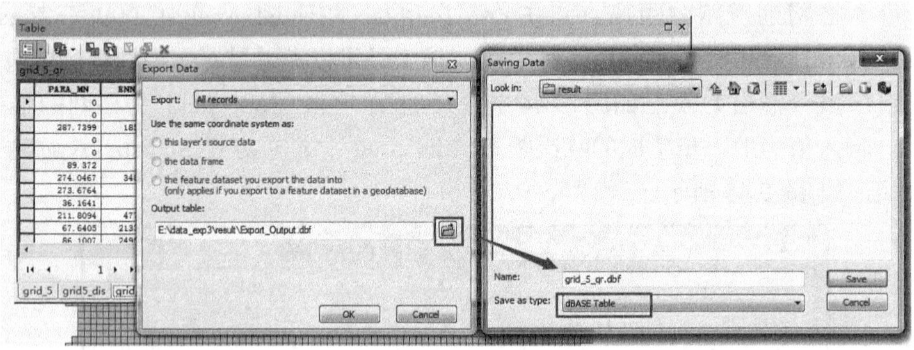

图 9.46　导出表

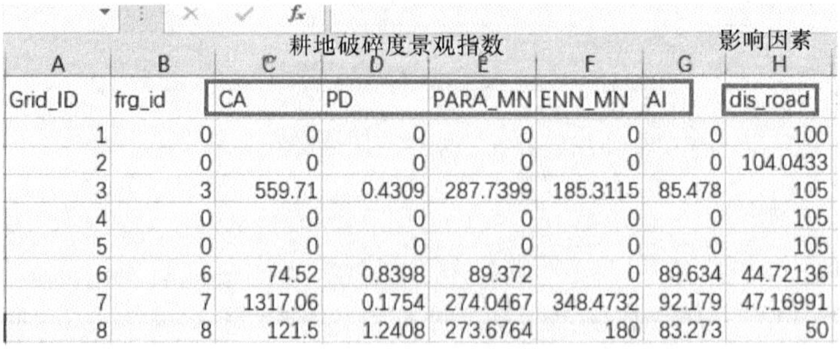

Grid_ID	frg_id	CA	PD	PARA_MN	ENN_MN	AI	dis_road
1	0	0	0	0	0	0	100
2	0	0	0	0	0	0	104.0433
3	3	559.71	0.4309	287.7399	185.3115	85.478	105
4	0	0	0	0	0	0	105
5	0	0	0	0	0	0	105
6	6	74.52	0.8398	89.372	0	89.634	44.72136
7	7	1317.06	0.1754	274.0467	348.4732	92.179	47.16991
8	8	121.5	1.2408	273.6764	180	83.273	50

图 9.47　用于分位数回归的数据

9.2.3　耕地破碎化的影响因素

分位数回归(quantile regression)利用解释变量的多个分位数(如四分位、十分位、百分位等)来得到与因变量的条件分布相对应的分位数方程，是估计一组回归变量 X 与被解释变量 Y 的分位数之间线性关系的建模方法。因此分位数回归相比普通的最小二乘回归，能够更加精确地描述自变量 X 对因变量 Y 的变化范围，以及条件分布形状的影响。通过以上实验步骤得到了耕地破碎化空间格局变量及其影响因素变量，下面利用分位数回归分析探究耕地破碎化空间格局与城市化影响因素之间的关联关系。

分位数回归分析在 R 3.4.2 中进行。

安装和加载分位数回归的程序包。R 语言的基本包中没有进行分位数回归的程序包，故需要在官网下载并安装相应的程序包 quantreg。安装过 quantreg 包以后，以后不需要再次安装，但每次使用分位数回归前，需要加载 quantreg 包。相关代码如下：

```
install.package("quantreg")  # 保持联网的情况下下载安装包
library("quantreg")           # 加载包
help(rq)                      # 获取 rq 函数的帮助，也可以写成：?rq
example(rq)                   # 显示分位数回归函数 rq()的一个简单示例代码
编写分位数回归模型代码
setwd("E:/data_exp3/result")  #设置文件存放路径
cultivate<-read.csv("grid_5_qr.csv")  #读取用于分位数回归分析的文件数据
attach(cultivate)  #在当前环境中载入数据
library("quantreg")  #加载分位数回归分析的程序包
factor1<-rq(CA～dis_road,tau = c(0.2,0.4,0.6,0.8))  # 进行分位数回归，见说明 A
smr_factor1<-summary(factor1) #通过设置参数 iid，可以得到系数的假设检验，见说明 B
plot(summary(factor1))  #绘制分位数回归分析结果，见说明 C
```

说明 A

本例以景观指数 CA 为例进行分位数回归分析。这里因变量为景观指数 PD，自变量为 dis_road，即距道路的距离。

tau 表示计算给定的分位点的参数，这里可以同时计算多个分位点的分位数回归结果，如 tau = c(0.2,0.4,0.6,0.8)是同时计算 20%、40%、60%、80%分位数下的回归结果。

可以在下方添加如下代码：

```
factor1  # 直接显示分位数回归的模型和系数
```

结果如图 9.48 所示。

```
Call:
rq(formula = CA ~ dis_road, tau = c(0.2, 0.4, 0.6, 0.8))

Coefficients:
              tau= 0.2   tau= 0.4   tau= 0.6  tau= 0.8
(Intercept) 600.011726 1509.03000 2179.8315 2351.8350
dis_road     -7.473149  -20.28738  -20.7603   -5.8725

Degrees of freedom: 3957 total; 3955 residual
```

图 9.48　分位数回归的模型和系数

说明 B

加载 quantreg 包以后，使用 summary()函数或 summary.rq()函数，可以得到参数系数的一些假设检验统计量。其实，以上两个函数是一致的。在使用 summary()的时候，如果 sumamry()加载的模型(对象)是分位数回归模型，则会自动调用 summary.rq()来处理这个对象。summary()的调用格式如下：

```
summary(object, se = NULL, covariance=FALSE, hs = TRUE, ...)
```

summary 函数的 se 参数包含 rank、iid、nid、ker、boot，说明如下：

se = "rank"：按照 Koenker 的排秩方法计算得到的置信区间，默认残差为独立同分布。值得注意的是，上下限是不对称的。

se = "iid"：假设残差为独立同分布，用 KB 的方法计算得到近似的协方差矩阵。

se = "nid"：表示按照 Huber 方法逼近得到的估计量。

se = "ker"：采用 Powell 的核估计方法。

se = "boot"：采用 bootstrap 自助抽样的方法估计系数的误差标准差。

如若输入代码 summary(factor,se="iid")，结果如图 9.49 所示。

```
Call: rq(formula = CA ~ dis_road, tau = c(0.2, 0.4, 0.6, 0.8))

tau: [1] 0.2

Coefficients:
            Value      Std. Error t value   Pr(>|t|)
(Intercept) 600.01173  24.69853   24.29342   0.00000
dis_road     -7.47315   0.44995  -16.60898   0.00000

Call: rq(formula = CA ~ dis_road, tau = c(0.2, 0.4, 0.6, 0.8))

tau: [1] 0.4

Coefficients:
            Value       Std. Error t value    Pr(>|t|)
(Intercept) 1509.03000   48.32286   31.22808    0.00000
dis_road     -20.28738    0.96552  -21.01185    0.00000

Call: rq(formula = CA ~ dis_road, tau = c(0.2, 0.4, 0.6, 0.8))

tau: [1] 0.6

Coefficients:
            Value       Std. Error t value    Pr(>|t|)
(Intercept) 2179.83150   30.49161   71.48954    0.00000
dis_road     -20.76030    1.64295  -12.63602    0.00000

Call: rq(formula = CA ~ dis_road, tau = c(0.2, 0.4, 0.6, 0.8))

tau: [1] 0.8

Coefficients:
            Value       Std. Error t value    Pr(>|t|)
(Intercept) 2351.83500   11.13619  211.18840    0.00000
dis_road      -5.87250    0.74159   -7.91875    0.00000
```

图 9.49　分位数回归模型的假设检验统计量

说明 C

输入代码 plot(summary(factor1))可以绘制不同分位点系数估计值的比较。绘制分位数回归结果如图 9.50 所示。

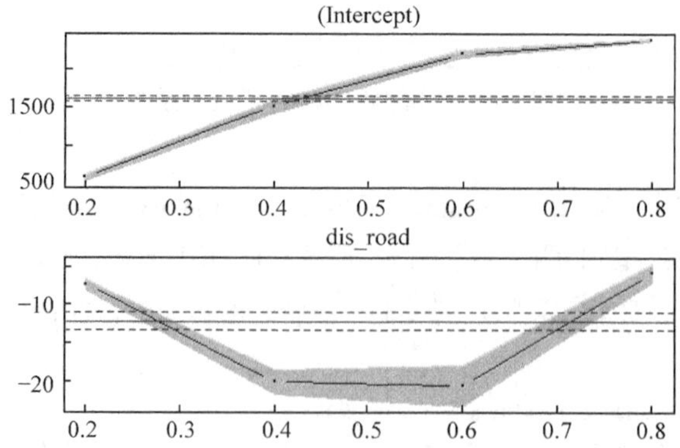

图 9.50　不同分位点的系数估计值

作为补充，可以比较一下不同分位点下，城市化因素对景观指数的影响是否相同。代码如下：

```
model1<-rq(CA～dis_road,tau=0.2)
model2<-rq(CA～dis_road,tau=0.4)
model3<-rq(CA～dis_road,tau=0.6)
model4<-rq(CA～dis_road,tau=0.8)
anova(model1,model2,model3,model4)
```

结果如图 9.51 所示。

```
Quantile Regression Analysis of Deviance Table

Model: CA ~ dis_road
Joint Test of Equality of Slopes: tau in {  0.2 0.4 0.6 0.8  }

  Df Resid Df F value    Pr(>F)
1  3    15825  104.11 < 2.2e-16 ***
---
Signif. codes:  0 '***' 0.001 '**' 0.01 '*' 0.05 '.' 0.1 ' ' 1
```

图 9.51　不同分位点下的模型比较

从图 9.51 可以看到，其 p 值远小于 0.05，城市化因素对景观指数的影响不相同。

读者可以尝试对其他景观指数做分位数回归分析，比较城市化因素对它们的影响。

以上介绍的基于格网的耕地破碎化空间格局及其影响因素分析内容都是以 5km×5km 格网水平进行的。10km×10km 格网水平的分析步骤类似，读者可以自行操作，对两种尺度下的分析结果进行对比。

9.3　讨论与总结

本实验介绍了利用 Fragstats 4.2 与 ArcGIS 10.2 软件协同分析景观格局的方法，从移动窗口和格网两个水平分析了耕地景观格局。值得注意的是，移动窗口分析的运行和一般景观指数计算的运行之间的主要区别在于，运行完成后，用户界面右上窗格中的运行列表将会为空，因为移动窗口分析会生成格网数据(grid)而不是表格(table)。另一个值得注意的区别是运行需要更长的时间。在本例中，不是计算单个输入网格的度量，而是计算许多个独立的窗口(子景观)的景观指数，在指定的窗口(本例为边长 1200m 的方形)的景观中的每个单元不会超出景观边界，即整个窗口包含正值单元格。

在 ArcGIS 用格网提取土地利用栅格数据和格网水平的景观指数计算过程中都用到了批量处理，这在处理量级较大的数据时有非常重要的作用。对于 ArcGIS 而言，ArcToolbox 的每一个工具都提供“batch”操作，这可以满足数量较大情况下的分析。然而对于更大数量的数据，则推荐使用模型构建器的迭代器。另外，ArcGIS 具有良好的扩展功能，其提供的基于 Python 的开发包 ArcPy 为数据的批处理提供了很好的基础。读者可以在 ArcGIS Help 中找到很多参考。对于 Fragstats 而言，进行批处理的核心其实是批量导入数据，也就是“batch”文件的制作，通过 Excel 软件可以很方便地完成这项工作。

实验也存在一些值得讨论和深入思考的地方：①本实验用于描述耕地破碎化的景观格局指数是基于已有的文献选取的，针对不同的研究区是否选取其他指数还需要分析验证；②本实验只考虑了一种耕地破碎化的影响因素，读者可对其进行改进，考虑更全面的耕地破碎化驱动因素；③分位数回归可以利用解释变量的多个分位数(如四分位、十分位、百分位等)来得到被解释变量的条件分布的相应分位数方程，可以更详细地描述变量的统计分布，然而这也是不考虑空间位置的回归分析。耕地破碎化及其影响因素是否存在空间自相关，可以通过空间回归分析进一步探讨。

实验十　区域土壤有机质空间变异性分析

10.1　实 验 概 述

10.1.1　背景及目的

土壤有机质(soil organic matter, SOM)是土壤的重要组成成分，研究土壤有机质空间变异对土壤肥力评价和精准农业等具有重要意义。本实验借助变异函数和空间插值，探讨典型农区土壤有机质空间变异规律，以期能够达到以下目的：①掌握各向同性、各向异性检验方法；②掌握反距离权重、克里金插值方法；③了解智能算法在空间插值中的应用。

10.1.2　数据说明

本实验所使用的数据存储于 data_exp10 文件夹中，包含的数据内容及其来源见表 10.1。

表 10.1　实验数据内容及其来源

数据类型	数据来源	数据内容	数据说明
专题数据	土壤图	坐标点(x, y)和对应的土壤有机质值	表格数据，*.xls 格式

10.1.3　整体实验设计

实验主要分为数据预处理、变异函数分析、空间插值分析三个部分。数据预处理部分包括数据重建和正态分布检验与转换两个步骤，主要任务是对样本数据进行一般统计分析、异常值识别及处理。变异函数分析部分包括空间自相关分析、各向异性分析、最优拟合函数选择，主要任务是确定最优变异函数模型，为克里金插值提供依据。空间插值分析部分包括反距离权重插值和克里金插值(主要介绍简单克里金插值和普通克里金插值)，并结合交叉验证结果对比以上插值的效果，最后介绍基于遗传算法的克里金插值在变异函数参数拟合中的应用。

本实验的整体流程如图 10.1 所示。

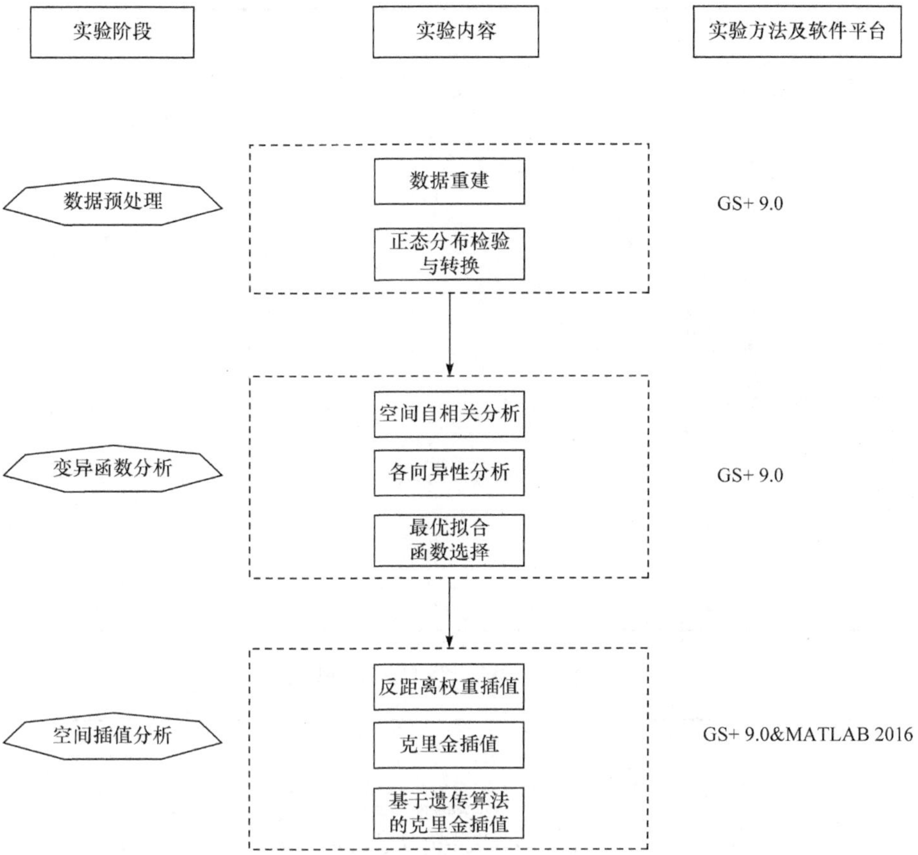

图 10.1　实验流程图

10.2　实验步骤

10.2.1　数据预处理

1. 导入数据文件

打开 GS+ 9.0，在菜单中选择 Data 按钮，然后选择 WorkSheet，出现的界面如图 10.2 所示(在没有导入数据文件之前坐标值都为空)，可直接将坐标值和有机质属性值复制粘贴至 Worksheet 中。可根据精度需要调整小数位数，步骤为：点击 Data→Increase Decimals/Decrease Decimals。

2. 数据重建

导入数据后在 Worksheet 右上角界面点击“Rebuild”按钮(在未做校验之前 Rebuild 呈现粉红色)，对数据进行重建。

在数据重建时，软件会自动检查数据的一致性。当同一区域即同一 x, y 坐标下有两个 z 值时便会弹出如图 10.3 的提示。该提示说明“第 75 行数据和第 91 行数据有相同的坐标，如何处理该处的 z 值？”并提供五种解决办法(使用第一个数据的值、使用平均值、使用后一个数据的值、使用总值、退出数据重建并检查数据)。在本实验中，选择使用平均值来解决冲突。

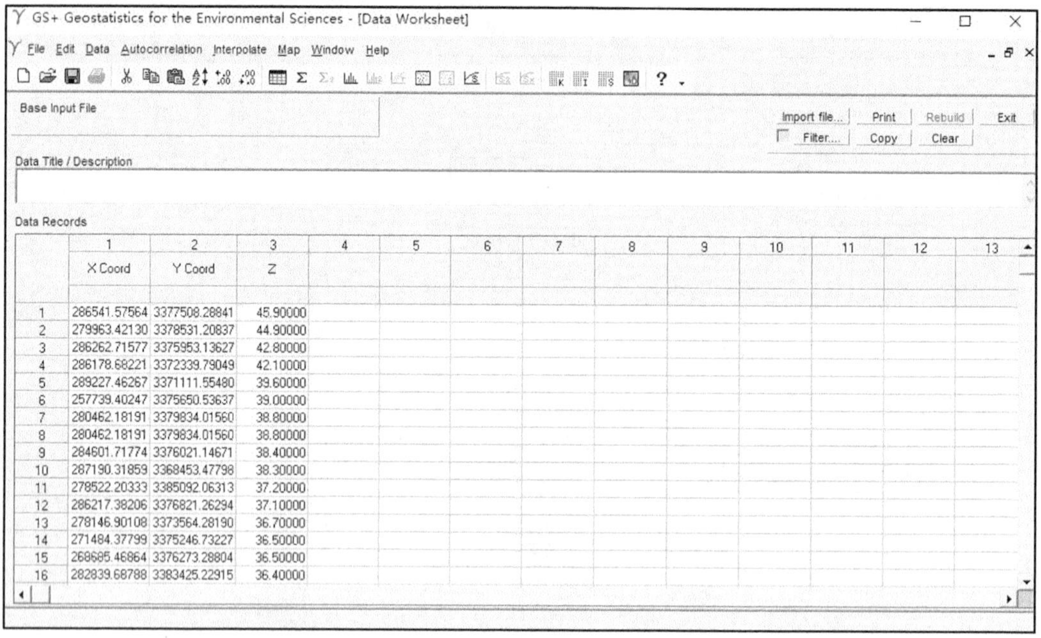

图 10.2 GS+数据导入界面图

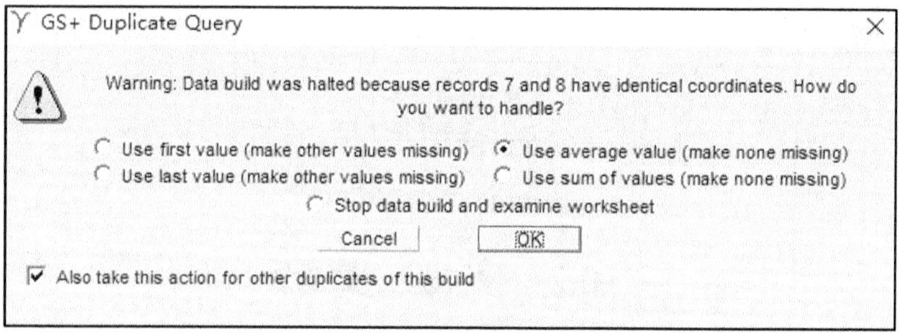

图 10.3 GS+数据重建界面图

3. 正态分布检验与转换

数据重建后，对数据进行正态分布检验，步骤为：点击 Data→Summary Statistics→Primary Variate，打开的界面如图 10.4 所示。Transformation 板块提供三种数据转换形式如 0-1 转换、对数转换、平方根转换，若 z 变量跨越小于 1 到大于 1(如 0.3 到 20.1)的范围，在使用对数或平方根变换时，则应通过添加 Offset 偏移值(如 1)来使变换前的所有值大于 1(如 ln[z+1])，这是因为在小于 1 到大于 1 范围内的对数正态变换的不连续性质；Summary Statistics 板块显示转换前、转换后的数据统计参数包括平均值、标准差、样本方差、最小值、最大值、样本总数、频率分布图、偏度、峰度。本次用到的正态分布检验方法为直方图(图 10.5)和累计频率分布图(图 10.6)。

点击频率分布图像，显示放大版本，选择 Frequency、Cumulative Frequency、Normal Probability 即可进行切换。由直方图和累计频率分布图及偏度峰度等指标可以看出，原始有机质数据基本服从正态分布。

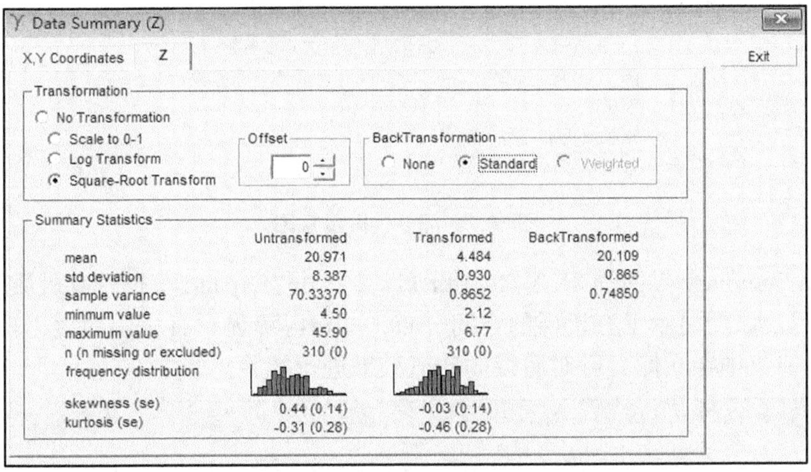

图 10.4　正态分布检验界面图

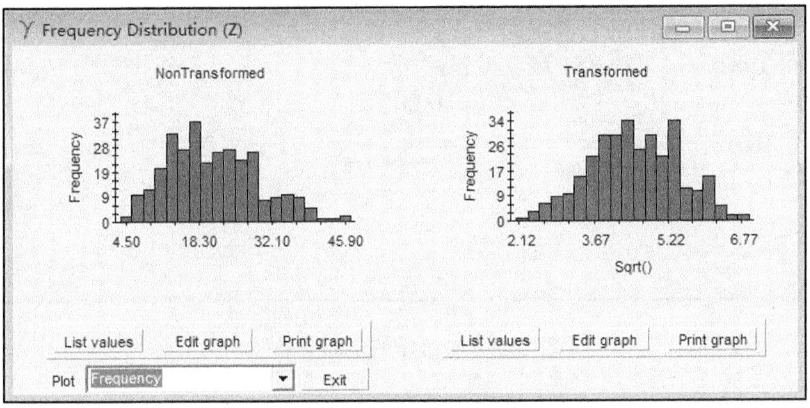

图 10.5　直方图

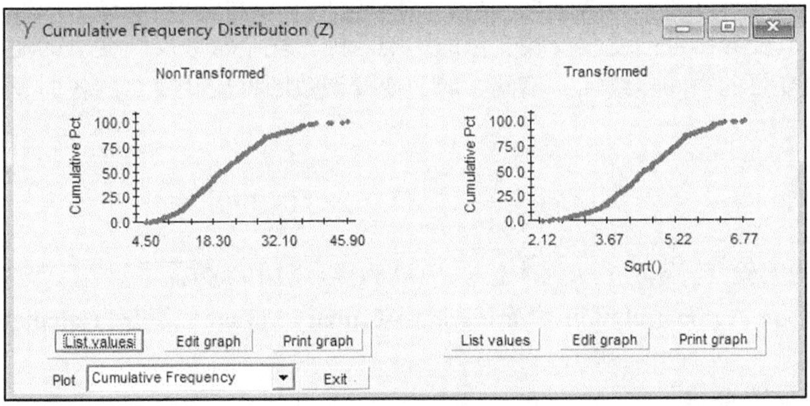

图 10.6　累计频率分布图

若需定量判断数据的正态性，可使用基于 MATLAB 平台的 Kolmogorov-Smirnov 正态分布检验。参考代码如图 10.7 所示。

[μ, θ]=*normfit*(*som*); %计算有机质的均值和方差;
$p1$=*normcdf*(*som*, μ, θ); %计算累计正态分布函数;
[H_1, S_1]=*kstest*(*som*), [*som*, $p1$], 0.05); %正态分布检验;
如果H_1==0
则服从正态分布
否则不服从正态分布

图 10.7 部分代码示意图

点击 Data Summary 界面的"X,Y Coordinates",点击"Expand",查看有机质的空间分布,如图 10.8 所示。该图显示了有机质的空间分布,并按等级显示有机质的大小。由图 10.8 可知,有机质主要集中在右侧,可对后续的插值结果进行检验。

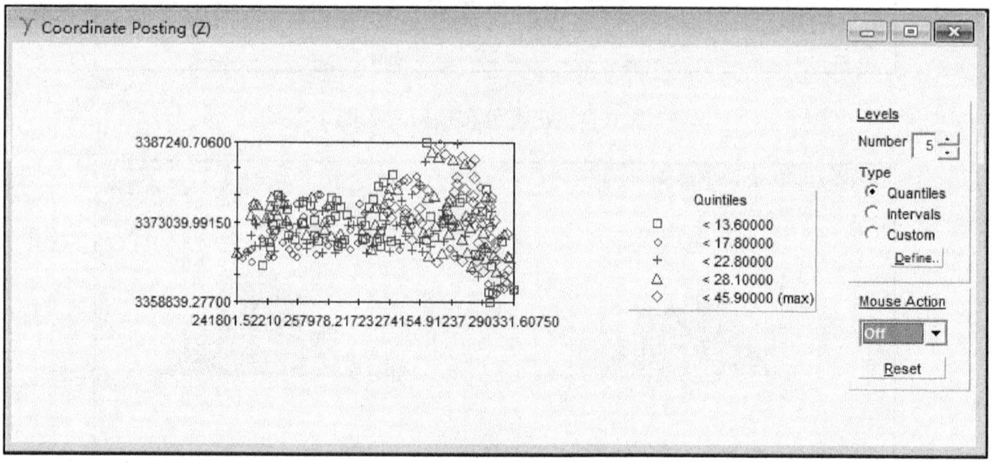

图 10.8 有机质的空间分布图

10.2.2 变异函数分析

变异函数是地统计所特有的基本工具,它既能描述区域化变量的结构性变化,又能描述其随机性变化。变异函数的变程反映变量的影响范围,块金常数反映变量的随机性,在原点处的性状反映变量的空间连续性,不同方向的变异函数图可反映变量的各向异性。变异函数的计算公式为

$$\gamma^*(h)=\frac{1}{2N(h)}\sum_{i=1}^{N(h)}[Z(x_i)-Z(x_i+h)]^2$$

式中,$\gamma^*(h)$为实验变异函数;h为步长;$N(h)$为样点对的个数。

分析步骤为:Autocorrelation→Variogram→Primary Variate,点击"Calculate",如图 10.9 所示。

1. 空间自相关分析

若数据集存在空间自相关,则空间上距离近的点差异性会较小。这一特点可用变异函数云图来表现。选择各向同性变异函数图的 Expand→Cloud,如图 10.10 所示。

从图中可以看出,随着样点距离的增大,变异函数值增大,点云从低逐渐升高,说明样点存在空间自相关性。

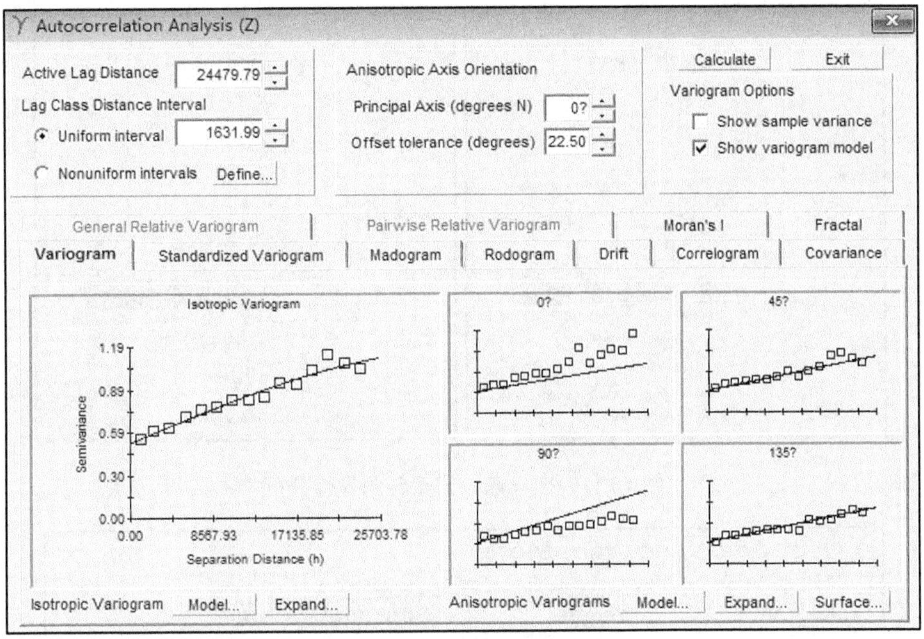

图 10.9　变异函数分析界面图

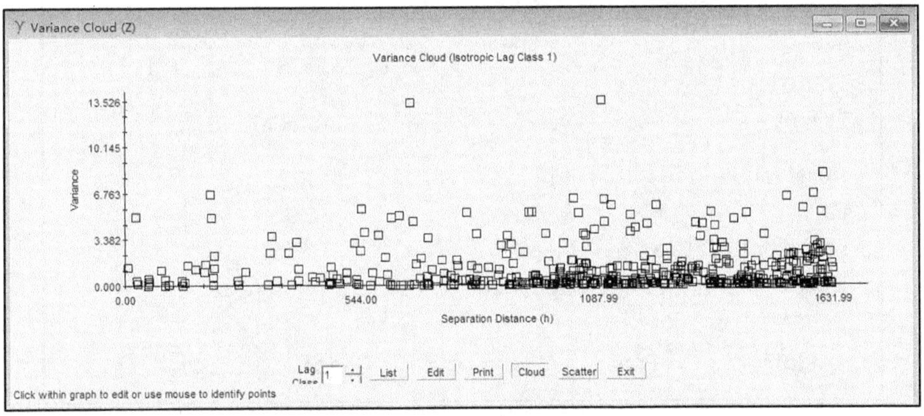

图 10.10　变异函数云图识别空间自相关性

2. 各向异性分析

若数据集存在各向异性，则在不同方向上，数据的变异情况不同。选择各向异性变异图的 Expand→Cloud，出现图 10.11。

从图中可知，随着样点距离的增加，右图点云上升较快，说明经过相同的距离，右图样点间的差异性比左图样点间的差异性更大，*z* 值在两个方向上的变化情况不同，表现为各向异性。

3. 最优拟合函数的选择

GS+提供的拟合函数有线性模型、球状模型、指数模型、高斯模型。点击 Model 进行模型选择，如图 10.12 所示，GS+提供自动择优功能，点击“Autofit”选择最优拟合函数。

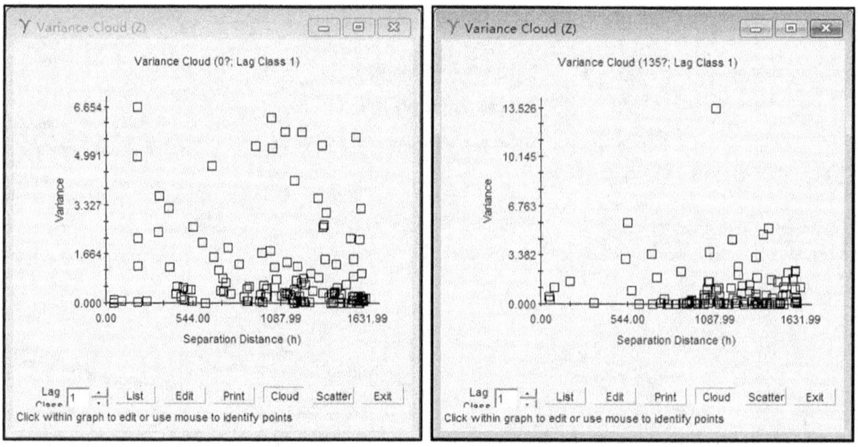

图 10.11　变异函数云图各向异性分析

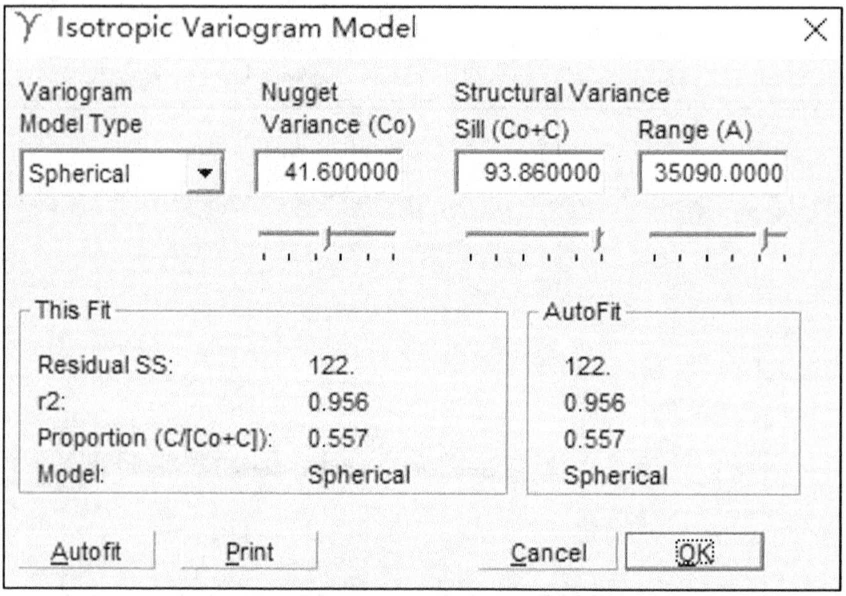

图 10.12　变异函数模型选择界面

从图 10.12 可知，GS+自选的最优变异函数模型为球状模型，块金值为 41.6，基台值为 94.06，变程为 35260，决定系数 R^2 为 0.957，残差 Residual SS 为 122。

GS+软件提供用户自主选择变异模型类型的功能，并可调整块金值、基台值和变程的大小。例如，选择其他高斯模型时，软件自动提供 R^2 较优的块金值、基台值和变程。对比四种变异函数理论模型拟合参数，如表 10.2 所示。

表 10.2　变异函数理论模型对比表

理论模型	C_0	C_0+C	A	RSS	R^2
线性模型	43.47	88.48	23632.68	129	0.954
球状模型	41.60	94.06	35260.00	122	0.957
指数模型	40.40	131.80	101640.00	126	0.955
高斯模型	48.10	96.21	30761.22	162	0.942

球状模型的残差最小，决定系数最大，其次是指数模型，且指数模型的块金值最小、变程最大。对于这五个参数，最重要的选择依据是决定系数 R^2，其次考虑残差大小、块金值和变程。根据这个原则，选择球状模型作为本实例的变异函数理论模型是比较合适的，这个理论模型除了具有较高的拟合精度外，对变程内的模拟也可以得到满意的结果。

10.2.3　空间插值分析

1. 反距离权重插值

反距离权重(inverse distance weighting, IDW)插值是一种空间确定性插值，离预测点越近的已知点权重越大。

操作步骤如下：点击 Interpolate→Inverse Distance Weighting，进入插值参数设置，如图 10.13 所示。简单介绍一般插值需要设置的参数：

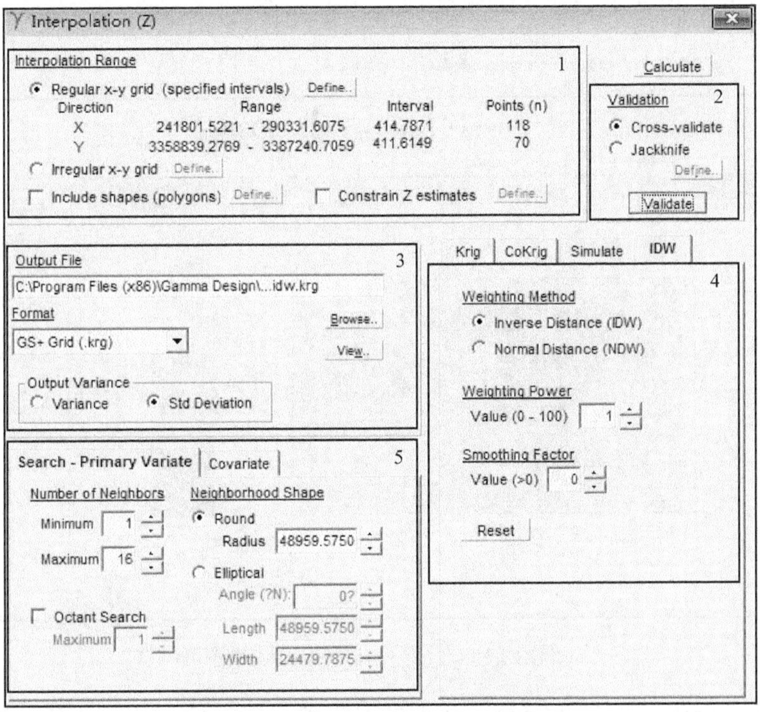

图 10.13　IDW 插值界面参数设置图

(1) 插值范围的设置。可选择并自定义规则格网和不规则格网，自定义 z 值的插值大小范围。

(2) 验证方法的选择。可选择交叉验证法和刀切法进行验证，如选择交叉验证，点击验证按钮出现如图 10.14 所示界面。

(3) 输出设置。选择输出地址、输出格式和输出参数。

(4) 插值具体方法设置。选择权重确定方法、权重值等，权重值一般为 1～5。

(5) 搜索范围设置。协同克里金选择协同变量，其他选择单变量，设置邻居数、邻居范围等。

设置完插值参数后，点击右上角的“Calculate”按钮，如图 10.15 所示，可设置地图显示样式和颜色。

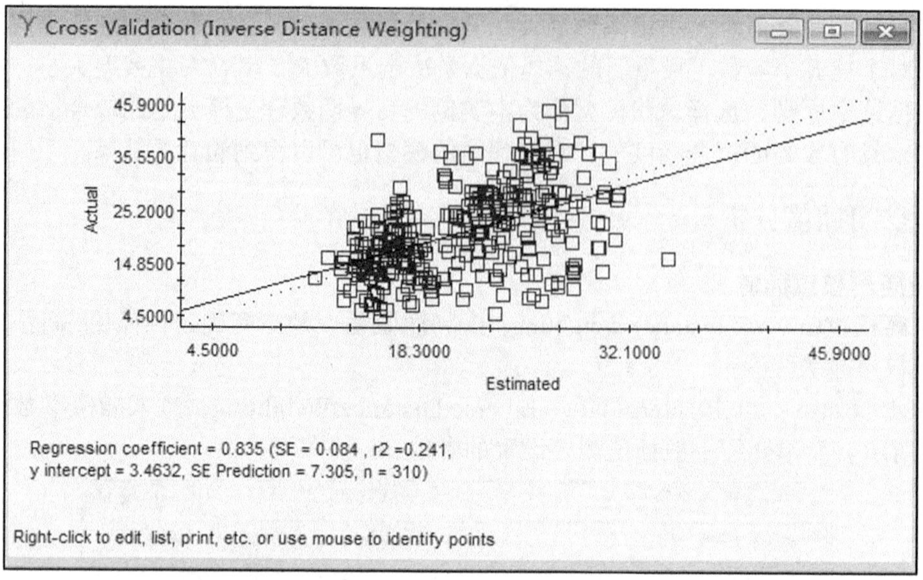

图 10.14　IDW 交叉验证结果图

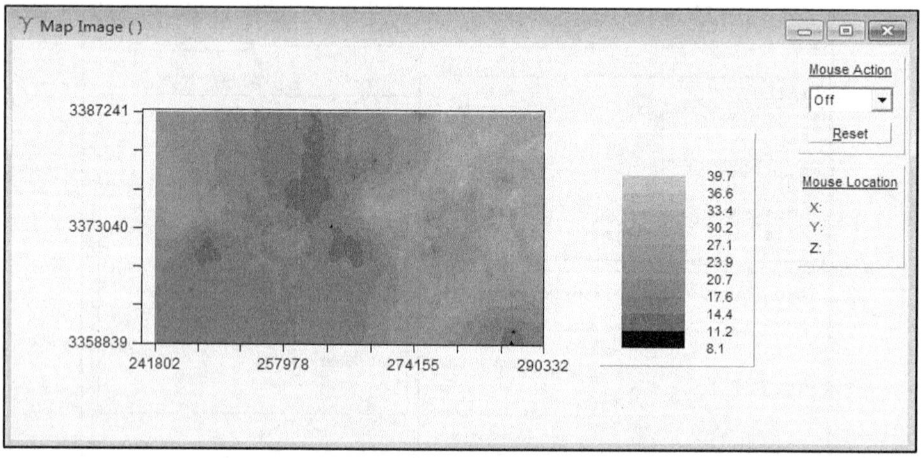

图 10.15　反距离权重插值结果图

在交叉验证分析中，首先假定每一测点的要素值未知，而采用周围样点的值来估算，以这种方式，可以构建域中每个样本位置的估计值与实际值的图形。图中虚线与实线越接近，说明预测效果越好；回归系数表示预测值对实际值的影响参数，越接近于 1 表示预测效果越好；SE 是回归系数的标准差；R^2 表示决定系数。

2. 克里金插值

克里金插值法是一种空间局部插值法，是建立在变异函数分析基础上，在有限区域内对区域化变量的取值进行线性无偏最优估计的方法。在此介绍三种克里金插值方法：普通克里金、简单克里金、指示克里金。

普通克里金：区域化变量满足本征假设，数学期望未知，其插值过程类似加权滑动平均。

简单克里金：与普通克里金类似，区别在于数学期望已知。

指示克里金：把原始数据转换为(0, 1)值，再进行其他方法的克里金插值。

操作步骤为：点击 Interpolate→Krig，界面如图 10.16 所示。

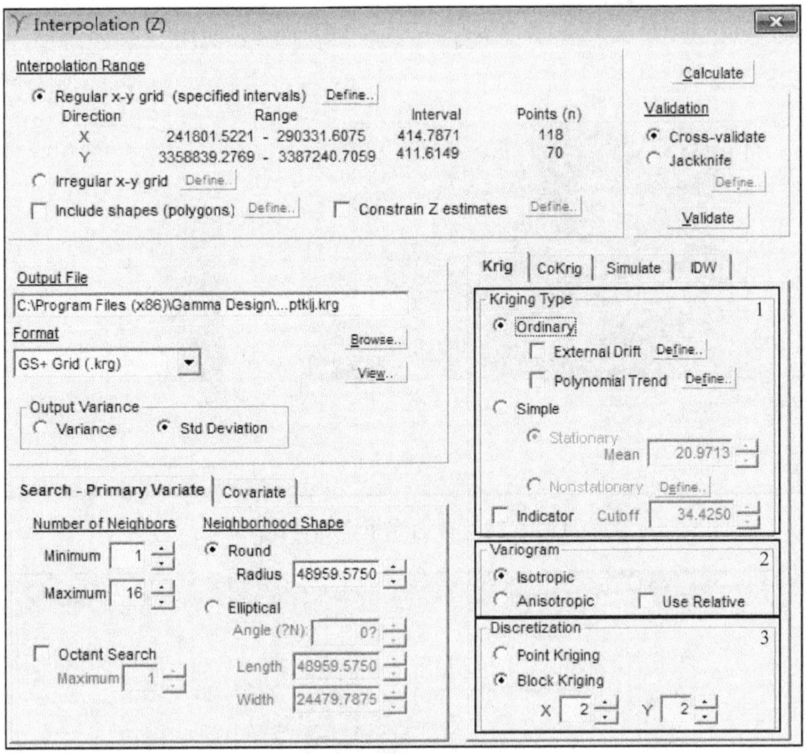

图 10.16　克里金插值界面设置

克里金插值与 IDW 插值参数设置的不同之处在于：

(1) 克里金方法设置。选择普通克里金须自定义多项式趋势，选择简单克里金须选择固定的数学期望值，选择指示克里金则须确定阈值。

(2) 变异函数设置。根据 z 值的各向同性、各向异性检验结果选择变异函数类型。

(3) 离散程度设置。选择点插值或块插值。

交叉验证和插值计算步骤与 IDW 相同，不再赘述，只显示结果，如图 10.17～图 10.20 所示。

注意：在做简单克里金插值时，需要使用进行平方根转换或对数转换前的 z 值来插值。

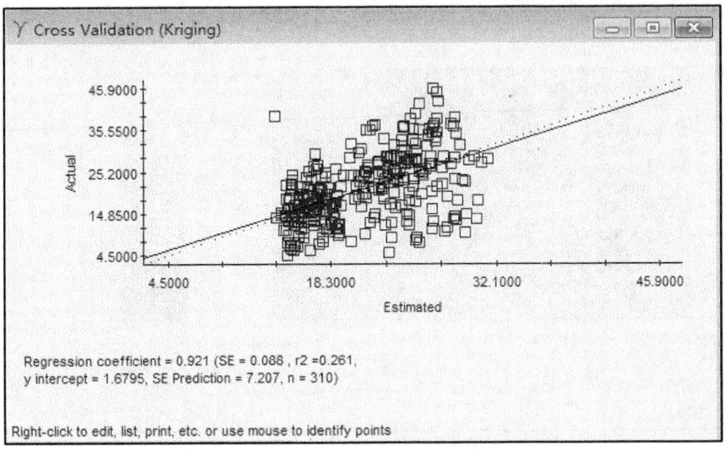

图 10.17　普通克里金交叉验证结果

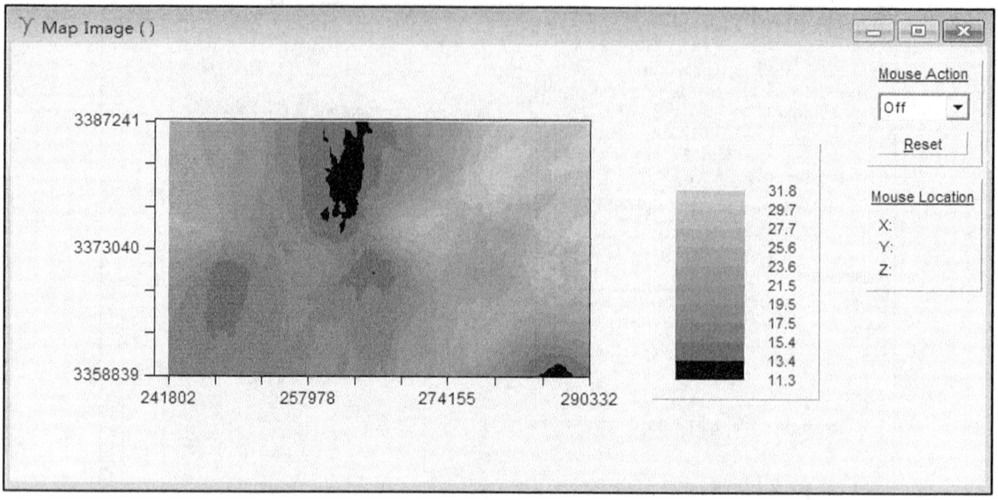

图 10.18　普通克里金插值结果

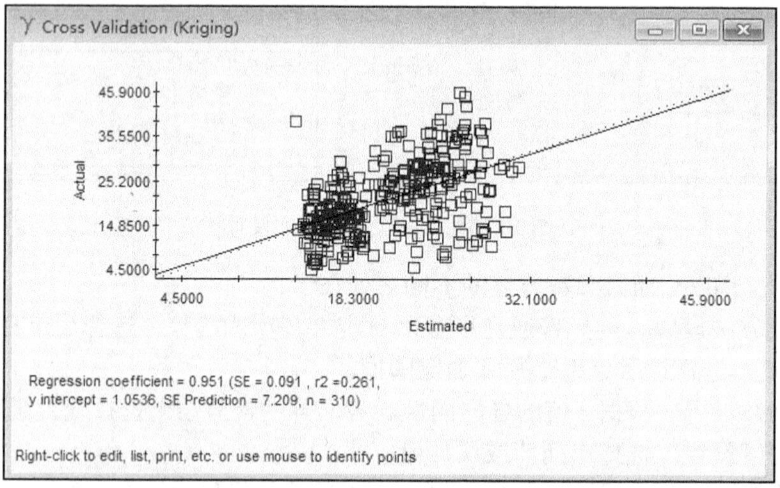

图 10.19　简单克里金交叉验证结果

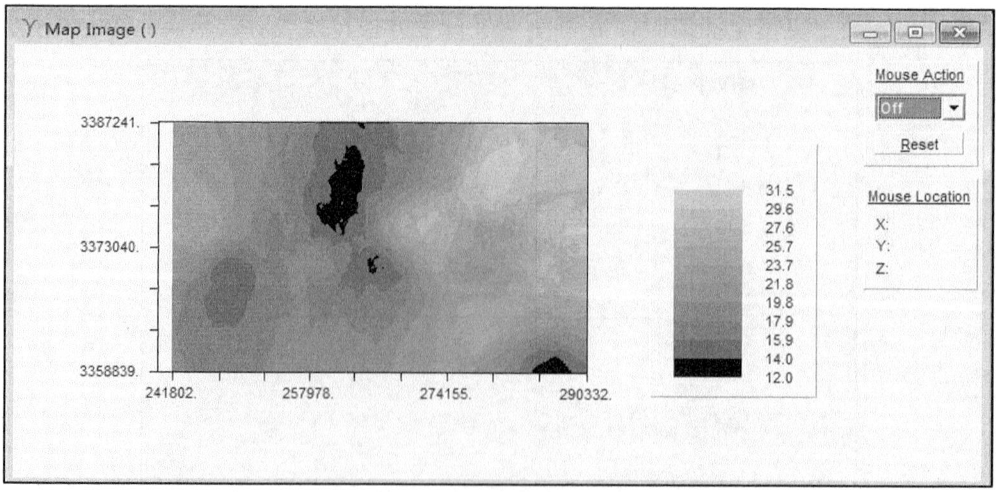

图 10.20　简单克里金插值结果

基于交叉验证对比反距离权重插值与克里金插值的结果，如表 10.3 所示。

表 10.3　IDW 与克里金插值结果比较

插值方法	回归系数	标准差	R^2
反距离权重	0.835	0.084	0.241
普通克里金	0.937	0.091	0.258
简单克里金	0.951	0.091	0.261

从表 10.3 可知，三种插值方法的标准差均较小，说明回归系数的可信度较高。根据回归系数越接近 1 越好、R^2 越大越好的原则，插值效果由好到坏依次排序为：简单克里金、普通克里金、反距离权重插值法。

3. 基于遗传算法的克里金插值

克里金插值结果的好坏，在很大程度上取决于变异函数拟合的结果。一般地，变异函数模型参数拟合方法有两种：人工拟合和自动拟合。人工拟合是指根据变异函数散点图观察估计模型的参数；自动拟合主要是根据步长和变异函数间的关系确定变异函数模型的参数，包括普通最小二乘法和加权最小二乘法。而随着人工智能的不断发展，基于优化搜索算法的参数拟合越来越常用，优势越来越明显。一些智能算法，如遗传算法、模拟退火算法、蚁群算法能使用统一的流程求解出接近最优的参数。本实验以遗传算法为例，介绍该算法在求解变异函数模型中的应用，流程图如图 10.21 所示。

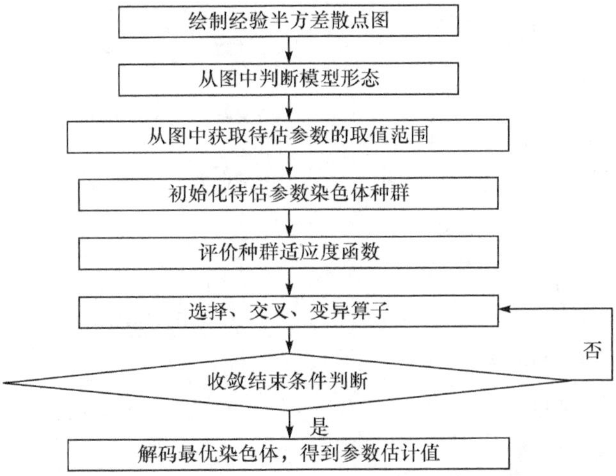

图 10.21　遗传算法求解变异函数模型参数最优估计

绘制变异函数散点图并判断模型形态。基于 MATLAB 平台，利用图形用户界面(graphical user interface, GUI)设计散点图绘制交互界面，如图 10.22 所示。

输入步长值 150，计算变异函数，绘制散点图。观察散点图形态，判断为球状模型。

从散点图中获取待估参数的取值范围，如变程、拱高(基台值–块金值)、基台值的最大最小值，并设置估计精度；设置种群大小、遗传代数、交叉和变异概率；点击“进行拟合”，便得到变程、拱高、基台值的接近最优值，如图 10.23 所示。

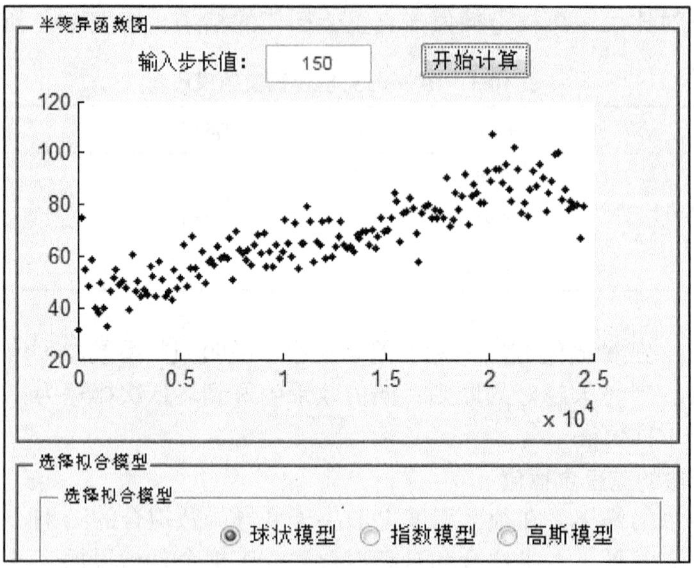

图 10.22　MATLAB 绘制变异函数散点图

图 10.23　遗传算法参数拟合界面图

将拟合结果输入 GS+的变异函数模型中，如图 10.24 所示。

基于遗传算法拟合的变异函数，进行简单克里金插值，交叉验证结果如图 10.25 所示。从图中可知，虚线与实线基本重合，回归系数为 0.951，回归系数标准差为 0.091，说明插值结果较好。做出基于遗传算法的简单克里金插值图，如图 10.26 所示。基于遗传算法的普通克里金插值，请读者自行尝试。

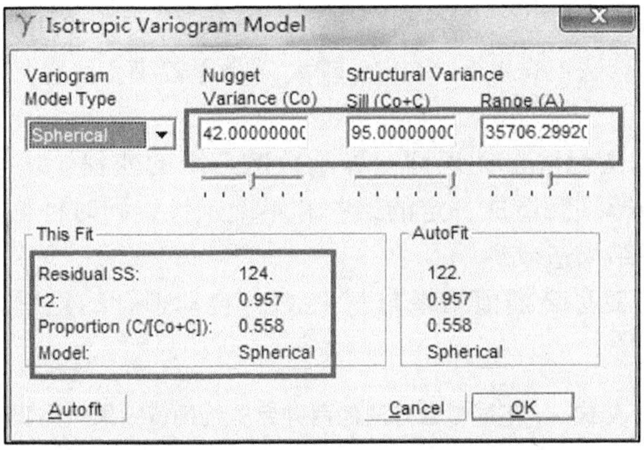

图 10.24　遗传算法拟合变异函数结果图

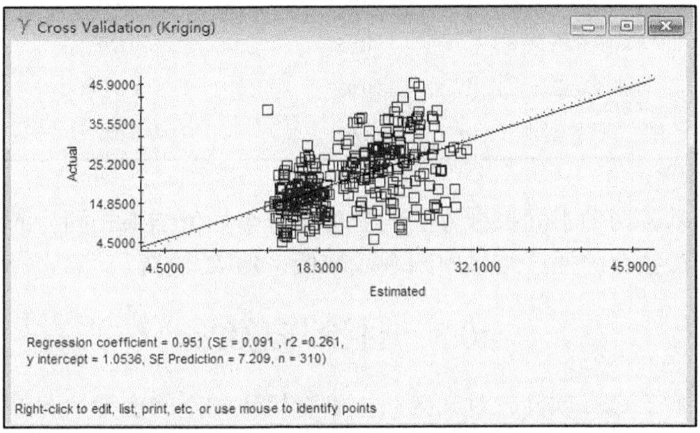

图 10.25　基于遗传算法的简单克里金插值交叉验证结果

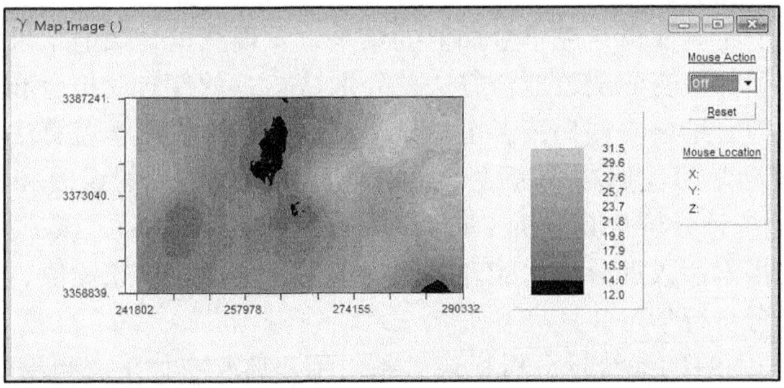

图 10.26　基于遗传算法的简单克里金插值图

对比分析。将 GS+自动拟合的变异函数理论模型与基于遗传算法寻优得到的结果进行对比，结果如表 10.4 所示。

表 10.4　不同拟合方法的拟合结果对比表

拟合方法	模型形态	A	C	$C+C_0$	RSS	R^2
GS+自动拟合	球状	35750	41.6	94.65	122	0.957
遗传算法拟合	球状	35706	42.0	95.00	124	0.957

从表中可知，GS+与遗传算法拟合的结果决定系数 R^2 均为 0.957，说明两者的拟合效果均较好，相比之下遗传算法拟合的残差 RSS 较大，变程较小，块金值较大，表明拟合结果比 GS+自动拟合的效果差。

分析原因：遗传算法无法自动识别变异函数散点图的变程、块金值和基台值的取值范围，在人为估计其取值范围时造成一定的误差和不确定性，同时种群数、代数、交叉概率和变异概率的取值也会对结果造成影响。

将基于遗传算法的克里金插值结果与基于 GS+自动拟合的克里金插值结果进行对比，如表 10.5 所示。

表 10.5　不同拟合方法的两种克里金插值结果对比表

拟合方法	插值方法	回归系数	标准差	R^2
GS+自动拟合	简单克里金	0.951	0.091	0.261
遗传算法拟合	简单克里金	0.951	0.091	0.261
GS+自动拟合	普通克里金	0.937	0.091	0.258
遗传算法拟合	普通克里金	0.921	0.088	0.261

从表中可知，基于两种不同拟合方法的简单克里金插值结果相同，而对普通克里金插值方法而言，遗传算法拟合的插值结果回归系数较低，但 R^2 较高。

10.3　讨论与总结

在该实验中，基于 GS+软件，对某区域土壤有机质的空间变异情况进行了基础统计学分析、变异函数分析和插值，学习掌握对区域化变量的分析方法，并在最后引用遗传算法对变异函数参数拟合进行扩展。

本实验对比了反距离权重与克里金插值的结果，发现克里金插值结果明显优于反距离权重插值。同时对比了两种变异函数拟合方法，分别是 GS+软件自动拟合和遗传算法拟合，结果显示遗传算法的拟合结果略差，读者可尝试将神经网络类机器学习算法与遗传算法结合，利用神经网络的自动学习优点减少因缺乏大量先验知识而造成的误差和不确定性。另外，ArcGIS 也可进行地统计分析，其分析工具为 Geostatistical Analyst，该工具提供直方图、QQ 图、半变异函数等探索性数据分析功能和反距离权重、全局多项式插值、克里金插值等一系列插值方法，读者可自行学习。

对比 ArcGIS 与 GS+的地统计分析板块，基于用户体验有如下心得感受。

(1) GS+界面更加友好。GS+是全面的地统计学(geostatistics)程序，它快速、高效且易于使用；其变异函数分析、插值分析菜单的界面相比于 ArcGIS 的探索性数据分析界面更加直观清晰。

(2) GS+插值效果更佳。GS+采用全自动模式，自动选择最优变异函数理论模型，自动设置最佳插值范围，降低人为参数设置带来的误差与不确定性；相比于 ArcGIS 的人为选择模型形态且无法调整变程、块金值等模型参数来说，插值效果更佳。

(3) GS+提供变异函数模型自选比较功能。基于 GS+软件，用户可对球状、高斯等常用理论模型进行比较，根据 R^2、残差、块金值等参数自主确定拟合模型。

实验十一　区域空气污染空间异质性分析

11.1　实 验 概 述

11.1.1　背景及目的

城市空气污染已经成为全球最受关注的环境问题之一，对人类健康造成了严重威胁，为了正确认识和分析当前城市空气污染的现状，调查污染暴露的程度及由此带来的健康危害，需要对 $PM_{2.5}$ 进行定量监测。由于进行污染暴露评估需要连续全覆盖的 $PM_{2.5}$ 空间分布数据，而当前 $PM_{2.5}$ 地面监测点较少，利用传统的空间插值方法无法观测 $PM_{2.5}$ 的空间异质性。为解决这一难题，学者提出了土地利用回归(land use regression, LUR)技术，综合土地利用、人口分布、气象环境等多方面要素的信息，利用地面监测数据和监测点一定范围内的地理空间要素构建回归方程，将回归关系推演至未监测地区，进而模拟出污染物的空间分布。通过本实验希望能够达到以下目的：①认识土地利用回归的理论和方法；②掌握空间插值的理论和方法。

11.1.2　数据说明

本实验所使用的数据存储于 data_exp11 文件夹中，包含的数据内容及其来源见表 11.1。实验数据展示图见图 11.1。

表 11.1　实验数据内容及其来源

数据类型	数据来源	数据内容	数据说明
专题数据	美国环境保护署[a]	美国空气污染监测站点及 2016 年年均 $PM_{2.5}$ 监测数据	矢量格式，点数据
	美国人口普查局[b]	美国东南部四州州级行政区划数据(佛罗里达州、北卡罗来纳州、南卡罗来纳州及佐治亚州)	矢量格式，面数据
	美国人口普查局	道路数据：包含一级公路(primary roads)和二级公路(secondary roads)	矢量格式，线数据
	美国地质调查局[c]	土地覆盖数据：覆盖全美大陆，包含 16 种土地利用类型	栅格数据
	SEDAC[d]	人口密度数据：覆盖全美大陆	栅格数据
	美国地质调查局[e]	平均温度栅格数据：覆盖全美大陆	栅格数据

a. United States Environmental Protection Agency. https://www.epa.gov/outdoor-air-quality-data/download-daily-data[2017-12-23].

b. United States Census Breau. https://www.census.gov/geo/maps-data/data/tiger.html[2017-12-23].

c. United States Geological Survey. https://landcover.usgs.gov/global_climatology.php[2017-12-23].

d. Socioeconomic Data and Applications Center. http://sedac.ciesin.columbia.edu/data/set/usgrid-summary-file1-2010/data-download [2017-12-23].

e. United States Geological Survey. https://www.sciencebase.gov/catalog/item/57a26dd6e4b006cb45553f7a [2017-12-23].

11.1.3　整体实验设计

为了对美国东南部四州进行土地利用回归制图，反映空气污染的空间分布格局，需要先收集并筛选加入回归方程的预测变量。预测变量的收集主要需要考虑两方面因素，一是 $PM_{2.5}$ 来源，二是影响 $PM_{2.5}$ 空间分布的因素。$PM_{2.5}$ 的主要来源包括汽车尾气及相关的人类活动；影响 $PM_{2.5}$ 扩散的主要因素有气象条件等，本实验最终选取土地利用、道路交通、人口和气象要素等四大类预测变量。

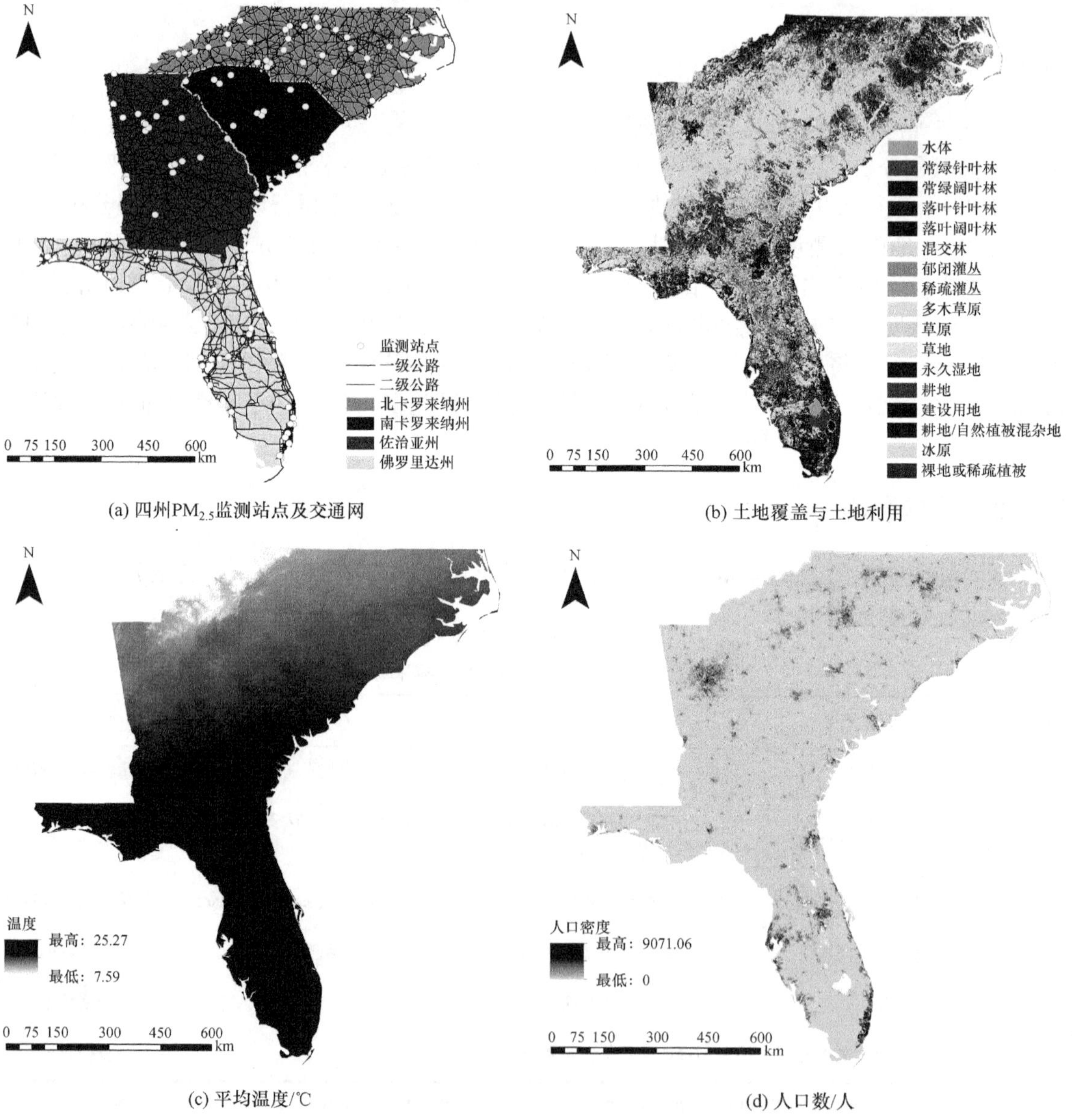

(a) 四州 $PM_{2.5}$ 监测站点及交通网　　(b) 土地覆盖与土地利用

(c) 平均温度/℃　　(d) 人口数/人

图 11.1　实验数据展示图

为了比较 $PM_{2.5}$ 浓度与不同空间尺度地理空间要素的关系，土地利用回归模型采用缓冲区分析来刻画不同尺度的影响。首先在 ArcGIS 10.2 中以空气污染监测站点为中心建立系列缓冲区，统计不同半径内缓冲区的影响因子数值。本实验参考现有的相关研究，缓冲区设置

100m、300m、500m、800m、1km、1.5km、2km、2.5km、3km、3.5km、4km、4.5km、5km和10km共计14个缓冲半径。选取各缓冲区内道路长度及5种土地利用类型(水体、林地、耕地、建设用地和裸地)作为评价指标；因为人口、气象要素以监测站点所在位置的数值来表征，所以不涉及缓冲区分析；另外，距公路距离和距海岸线距离是监测站点影响污染物浓度的重要因素，也需要作为可能的预测变量加以考虑。

然后构建多元回归模型，通过逐步回归的方法建立监测站的$PM_{2.5}$观测值与各项预测变量之间的关系，得到相应的回归方程并对回归方程的拟合效果进行检验。接着，通过采样的方式收集采样点的预测变量，利用前述的回归方程对采样点的空气污染浓度进行预测。

最后，使用预测值进行空间插值，得到空气污染回归模拟制图的成果。

本实验的整体流程如图11.2所示。

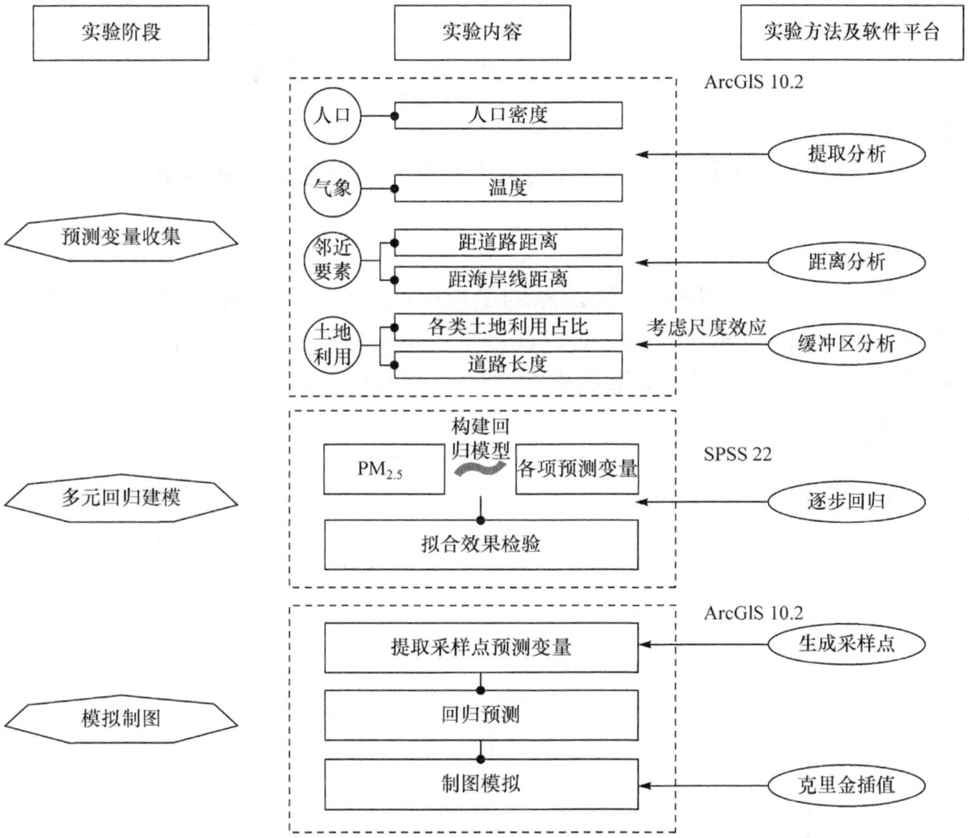

图11.2　实验流程图

11.2　实验步骤

11.2.1　预测变量收集

1. 提取分析

为了表征监测站点的人口、气象特征，可以提取空气污染监测站点处的温度及人口数据，利用Spatial Analyst Tools→Extraction→Extract Values to Points工具。工具参数及提取结果见图11.3。

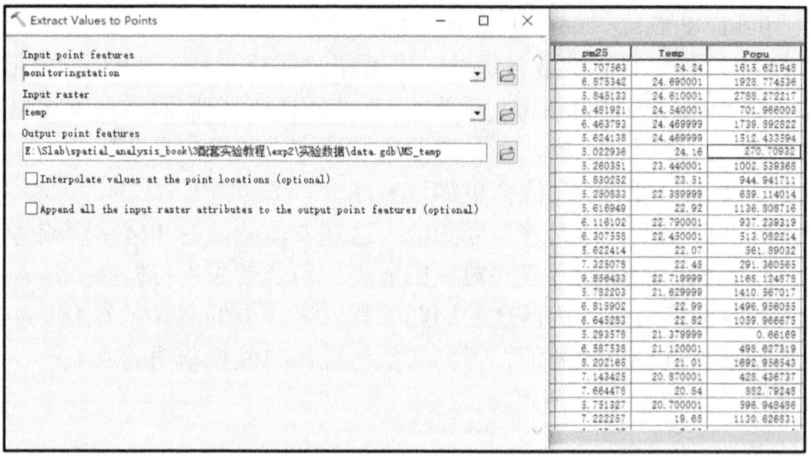

图 11.3　提取监测站点处的温度及人口数据

2. 距离分析

为了量度道路交通因素的影响，可以采用监测站点距道路的距离和距海岸线的距离等指标。

1) 距道路距离

获取监测站点距一级道路和二级道路的最近距离，可以首先使用欧氏距离工具 Spatial Analyst Tools→Distance→Euclidean Distance，生成距离栅格，这个栅格内的像元值就是距道路的距离(图 11.4)。而后采用值提取到点的方式将该栅格上监测点位的相应数值提取到点数据的属性表中。

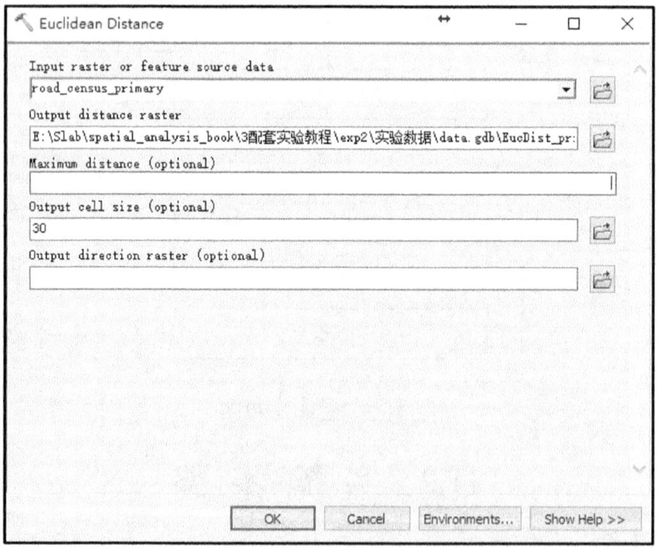

图 11.4　欧氏距离

2) 距海岸线的距离

因为海岸线并不像道路网那样在大陆上纵横交错，所以要获取距海岸线的最近距离，可以使用邻近分析的方法。这里使用 Analysis Tools→Proximity→Near 工具，可以获取监测站点距海岸线的最近距离(图 11.5)。

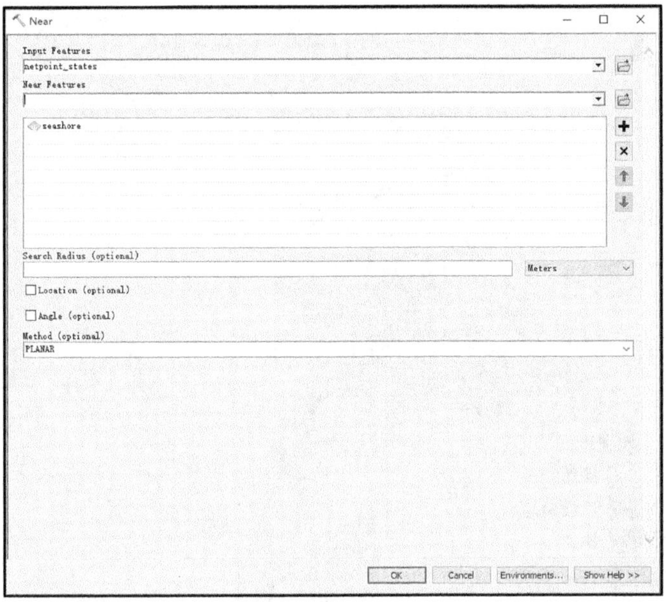

图 11.5　邻近距离

3. 缓冲区分析

本实验中重要的预测变量来自于土地利用数据。而对于原始土地利用数据，其用地分类达到了 16 类，过于细致。因此首先考虑对土地利用数据进行重分类，将实验中需要考虑的用地类型综合并保留下来，并把不需要参与计算的土地利用类型删去。

使用 Spatial Analysis Tools→Reclass→Reclassify 工具，可以将 16 类土地利用数据重分为 5 类(水体、林地、耕地、建设用地和裸地)，并将其他类别的数据值设为 NoData，参数设置见图 11.6。重分类之后的土地利用数据见图 11.7。为了便于后续实验统计各土地利用类型占比，再使用 Convension Tools→From Raster→Raster to Polygon，将土地利用数据转换为矢量类型，如图 11.8 所示。

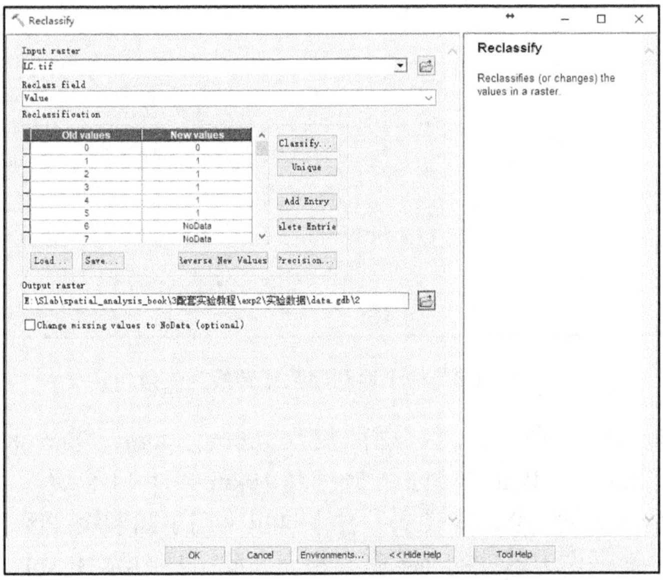

图 11.6　重分类

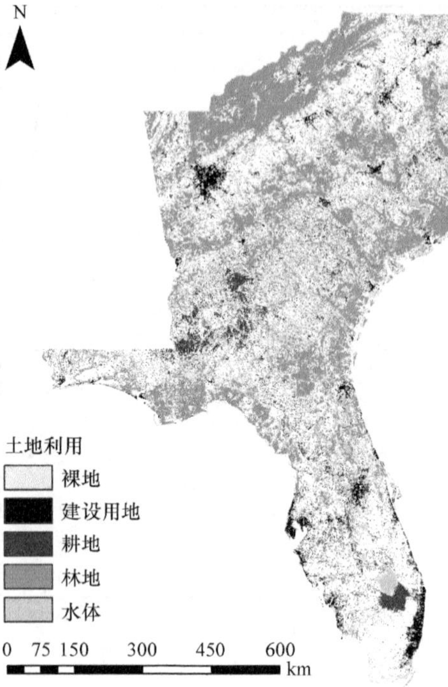

图 11.7　土地利用重分类

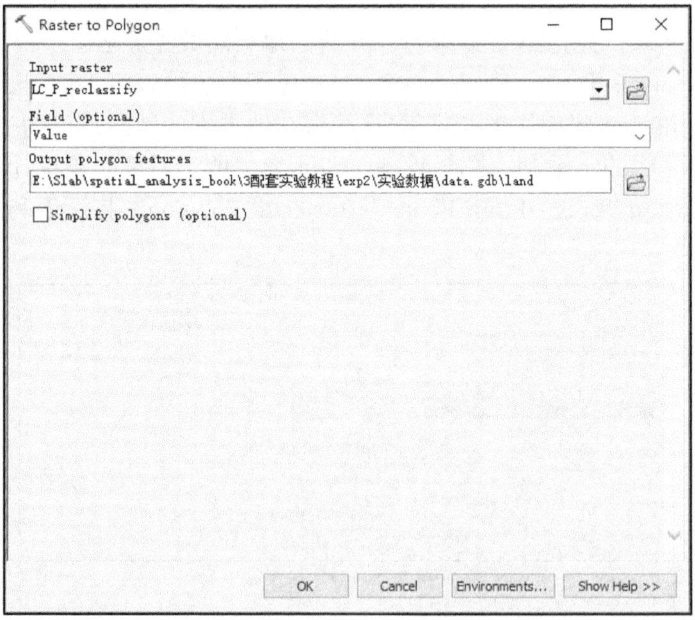

图 11.8　将土地利用数据转换为矢量

对空气污染的监测站点进行缓冲区分析，提取 100m、300m、500m、800m、1km、1.5km、2km、2.5km、3km、3.5km、4km、4.5km、5km 和 10km 共计 14 个缓冲半径下的缓冲区。使用 Analysis Tools→Proximity→Buffer 工具，注意这里采用了圆形缓冲区，距离相近的缓冲区不融合成为一个面，而是作为单独的面要素存在，因此工具中的 Dissolve Type 选择 NONE，如图 11.9 所示。

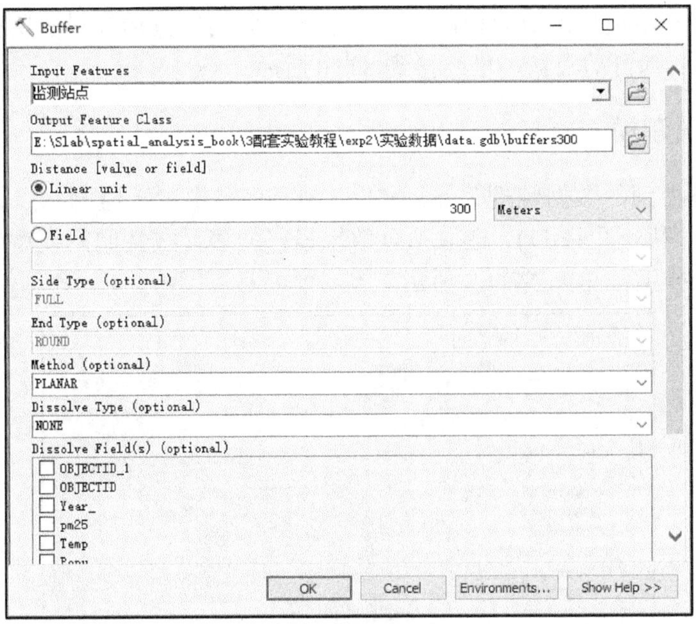

图 11.9 缓冲区分析

提取不同级别的缓冲区内的道路长度，以及 5 种用地类型的面积占比，可以使用交集制表工具，采用 Analysis-Statistics→Tabulate Intersection 工具，可以提取线要素的长度和面要素的面积占比。需要说明的是，因为同时处理的面数较多，所以可以采用批处理的方式进行操作，具体操作方法是在相应工具(如 Tabulate Intersection)处右键选择 Batch，并填入相应参数，如图 11.10 所示。

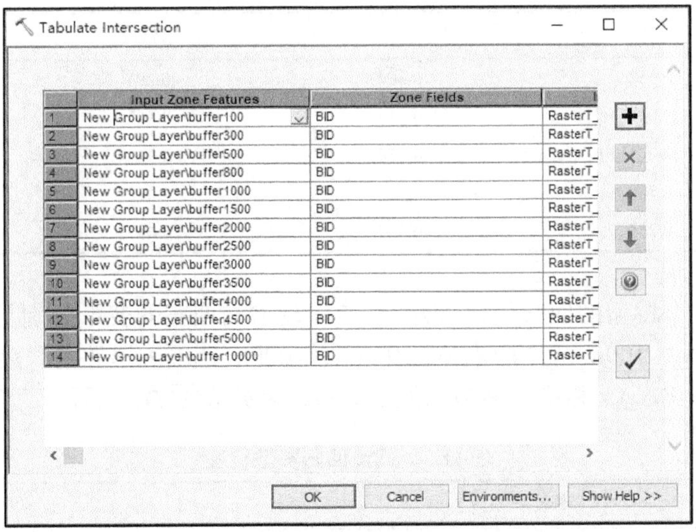

图 11.10 批处理(交集制表)

将上述操作得到的所有信息汇总到监测站点的.shp 文件，并将其属性表导出为 DBF 文件，在 Excel 中可以打开查看相应数据内容。

最终获取的数据是 $PM_{2.5}$ 监测数据，监测点处的人口密度、年均气温，监测点距一级道路、二级道路和海岸线的距离，以及监测点各缓冲区范围内的道路总长度和监测点各缓冲区范围内的 5 种土地利用类型占地面积比例。由于缓冲区内部分指标对于所有的监测站点统计值均为 0，无法计入则自动去除，最终得到 83 个指标。

11.2.2　多元回归建模

将上一步处理得到的数据整理为.csv 文件，在 SPSS 中对于监测站点数据与得到的预测变量进行逐步线性回归(图 11.11)，选取拟合效果最好的多元线性回归模型作为土地利用回归模型。各逐步回归模型汇总如表 11.2 所示。

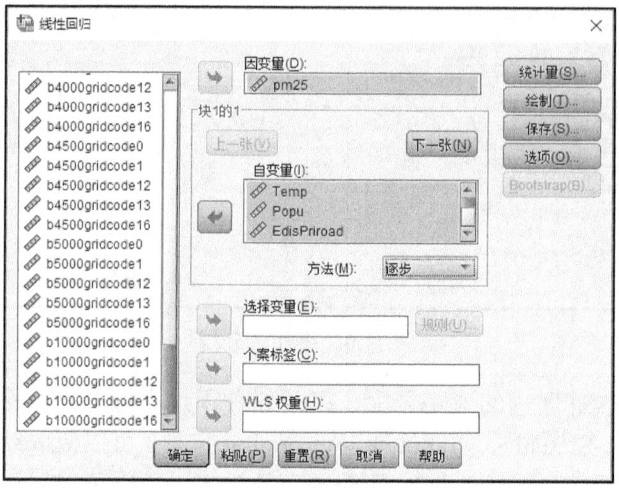

图 11.11　逐步线性回归

表 11.2　逐步回归模型汇总

模型	R	R^2	调整 R^2	标准估计的误差
1	0.552	0.304	0.297	1.102
2	0.644	0.415	0.402	1.015
3	0.69	0.476	0.458	0.967
4	0.708	0.501	0.478	0.949
5	0.724	0.524	0.497	0.932

由此可见第五个模型的回归效果最好，查表发现参与回归的变量分别是距海岸线距离(x_1)、距一级道路距离(x_2)、100m 范围内水体占比(x_3)、4000m 范围内道路总长度(x_4)，以及 5000m 范围内裸地面积占比(x_5)，相应的参数值及 t 检验结果如表 11.3 所示。

表 11.3　逐步回归参数检验

	非标准化系数		t	Sig.
	系数	标准误差		
x_1	0.511	0.061	8.317	0
x_2	−0.281	0.065	−4.297	0
x_3	−2.318	0.61	−3.799	0
x_4	−0.091	0.041	−2.245	0.027
x_5	47.721	23.231	2.054	0.043

由此，本次实验所构建的土地利用回归方程为

$$y = 0.511 \cdot \ln(x_1) - 0.281 \cdot \ln(x_2) - 2.318x_3 - 0.091 \cdot \ln(x_4) + 47.721x_5$$

根据上述预测方程建立了预测变量及自变量之间的关系，下面可以简单地对真实值和预测值进行对比检验(图 11.12)。真实值和预测值二者间相关系数达到了 0.423，对于这样的数据规模而言是一个不错的结果。

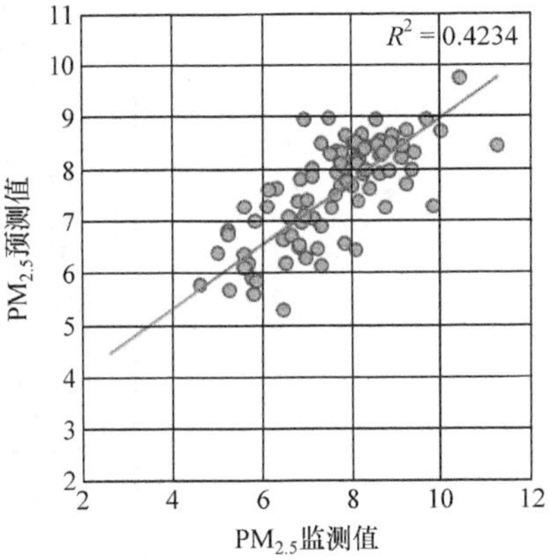

图 11.12　对比检验

11.2.3　模拟制图

根据 11.2.2 节建立的回归方程可以对该区域无监测站点处的 $PM_{2.5}$ 浓度进行预测。

一个简单的思路是，在整个区域内提取 10km×10km 规则格点和格网，计算规则格点所在位置的各预测变量的数值，利用回归方程计算格点 $PM_{2.5}$ 浓度，再将该浓度赋值给格点，最终通过插值的方法得到分布图。

使用渔网工具 Data Management→Feature Class→Fishnet，设置 10km 方格为采样单元，同时，应将处理范围设置为与四州范围相同，这样生成的渔网将以四州所在的最小外接矩形作为处理范围(图 11.13)。在生成的渔网点中，使用按位置选择工具(图 11.14)得到四州范围内的采样点(图 11.15)。

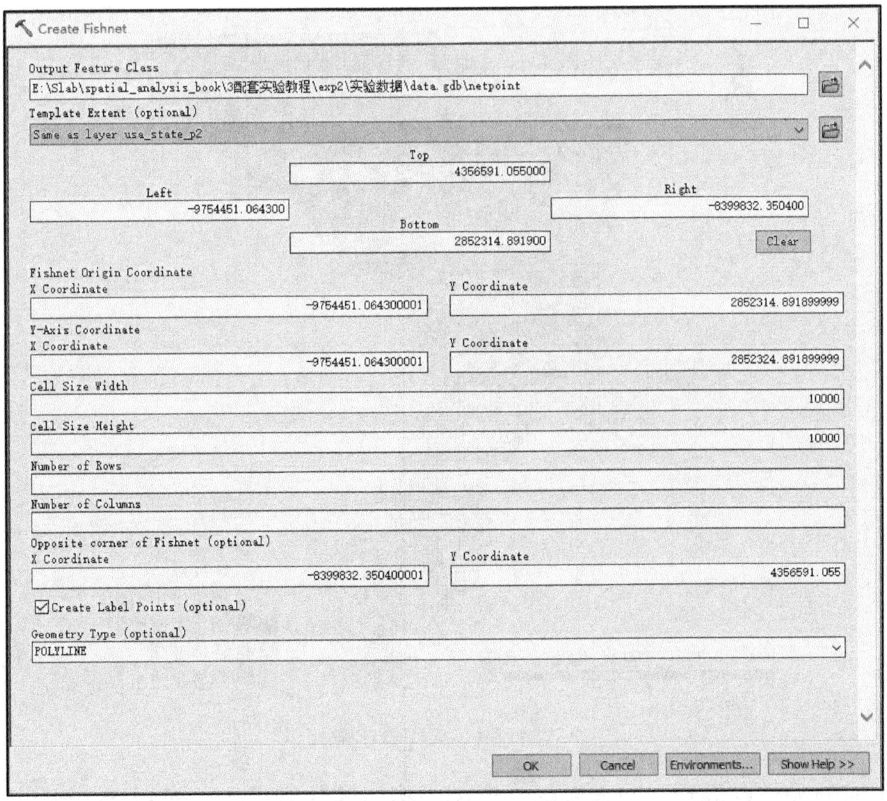

图 11.13　渔网工具提取采样点设置

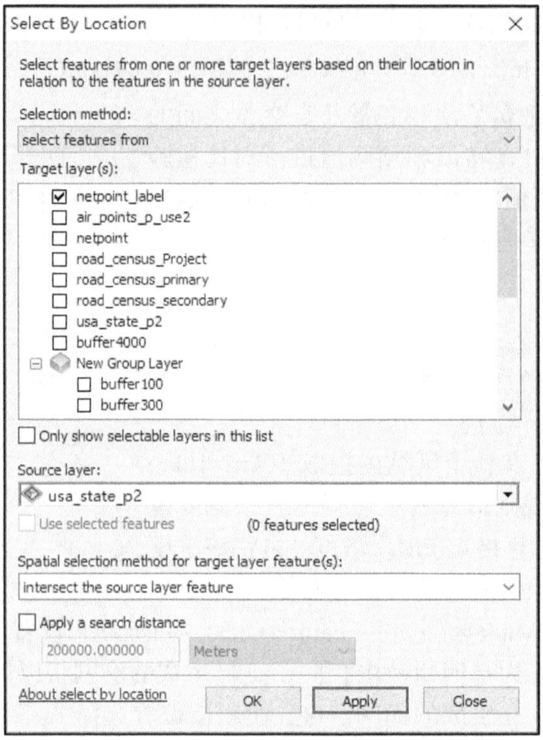

图 11.14　按位置选择

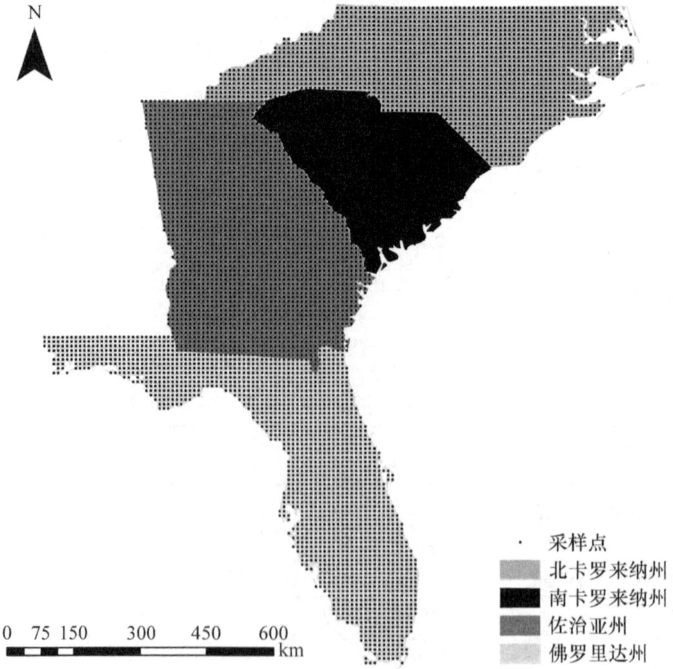

图 11.15　采样点生成

根据生成的采样点得到回归方程的 5 个相应指标的数值,代入回归方程之后求得预测值。最后使用克里金插值，得到四州的 $PM_{2.5}$ 浓度预测格局(图 11.16)。

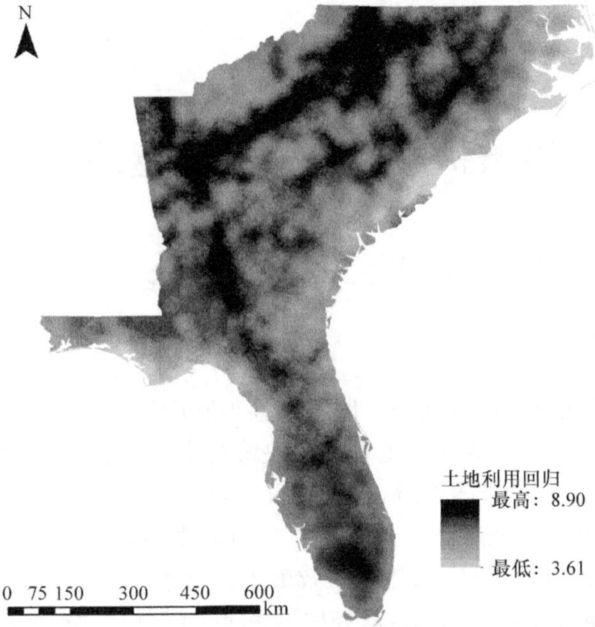

图 11.16　土地利用回归结果

11.3　讨论与总结

本章实验的重点是进行土地利用回归的实践并直观地感受回归制图方法的实际效果。模型主要应用了提取分析、距离分析和缓冲区分析等多种空间分析方法，结合逐步回归构建土地利用回归模型，并根据模型进行 $PM_{2.5}$ 预测和空间模拟制图。

本实验也存在一些需要进一步讨论的地方。例如，在选取对空气污染有影响的相关指标变量的时候，可以进一步考虑一些直接的影响因素，如工业污染源所在地等。但由于数据所限未能实现，有条件的读者可以对这类具有专题作用的数据加以利用。同时在选取和构建多元回归模型时，利用了最简单的逐步回归方法确定了一个多元线性模型作为主要的模型框架，事实上，相关的文献中已经提出，在土地利用回归中结合空间回归、地理加权回归等考虑空间自相关或空间异质性的模型，会取得更好的拟合效果，有兴趣的读者可以自行加以改进和完善。

实验十二　城市扩展时空格局、驱动力及模拟预测

12.1　实 验 概 述

12.1.1　背景及目的

随着社会经济的发展及人口的增长，城市范围不断增长，这一现象称为城市扩展。分析并预测城市扩展的时空格局，可为城市管理提供决策与支持。城市扩展受到诸多因子的影响，一方面，利用时间序列分析和随机森林回归，可以探讨城市扩展的时空规律，并寻找其驱动因子；另一方面，以 DEM、坡度、坡向、距主要河流距离等自然社会和政策因素作为影响规则，则可采用地理元胞自动机模拟并预测城市扩张过程。通过本实验希望达到以下目的：①掌握曼-肯德尔(Mann-Kendall, M-K)趋势检验和自回归积分滑动平均模型(autoregressive integrated moving average model, ARIMA)；②掌握随机森林回归方法；③了解地理元胞自动机模型。

12.1.2　数据说明

本实验所使用的数据存储于 data_exp12 文件夹中，包含的数据内容及其来源见表 12.1。

表 12.1　实验数据内容及其来源

数据类型	数据来源	数据内容	数据说明
时间序列数据	统计年鉴	1993～2012 年二十年间某城市建设用地面积 1994～2012 年，以上一年为基年的某城市各项主要社会经济指标的增长率数据	表格文件，*.csv 格式
遥感影像	公开的遥感影像	某市 1993、1998、2003 三年的建设用地遥感影像	栅格数据，*. tif 格式
基础地理数据	土地利用图	行政区划、主要河流、道路和城镇中心	失量格式，点、线、面数据

12.1.3　整体实验设计

本次实验要解决三个主要问题：①如何识别城市扩展的时空特征？②如何分析城市扩展相关驱动因子的相对重要性？③如何进行城市扩展过程的模拟？

城市扩展在时间上的特征主要表现为是否持续增长，有什么样的趋势。可以采用 M-K 检验判别是否存在趋势，并进一步利用 ARIMA 模型进行时间序列预测。从空间上，城市扩展的主要特征在于各向异性，可以寻找城市中心，分多个方向计算建设用地面积，并进行比较，从而说明这种特性。城市扩展与社会经济、人口、政策密切相关，应当建立城市扩展速率与其他各项指标间的解释模型，来探究城市扩展的驱动因子。随机森林回归一方面对于变量数量和变量共线性不敏感，另一方面能够给出各个解释变量的相对重要性，因此十分适合

作为探究城市扩展驱动因子的模型。模拟和仿真能够使我们更加深刻合理地理解事物的内在运行机理，而地理元胞自动机是城市扩展领域中常用的模拟方法，具有较好的适应性，可以使用成熟软件实施，因此在本实验中利用 IDRISI 的 CA_MARKOV 模块，进行城市扩展模拟。

本实验的整体流程如图 12.1 所示。

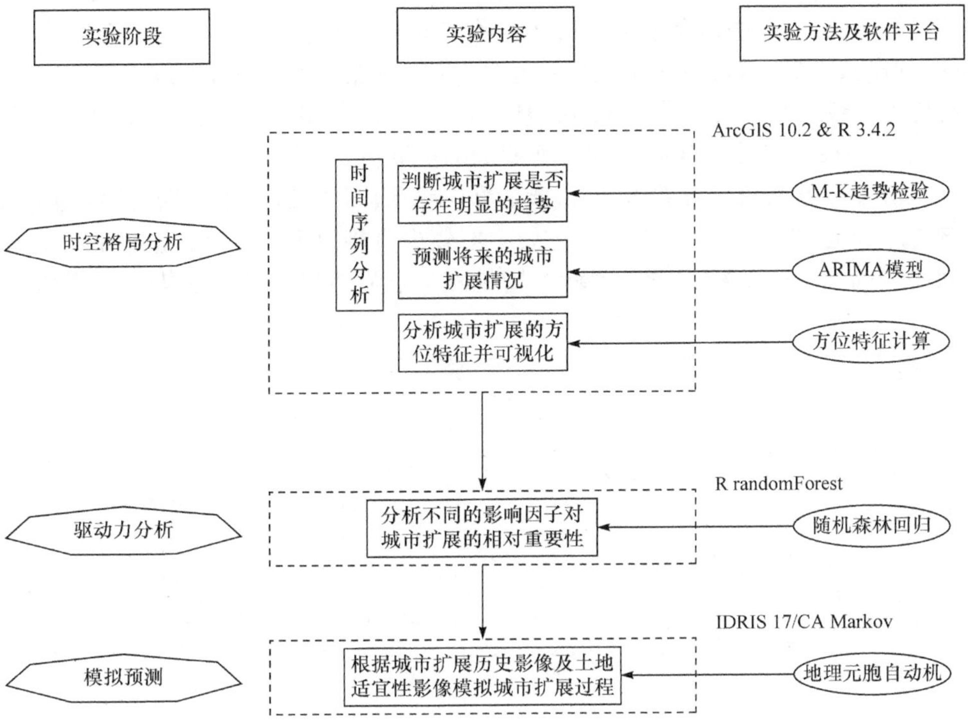

图 12.1　实验流程图

12.2　实验步骤

12.2.1　时空格局分析

1. 曼-肯德尔趋势检验

曼-肯德尔(M-K)趋势检验是一种用于检测时间序列数据是否具有增加或减少趋势的方法。M-K 检验为非参数检验，意味着它对于所有的分布都适用。虽然 M-K 趋势检验可以用来探寻只有四个样本的趋势，但是只有几个样本很可能无法找到趋势。有较长时间的样本参与 M-K 趋势检验才可能获得真实趋势，一般，建议参与 M-K 趋势检验的最小样本量至少是 8～10 个。

在 R 中进行 M-K 趋势检验，宜使用 Kendall 包，该包针对曼-肯德尔趋势检验设计，可以计算各统计量。相关 R 代码与详细注释如下。

```
install.packages('Kendall')     #安装 Kendall 包
libarry('Kendall')     #引入 Kendall 包
data=read.csv("C:/ts_data.csv")     #读取 data.csv 数据
area=ts(data[,2],start=1993)     #将数据转换成时间序列数据
```

```
plot(area)    #绘制某区域面积随时间变化的图像
MK_result=MannKendall(area)    #进行 M-K 检验
MK_result    #显示 M-K 检验基本结果
summary(MK_result)    #显示 M-K 检验详细结果
```

通过 R 进行 M-K 检验后，对结果进行解读需要观察两个核心统计量。其一是 Kendall 等级相关系数 τ(tau)。tau 的值介于-1～1，0 表示完全没有趋势，1 表示完全的正向增加趋势。tau 的解读方式和传统的 Pearson 相关系数近似。其二是假设检验对应的 p 值(p value)，其解读方法和传统一致。在本实验中，tau=0.995，$p=2.22\times10^{-16}<0.01$。在$\alpha=0.01$ 置信水平上，该城市在 1993～2012 年这二十年间存在显著的范围扩展。

通过 summary 函数可以查看 M-K 检验的详细结果(图 12.2)。其中值得注意的是 Score 统计量，该统计量是肯德尔得分，基础而重要，但较少直接使用。其计算思想是，把每一个值都与时间序列前面一个值相比较，判断是增是减，然后将这种增减趋势进行累加，得到总趋势。

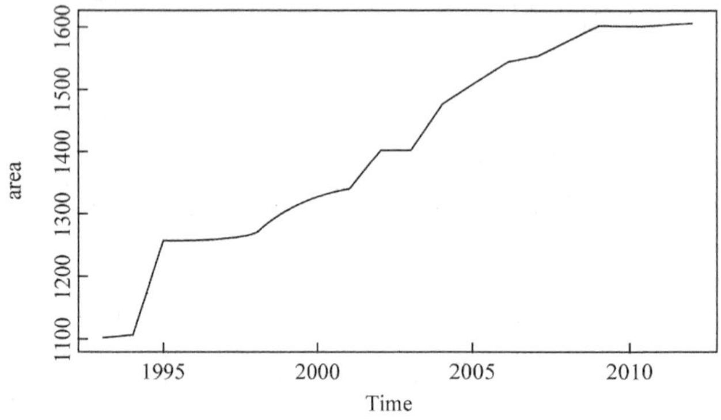


```
> MK_result
tau = 0.995, 2-sided pvalue =< 2.22e-16
> summary(MK_result)
Score = 188, Var(Score) = 948
denominator = 188.9974
tau = 0.995, 2-sided pvalue =< 2.22e-16
```

图 12.2　曼-肯德尔趋势检验结果

2. ARIMA 模型

ARIMA 模型，即差分自回归移动平均模型，指将非平稳时间序列转化为平稳时间序列，然后将因变量仅对它的滞后值及随机误差项的现值和滞后值进行回归所建立的模型。ARIMA 模型常写作 ARIMA(p, d, q)，其中 p 为自回归项数，q 为移动平均项数，d 为时间序列平稳时所做的差分次数。在 R 中根据城市面积的时间序列建立 ARIMA 模型并对城市扩展过程进行预测，适合采用 forecast 包。其主要过程可以划分为四步，即数据处理→参数估计→建立模型→进行预测。在 R 中主要代码和详细注释如下。

```
#STEP 1 数据处理
#安装 forecast 包
install.packages('forecast')
#先引入依赖包 zoo，再引入 forecast 包
library('zoo')
library('forecast')
#读取 read.csv 数据
data=read.csv("C:/ts_data.csv")
#将数据转换成时间序列数据
```

```
area=ts(data[,2],start=1993)
plot(area) #绘制原始时间序列，发现不稳定


#STEP 2 参数估计
arealog <- log(area)
areadiff <- diff(arealog, differences=1)
plot(areadiff)
#时间序列一阶差分后稳定，人工估计 d=1
#进一步查看 ACF 与 PACF 图像
acf(areadiff, lag.max=20) #判读，人工估计 p=0
pacf(areadiff, lag.max=20) #判读，人工估计 q=0
#和人工判读做对比，利用程序自动计算最优参数
arimaModel=auto.arima(area,trace=T)


#STEP 3 建立模型
arimaModel=arima(area,c(0,1,0)) #根据自动计算得到的最优参数建立模型


#STEP 4 进行预测
predict(arimaModel,n.ahead=3)
```

在以上步骤中，参数估计最为重要。参数估计是指确定 ARIMA(p, d, q)中 p、d、q 的过程。可以通过经典的人工识别方式进行判读，也可以通过 forecast 包中的函数自动获取最优的参数。

人工判读时，通过时间序列及其差分的图像是否稳定来判断参数 d 的取值；根据时间序列的自相关函数(auto correlation function, ACF)图像中的超限情况及图像是否拖尾来判断 p 的取值；根据偏自相关函数(partial auto correlation function, PACF)中的超限情况及图像是否拖尾来判断 q 的取值。截尾是指时间序列的自相关函数(ACF)或偏自相关函数(PACF)在某阶后均为 0 的性质，而拖尾是 ACF 或 PACF 并不在某阶后均为 0 的性质。

原时间序列在 M-K 检验部分已经可以明显识别出上升趋势不稳定，因此需要对原时间序列进行差分。对原时间序列进行 log 平滑，并进行一阶和二阶差分，发现一阶差分后时间序列相对稳定(图 12.3)。因此 d 可以考虑取 1。

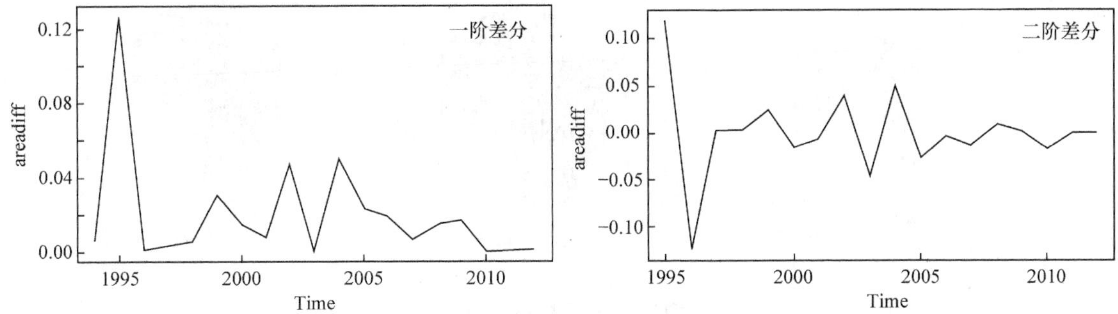

图 12.3　时间序列差分图

进一步绘制时间序列的自相关函数(ACF)图像和偏自相关函数(PACF)图像。发现 ACF 和

PACF 取值均从 1 开始便在限内(图 12.4)。因此，判断 $p=q=0$。

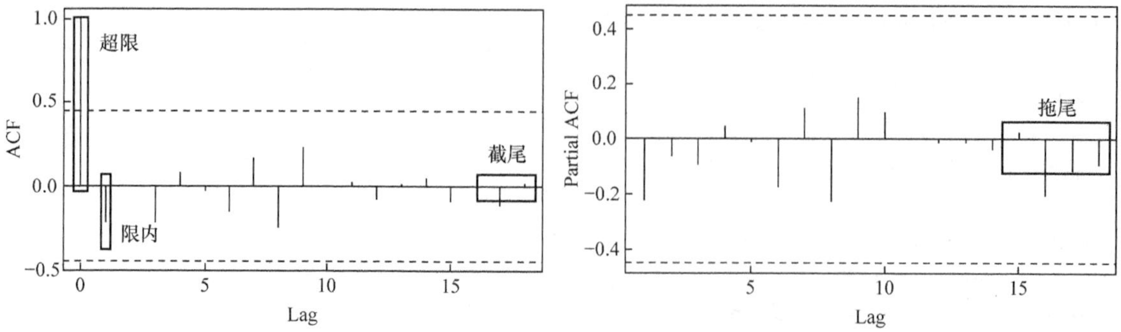

图 12.4　ACF 与 PACF 图像

利用 forecast 包中的 auto.arima 函数可以自动尝试不同的 ARIMA 模型并选取其中的最优参数。在本案例中，人工判读结果与自动择优结果一致，参数为 $p=0$、$d=1$、$q=0$(图 12.5)。

```
> arimaModel=auto.arima(area,trace=T)

 ARIMA(2,1,2) with drift         : Inf
 ARIMA(0,1,0) with drift         : 194.6978
 ARIMA(1,1,0) with drift         : 196.3847
 ARIMA(0,1,1) with drift         : 196.2581
 ARIMA(0,1,0)                    : 200.5225
 ARIMA(1,1,1) with drift         : Inf

 Best model: ARIMA(0,1,0) with drift
```

自动判断最优模型

```
> arimaModel=arima(area,c(0,1,0))
> arimaModel
Call:
arima(x = area, order = c(0, 1, 0))
sigma^2 estimated as 1995:  log likelihood = -99.14,  aic = 200.29
> predict(arimaModeltest,n.ahead=3,)
$pred
Time Series:
Start = 2013
End = 2015
Frequency = 1
[1] 1606.5 1606.5 1606.5
```

建立模型，并获得模型表现情况

根据模型进行预测

图 12.5　ARIMA 模型过程与结果

根据参数建立 ARIMA 模型，并预测后三年土地利用扩展情况。结果显示 2013～2015 三年的土地利用面积均为 1606.5，保持稳定。

3. 方位特征计算

城市扩展的一个典型特征就是各向异性。可以找到城市的中心，求城市在不同方向上的面积比重来表现这种空间特征。当城市用地范围的原始数据是栅格时，求解这种典型特征的技术路线可以描述为：栅格重采样→栅格转点→求中位中心→编程计算八方向面积比重→可视化结果(图 12.6)。

图 12.6　提取栅格中位中心

栅格重采样的目的是减小数据大小，使得之后的计算步骤在保证精度的情况下尽可能快速。其实质是增大了像元大小。在 ArcGIS 中的执行路径为：ArcToolbox→Data Management

Tools→Raster→Raster Processing→Resample。本实验中，输入为某市 1993 年建设用地栅格，该栅格原始像元边长为 30m，重采样后像元边长为 300m(图 12.7)。

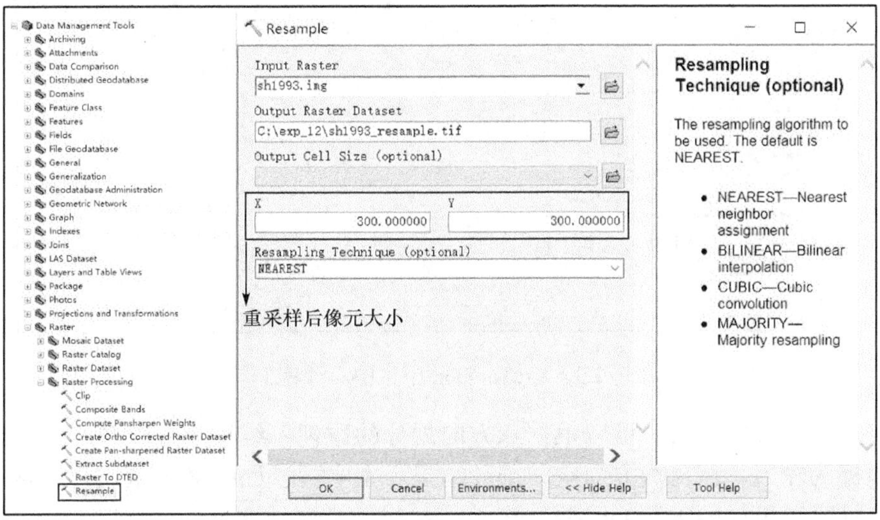

图 12.7　ArcToolbox 栅格重采样工具

栅格转点建立在栅格重采样的基础上，该工具能够通过在每一个像元的中心生成一个点的形式把栅格数据转化为点要素数据。可以在点要素的属性表中添加 X、Y 字段并进行计算几何从而获得点的坐标。栅格转点工具在 ArcGIS 中的路径为：ArcToolbox→Conversion Tools→From Raster→Raster to Point(图 12.8)。

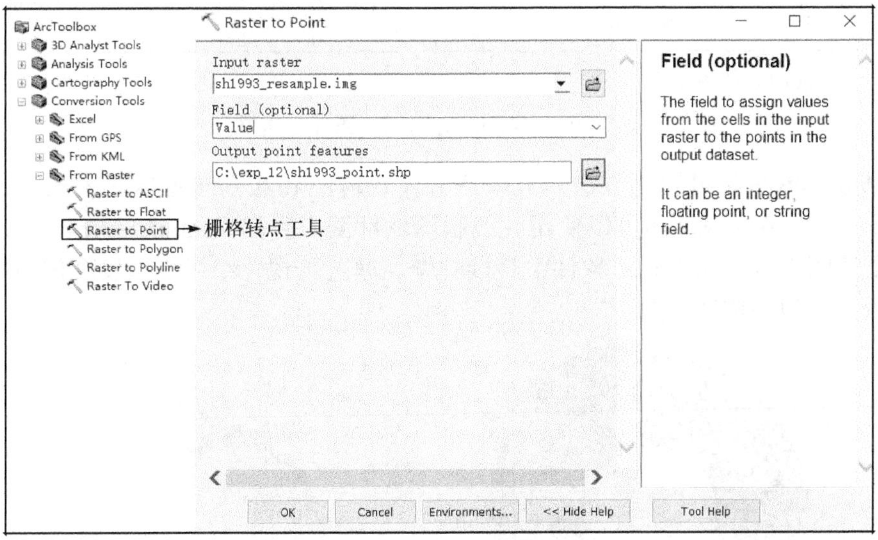

图 12.8　ArcToolbox 栅格转点工具

在获得栅格的代替点群的基础上，可以用点群中心近似代替栅格中心。在 ArcGIS 中可以计算平均中心和中位中心，考虑到中位中心对极值不敏感，而研究区域存在极值现象，因此采用中位中心作为点群的中心。中位中心计算工具的路径为：ArcToolbox→Spatial Statistics Tools→Measuring Geographic Distributions→Median Center(图 12.9)。

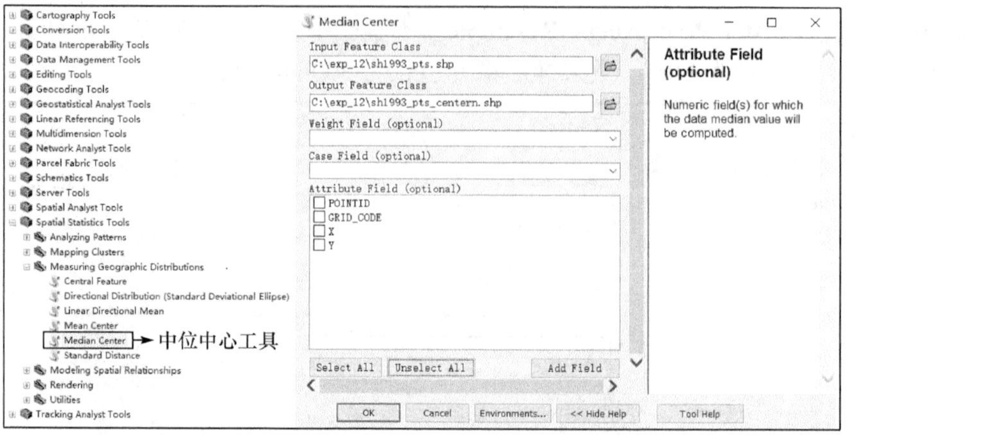

图 12.9　ArcToolbox 中位中心计算工具

得到点群和点群中心后，可以根据八方向划分的原理，编写计算程序，以点群坐标和点群中心点坐标为输入，获得八方向空间统计结果。本实验过程中采用 R 语言编写求解函数。计算原理与计算结果如图 12.10 所示。

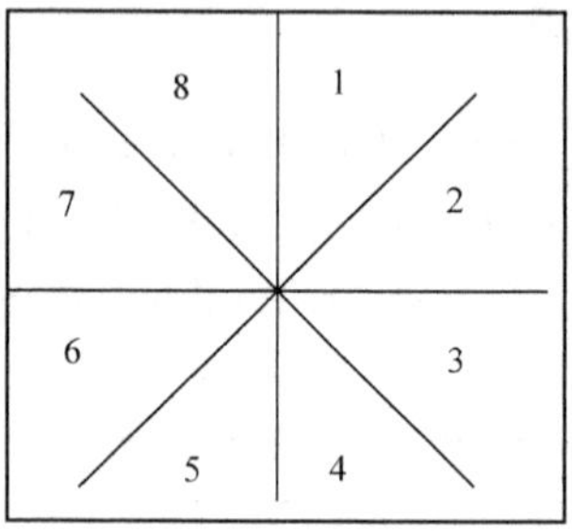

(a) 八方向划分原理

A	B
八方向计数统计结果如下：	八方向百分比统计结果如下：
211	0.140666667
203	0.135333333
170	0.113333333
116	0.077333333
299	0.199333333
154	0.102666667
175	0.116666667
172	0.114666667

(b) 八方向划分结果

图 12.10　空间八方向划分原理与结果

计算结果具有多种可视化方法，其中八方向玫瑰图和八方向雷达图表现效果较好，如图 12.11 所示。八方向玫瑰图可以使用在线制图软件图表秀完成(https://www.tubiaoxiu.com)，而八方向雷达图则可以在 Excel 软件中直接制作。通过可视化结果可以发现城市扩展在北偏西方向有较为强烈的扩展倾向。

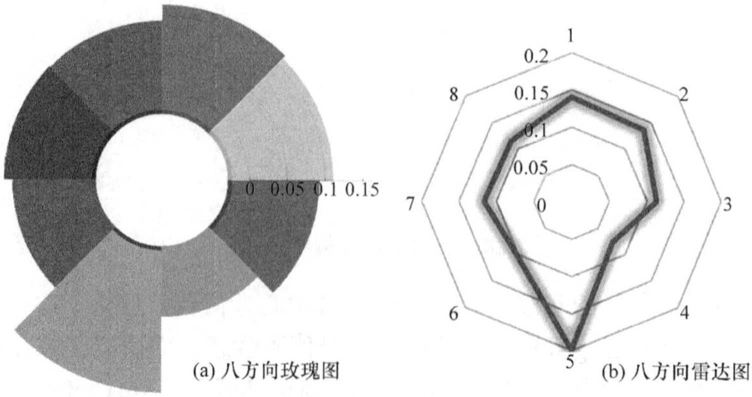

(a) 八方向玫瑰图　　(b) 八方向雷达图

图 12.11　空间特征可视化

12.2.2　随机森林回归

城市扩展驱动力分析，实际上是对城市扩展指标与一系列社会经济指标之间关系的分析。其重点在于，在合理选取描述指标的前提下，采用恰当的模型对指标关系进行拟合，并给出结果解释。

本案例中，采用城市面积增长率(以前一年为基年)作为描述城市扩展的指标，采用包括第一产业、进出口总额在内的 27 个常用社会经济指标的增长率(以前一年为基年)作为解释变量。其中前者通过已有建设用地面积进行计算处理得到，后者可以在某市统计年鉴中查得。

本案例采用随机森林回归作为探寻指标间关系的模型。随机森林是一种基于决策树的算法，其计算过程需要模拟和迭代，被归纳在机器学习算法内。随机森林模型可以用于解释若干自变量对因变量的作用。其基本过程为：①有放回地从原始样本 N 中随机抽取 k 个样本，生成新的训练样本集合，每个样本集合容量为 k；②根据训练样本集合生成 k 个决策树组成的随机森林，得到 k 种分类结果；③根据 k 种分类结果对每个记录进行投票表决来决定最终分类。在本案例中使用随机森林作为回归模型的主要原因在于随机森林回归对于变量共线性不敏感，且能够量化输出不同自变量的相对重要性。除此之外，随机森林对离群值不敏感，在随机干扰较多的情况下，依然表现稳健，不易产生对数据的过度拟合(图 12.12)。

在以随机森林为代表的监督机器学习算法中，通常将数据划分成三类，一是训练数据集，二是测试数据集，三是预测数据集(图 12.13)。训练数据是用来训练随机森林模型的数据；测试数据和训练数据在形式上一致，都具有自变量和因变量，但是它并不用来训练模型，而是用来评价模型的性能。在原始数据样本量较多的情况下，一般对原始数据集进行划分，以获

	A	B	C	D	E	F	G
1	指标	1994	1995	1996	1997	1998	1999
2	城市面积增长率	0.65413	13.5662	0.07153	0.28592	0	3.70634
3	年末总户数	2.6	3.1	3.1	2.8	3.4	3.1
4	年末户籍总人口	1.7	1.7	1.7	1.5	1.8	2.5
5	男	1.9	1.8	1.8	1.5	2	2.6
6	女	1.6	1.5	1.6	1.5	1.7	2.4
7	新区生产总值	28.6	22	20.2	18.3	16.8	16.1
8	第一产业	5.1	14.2	1.9	5.3	5.9	3.8
9	第二产业	21.6	21.9	17.4	16.3	14	13.5
10	第三产业	42.8	22.6	30	24.3	24.2	22.5
11	工业总产值	20.1	19.3	18.2	18.4	15.1	17.3
12	固定资产投资总额	58.7	9.2	38.6	27.7	15.6	-24.9
13	城市基础设施投资额	43.9	-32.2	84.7	20.9	48.5	-11.7
14	社会消费品零售总额	97.4	32.9	27.5	15.7	10.3	10.8
15	外贸进出口总额	82.7	52	12.2	22.6	21	28.2
16	出口总额	93.1	70.8	-2.2	18.3	15.1	26.3
17	进口总额	73.7	33.9	30	26.5	26.1	29.8
18	港口货物吞吐量	-7.8	-27.6	19.7	2.9	-5.8	-1.3
19	外商直接投资合同项目	12	-19	-4.3	-23.2	-9.9	-15.2
20	外商直接投资合同金额	47.6	25.6	-44.4	-0.5	55	-61.5
21	居民储蓄存款年末余额	76.2	56.3	28.9	20	13.5	10.6
22	高等学校在校学生数	11.3	13	6.6	11.9	29	21.7
23	中等学校在校学生数	17.1	15.6	8.2	5	5.9	6.2
24	小学在校学生数	0.2	-1.8	-0.1	1.3	-2.7	-6.7
25	幼儿园幼儿数	-12	-3.5	-9	0.5	-0.5	1
26	医院病床	3.7	4.8	2.8	-1.2	3.4	9.8
27	卫生技术人员	4	2.3	4.4	5.2	3.1	1.2
28	执业医生	5.1	3	6.4	4.5	2.6	1.6
29	注册护士	4.9	2.6	3.7	7.6	5.1	2.7

(a) 随机森林模型逻辑结构

图 12.12　随机森林模型与指标选取

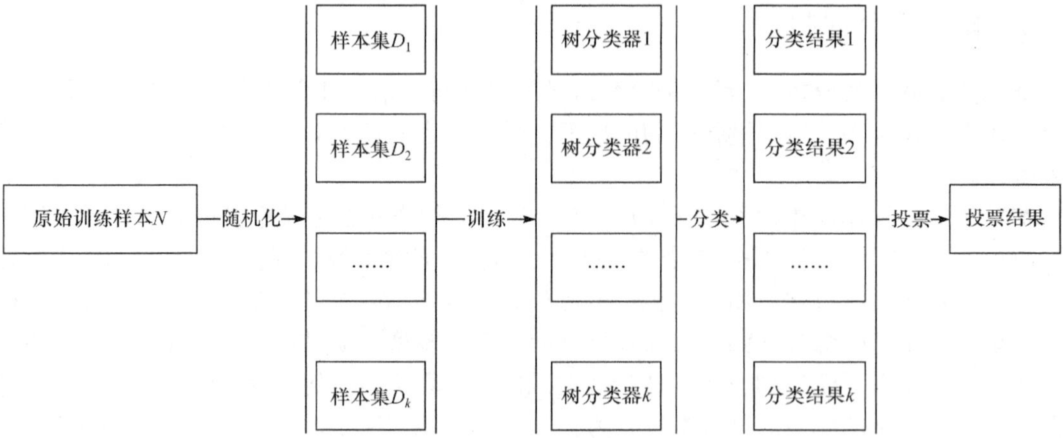

(b) 随机森林模型指标选取

图 12.12　(续)

得训练数据集和测试数据集。一种常用的划分是 75%的数据用于训练模型，25%的数据用来评价模型性能。预测的本质是将一组自变量值输入模型，最终获得因变量输出的值。在本案例中，因为样本量较少，所以训练数据集采用 100%的原始数据集，测试数据集和预测数据集从原始数据集中抽取部分，仅用于示例。

	A	B	C	D	E	F	G	H
1	y	x1	x2	x3	x4	x5	x6	x7
2	0.654129	2.6	1.7	1.9	1.6	28.6	5.1	21.6
3	13.56621	3.1	1.7	1.8	1.5	22	14.2	21.9
4	0.071531	3.1	1.7	1.8	1.6	20.2	1.9	17.4
5	0.285919	2.8	1.5	1.5	1.5	18.3	5.3	16.3
6	0.032723	3.4	1.8	2	1.7	16.8	5.9	14
7	3.706344	3.1	2.5	2.6	2.4	16.1	3.8	13.5
8	-0.057	4.1	3	3.2	2.8	16.5	4.9	15.2
9	3.816855	2.3	2.2	2.3	2	16.1	6.1	16.3
10	7.285223	2.4	2.6	2.7	2.5	16.7	4.9	16.4
11	1.372125	2.6	2.2	2.4	2.1	17.5	1.6	19.3
12	5.188981	2.3	2.4	2.4	2.3	16.4	-7.3	17.2
13	-9.1352	3.3	2.2	2.1	2.2	12.1	-4	10.5
14	-0.15724	1.7	1.5	1.4	1.5	13.4	-5.1	12.1
15	4.861678	1.8	1.9	1.8	2.1	15.2	-5.4	10.1
16	19.63807	1.3	1.6	1.4	1.9	11.6	-5.8	9.1
17	1.372236	1.3	1.4	1.3	1.4	10.5	-2.7	6.3
18	0.057824	2.6	1.3	1.2	1.4	12.4	-2.7	15.3
19	0.826356	1.2	1	0.9	1	11.1	-0.9	9.5
20	0.002335	1	0.9	0.9	0.9	10.1	-6.8	3.7

(a) 训练数据集

	A	B	C	D	E	F	G	H
1	y	x1	x2	x3	x4	x5	x6	x7
2	13.56621	3.1	1.7	1.8	1.5	22	14.2	21.9
3	-0.057	4.1	3	3.2	2.8	16.5	4.9	15.2
4	3.816855	2.3	2.2	2.3	2	16.1	6.1	16.3
5	7.285223	2.4	2.6	2.7	2.5	16.7	4.9	16.4
6	-9.1352	3.3	2.2	2.1	2.2	12.1	-4	10.5
7	-0.15724	1.7	1.5	1.4	1.5	13.4	-5.1	12.1
8	1.372236	1.3	1.4	1.3	1.4	10.5	-2.7	6.3
9	0.002335	1	0.9	0.9	0.9	10.1	-6.8	3.7

(b) 测试数据集

	A	B	C	D	E	F	G	H
1	y	x1	x2	x3	x4	x5	x6	x7
2	0	2.6	1.7	1.9	1.6	28.6	5.1	21.6
3	0	3.1	1.7	1.8	1.5	22	14.2	21.9
4	0	3.1	1.7	1.8	1.6	20.2	1.9	17.4
5	0	2.8	1.5	1.5	1.5	18.3	5.3	16.3
6	0	3.4	1.8	2	1.7	16.8	5.9	14
7	0	3.1	2.5	2.6	2.4	16.1	3.8	13.5
8	0	4.1	3	3.2	2.8	16.5	4.9	15.2

(c) 预测数据集

图 12.13　相关数据集合

在 R 中进行随机森林回归，宜采用 randomForest 包。要用到的核心函数是 randomForest、importance 和 predict。具体 R 代码如下。

```
#安装和引用 randomForest 包
install.packages('randomForest')
library('randomForest')
#读取数据，训练、测试、预测数据
train.data<-read.csv("C:/exp4_data/randomForest/randomForest_train.csv")
train.y=train.data[,1]
train.x=train.data[,2:28]
test.data<-read.csv("C:/exp4_data/randomForest/randomForest_test.csv")
test.y=test.data[,1]
```

```
test.x=test.data[,2:28]
predict.data<-read.csv("C:/exp4_data/randomForest/randomForest_predict.csv")
#训练模型
result=randomForest(train.x,train.y,test.x,test.y,mytry=8,ntree=1000,importance=TRUE)
#查看结果
result      #查看模型表现
result$importance              #查看自变量重要性的方法 1
importance(result,type=1)      #查看自变量重要性方法 2
importance(result,type=2)
#进行预测
predict(result,predict.data)
```

在上述代码中，需要对 randomForest、importance、predict 函数做进一步解读。

randomForest()是 randomForest 包中最核心的函数，用来建立随机森林模型。它根据输入数据的不同，既可以建立判别模型，又可以建立回归模型和无监督模型。在本案例中，randomForest()函数建立的是回归模型。该函数除了以基本的训练数据集和测试数据集作为输入外，还有两个重要参数，即 mytry 和 ntree。mytry 表示树节点预选的变量个数，即单棵决策树的情况；ntree 表示随机森林中树的个数，即随机森林的总体规模。这两个参数直接影响着随机森林的性能。从单棵树的角度来看，每一个决策树的分类强度越大，即每棵树枝叶越茂盛，则整体随机森林的分类性能越好；从整个森林的角度来看，树与树之间的相关度越大，即树与树之间的枝叶相互穿插越多，则随机森林的分类性能越差。在实际研究中应该调整 mtry 和 ntree 的取值，多次实验，取模型表现较优的情况。randomForest()函数的具体帮助信息，可通过 help('randomForest')来获取。

importance()函数是 randomForest 包中用来提取随机森林模型结果中因子重要性的函数，其调用格式为 importance(x, type=NULL, class=NULL, scale=TRUE, ...)。其中 x 表示随机森林结果类，type 表示测量类型，取值为 1 的时候是不准确度(%IncMSE)，取值为 2 的时候是节点纯度(IncNodePurity)。Class 返回值表示哪一个具体类被测量了。而 Scale 则是对测量值进行变换求其标准差。除了使用 importance()函数，也可以用 result$importance 的形式直接查看两种表征重要性的参数。可以通过 help('importance.randomForest')命令，进一步获取该函数的具体帮助信息。

predict()函数利用已经训练好的随机森林模型预测新的数据。其调用格式为：predict (object, newdata, type="response",norm.votes=TRUE, predict.all=FALSE, proximity=FALSE, nodes=FALSE,cutoff, ...)。其中 Object 表示已经训练好的随机森林对象，由随机森林函数创建。newdata 表示包含新数据的数据框或者矩阵，值得注意的是该数据集合应该在结构上包含自变量与因变量双方，因变量取何值对结果无影响。可以通过 help('predict.randomForest')命令，进一步获取该函数的具体帮助信息。

利用本案例中的数据和代码训练随机森林回归模型并进行数据预测，结果如图 12.14 所示。

从结果解读的角度来看，重点在于模型评价和因子重要性评价两个方面。随机森林完成训练后，输入随机森林结果类，可以查看模型基础信息。其中 Mean of square residuals 和% Var explained 最为重要。前者就是均方根误差(root mean square error, RMSE)，其值越小则模型表

```
Mean of squared residuals: 0.2788484
          % Var explained: 59.65
             Test set MSE: 0.04
          % Var explained: 86.38
```

(a) 模型表现

```
> predict(r,predict.data)
        1         2         3         4
 5         6         7
3.9001459 9.4795941 1.0873606 2.0881840 0.55689
26 3.2085698 1.1535976
```

(b) 预测结果

```
> result$importance
        %IncMSE IncNodePurity
x1 0.2737650087    3.08173613
x2 0.0045831929    0.27290132
x3 0.0195266422    0.51515734
x4 0.0011114451    0.17446244
x5 0.0266378923    0.66833709
x6 0.0085271385    0.27253867
x7 0.0706246815    1.44813592
x8 0.0018448843    0.17809450
x9 0.0443529726    1.19650558
```

(c) 重要性结果

图 12.14　随机森林回归结果

现越好；后者实际上是 R^2，其值越大则模型效果越好。另外，当给出测试数据集时，此处同样会用 RMSE 和 R^2 给出模型在测试数据集上的表现。模型本身效果较好，且将模型用于测试数据集的效果好，则模型具备较好的适应性，能够用于预测。在本案例的结果中，模型自身的 RMSE=0.279，R^2=0.60，模型表现较好；模型用于测试数据集的 RMSE=0.04，R^2=0.86，效果优秀。因此，随机森林回归模型能够良好地拟合各种社会经济因子与城市扩展因子之间的联系，能够用于进一步预测。

随机森林模型同时还给出了各个自变量的相对重要性，此结果可以帮助识别城市扩展的主要驱动因子。该结果可使用选择符$或 importance()函数获取。主要有两种判别指标，一种是不准确度(%IncMSE)，一种是节点纯度(IncNodePurity)。不准确度越高，该因子的相对重要性越高；类似地，节点纯度越高，该因子的相对重要性就越高。值得注意的是文献中往往使用 Mean Decrease Gini 和 Mean Decrese Accuracy 表示随机森林回归中因子的相对重要性，实际上它们和上面提到的两种指标是统一的。%IncMSE 是 increase in MSE，即对某变量如 x_1 随机赋值，如果 x_1 重要的话，预测的误差就会增大。所以误差的增加就等同于准确性的减少，故和 Mean Decrease Accuracy 是同一概念。IncNodePurity 在回归模型中实际上就是 RSS 的减少，node purity 的增加就等同于 Gini 指数的减少，因此和 Mean Decrease Gini 是同一概念。在本案例中，x_1(年末总户数增长率)的相对重要性指标要明显大于其他因子，因此，可以认为在本案例研究区域和研究时段内，城市家庭增长是城市扩展的主要驱动因子。

建立了效果良好的随机森林回归模型，并确定城市扩展主要因子后，根据各种社会经济因子预测城市扩展的速率就成为可能。其在程序中的使用方法和结果，在上文中已经给出。

12.2.3　地理元胞自动机

城市扩展的过程中一方面存在城市整体面积的增加和城市边际的改变，另一方面存在复杂的土地利用变化现象。而描述土地利用变化的模型主要存在两类，一类是针对土地利用的现状进行优化设计的静态模型，另一类则是建立在土地利用影响因子上的动态演化模型。地理元胞自动机就是一种极好的土地利用动态演化模型。地理元胞自动机能够综合考虑土壤、气候等自然条件和政策、经济等人文因素，同时兼顾土地利用历史变化趋势，对土地利用变化进行动态模拟，从而获得未来的土地利用情况。在土地利用变化中，地理元胞自动机模型将研究区域划分成小的栅格，即元胞，每个元胞都对应着一定的土地利用类型。土地利用变化的历史趋势、土地适宜性及其他相关社会经济条件共同构成规则集。它们决定着每次演变中每个元胞在不同的土地利用类型间转换的可能性，如果转换可能性超过了控制的阈值，则土地利用类型将在一定概率下发生转变。

IDRISI 是美国克拉克大学推出的遥感与地理信息系统结合应用的系统，具有完善的 GIS 和图像处理工具。利用 2012 年以后发布的 IDRISI 软件，可以通过其土地变化模型，模拟和预测土地覆盖的变化，并对造成这些变化的因素和机制进行分析。本案例使用 ArcGIS 10.2 和 IDRISI 19 的 CA_MARKOV 模块进行地理元胞自动机的城市扩展模拟。基本步骤可以概括为：①数据准备与生成所需栅格；②数据格式转换；③栅格重分类；④生成土地利用类型转移矩阵；⑤制作土地转变适宜性图像集；⑥CA_MARKOV 模块模拟城市扩展过程；⑦结果导出和精度评价。

1. 数据准备与生成所需距离栅格

本案例仅对某区域建设用地和非建设用地间的转换进行模拟。模拟过程涉及两个年份某区域建设用地栅格数据(region_1993.img 和 region_2003.img)。1993 年和 2003 年的建设用地栅格数据用于生成土地利用变化转移矩阵,作为土地利用变化的历史趋势,加入到规则集中。从自然角度考虑，在地理元胞自动机中常用的自然因素主要包括坡度、坡向、距主要河流的距离、距城镇中心的距离、距交通干道的距离等，考虑到本案例研究区域高程变化平缓，仅采用后三个因素作为考虑的影响因子。在本案例中，暂不考虑社会经济人文因素对土地利用变化的影响。

为获得自然角度的三个影响因素，应当生成河流、交通、城镇中心的距离栅格，可采用欧氏距离栅格工具生成。需要注意的是，在 IDRISI 中进行土地利用变化模拟时，需要涉及的栅格具有统一范围和统一的像元大小。因此，在执行欧氏距离工具前，应当在 ArcGIS 地理环境中，设置地理处理的范围与建设用地影像范围一致，以保证不同距离栅格范围上的统一(图 12.15)。

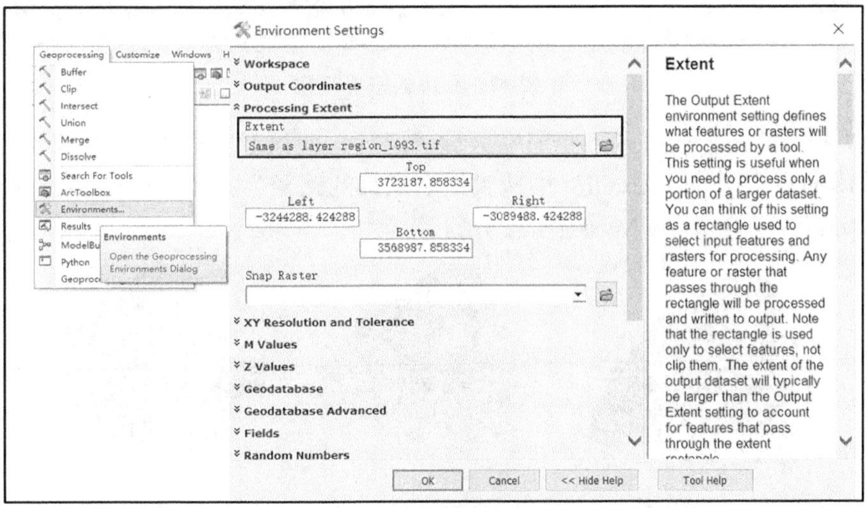

图 12.15　ArcGIS 设置地理处理环境

欧氏距离工具在 ArcGIS 中的路径为：ArcToolbox→Spatial Analyst Tools→Distance→Euclidean Distance。该工具的输入对应为 river.shp,citycenter.shp 和 citycenter.shp，输出像元大小统一为 300m，与建设用地影像数据的像元大小保持统一(图 12.16)。

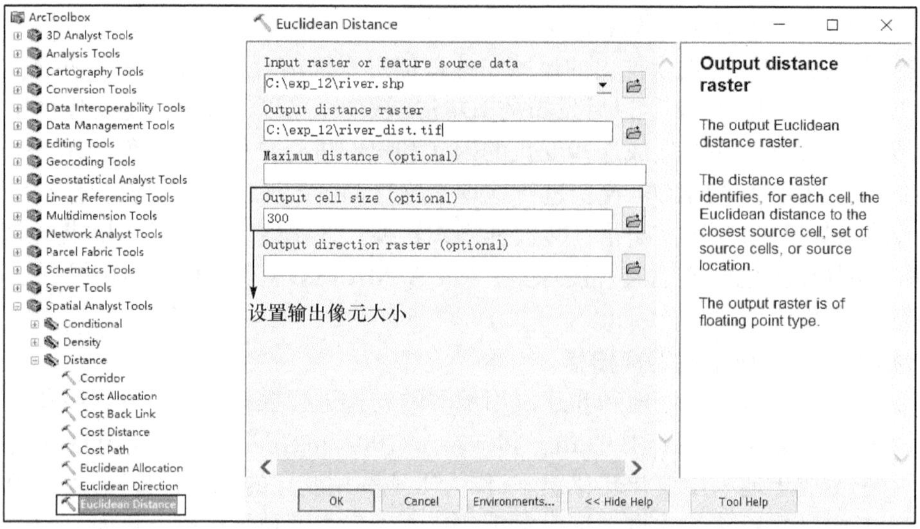

图 12.16　ArcToolbox 欧氏距离工具

以不同的矢量数据为输入，执行欧氏距离工具，生成距离栅格，结果如图 12.17 所示。

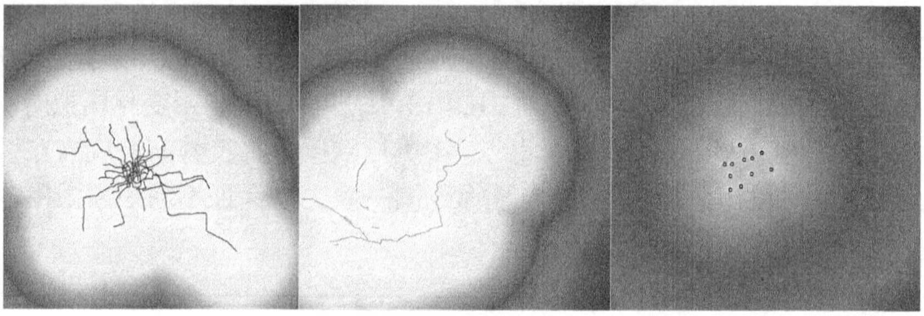

(a) 到主要道路的距离栅格　(b) 到主要河流的距离栅格　(c) 到城镇中心的距离栅格

图 12.17　距离栅格可视化

图 12.17 所示的矩形区域并不是研究区域的形状，应该对此栅格再做一次掩膜提取，获取研究区域内的栅格图像。ArcGIS 中掩膜提取工具的路径为：ArcToolbox→Spatial Analyst Tools→Extraction→Extract by Mask(图 12.18)。

(a) 距离道路距离　(b) 距离城镇中心距离　(c) 距离河流距离

图 12.18　距离栅格掩膜提取

2. 数据格式转换

.img 格式、.tif 格式的栅格影像和 ArcGIS 中的栅格数据集无法在 IDRISI 软件中直接加载和使用，需要转换成 IDRISI 可识别的.rst 栅格数据类型。转化过程包括两步：

(1) 在 ArcGIS 中把.img 或.tif 影像转换成 ASCII 码保存在文本文件中，作为中间文件。

使用的工具路径为：ArcToolbox→Conversion Tools→From Raster→Raster to ASCII，如图 12.19 所示。

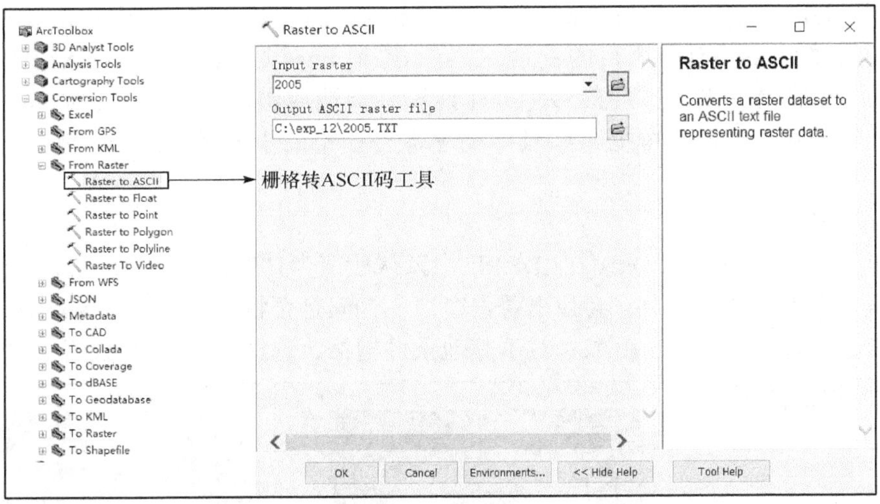

图 12.19　ArcToolbox 栅格转 ASCII 工具

(2) 在 IDRISI 中导入 ASCII 码栅格，转换成.rst 格式栅格数据。工具路径为：菜单栏→File→Import→Software-Specific Formats→ESRI Formats→ARCRASTER。在此工具中，应当选择转换选项为 ArcInfo raster ASCII format to Idrisi，且需要点击“Output reference information”项设置参考信息，参考信息保持软件默认即可(图 12.20)。

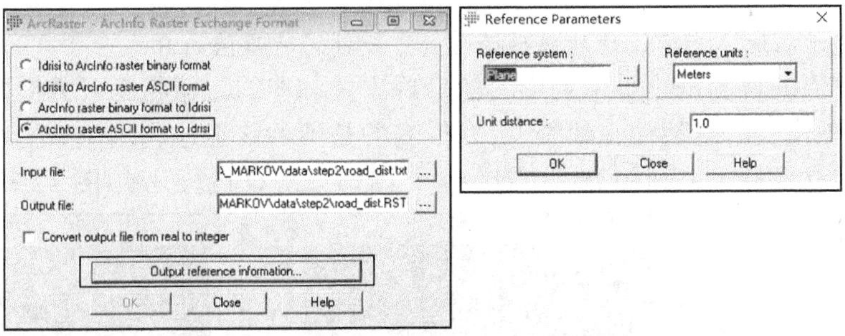

图 12.20　IDRISI 数据导入

将数据分别导入 IDRISI 中，软件自动赋予栅格色带，结果如图 12.21 所示。

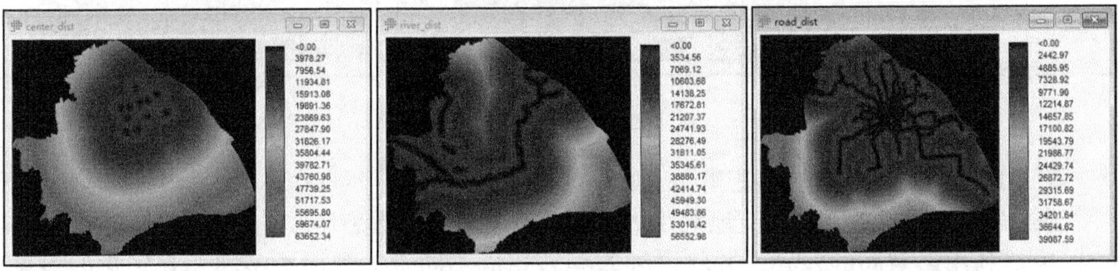

图 12.21　栅格导入结果

3. 栅格重分类

栅格重分类就是将原有的栅格取值映射为新的取值。该工具在 IDRISI 软件中的路径为：菜单栏→GIS Analysis→Database Query→Reclass。在进行土地利用变化模拟的过程中使用栅格重分类，主要有两个目的：第一，在 tif 和 img 文件转换而来的栅格中，没有具体取值的栅格都被统一赋值为–9999，这在计算中会造成错误，需要把它们设置为 0 来使计算正常进行；第二，需要根据某些具体需求进行栅格的重分类，再产生满足计算需求的栅格数据。

1) NoData 赋值为 0

此重分类的目的是把 NoData(在 IDRISI 中默认赋值为–9999)赋值为 0，防止在后续计算中出现错误。在重分类过程中，会弹出警告窗口，询问是否将结果的值化为整数。对于土地利用类型影像而言，确定化为整数；对于其他条件栅格，选择不化为整数(图 12.22)。

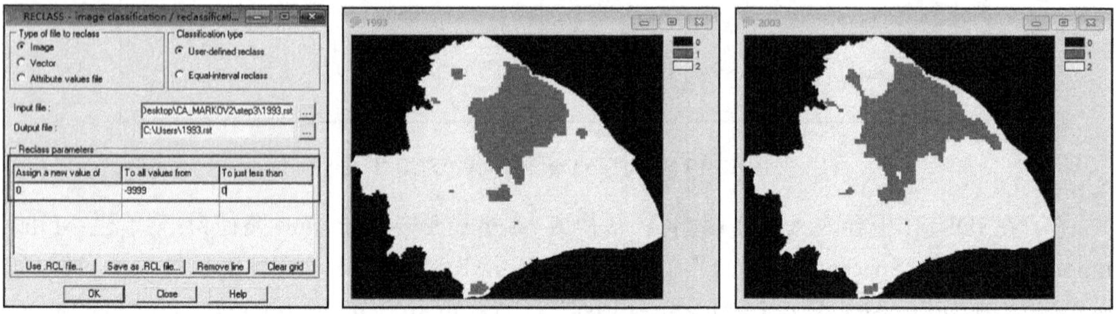

图 12.22　NoData 重分类结果

2) 分别将建设用地、非建设用地赋值为 1，另一种用地赋值为 0

这种 0-1 赋值的目的是让土地利用图像呈现出是和非的二值状态，方便之后建立土地利用适宜性集合。1 代表的是某种土地类型，0 代表的是不为该土地利用类型的所有土地利用类型。原始图像中有几种土地利用类型，这种 0-1 赋值就应该执行几次(图 12.23)。

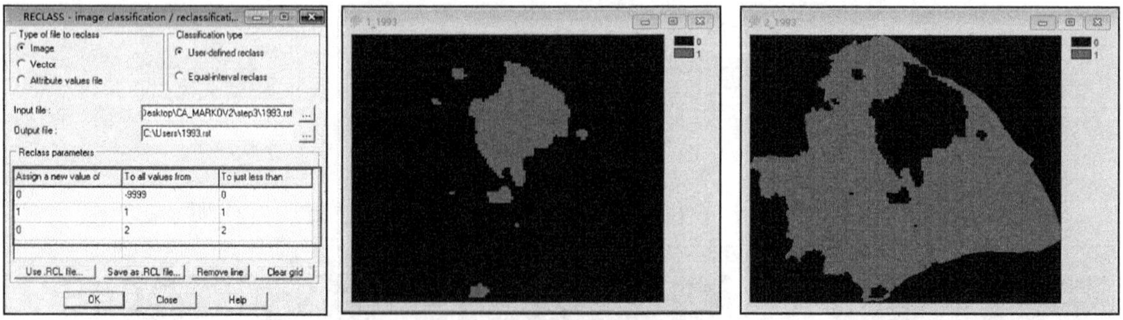

图 12.23　0-1 重分类结果

4. 生成土地利用类型转移矩阵

通过马尔可夫模型，生成土地利用类型转移矩阵。其本质是比较前年(开始年)和后年(结束年)土地利用影像间的差异，并将这种差异转化成不同土地利用类型间相互转化的概率，其结果蕴含着土地利用历史变迁情况。该模型在 IDRISI 中的路径为：菜单栏→Modeling→Enviromental/Simulation Models→MARKOV。需要输入的参数主要是前年(开始年)和后年(结束年)的土地利用影像、两个土地利用类型影像间的时间间隔、在后年基础上希望继续向后预测的时间间隔。在该工具对话框下部，还有一个容错比率选项，该项一般取 0.1 附近的值(图 12.24)。

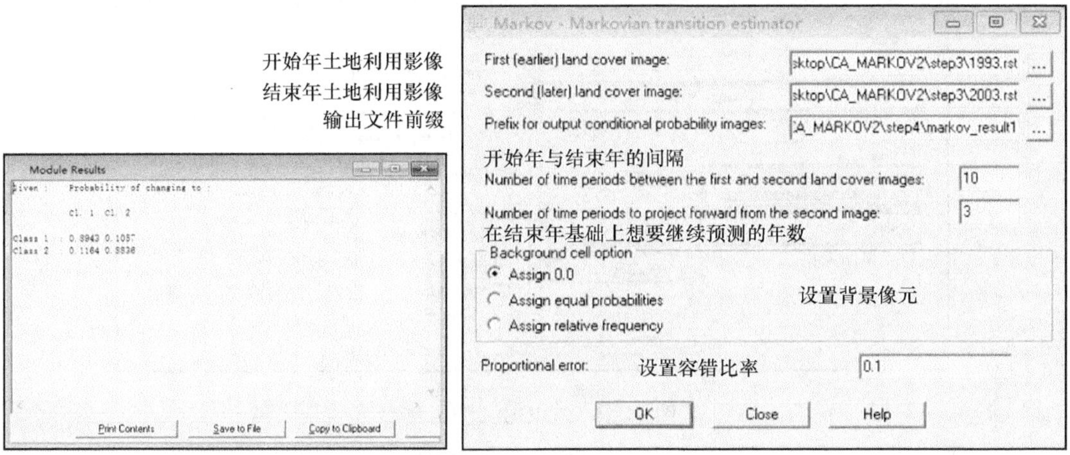

图 12.24　马尔可夫模型操作及结果

该步骤生成的结果包括土地利用状态转移图集、转移面积矩阵和转移概率矩阵(图 12.25)。在进行地理元胞自动机模拟的过程中，需要使用的主要是转移面积矩阵。

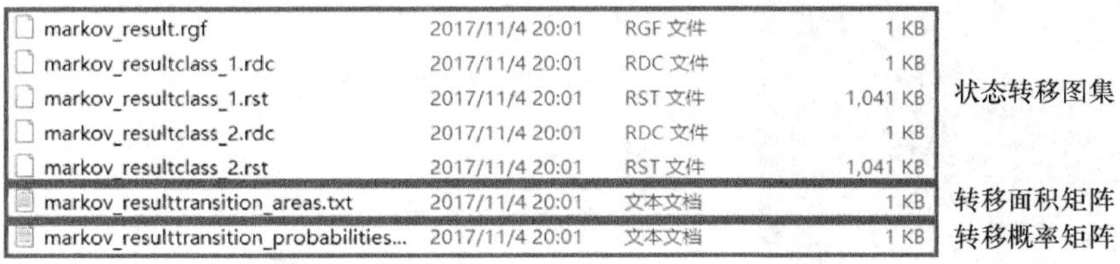

图 12.25　马尔可夫模型结果文件说明

5. 制作土地转变适宜性图像集

土地转变适宜性图像集实际上是不同的影响因素对各土地利用类型状况影响情况的集合。一般使用 MCE 模块或 LOGISTICREG 模块分别建立不同影响因素和各土地利用类型间的模型，生成对应适宜性图像。然后使用集合编辑工具，将不同土地利用类型的适宜性图像组合在一起，形成土地转变适宜性图像集。

本案例中采用 LOGISTICREG，即逻辑回归模型产生 1993 年的单一土地利用类型的适宜性图像。LOGISTICREG 模块在 IDRISI 中路径为：菜单栏→GIS Analysis→Statistics→LOGISTICREG(图 12.26)。在该模型中，因变量为后年土地利用类型的二值图像，二值图像中 1 代表某种土地利用类型，0 代表非该土地利用类型。自变量为各个影响因素的图像，在本案例中为距主要河流的距离、距主要交通线路的距离、距城镇中心的距离。在 IDRISI 中直接显示的结果包括预测图像和模型结果文本内容。其中土地利用预测图像就是单一土地利用类型的适宜性图像，如图 12.27 所示。

分别生成单一土地利用类型的适宜性图像后，需要利用集合编辑器将它们进行打包，生成土地利用类型的适宜性图像集。集合编辑器在 IDRISI 中的路径为：菜单栏→File→Collection Editor(图 12.28)。需要注意的是，应当将早前得到的单一土地利用类型适宜性图像放置于 IDRISI 工程默认目录中，使用集合编辑器的默认包 new.rgf 进行打包操作。否则在后续步骤中会出现文件缺失的错误。

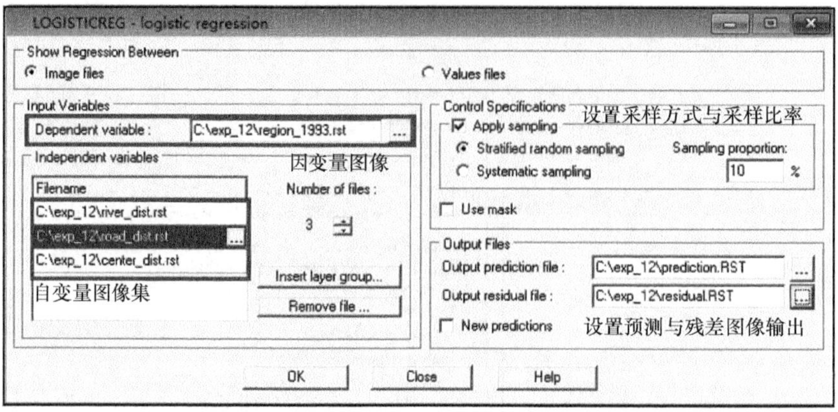

图 12.26　IDRISI 逻辑回归

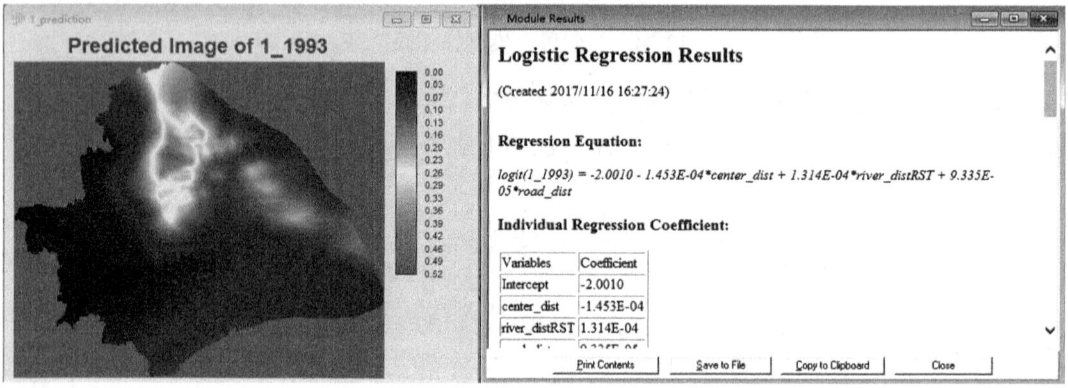

图 12.27　逻辑回归结果

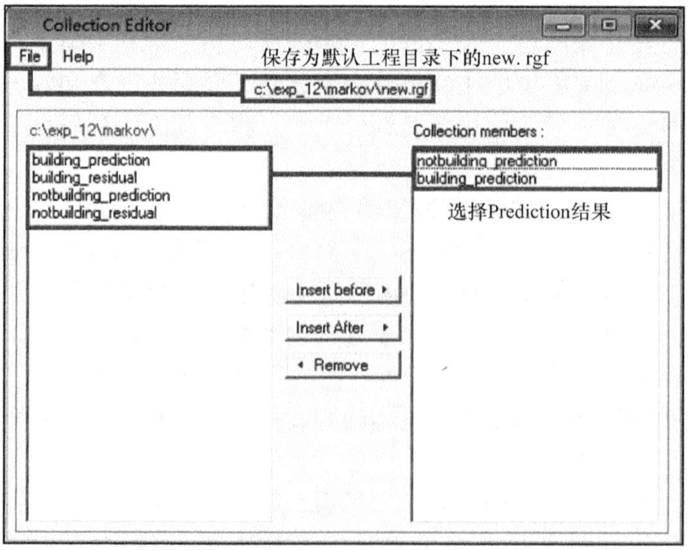

图 12.28　集合编辑器创建适宜性图集

6. CA_MARKOV 模块模拟城市扩展过程

最后使用 CA_MARKOV 模块运行地理元胞自动机，模拟城市扩展过程中土地利用类型间的变化即可。IDRISI 中该模块的路径为：菜单栏→Modeling→Enviromental/Simulation Models→CA_MARKOV。基年土地利用影像即 1993 年某区域土地利用类型，马尔可夫面积转移矩阵在第 4 步中得到，土地利用适宜性图像集在第 5 步中得到。另外，设置元胞自动机模拟次数为要向后预测的时间间隔数为 10 即可。运行模型，经过一定时间等待，即可看到地理元胞自动机模拟结果，如图 12.29 所示。

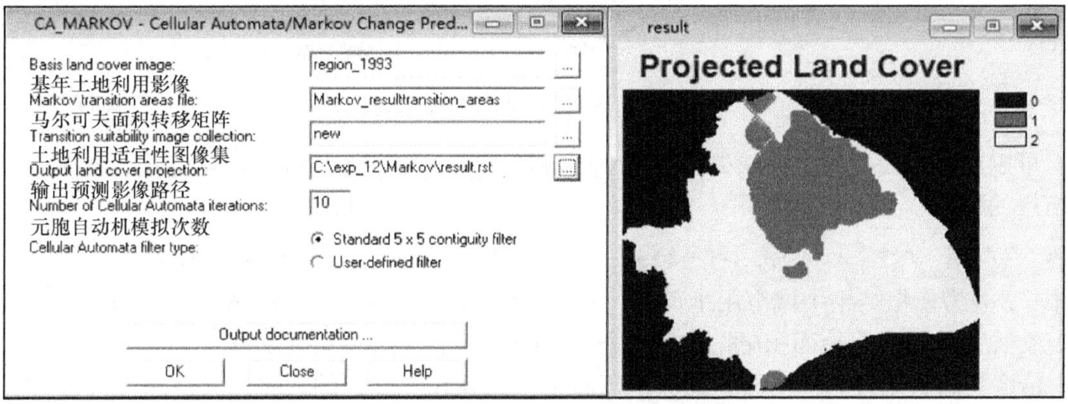

图 12.29 地理元胞自动机模拟城市扩展

7. 结果导出和精度评价

模型输入的结果格式是 IDRISI 的栅格格式.rst。为进一步评估和处理，需要对栅格进行格式转换，在 ArcGIS 中加载查看。点击菜单→File→Export→Desktop Publishing Formats→GEOTIFF/TIFF，执行导出工具(图 12.30)。

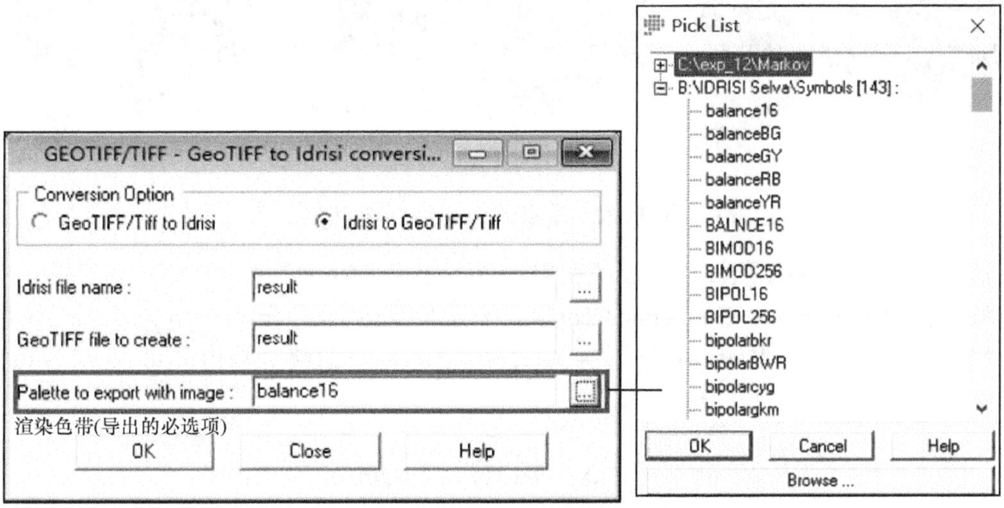

图 12.30 结果数据导出

将导出的.TIFF 影像加载到 ArcGIS 中，与 2003 年某区域实际土地利用类型情况叠加显示。观察到地理元胞自动机模拟结果与真实情况在大体趋势上一致，但是存在一定的差别，如图 12.31 所示。

2003某市真实城市用地情况　　2003某市城市用地情况(地理元胞自动机模拟结果)

图 12.31　真实情况与模拟结果对比

可以用模拟面积比 I_1、缺失面积比 I_2、溢出面积比 I_3 三个指标来量化地描述城市扩展模拟结果的精度。指标公式如下：

$$I_1 = S_{模拟} / S_{真实}, I_2 = (S_{真实} - S_{交叉}) / S_{真实}, I_3 = (S_{模拟} - S_{交叉}) / S_{真实}$$

式中，$S_{模拟}$为模拟结果中城市用地面积；$S_{真实}$为实际的城市用地面积；$S_{交叉}$为模拟结果与真实情况交叉部分城市用地面积(图 12.32)。模拟面积比反映的是总体上的模拟精度，其值越接近 1 则精度越高。缺失和溢出面积比共同反映模拟结果在空间上的误差，其值越接近 0 则误差越小。

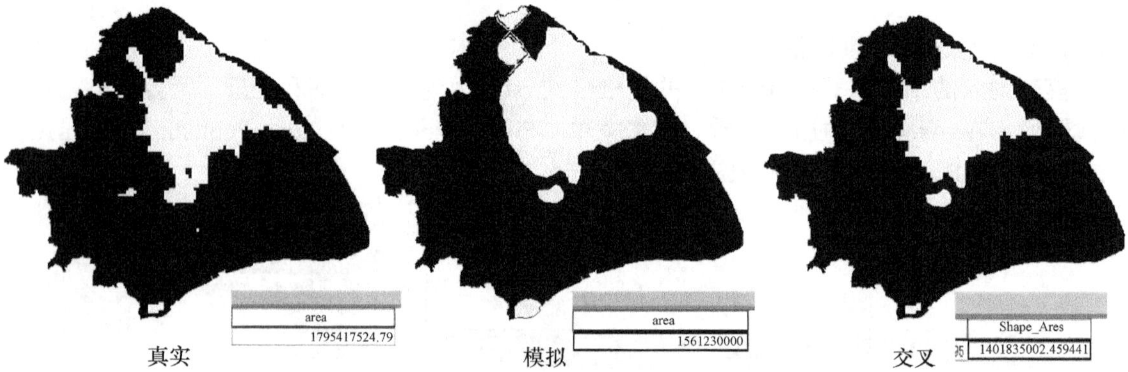

图 12.32　模拟精度指标计算过程

可以在 ArcGIS 中按照栅格转面→相交计算→计算几何计算上述指标。其中栅格转面工具的路径为：ArcToolbox→Conversion Tools→From Raster→Raster to Polygon。相交计算工具的路径为：ArcToolbox→Analysis Tools→Overlay→Intersect。最终计算得 I_1=0.8696，I_2=0.2192，I_3=0.0888。

12.3　讨论与总结

本案例完整讨论了城市扩展研究中的三个主要问题，即城市扩展的时空格局分析、城市扩展中驱动力的识别还有城市扩展过程的模拟。本案例分析流程中有几处需要进一步讨论。

首先，M-K 检验包括 M-K 趋势检验和 M-K 突变检验两个部分，但在实际研究中学者们对于 M-K 突变检验存在一定的争议。一般采用 M-K 趋势检验说明时间序列是否稳定，用作

ARIMA 等时间序列模型建立的预实验，而弃用 M-K 突变检验。

其次，随机森林回归方法虽然能够给出两种判断相对重要性的指标，但这些指标只能作为“定性”探索变量用，无法作为定量决策“变量取舍”的依据。R 中存在大量建立在随机森林基础上，进行回归变量取舍的方法的包，如 Boruta valSel 等，读者可根据兴趣和具体需要进一步学习。

最后，元胞自动机模拟城市扩展过程中的土地利用类型转化是可行的，但是应该充分准备不同的规则数据。在数据不充分、不完整的情况下，地理元胞自动机的模拟结果可信度存疑，应当辩证地看待。

实验十三　生态安全评价

13.1　实 验 概 述

13.1.1　背景及目的

生态安全是生态系统完整性和健康性的整体反映，完整健康的生态系统具有调节气候、净化污染、涵养水源、保持水土、防风固沙、减轻灾害、保护生物多样性等功能。维护生态安全对于人类生产、生活、健康及可持续发展至关重要。随着城市化进程的不断推进，生态系统受到来自人类社会日益严重的威胁，保障生态安全作为迫切的社会需求已经成为人类社会可持续发展面临的新主题。因此，对区域生态安全水平进行评价，为改善区域生态问题的对策与措施提供参考具有重要的现实意义。通过本实验希望能够达到以下目的：①掌握生态安全评价指标体系的构建与计算；②掌握景观指数移动窗口计算方法；③掌握突变模型在指标集成中的应用。

13.1.2　数据说明

本实验所使用的数据存储于 data_exp13 文件夹中，实验数据统一使用 GCS_Xian_1980 坐标系，包含的数据及其来源如表 13.1 所示，数据展示图如图 13.1 所示。

表 13.1　实验数据内容及其来源

数据类型	数据来源	数据名称	数据说明
专题数据	土地利用图	土地利用.tif	栅格数据，Value 对应土地利用类型，精度为 30m
	道路专题图	道路.shp	矢量格式，线数据
空间数据	公开版地图	区域面.shp	矢量格式，面数据
遥感影像	中科院资源环境数据中心	NDVI.tif，NPP.tif，DEM.tif，年降雨量.tif	栅格数据，精度为 1km

13.1.3　整体实验设计

为了衡量区域生态安全性，本实验首先提出针对实验区域的“生态服务能力-生态敏感性-生态组织结构”指标体系，进行综合评价指标体系的构建。主要在 ArcGIS 中进行针对栅格数据的空间分析，如欧氏距离、重分类、坡度等，在 Fragstas 中进行景观指数移动窗口计算，得出每个栅格的六类景观指数。

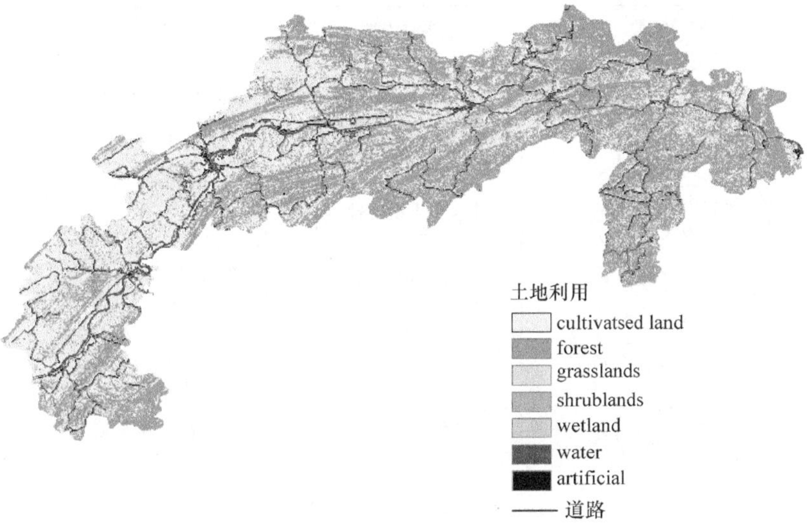

(a) 土地利用图

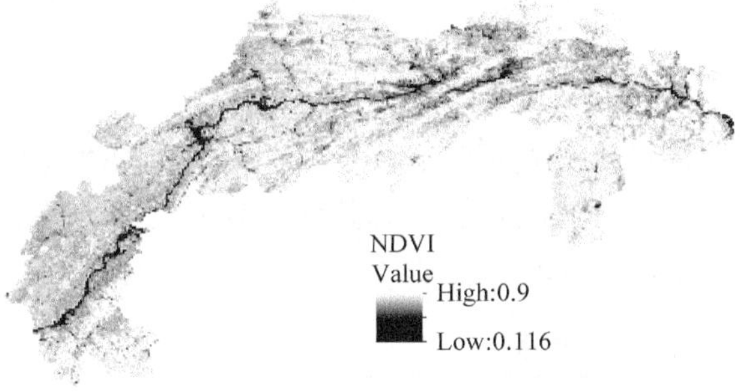

(b) NDVI

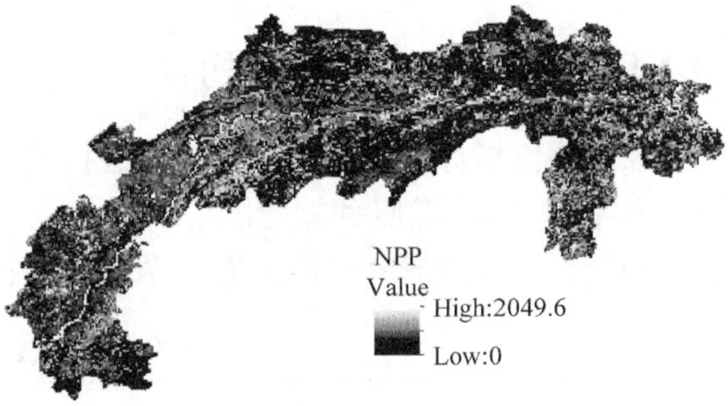

(c) NPP

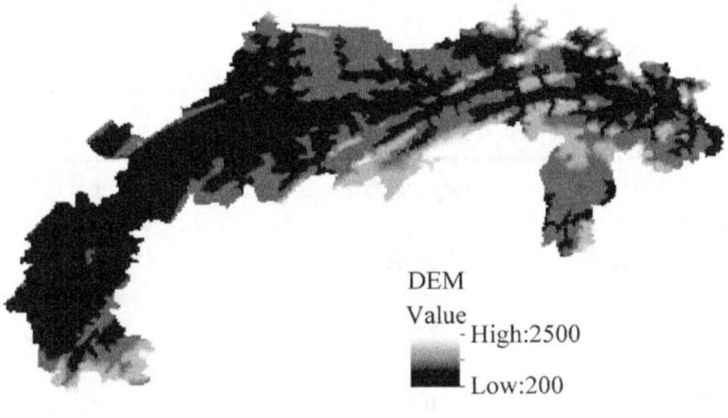

(d) DEM

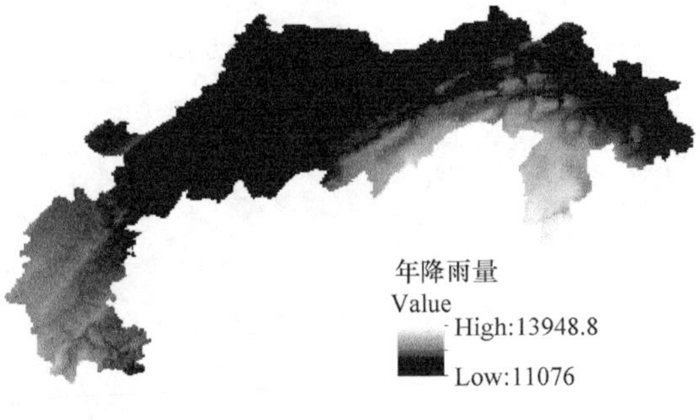

(e) 年降雨量

图 13.1　数据展示图

为了最大限度地保留原始指标信息，科学、准确地评价实验区域的生态安全性，实验中生态安全指标体系采用突变理论进行集成。

本实验的整体流程如图 13.2 所示。

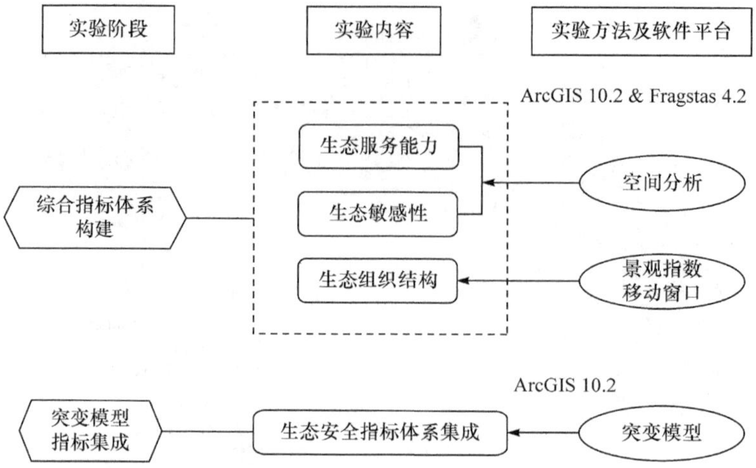

图 13.2　实验流程图

13.2　实验步骤

13.2.1　综合评价指标体系构建

综合评价指标体系的构建包括分级构建指标体系及分指标计算。参考生态学中的“活力-组织力-恢复力-生态服务能力”逻辑架构，遵循科学性、区域性、完整性、独立性等原则，提出一套针对实验研究区的生态安全评价指标体系(表 13.2)。

表 13.2　生态安全评价指标体系

总目标层	目标层 A	准则层 B	指标层 C	指标正负向
生态安全指数	生态服务能力 A1	活力 B1	NDVI C1	+
			植被初级净生产力(NPP)C2	+
		服务 B2	生态服务价值 C3	+
	生态敏感性 A2	社会经济压力 B3	距城市距离 C4	+
			距道路距离 C5	+
		自然生态 B4	植被覆盖 C6	+
			降雨量 C7	−
			坡度 C8	−
	生态组织结构 A3	景观破碎度 B5	斑块密度 C9	−
			边缘密度 C10	−
			面积加权平均形状指数 C11	−
			香农多样性指数 C12	−
		景观连通度 B6	斑块平均距离 C13	−
			斑块连通度 C14	+

在计算分指标之前，要先进行数据预处理，数据预处理的主要工作是工作空间的设置和栅格数据的统一处理。

首先设置工作空间：在空间统计分析开始前，检查和设置地理处理环境：Geoprocessing→Environments。在本实验中，设置工作空间(Workspace)指定的个人地理数据库，方便管理空间统计分析过程中产生的中间数据及结果数据(图 13.3)。

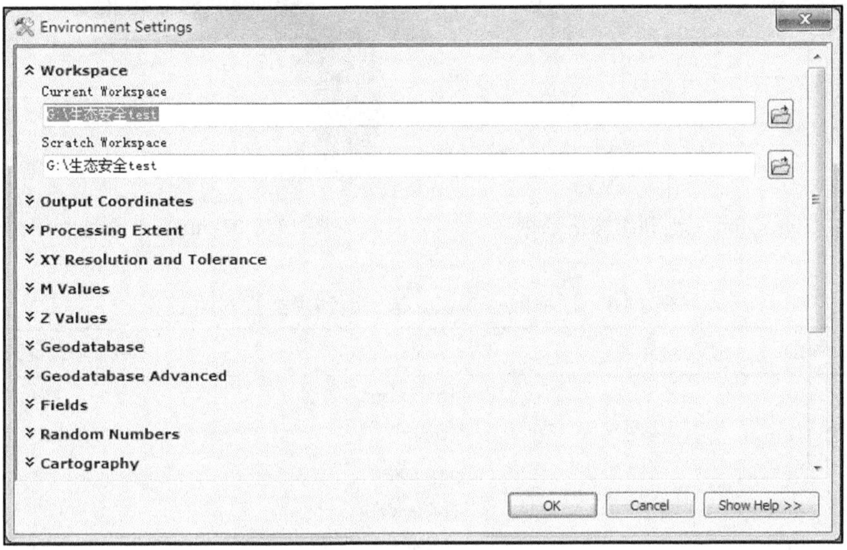

图 13.3　设置工作空间

其次进行重采样，统一栅格精度：本实验统一栅格数据精度为 1km，因为源数据中土地利用数据精度为 30m，所以采用重采样工具对土地利用数据进行处理，设置输出路径和名称，将分辨率(m)改为 1000×1000。路径为：DataManagementTools→Raster→RasterProcessing→Resample。重采样过程及结果如图 13.4～图 13.7 所示。

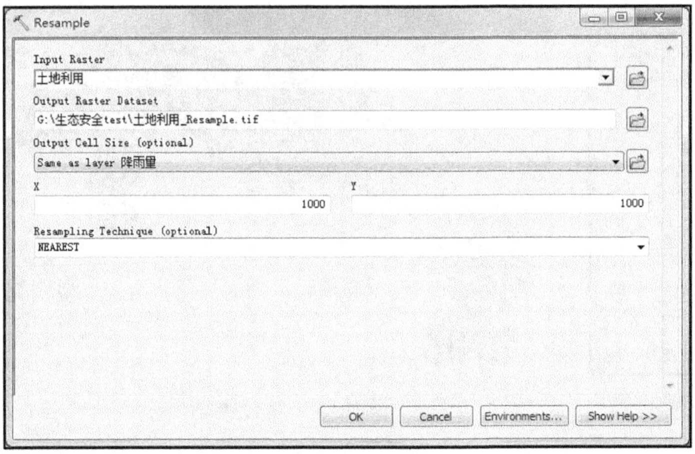

图 13.4　重采样

Value	landuse
0	Nodata
10	Cultivatied land
20	Forest
30	Grasslands
40	Shrublands
50	Wetland
60	Water bodies
70	Tundra
80	Artificial Surfaces
90	Bareland
100	Permanent snow and ice
255	Ocean

图 13.5　土地利用类型对照表

1. 生态服务能力

NDVI 与 NPP 值使用已经下载好的影像数据。本实验参考多篇文献，提出针对实验区域的土地利用类型的生态服务价值系数表(表 13.3)，对 1km 精度的土地利用栅格进行重分类。

图 13.6　30m×30m 土地利用栅格数据

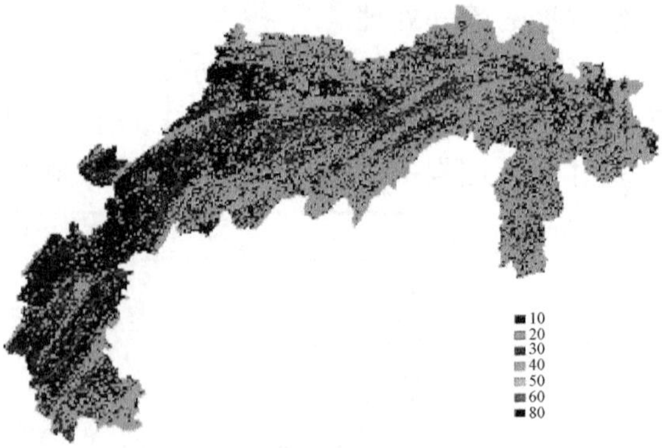

图 13.7　1km×1km 土地利用栅格数据

表 13.3　栅格数据 Value 与土地利用类型对照表

Value	name	生态服务价值系数
10	cultivatied land	454
20	forest	1617
30	grasslands	671
40	shrublands	1144
50	wetland	3149
60	water bodies	2607
80	artificial surface	0

“重分类”工具可更改栅格中的各个值。按单个值进行重分类将以一对一的方式将一个值更改为另一个值。具体操作为：Spatial analyst→Reclass→Reclassify(图 13.8)，其结果如图 13.9 所示。

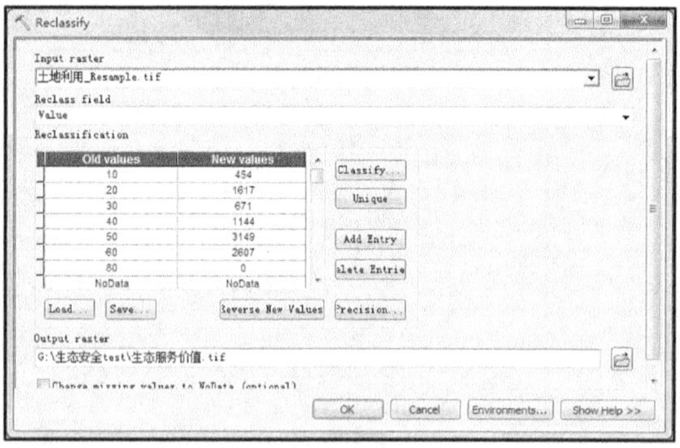

图 13.8　重分类

图 13.9　重分类结果

2. 生态敏感性

该部分需要计算的指标中降雨量为已有数据，其余指标计算方法如下。

1) 距道路距离

采用欧氏距离工具测量每个像元距最近道路的直线距离(像元中心至像元中心的距离)路径为：Spatial analyst→Distance→Euclidean Distance。将“道路.shp”设为输入栅格数据，输入的栅格大小设为 1000，与其他数据保持统一。并注意在“环境”选项“处理范围”一栏选择“与区域面范围一致”(图 13.10)。生成矩形的栅格(图 13.11)，要提取出与区域面一致的栅格范围，使用按掩膜提取工具：Spatial analyst→Extraction→Extract by Mask(图 13.12)。最终结果如图 13.13 所示。

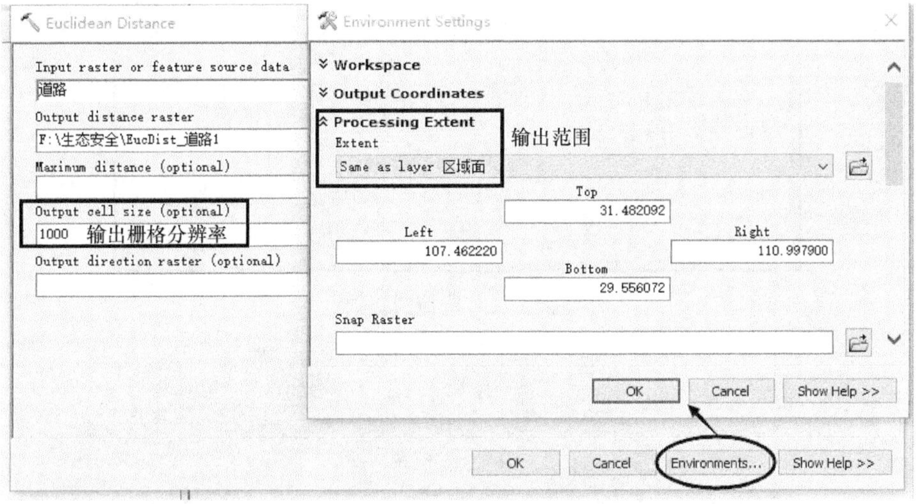

图 13.10　欧氏距离

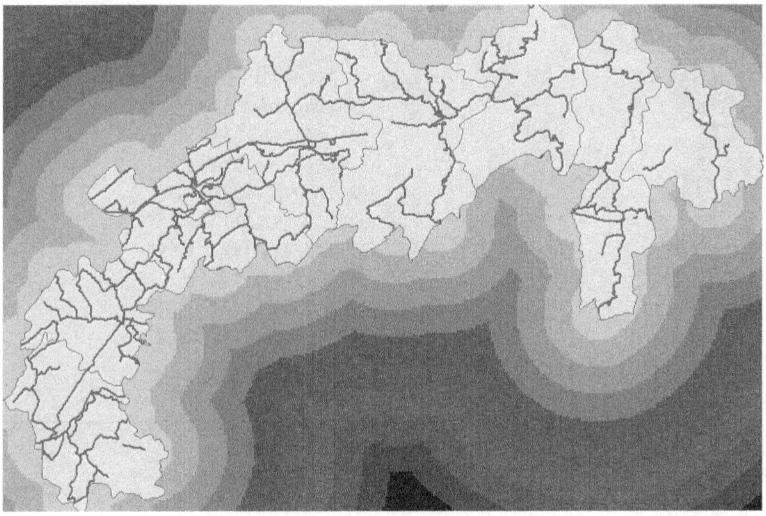

图 13.11　欧氏距离计算结果

2) 距城市距离

本实验从建设用地中提取面积较大且较聚集的斑块，当作城市区域。首先将 30m 精度的土地利用栅格数据转换成矢量数据，工具路径为：Conversion tools→From Raster→Raster to Polygon，生成“土地利用矢量.shp”。从土地利用矢量数据中提取出建设用地，即 Select by Attributes，选择建设用地对应的值为 80。右键“土地利用矢量”图层，导出选择的数据，命名为“建设用地.shp”，如图 13.14 所示。

编辑“建设用地”图层，选择面积较大的、较聚集的斑块作为城市地区，将其余斑块删除，保存编辑，并将图层名改为“城市.shp”。本实验选取的城市区域如图 13.15 圆圈标识所示。

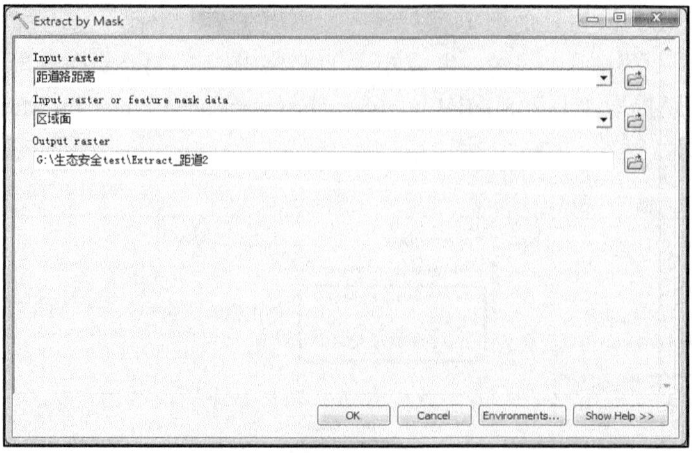

图 13.12　按掩膜提取

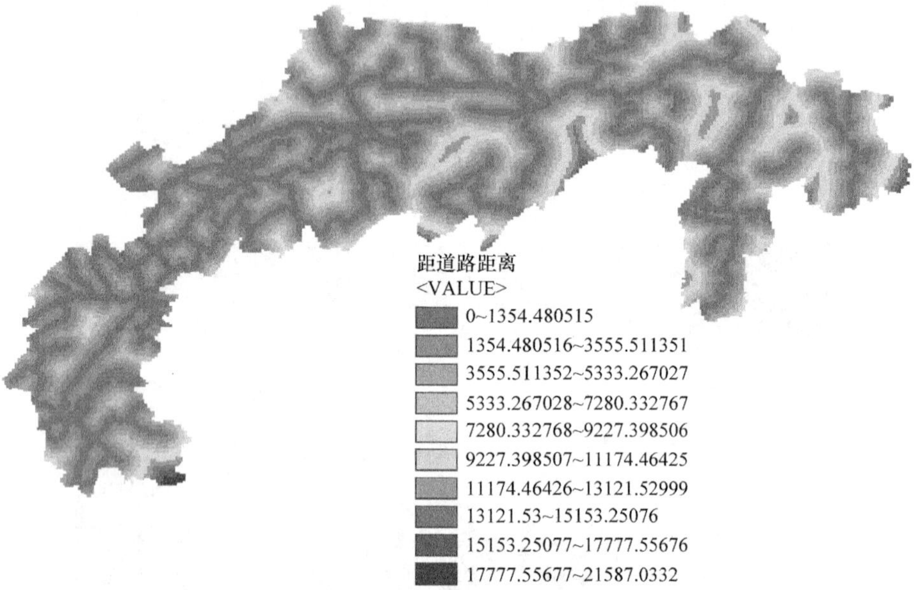

图 13.13　距道路距离

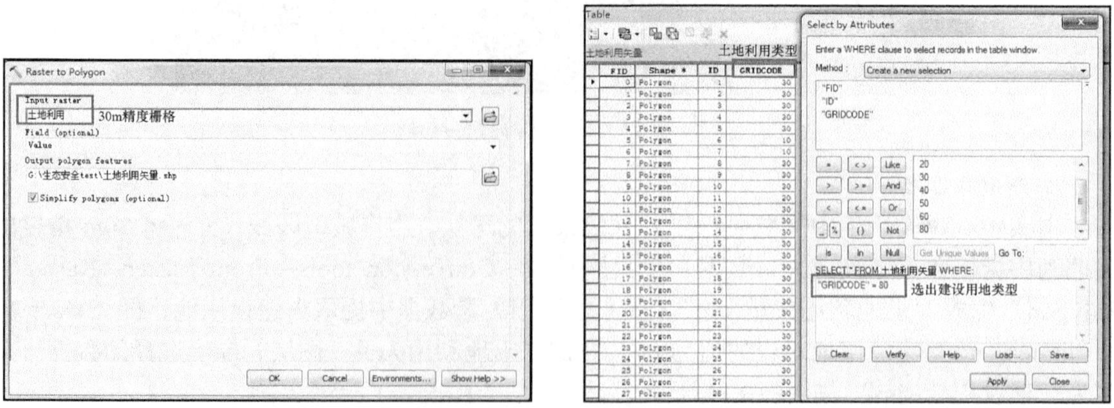

(a) 栅格转面　　(b) 提取建设用地

图 13.14　提取建设用地

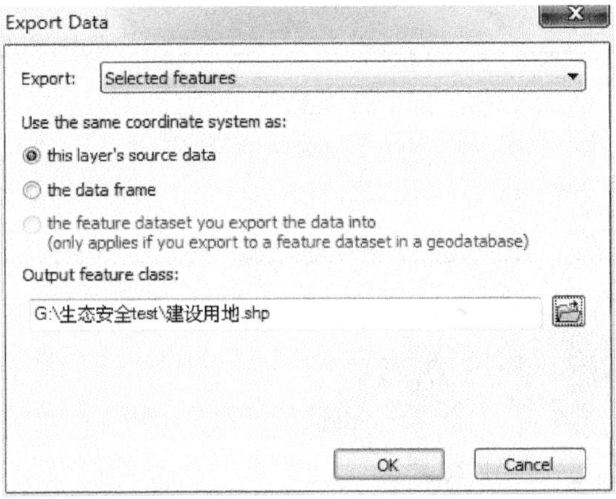

(c) 导出建设用地数据

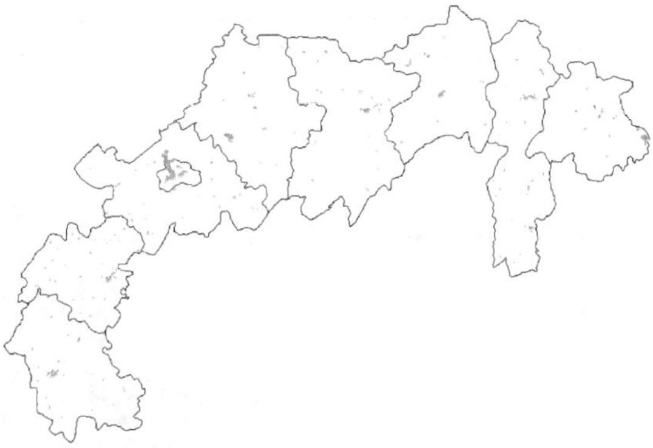

(d) 建设用地

图 13.14　(续)

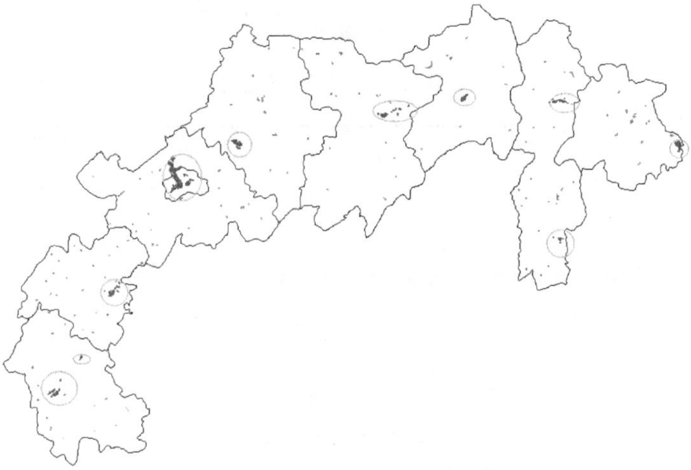

图 13.15　选取城市区域

接下来与 1)距道路距离部分操作一样，采用欧氏距离和按掩膜提取工具，将“城市.shp”设为输入栅格数据，其他设置一样即可。最后距城市距离的栅格数据结果如图 13.16 所示。

3) 植被覆盖

参考表 13.4，本实验对土地利用类型分别设置了相应的植被覆盖度，采用“重分类”工具对 1000m 精度的土地利用栅格进行重分类，输出“植被覆盖.tif”。路径为：Spatial analyst→Reclass→Reclassify(图 13.17)，结果如图 13.18 所示。

表 13.4　土地利用类型对应植被覆盖度

Value	name	植被覆盖值
10	cultivatied land	1
20	forest	4
30	Grasslands	2
40	shrublands	3

续表

Value	name	植被覆盖值
50	wetland	0
60	water bodies	0
80	artificial surface	0

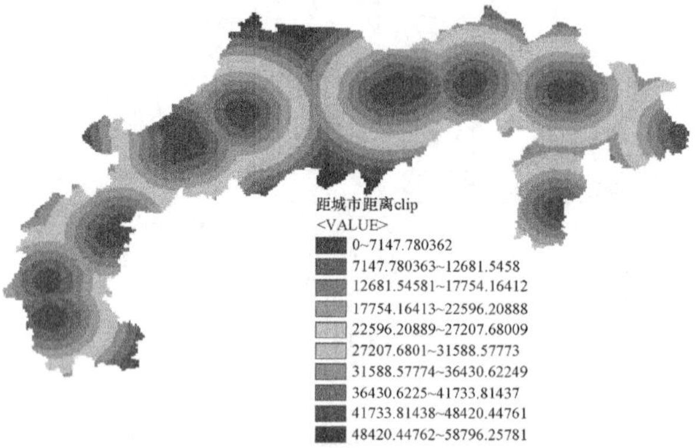

图 13.16 距城市距离

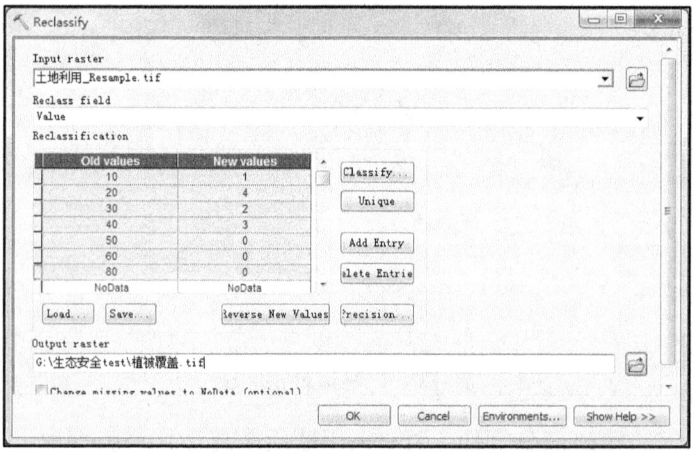

图 13.17 栅格重分类图

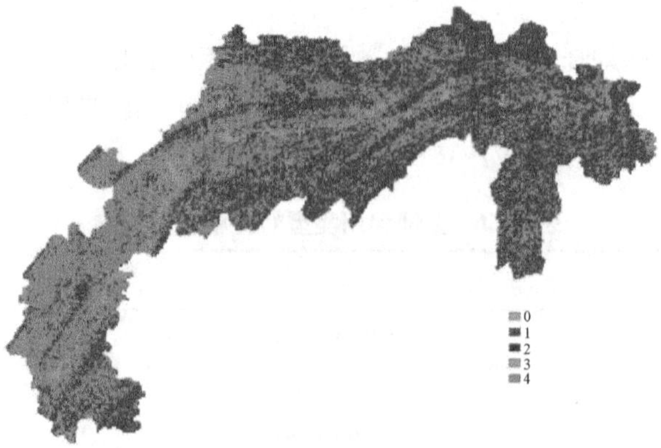

13.18 植被覆盖计算结果

4) 坡度

利用已有的高程数据“DEM.tif”进行坡度计算。路径为：Spatial Analyst→Surface→Slope(图 13.19)。计算得到的坡度结果如图 13.20 所示。

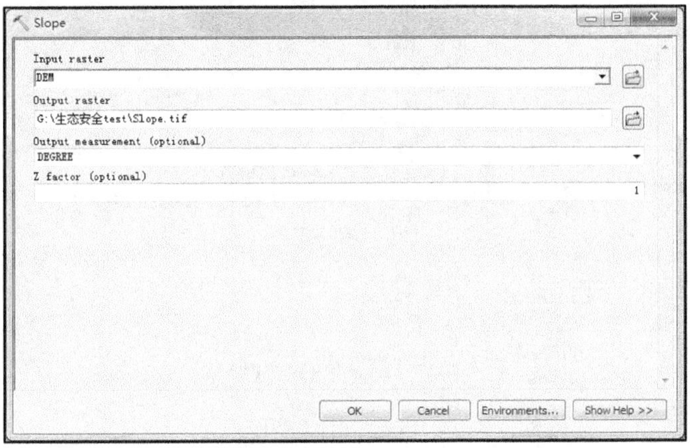

图 13.19　Slope 工具

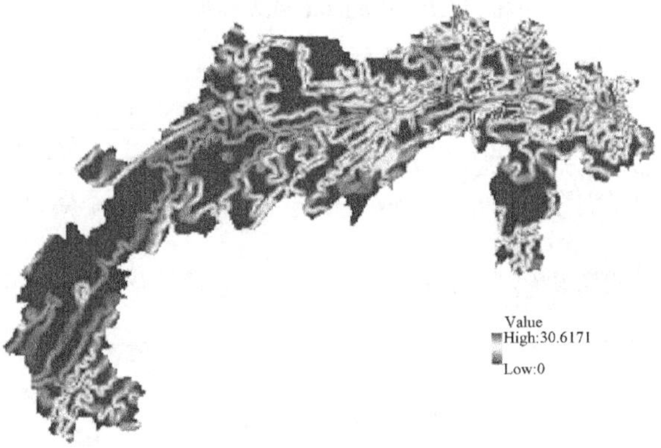

图 13.20　坡度图

3. 生态组织结构

本部分在 Fragstats 4.2 平台上，使用移动窗口分析工具，计算实验区域 1000m 精度土地利用栅格的斑块密度(PD)、边缘密度(ED)、面积加权平均形状指数(SHAPE_AM)、香农多样性指数(SHDI)、斑块平均距离(ENN_MN)、斑块连通度(COHESION)六个景观指数。因为 Fragstats 的使用路径要求全英文，所以将土地利用栅格数据导出并命名为“landuse.tif”。Fragstats 4.2 软件界面的简介如图 13.21 所示。

(1) 新建一个文件,在菜单栏上点击 New 或者在 File 下拉菜单选择 New 都可以新建一个工程文件，默认为“unnamed.fca”。

(2) 导入数据。在 Input Layer 窗口选择 Add Layer，在弹出的对话框选择 tif 数据类型，在右边输入数据“landuse.tif”(图 13.22)。

(3) 创建类型描述文件。因为移动窗口分析的计算密集程度很高，所以对大型景观的分析计算可能需要很长时间。另外，因为每个选定的景观指数都会产生一个单独的网格，所以在选择度量方面需要非常谨慎，特别是在对类型级别(Class level)的度量方面要仔细考虑哪些地类需要关注。如果实验只关注某一类或几类土地利用类型的特征，则将移动窗口分析限制到这些类型，需要创建类描述符表。但本实验是在景观尺度下的特征度量，因此关注该区域的所有土地利用类型的景观特征。

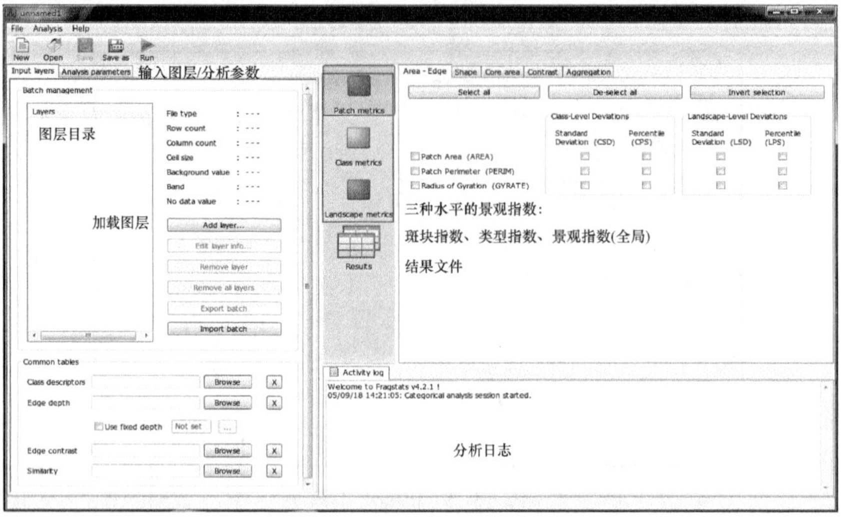

图 13.21　Fragstats 4.2 界面介绍

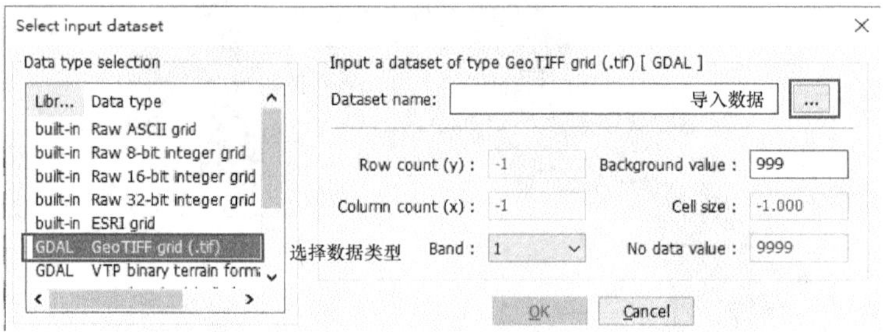

图 13.22　添加数据

利用 Common tables 里面的 Class descriptor 来导入文件，Class descriptor 需要一个“.fcd”后缀的文件，可以自己编辑 TXT 文档来编写 Class descriptor 文件。

本实验创建的文档内容如图 13.23 所示，然后点击 Class descriptors 后的“Browse”，导入创建好的“landuse.fcd”文件(图 13.24)。

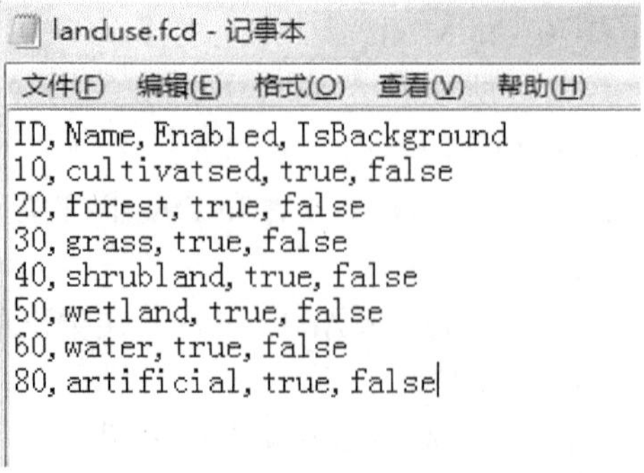

图 13.23　创建 Class descriptor 文件

ID：影像中地类对应的影像 Value；Name：用户可自行设置的输出地类的代号，可以是代码也可以是名称，最好是英文；Enabled：ture 或 t 表示计算该类别并输出到 result 文件中，false 或 f 表示忽略这个类别；IsBackground：ture(t)或者 false(f)对应是(否)把该类别重置为背景栅格，这将会影响许多 Landscape matrics 的值

图 13.24　导入 Class descriptor 文件

(4) 设置分析参数。单击用户界面窗格上的分析参数选项卡 Analysis parameters。这里可以选择邻域规则(4-邻域或 8-邻域规则)来设置分析窗口大小，指定是否要对景观进行采样以分析子景观，并设置分析方法。对于本实验，保留默认的 8-邻域规则(图 13.25)。分析方法选择移动窗口法 Moving window(图 13.26)，此外，勾选景观指数 Landscape metrics 复选框，移动窗口的形状可以选择 Round 或 Square，同时可以设置半径或边长(即窗口大小)。本实验选择方形窗口，并输入 2000(以米为单位)作为方形的边长。最后，在窗口中保留边框/无数据的默认最大值为 0%。将此选项设置为 0%时，任何包含边框(负单元格值)或无数据的窗口都将被忽略，焦点单元格值在输出网格中设置为无数据。

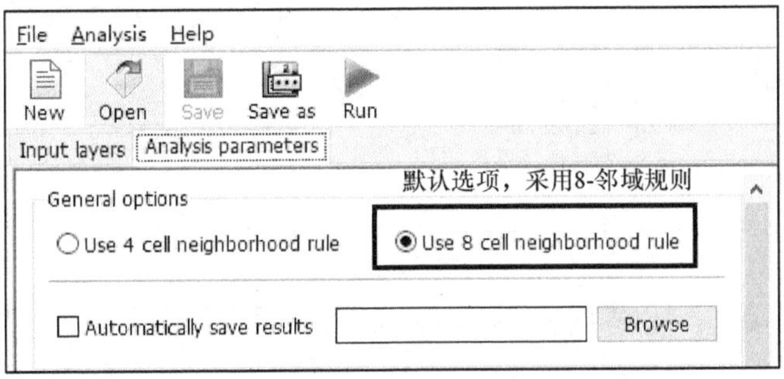

图 13.25　分析参数设置

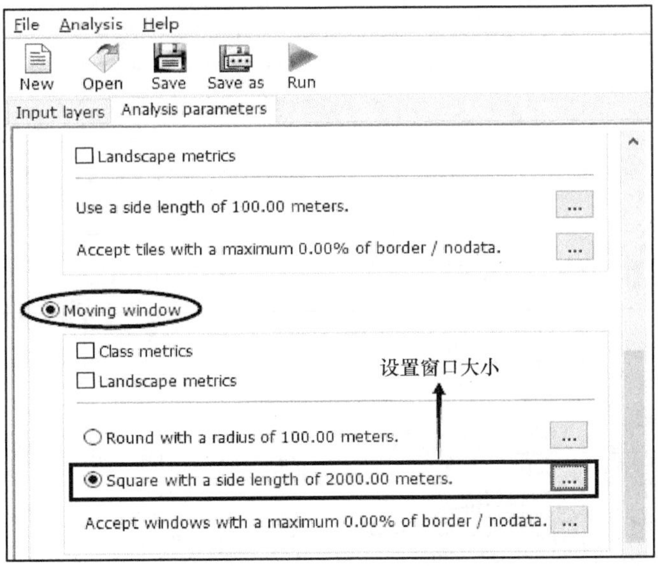

图 13.26　移动窗口分析设置

(5) 景观指数选择。选择图标 Landscape metircs，本实验将从景观级别计算景观指数。只需勾选想要计算的景观指数即可，这里以一个景观指数为例，在 Area-Edge 选项卡下选择 Edge

Density(ED)，如图 13.27 所示。其他指数选择参考图 13.28。

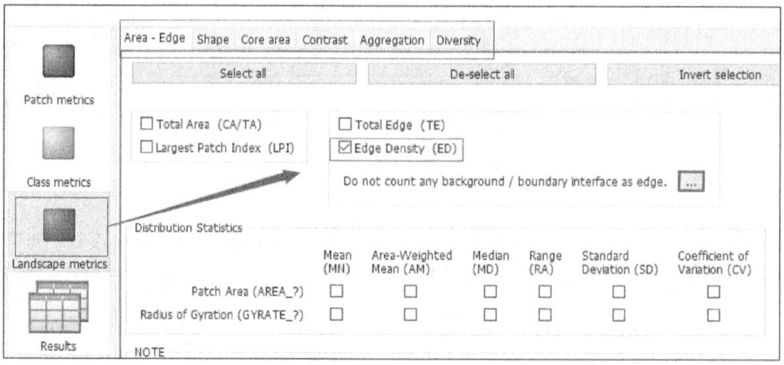

图 13.27　景观尺度分析水平及景观指数选择

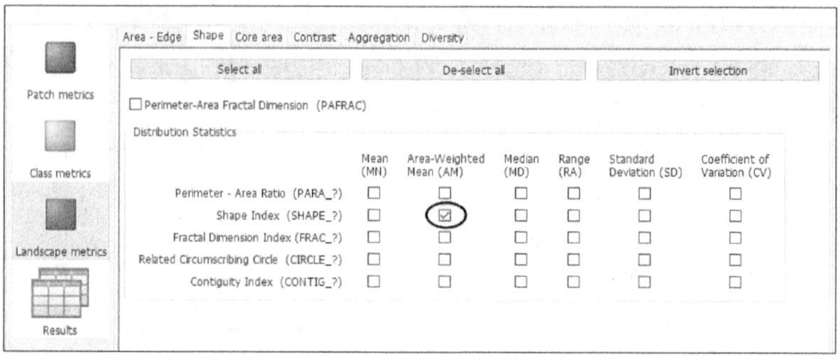

(a)

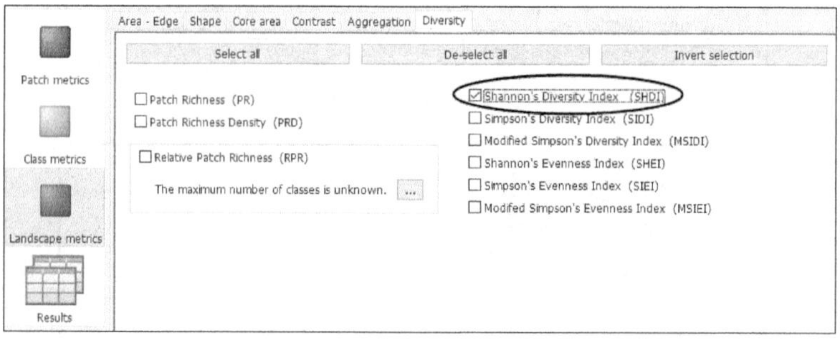

(b)

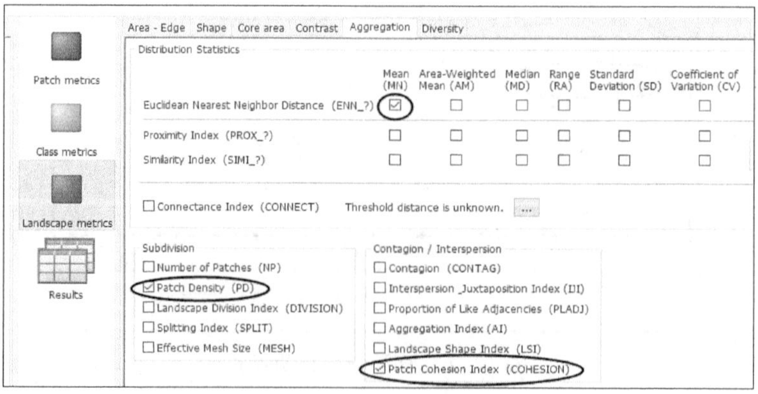

(c)

图 13.28　其他指数选择

(6) 运行移动窗口分析。点击菜单栏的

即可运行分析模型。运行完成后可以在输入栅格的文件夹中查看结果，结果是与输入格网具有相同数据格式的格网。软件会在该目录下生成一个名为“landuse.tif_mw1”的文件夹(表示对 landuse.tif 的第一个移动窗口分析)。

(7) 去除异常值。由于 Fragstats 的计算结果空值会显示成“−999”，为了不影响归一化结果，应删除栅格属性数据中的异常值。此处采用 ArcGIS 栅格计算器工具，路径为：Spatial Analysis Tools→Map Algebra→Raster Calculator。以 chesion.tif 为例，栅格计算语句为：SetNull("cohesion.tif" == −999,"cohesion.tif")，对六个景观指数栅格数据分别进行处理后加载到 ArcGIS 中显示，如图 13.29 所示。

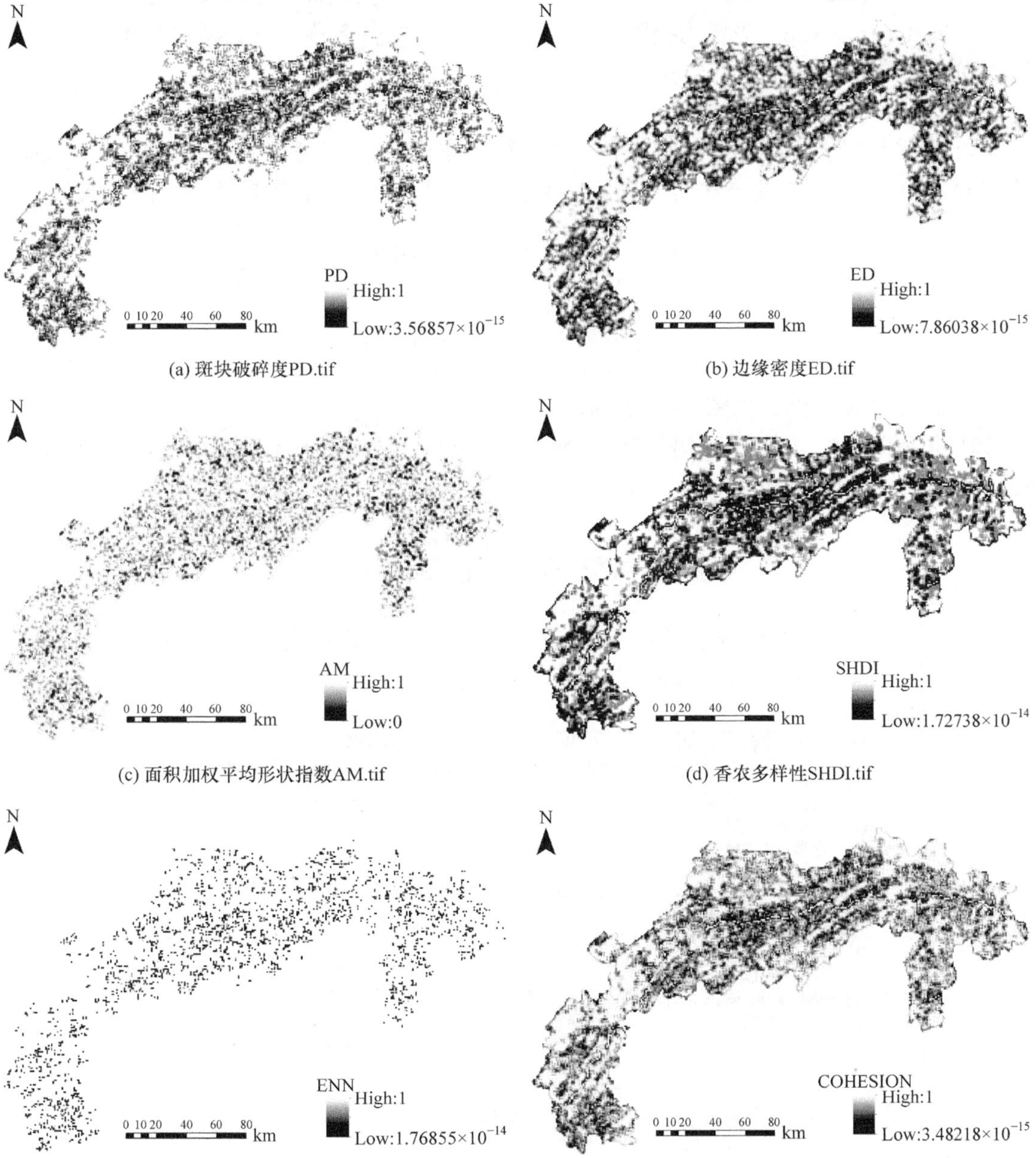

(a) 斑块破碎度PD.tif　(b) 边缘密度ED.tif

(c) 面积加权平均形状指数AM.tif　(d) 香农多样性SHDI.tif

(e) 斑块平均距离ENN.tif　(f) 斑块连接度COHESION.tif

图 13.29　景观指数运算结果

13.2.2　突变模型

1. 剔除水体类型对应的像元格

在 13.2.1 节中，计算出了 14 个 C 级指标，本实验在生态安全评价中把水体类型剔除，不参与指标归一化运算。因此应删除 14 个栅格数据中水体类型对应的像元格，步骤如下。

(1) 对“土地利用矢量.shp”进行处理，开始编辑→按属性提取水体数据→导出水体数据→保存为“water.shp”。

(2) 选用 Erase 工具，利用“water.shp”对“区域面.shp”进行擦除，得到“waterErase.shp”。

(3) 选用 Extract by Mask 工具，右键点击该工具，选用 Batch，分别输入待处理的栅格数据，将“waterErase.shp”设置为掩膜，设置输出路径与文件名称，得到剔除水体类型对应的像元格的 C 层栅格数据。

2. 指标归一化

本实验采用极差标准化方法对各个指标进行标准化处理，参考表 13.2 的指标正负向标识，利用 Python 以极差标准化方法对 C 层指标数据进行归一化。正负指标标准化的公式为

$$P_{ij} = \frac{x_{ij} - x_{ij\min}}{x_{ij\max} - x_{ij\min}} \quad \text{正向指标}$$

$$P_{ij} = \frac{x_{ij\max} - x_{ij}}{x_{ij\max} - x_{ij\min}} \quad \text{负向指标}$$

以 NDVI 数据为例，如图 13.30 所示。

如果是负向指标，则将公式语句改为：NormalizedRaster=(float(maxValue)-Raster(rawRaster))/(float(maxValue)-float(minValue))。

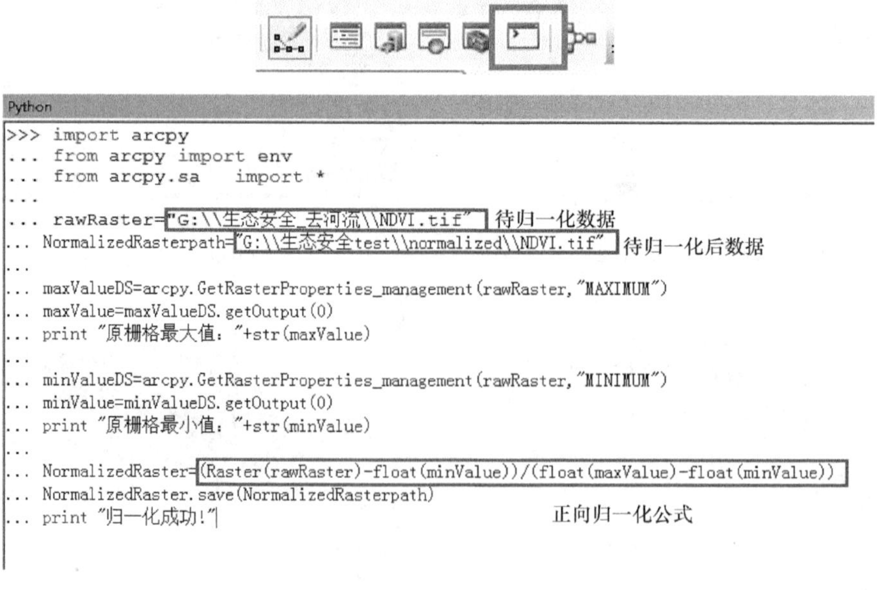

图 13.30　指标归一化

3. 突变模型

在使用突变理论进行评价时，根据问题的性质不同，可采用三种不同的准则。第一，非

互补准则：一个系统的各控制变量之间，其作用可互相代替，即不可相互弥补时，按“大中取小”的原则取用。第二，互补准则：各控制变量之间可相互弥补其不足时，通常按其“均值”取用。第三，过阈互补准则：各控制变量必须达到某一阈值后才能互补，按“过阈值后取平均值”的原则取用。因为生态安全评价指标体系的建立遵循了互补准则，所以需用到表 13.5 中的三种突变模型，这三种突变模型对应的栅格计算器运算语句如表 13.6 所示。

表 13.5　突变模型

模型名称	控制变量数量(X)	响应变量归一化公式(Y)
尖点突变模型	2	$Y=(\sqrt{X_1}+\sqrt[3]{X_2})/2$
燕尾突变模型	3	$Y=(\sqrt{X_1}+\sqrt[3]{X_2}+\sqrt[4]{X_3})/3$
蝴蝶突变模型	4	$Y=(\sqrt{X_1}+\sqrt[3]{X_2}+\sqrt[4]{X_3}+\sqrt[5]{X_4})/4$

表 13.6　突变模型对应栅格计算器运算语句

控制变量数量(X)	栅格计算器运算语句
2	(Power(X1,0.5) + Power(X2,0.333)) / 2
3	(Power(X1,0.5) + Power(X2,0.333)+ Power(X3,0.25)) / 3
4	(Power(X1,0.5) + Power(X2,0.333)+ Power(X3,0.25)+ Power(X4,0.2)) / 4

栅格计算器路径为：Spatial Analysis Tools→Map Algebra→Raster Calculator。以计算景观破碎度为例(图 13.31)，栅格计算器运算语句为：Power("pd.tif",0.5)+Power("ed.tif",0.333)+ Power("am.tif",0.25)+ Power("shdi.tif",0.2)) / 4，输出“景观破碎度.tif”。注意不要在使用 Power 函数的语句中写入分数，例如，不能将 0.5 写成 1/2。

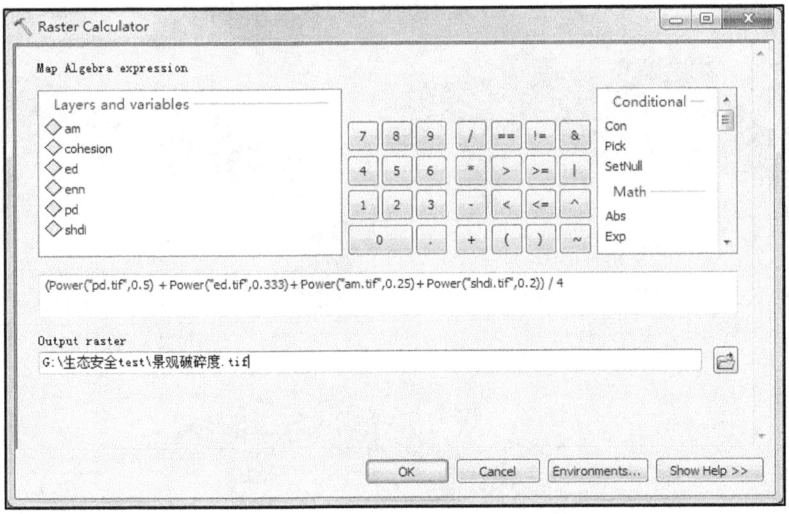

图 13.31　景观破碎度计算

从下往上分层计算，得到 B 级指标层的运算结果(图 13.32)，通过 B 级指标层又可以计算出 A 级指标(图 13.33)，最终由 A 级三个指标：生态服务能力、生态敏感性、生态组织结构，计算出目标层指标：生态安全指数。如图 13.34 所示，值越大，代表生态安全性越好。

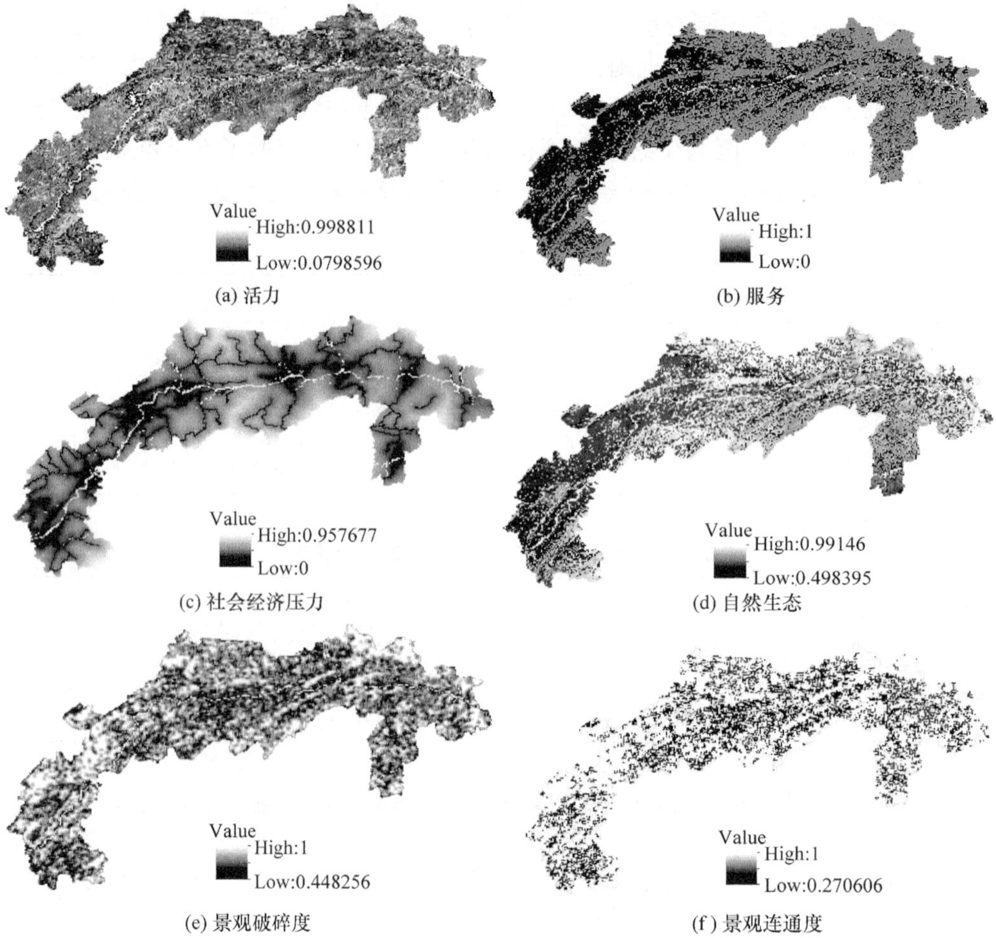

(a) 活力　(b) 服务　(c) 社会经济压力　(d) 自然生态　(e) 景观破碎度　(f) 景观连通度

图 13.32　准则层 B 级指标运算结果

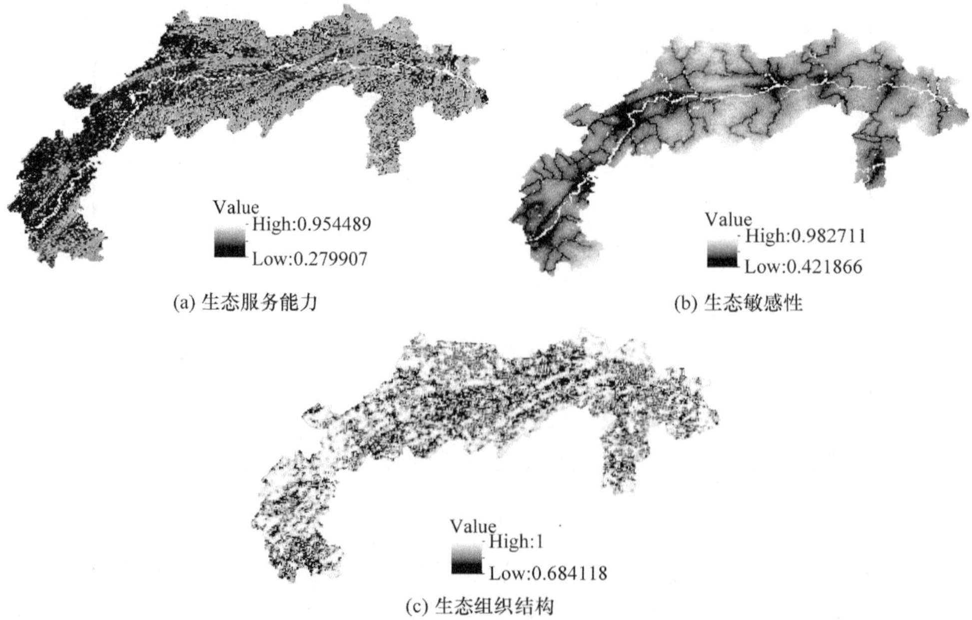

(a) 生态服务能力　(b) 生态敏感性　(c) 生态组织结构

图 13.33　准则层 A 级指标运算结果

图 13.34 生态安全指数

13.3 讨论与总结

本实验参考生态学中的“活力-组织力-恢复力-生态服务能力”逻辑架构，提出针对实验区域的“生态服务能力-生态敏感性-生态组织结构”指标结构，主要利用 ArcGIS 针对栅格数据的空间分析工具进行运算处理。从指标体系特征出发，根据控制变量数量，采用不同类型的突变模型进行指标集成，最终计算得到生态安全指数，发现高值区域大部分都对应土地利用类型中的林地。

实验中重复操作的步骤大多可以采用批处理(batch)的方式简化，教程中没有过多赘述，读者可以在实验过程中自行应用。另外，应特别注意分指标对生态安全的正负向影响，分类型进行归一化。

实验十四　志愿者地理信息质量评价

14.1 实 验 概 述

14.1.1 背景及目的

志愿者地理信息(volunteered geographic information, VGI)现在越发受到社会关注。作为最著名的志愿者地理信息平台之一，OpenStreetMap(OSM)因其庞大的志愿人群、多样的地理信息贡献方式正在逐渐成为重要的 VGI 数据来源。目前衡量 VGI 的质量主要集中在完整性(completeness)和准确性(accuracy)两个维度。本实验将从这两个维度，以湖北省内的餐饮数据(点)、武汉市内的道路数据(线)和武汉市内的水系数据(面)为例，分析来自 OSM 的 VGI 质量。通过本实验希望能够达到以下目的：①掌握获取 OSM 数据的方法；②掌握邻域分析的方法；③掌握缓冲区分析的方法；④掌握叠加分析的方法。

14.1.2 数据说明

本实验所使用的数据存储于“data_exp14”文件夹中，包含的数据内容及其来源见表 14.1。

表 14.1　实验数据内容及其来源

数据类型	数据来源	数据内容	数据说明
专题数据	湖北省电子地图	交通路网、餐饮等数据	矢量格式，点、线、面数据
OSM 数据	OpenStreetMap	道路数据、POI 数据和水系数据	矢量格式，点、线、面数据

14.1.3 整体实验设计

为了衡量 OSM 数据质量，需要以专题数据作为标准与 OSM 数据进行比对。拥有不同几何特征的数据有不同的性质，例如，点数据不包含长度信息，线数据不包含面积信息。本实验从几何性质出发，将着重分析点数据的相邻程度、线数据的重合长度和面数据的重合面积。由于 OSM 数据与专题数据之间存在误差，这种距离误差对点数据和线数据的影响巨大，如两个无限接近的点在几何意义上依然是不重合的，本实验将以 OSM 数据为基准，扩大被判定为“重合”的范围。因此，本实验针对点、线、面数据分别采用邻域分析、缓冲区分析、叠加分析来衡量它们的质量。

本实验的整体流程如图 14.1 所示。

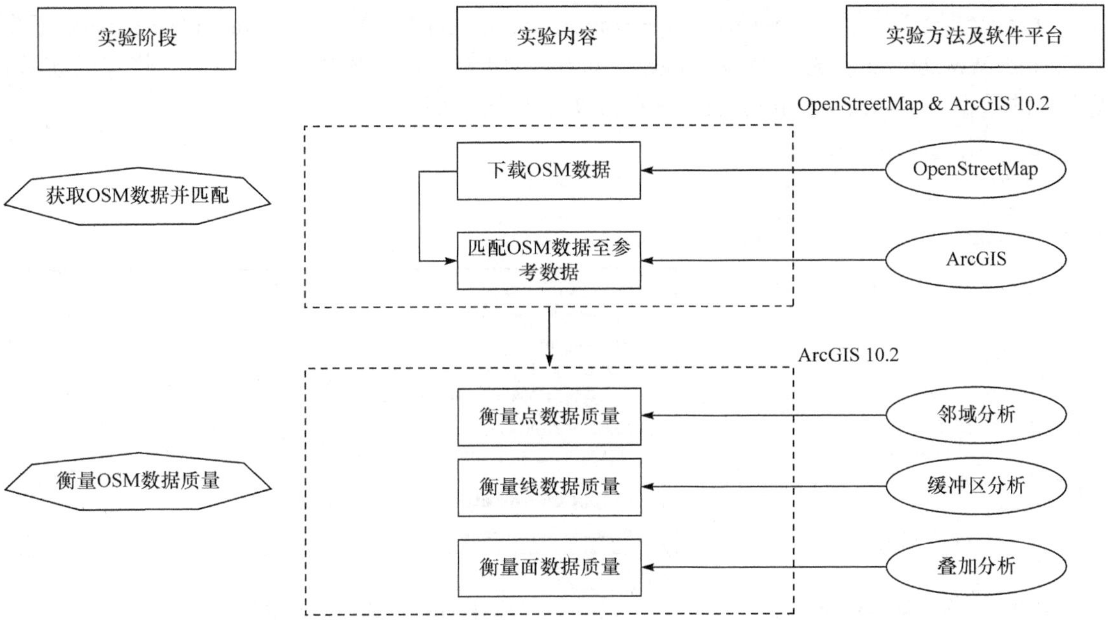

图 14.1　实验流程图

14.2　实 验 步 骤

14.2.1　获取 OSM 数据并匹配

1. 下载 OSM 数据

在本实验中，将从 OpenStreetMap 网站上下载的中国数据 china-latest-free.shp.zip 数据(被解压为“china-latest-free”文件夹)及 Format description.PDF(下文称 OSM 数据说明文档)存放在“data_exp14”文件夹内。

2. 实验准备工作

建立新的 ArcMap 文档，如“衡量 OSM 数据质量”，并存储在“data_exp14”文件夹内，即可将默认工作目录设置为“data_exp14”文件夹。

右键点击默认工作目录，新建文件地理数据库并命名为 OSM evaluation，以便存储后续实验生成的数据(图 14.2)。

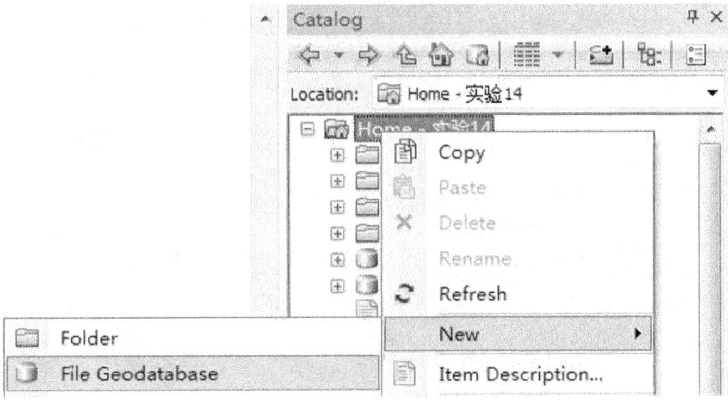

图 14.2　新建文件地理数据库

检查地理处理环境：Geoprocessing→Environments(图 14.3)。保持 Scratch Workspace 不变，将 Current Workspace 改为 OSM evaluation.gdb(图 14.4)。本实验中，Default.gdb 将存放实验过程产生的数据，OSM evaluation.gdb 将存放实验结果数据。

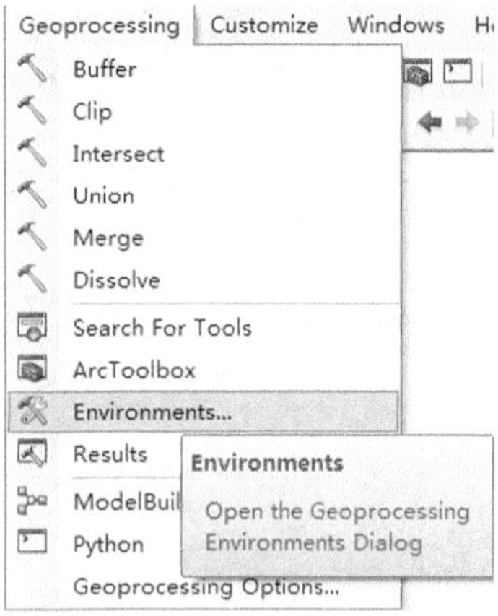

图 14.3 检查地理处理环境

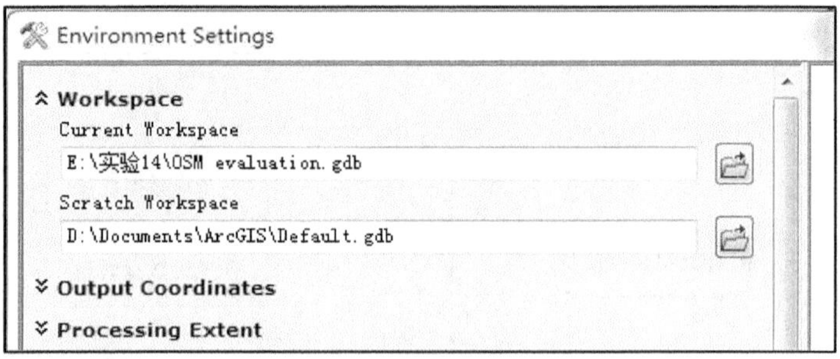

图 14.4 设置地理处理环境

1) 统一坐标系

以餐饮数据为例。打开 OSM 数据说明文档，可在“2.2 Map datum”部分查阅，本实验的 OSM 数据采用的是 WGS84(EPSG:4326)坐标系。在 ArcGIS 中打开参考数据“餐饮_point”，右键点击图层名查看其属性，可知“餐饮_point”的坐标系为 Lat Long for MAPINFO type 0 Datum(图 14.5)。其他参考数据均使用 Lat Long for MAPINFO type 0 Datum 坐标系。通常，将坐标系设置为常用坐标系(ArcGIS 本身存储了完整坐标信息的坐标系)有利于各种分析工具的顺利运行。由于 WGS84 坐标系更为常见，本实验将把所有数据统一为 WGS84 坐标系。

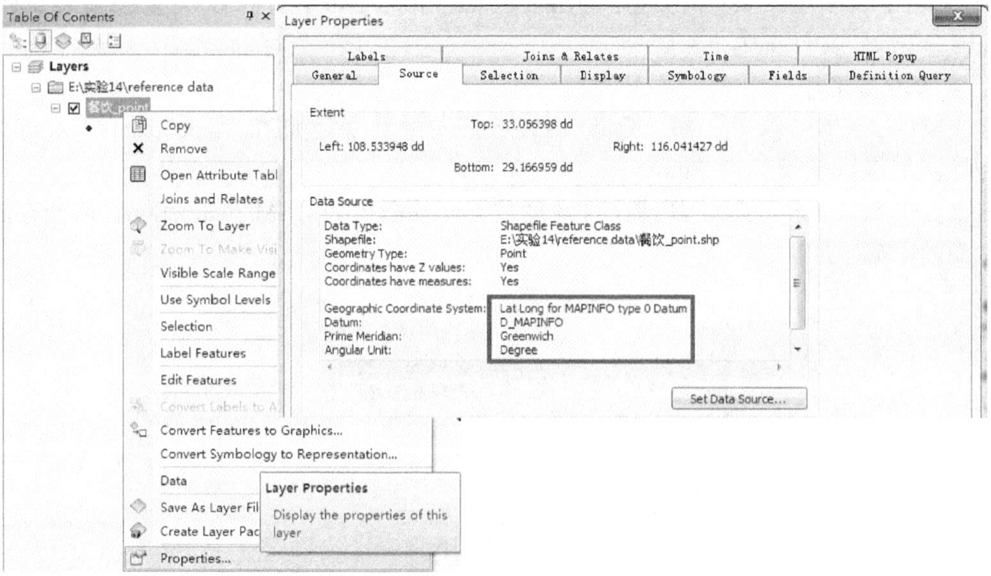

图 14.5 查看“餐饮_point”原始坐标系

在转换投影前，将 china-latest-free 文件夹内的 gis.osm_railways_free_1.shp 文件加载为新

图层。由路径 ArcToolbox→Data Management Tools→Projections and Transformations→Feature→Project 打开投影对话框：Input Dataset or Feature Class 设置为“餐饮_point”；Output Dataset or Feature Class 为输出路径，设置为“实验 14\OSM evaluation.gbd\餐饮_湖北省”；点击 Output Coordinate System 旁的图标(图 14.6)，选择 Layers→GCS_WGS_1984(图 14.7)。特别注意，Layers 列出了 Table of Content 内所有图层的坐标信息，方便用户快速选取坐标。除道路数据以外，对参考数据重复本段的操作。

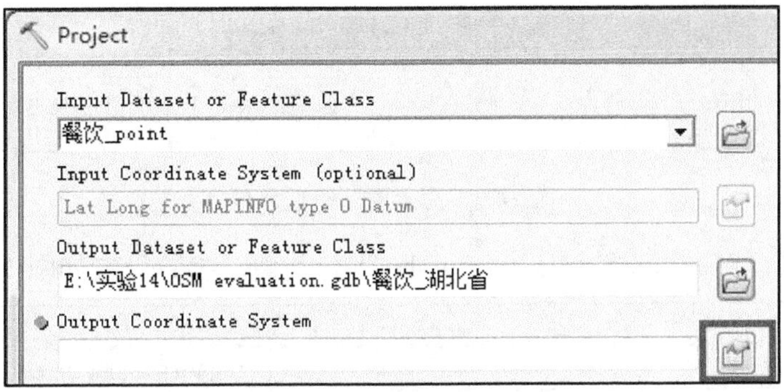

图 14.6　投影对话框参数设置

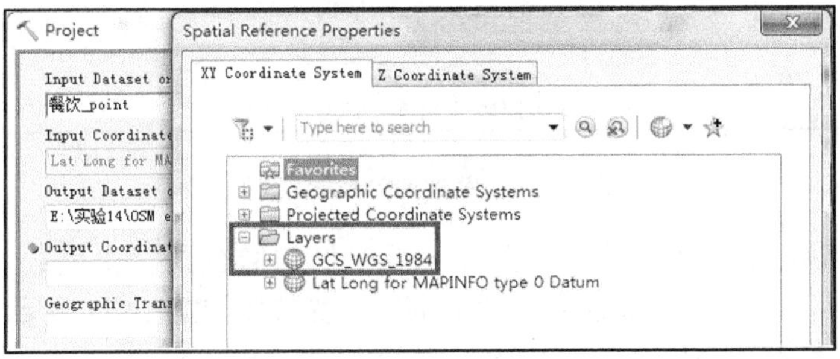

图 14.7　从图层选取投影

坐标转换完成后，应包含“湖北省界”“武汉市界”等数据。

2) 删选研究数据并裁剪数据至研究区域

对于餐饮数据，为保证 OSM 数据和参考数据内容的一致性，需要筛选数据。首先比较原始的 OSM 数据和原始的参考数据。打开 OSM 说明文档，查看“4.2 Points of Interest”可知，fclass 包含了医院、餐馆、咖啡厅、学校等多种类型的点数据。查看“餐饮_湖北省”属性表可知，参考数据中包含了咖啡厅、酒吧、餐厅、快餐厅等多种餐饮机构。点击“Table Option”并选择 Select By Attributes…(图 14.8)。

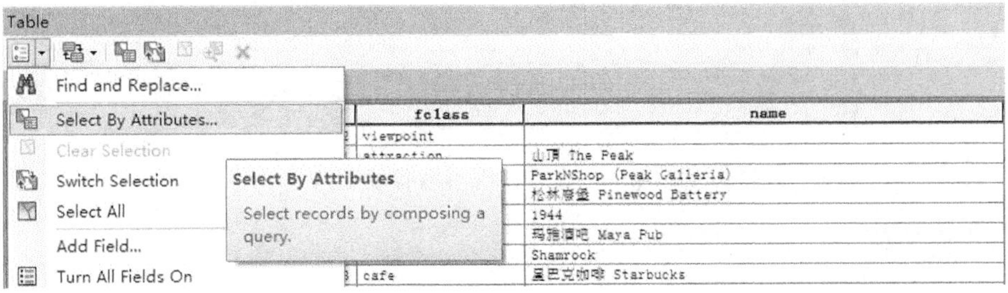

图 14.8　按属性选取记录

编写条件式为"fclass"='restaurant'OR"fclass"='pub'OR"fclass"='fast_food'OR"fclass"='cafe'(图 14.9)，注意双引号和单引号必须使用英文标点。

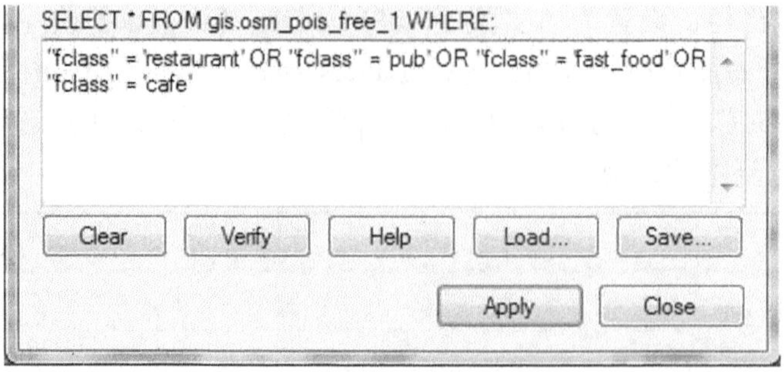

图 14.9　写入餐厅筛选条件

保持高亮记录，对 gis.osm_pois_free_1.shp 进行裁剪。参数设置如图 14.10 所示。

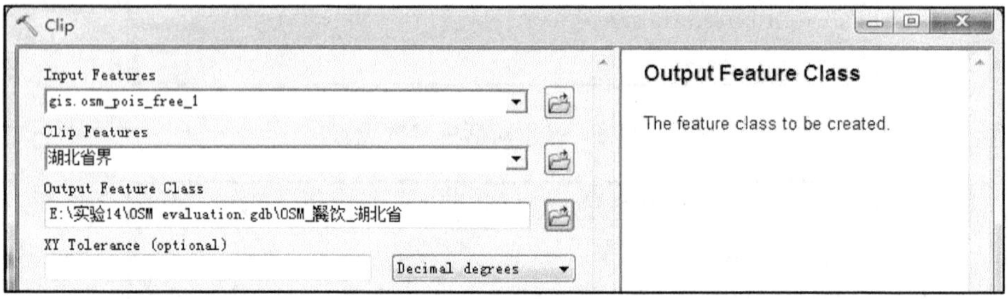

图 14.10　裁剪 OSM 餐厅数据

对于城市道路数据，为方便后续实验，需要将它们合并。由路径 ArcToolbox→Data Management Tools→General→Merge 打开对话框，设置参数如图 14.11 所示。将“道路_武汉”数据按 1)的方法重新设置坐标系为 WGS84 坐标系，将“gis.osm_railways_free_1.shp”裁剪至武汉市。

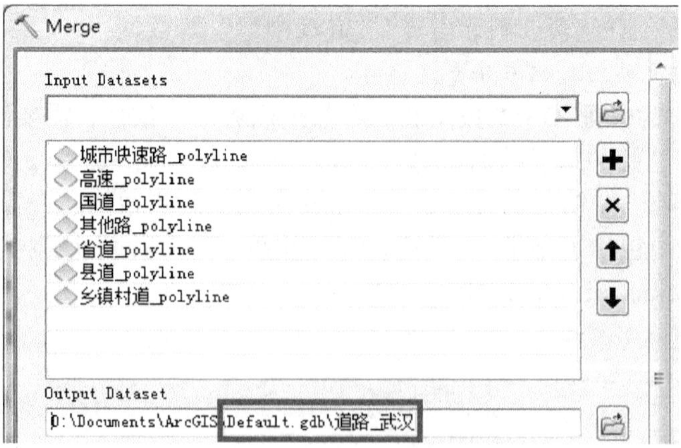

图 14.11　合并武汉市内各级道路

14.2.2　邻域分析

在 ArcToolbox→Analysis Tools→Proximity 工具箱内，Generate Near Table 和 Near 都可以

寻找OSM餐厅附近的参考数据内的餐厅。但是Near会更新输入的表格，而Generate Near Table会生成包含输入ID、邻近ID及其他用户定义属性的新表。为比较两个数据源的数据内容，即餐厅名称，本实验采用更新OSM餐厅数据表格的方法。

打开 Near 工具对话框，参数设置如下：Input Features 为“OSM_餐饮_湖北省”；Near Features 为“餐饮_湖北省”。勾选 Location 可以在更新的表中附上邻近点的坐标；勾选 Angle 可计算邻近点与原点之间的角度，本实验中均不必勾选。Method 决定计算邻近距离时是按平面距离计算还是按地球曲面计算。因为本实验验证的是来自不同数据源的相同数据，理论上原点与邻近点距离很近(100m以内)，所以保留默认选项，即计算平面距离。参数设置如图14.12所示。

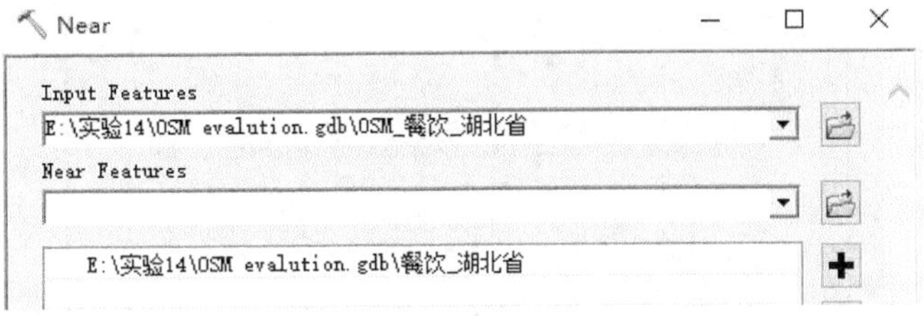

图 14.12　邻域分析参数设置

更新后的“OSM_餐饮_湖北省”数据属性表如图14.13所示。其中，NEAR_FID对应的是“餐饮_湖北省”中餐厅的ID；NEAR_DIST对应的是“OSM_餐饮_湖北省”中原点与“餐饮_湖北省”中邻近点之间的距离，以度为单位。

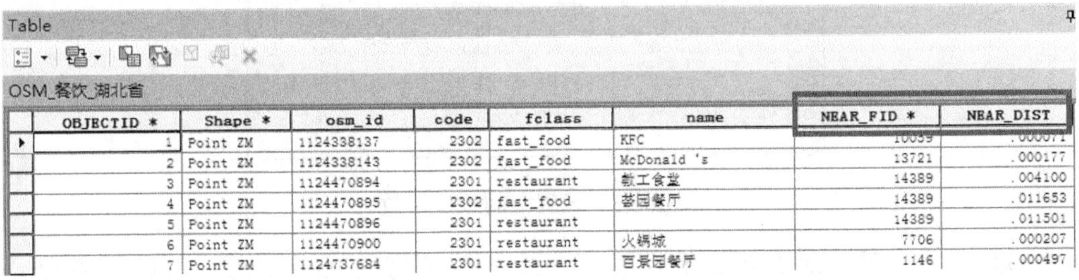

Table

OSM_餐饮_湖北省

OBJECTID *	Shape *	osm_id	code	fclass	name	NEAR_FID *	NEAR_DIST
1	Point ZM	1124338137	2302	fast_food	KFC	10059	.000071
2	Point ZM	1124338143	2302	fast_food	McDonald 's	13721	.000177
3	Point ZM	1124470894	2301	restaurant	教工食堂	14389	.004100
4	Point ZM	1124470895	2302	fast_food	荟园餐厅	14389	.011653
5	Point ZM	1124470896	2301	restaurant		14389	.011501
6	Point ZM	1124470900	2301	restaurant	火锅城	7706	.000207
7	Point ZM	1124737684	2301	restaurant	百景园餐厅	1146	.000497

图 14.13　更新后的“OSM_餐饮_湖北省”属性表

将更新后的“OSM_餐饮_湖北省”属性表空间连接至“餐饮_湖北省”。右键点击“餐饮_湖北省”图层，选择Joins and Relates→Join…，其结果如图14.14所示。

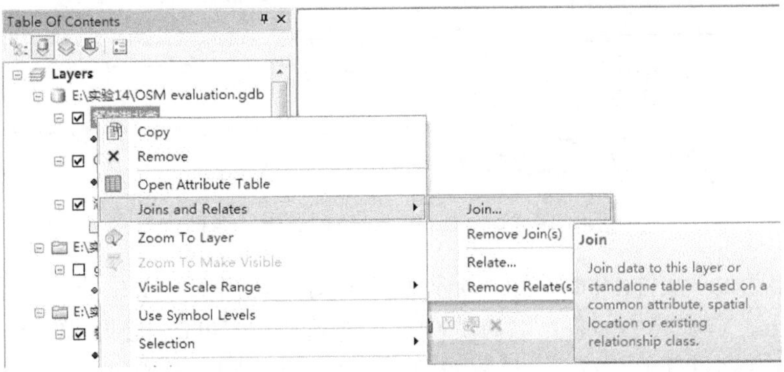

图 14.14　空间连接

打开空间连接对话框，选择 Join attributes from a table，即按属性连接表格。由 Near 更新表格的原则可知，“餐饮_湖北省”中的 OBJECTID 对应的是“OSM_餐饮_湖北省”中的 NEAR_FID，因此参数如图 14.15 设置。勾选 Keep only matching records，使得空间连接后的新表只包含相互对应的记录。

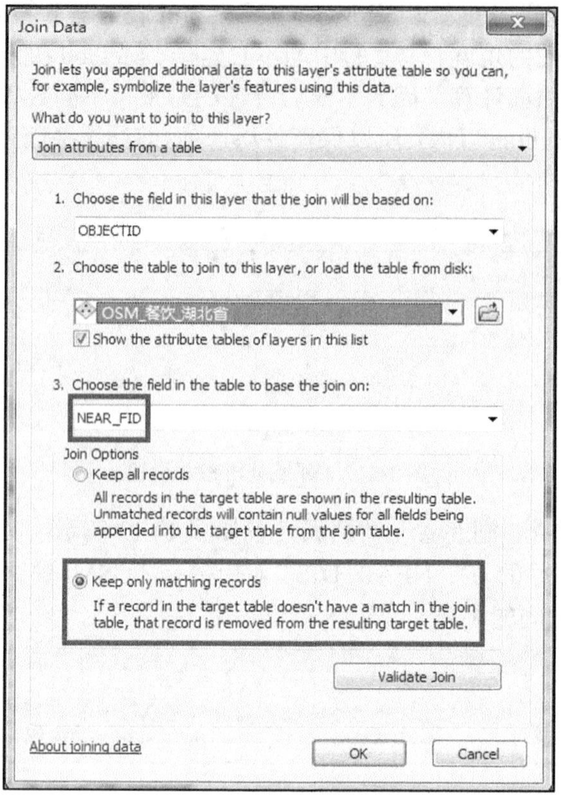

图 14.15 设置空间连接参数

“餐饮湖北省”属性表更新如图 14.16 所示。此时原有的 285 条记录只剩下 189 条。

餐饮湖北省

KIND	OBJECTID *	osm_id	code	fclass	name	NEAR_FID *	NEAR_DIST
1380	123	1886687087	2301	restaurant	艳阳天	90	.000596
1380	219	4631067540	2301	restaurant	强仔过桥米线	258	.000304
1380	215	4631067536	2302	fast_food	贵哥卤肉卷	259	.000093
1380	98	1406767114	2301	restaurant	北区食堂	281	.000949
1380	25	1144979585	2301	restaurant		435	.000136
1380	68	1260850914	2301	restaurant	三国英雄	470	.000118
1380	124	1886708921	2301	restaurant	吉莲酒家	471	.000329
1380	280	4955185414	2301	restaurant	美食小站	488	.002360
1380	71	1274088354	2301	restaurant	外婆家	547	.000176

1 (0 out of 189 Selected)

图 14.16 更新后的“餐饮湖北省”属性表

将数据导出为.txt 文件(图 14.17)。通常为了将属性表在 Excel 中直接打开，可以将数据保存为.dbf 或.txt。本实验中，餐厅名称为中文，为降低乱码的可能性，使用.txt 格式。

在 Excel 中直接打开.txt 文件，参数如图 14.18 和图 14.19 设置。

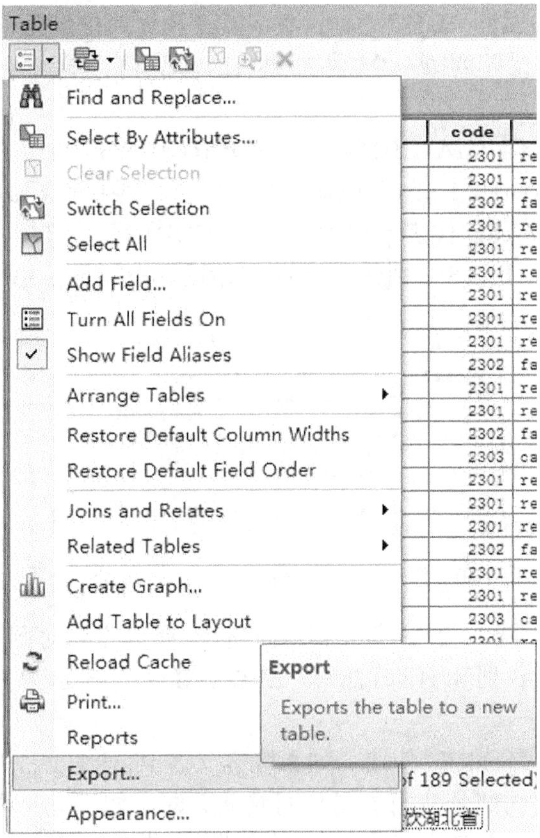

图 14.17　将记录导出为.txt

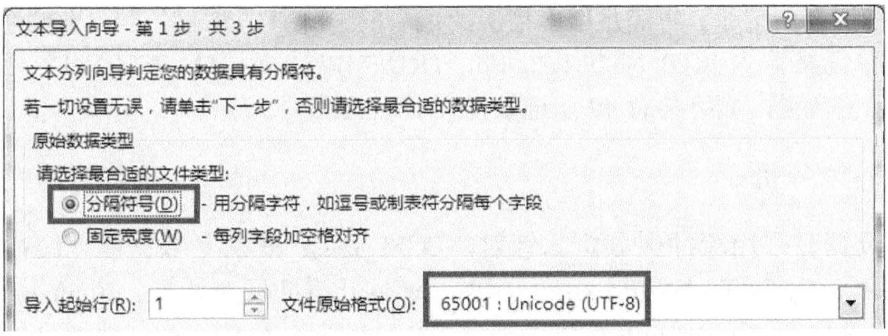

图 14.18　文本导入参数设置(1)

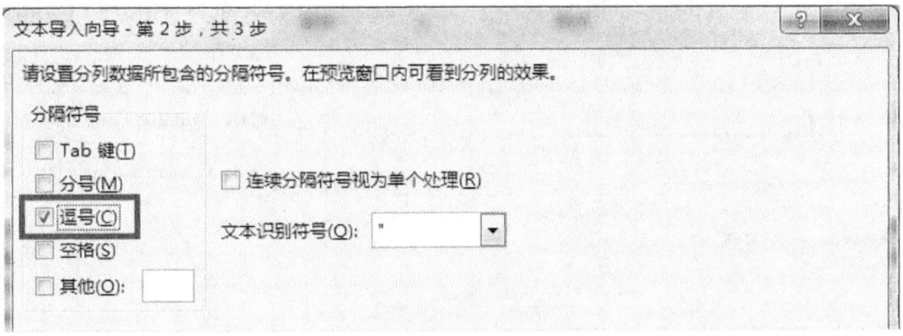

图 14.19　文本导入参数设置(2)

在 Excel 中添加新的属性“DIST_M”，即将以度数为单位的距离“NEAR_DIST”转化为以米为单位。在“DIST_M”列第一个空格，即 K2 单元格，输入“=J2*111.2*1000”并应用到整列。

在 Excel 中添加新属性“MATCHING”。在“MATCHING”列第一个空格，即 L2 单元格，输入“=NOT(ISERR(FIND(H2,B2)))”并应用到整列。L 列判断了 H 列名字是否被包含在 B 列，TRUE 代表包含，FALSE 代表不包含。“MATCHING”为 TRUE，即该记录中的原点和邻近点代表同一家餐厅；FALSE 则代表原点和邻近点不是同一餐厅。整理表格如图 14.20 所示。

	A	B	C	D	E	F	G	H	I	J	K	L
1	OBJECTID	NAME	KIND	OBJECTID_1	osm_id	code	fclass	name_1	NEAR_FID	NEAR_DIST	DIST_M	Matching
2	90	艳阳天宝丰店	1380	123	1886687087	2301	restaurant	艳阳天	90	0.000595763	66.24882	TRUE
3	258	欣欣餐厅	1380	219	4631067540	2301	restaurant	强仔过桥米线	258	0.000304103	33.8162	FALSE
4	259	老张烤鱼	1380	215	4631067536	2302	fast_food	贵哥卤肉卷	259	9.29907E-05	10.34057	FALSE
5	281	傣妹火锅广埠屯店	1380	98	1406767114	2301	restaurant	北区食堂	281	0.000949156	105.5461	FALSE
6	435	东云阁酒店南湖总店	1380	25	1144979585	2301	restaurant		435	0.000136106	15.13494	FALSE
7	470	重庆朝天门火锅鲁磨店	1380	68	1260850914	2301	restaurant	三国英雄	470	0.000117688	13.08694	FALSE
8	471	荆州青莲酒家宝丰店	1380	124	1886708921	2301	restaurant	青莲酒家	471	0.000329106	36.59662	TRUE
9	488	五洲餐厅	1380	280	4955185414	2301	restaurant	美食小站	488	0.002359515	262.378	FALSE

图 14.20　添加“DIST_M”和“MATCHING”属性

因为对同一家餐厅不同人会用不同的名称指代，所以需要对图 14.20 中的表进行数据连接的“人工阶段”。比较 B 列和 H 列可知，“MATCHING”显示为 FALSE，实际上却代表同一餐厅的有以下情况。

(1) 中文名称和英文名称同时使用。如必胜客又名 Pizza Hut、肯德基又名 KFC。

(2) 名字中指代餐厅的部分使用了同义词或近义词。如“××酒店”和“××大酒店”。

(3) B 列名称不完全包含 H 列名称。如 B 列为“××”，H 列为“××酒店”，“MATCHING”列的函数会将这种情况判断为 FALSE。

人工检视所有的记录，将满足以上情况的记录的“MATCHING”列更改为 TRUE 后，可在任意空白单元格输入=COUNTIF(L2:L190,"TRUE")以计算“MATCHING”列所有显示为 TRUE 的单元格数量。最终共有 49 条记录存在对应关系。

14.2.3　缓冲区分析

分析线数据时采用缓冲区分析。针对“OSM_道路_武汉”数据建立缓冲区。由路径 ArcToolbox→Analysis Tools→Proximity→Buffer 打开缓冲区对话框：Input Feature 设置为“OSM_道路_武汉”；Linear unit 设置为 0.00009 Decimal degrees；其他部分均保持默认设置(图 14.21)。特别注意，因为本实验采用 WGS84 坐标系，默认距离单位为度，通常 1°约等于 111.2km，所以设定距离时需要进行转化，本实验缓冲区设置为 10m(即 0.00009°)。

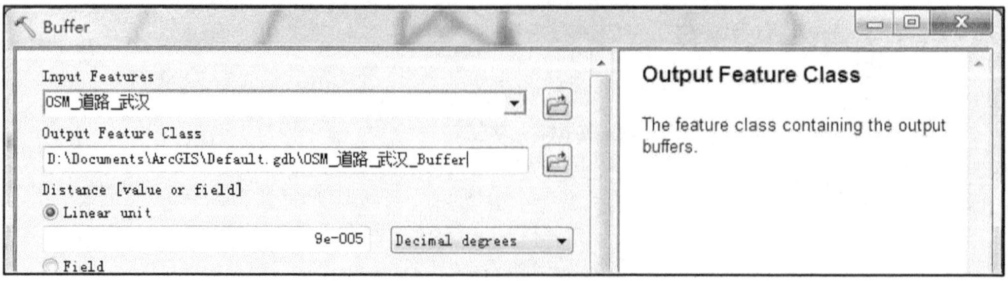

图 14.21　设置缓冲区参数

对重新投影后的“道路_武汉”进行裁剪，以找出在 OSM 城市道路 10m 缓冲区内的所有道路。由路径 ArcToolbox→Analysis Tools→Extract→Clip 打开裁剪对话框：Input Features 为“道路_武汉”；Clip Features 为“OSM_道路_武汉_Buffer”；Output Feature Class 为“实验 14\OSM evaluation.gdb\道路_matching”。参数如图 14.22 设置。

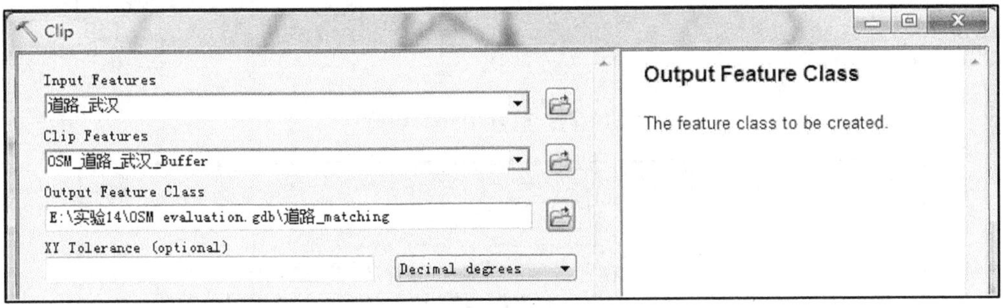

图 14.22　设置裁剪参数

14.2.4　叠加分析

分析面数据时可采用叠加分析。由路径 ArcToolbox→Analysis Tools→Intersect 打开叠加分析对话框：将 OSM 水系数据和水系参考数据输入为 Input Features；Output Feature Class 为“OSM evaluation.gdb\水系_matching”；保持其他默认设置不变，如图 14.23 所示。

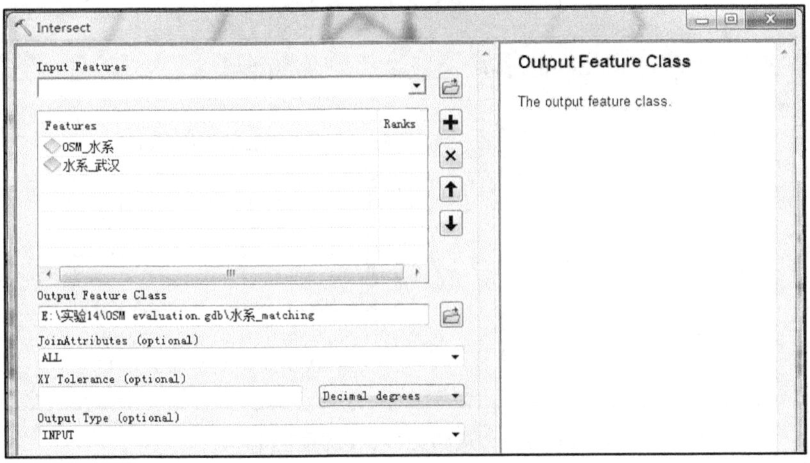

图 14.23　水域叠加分析

14.3　讨论与总结

OSM 数据质量一般从完整性和准确性两个维度来衡量。

对于线数据，其完整性由“对应数据数量/OSM 数据数量”体现，而准确性由“对应数据数量/参照数据数量”体现。由于一般意义上的同一条道路可能会被若干条线表达，用记录数量计算完整性和准确性不够恰当。本实验将用总里程数来衡量数据质量。

打开“OSM_道路_武汉”属性表，选中“Shape_Length”整列数据，右键点击属性名，选择 Statistics，如图 14.24 和图 14.25 所示。

同理可计算“道路_武汉”的总里程和“道路_matching”的总里程(图 14.26 和图 14.27)。

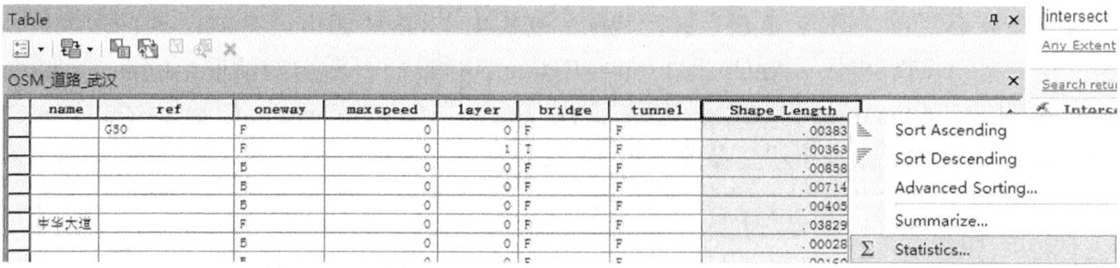

图 14.24 统计道路总里程

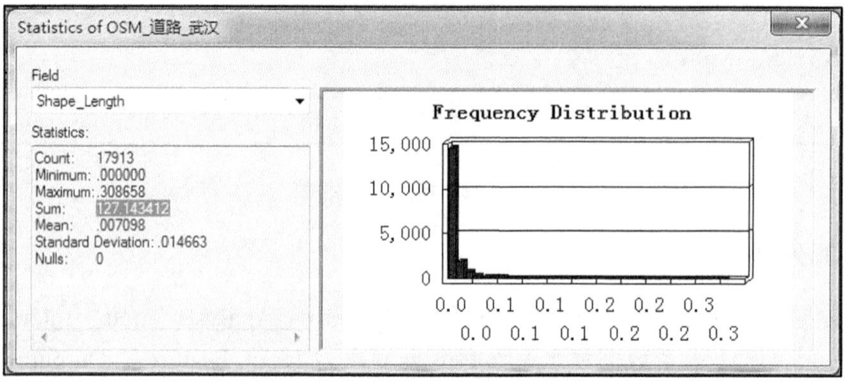

图 14.25 OSM 数据中的道路总里程

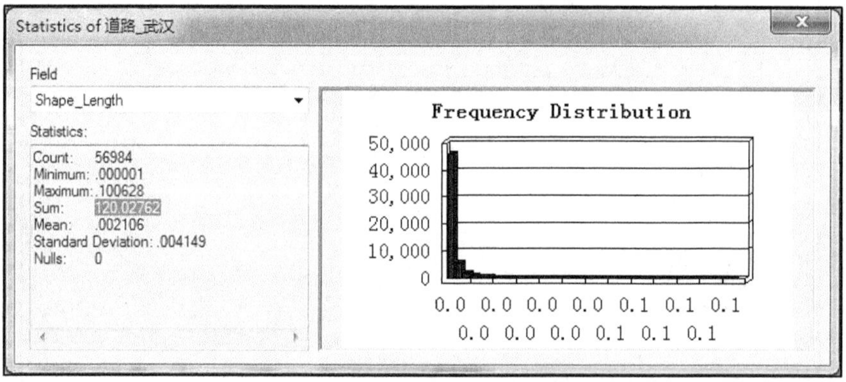

图 14.26 “道路_武汉”的道路总里程

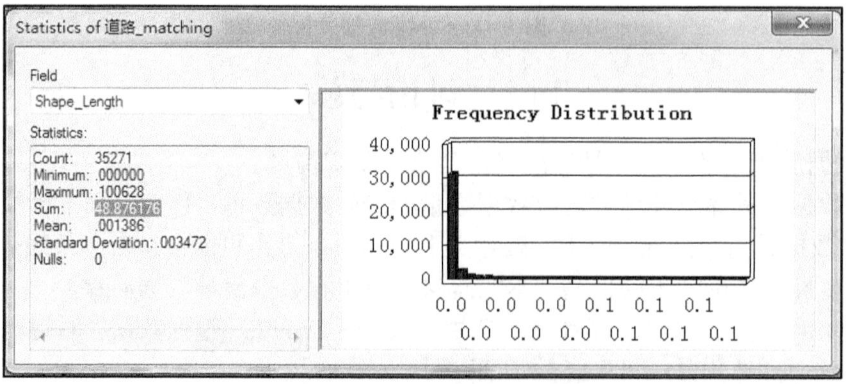

图 14.27 “道路_matching”的道路总里程

整理可得道路数据质量总结，如表 14.2 所示。

表 14.2　OSM 道路数据质量总结表

	完整性	准确性
OSM 道路数据	38.44%	40.72%

类似于道路数据，对于水系数据，其完整性由“对应数据面积/OSM 数据面积”体现，而准确性由“对应数据面积/参照数据面积”体现。其数据如图 14.28～图 14.30 所示。水系数据质量总结如表 14.3 所示。

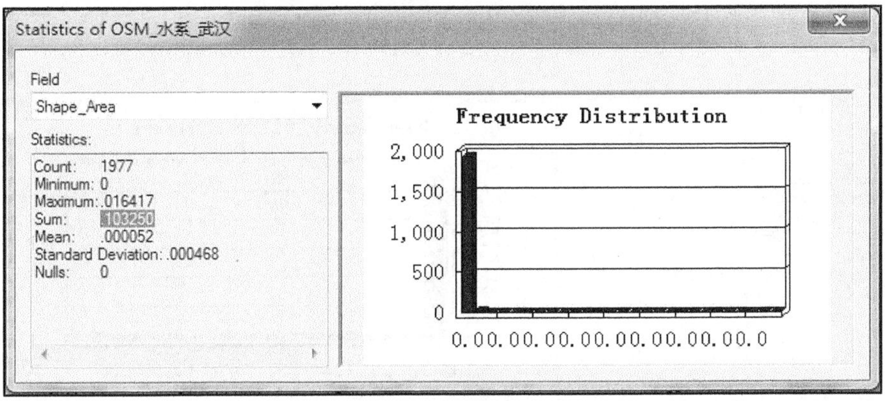

图 14.28　OSM 水系数据总面积

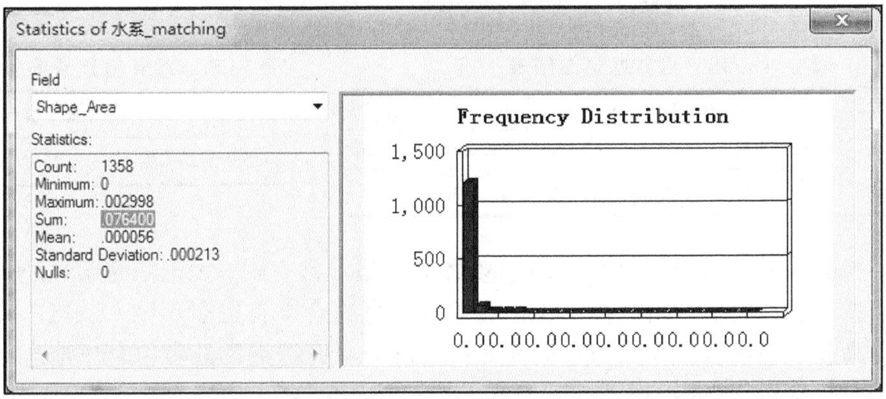

图 14.29　匹配水系总面积

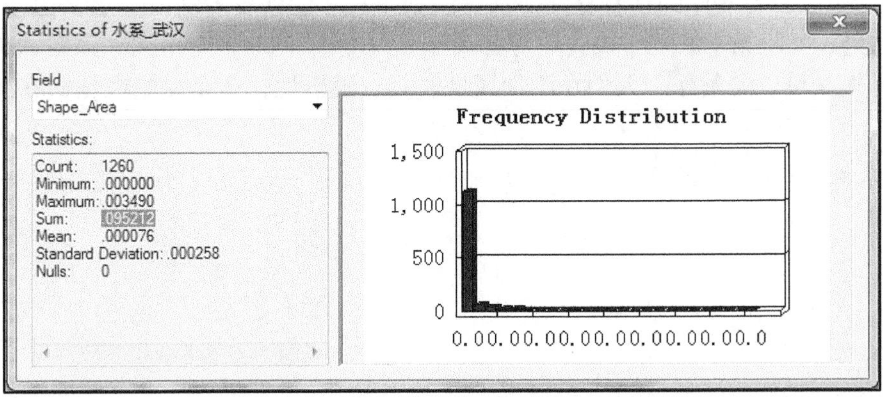

图 14.30　参考水系总面积

表 14.3　OSM 水系数据质量总结表

	完整性	准确性
OSM 水系数据	74.00%	80.24%

对于餐厅数据，匹配的餐饮点在与“OSM_餐饮_湖北省”更新表空间连接后的“餐饮湖北省_OSM_餐饮_湖北省”表，选中“NEAR_DIST”整列数据，可得餐饮数据总结，如图 14.31、表 14.4 和表 14.5 所示。

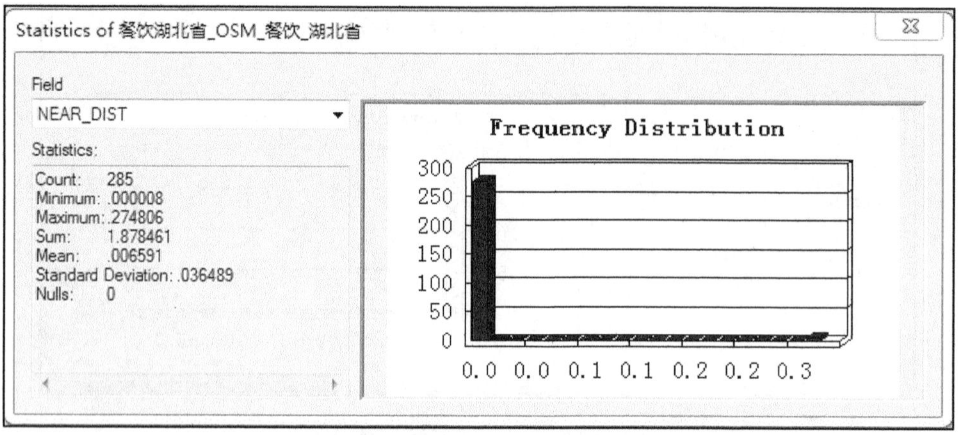

图 14.31　同一家 OSM 餐厅和参考餐厅的距离

表 14.4　OSM 餐饮数据总结表

	Spatial Error(m)				
Dataset	Count	Min	Max	Mean	Standard Deviation
OSM 餐饮数据	285	8.90	30558.43	732.92	4057.58

表 14.5　OSM 餐饮数据质量总结表

	完整性	准确性
OSM 餐饮数据	1.26%	81.21%

从本实验的数据汇总表可以看出，OSM 数据质量非常有限，无论是完整性还是准确性都不甚令人满意。实际上，有研究指出志愿者地理信息适合于有更多年轻人、更多受过高等教育的人、更高收入的地区。在人口数据充足的情况下，有兴趣的读者可利用地理加权回归分析等手段进一步探索 OSM 数据的空间分布与人口数据的关系。

需要特别指出的是，OSM 数据质量与数据内容关系密切。如本实验采用的餐厅数据，OSM 的信息贡献者对餐厅的理解存在多义性。如果把“能就餐的地方”定义为“餐厅”，则除了餐馆之外，咖啡馆、酒吧、快餐厅等都属于“餐厅”。同时，对于同一家餐饮机构，它既可以是咖啡馆又可以是餐厅，人们在添加属性时具有随机性，这是原始数据固有性质带来的误差。

实验十五　区域饭店口碑分布特征

15.1 实验概述

15.1.1 背景及目的

随着社交媒体网站的普及，消费者越来越关注网络口碑，并将其作为消费选择的重要考虑因素。在此背景下，许多研究利用网络口碑数据评价餐饮业的服务水平。本实验利用某市饭店口碑大数据，通过核密度分析、空间自相关分析与单因素方差探究饭店口碑及其影响因素。通过本实验希望能够达到以下目的：①掌握社交媒体数据的获取方法及其可视化表达(如文字云)；②掌握核密度分析方法；③掌握利用双变量 Moran's I 分析方法探究变量空间自相关特征；④掌握单因素方差检验方法的应用。

15.1.2 数据说明

本实验所使用的数据存储于 data_exp15 文件夹中，包含的数据内容及其来源见表 15.1。

表 15.1　实验数据内容及其来源

数据类型	数据来源	数据内容	数据说明
市级行政区划数据	2015 全国电子地图	某区域行政区划数据	矢量格式，面数据
教育相关数据	2015 全国电子地图	高校位置数据	矢量格式，点数据
餐饮口碑数据	开放 API 端口	抓取口碑餐厅信息	矢量 POI 点位置数据

15.1.3 整体实验设计

社会经济要素的发展与地理位置之间有着紧密的联系。本实验整体上分为两个阶段，数据获取与处理阶段和数据分析阶段。①通过 Python 获取媒体数据。Python 是一种面向对象的编程语言，也是一种解释型的编程语言。Python 语言使用方便，应用也比较广泛，有各种各样的扩展模块，爬取后可匹配到基础地理数据为后续分析做准备并进行可视化处理，对数据进行基础统计分析。本例中的数据可视化主要指使用在线文字云制作平台，进行某市口碑大数据中餐饮类型的词频统计与分析，得到该市各餐饮类型的权重数。②数据分析阶段。在 ArcGIS 中进行核密度分析与点距离统计，核密度分析时主要体会带宽的选择对核密度分析结果的影响，点距离分析是为了接下来计算饭店与学校的平均距离，然后将该结果与饭店综合评分进行空间自相关分析和单因素方差检验，确定饭店地理环境与饭店综合评分之间的关系。

本实验的整体流程及不同步骤对应解决的问题如图 15.1 所示。

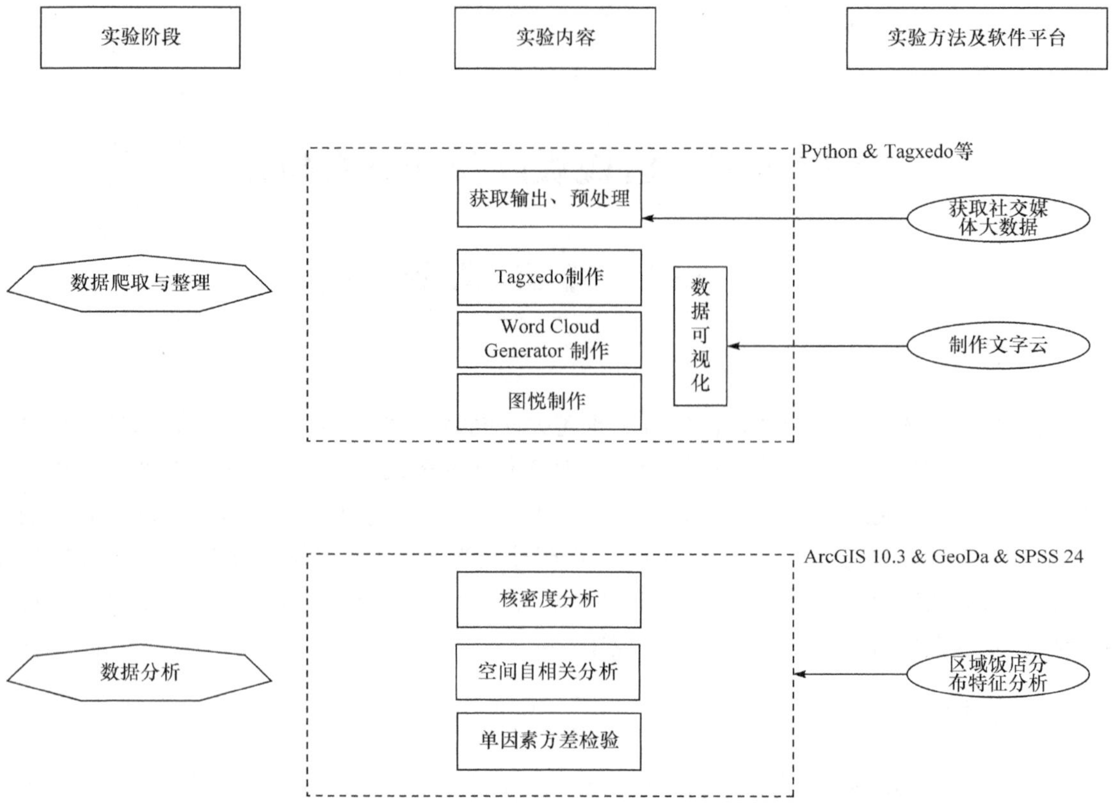

图 15.1　实验流程图

15.2　实验步骤

15.2.1　获取社交媒体大数据

本案例涉及的数据有某市区域内的市级行政区划数据、教育相关数据、餐饮口碑点评数据。前两种数据主要来自于 2015 年全国电子地图，获取及处理方法都比较简单，故不再赘述，下面重点讲解社交媒体数据(以大众点评网餐饮口碑为例)的获取步骤。

1. 社交媒体数据获取方法

因为 Python 独特的可扩展性、可嵌入性及可移植性，再加上 Python 学习起来比较简单，使用也比较方便，所以应用比较广泛。Python 获取网页内容需要使用 urllib2 这个扩展模块。这个模块的功能就是加载网页，使用模块中的 urlopen()函数和 read()函数将网页的源代码保存为 html 字符串，这样才能进行接下来的一系列处理。具体代码如下：

```
def download(url):
    try:
        html=urllib2.urlopen(url).read()
    except urllib2.URLError as e:
        print 'Download error:',e.reason
        html= None
    return html
```

对于获取字符串的处理可使用两种方式，第一种为正则表达式，使用正则表达式里面的findall()函数可以在 html 字符串中寻找符合搜寻条件的结果，并将其存储进列表(list)中，前提是必须知道所需数据在 list 中位置。本实验中的两种 findall()函数用法，代码如下：

用法 1

```
pric=re.findall('<strong>(.*?)</strong>',hotelremark[n])#price
        if (len(pric)==1):
            price=pric[0]
        else:
            price='--'
```

对于不存在值，将它的值赋成“--”。

用法 2

```
address1=re.findall('\xe5\x9c\xb0\xe5\x9d\x80\xef\xbc\x9a(.*)',addres[0])
          address2=re.findall('\xe5\x9c\xb0\xe5\x9d\x80\xef\xbc\x9a(.*?)\(',addres[0])
          if(len(address2)==0):
              address=address1[0]
          else:
              address=address2[0]
```

另一种获取 html 中的数据的方式为 beautifulsoup，这种方式需要使用 Python 的扩展模块 beautifulsoup。首先使用 find()函数，寻找字符串中出现的第一个标签，这个函数主要应用于 html 中只出现一次的标签，可以获取这种标签中的内容，然后通过 text()函数获取标签中的值；text()获取的值为 ASCII 码，因为获取的值有中文，所以需要使用 encode()函数将获取的值转化为“Utf-8”，代码示例如下：

```
new_soup=BeautifulSoup(new_html)
new_name=new_soup.find(attrs={'class':'hotel-title clearfix'})
name=new_name.find('h1')
hotelname=name.text.encode("utf-8")
```

接下来使用 find_all()函数，寻找所有满足条件的标签，然后把它们存入列表中。类似正则表达式的 findall()函数，使用之前要掌握寻找标签的分布情况和分布规律，在存入列表之后，就可如 find()函数一样使用 text()函数获取列表中特定位置的值。最后将编码类型转换为“Utf-8”类型，代码示例如下：

```
new_soup=BeautifulSoup(new_html)
tra=new_soup.find(attrs={'class':'traffic-info'})
tra_a=tra.find_all(attrs={'class':'info-value'})
tra.utb=tra_a[0].encode("utf-8")
```

在获取值之后，有一些值可能不是所需格式，因此要进行字符串的修改，使用 replace()函数，代码示例如下：

```
tra.utc=tra.utb.replace("</p>",";")
tra.utd=tra.utc.replace("<p>","")
tra.ute=tra.utd.replace('<div class="info-value">',"")
```

2. 数据输出

获取数据只是将其赋值给变量，在运行内存中暂时存在，还需要将其输出。这种情况有两种比较好的实现方式，一种是写入 .txt 文件中，但是这种输出对于后面的数据分析、处理都不方便。另一种方式是写入数据库中，这种方法虽然较第一种方法更为复杂，但是便于后续的处理而且也更有条理性。Python 连接数据库较为简单，MySQL 在 Python 中的扩展模块叫做 MySQL；代码也比较简单，大体为两部分，第一部分负责连接数据库及最后关闭数据库连接；第二部分，使用 SQL 语言对数据库进行操作。在本次实验案例中，主要有两种 SQL 语言，第一种是建表，第二种是数据输入。连接数据库和关闭数据库连接代码如下：

```
conn=MySQLdb.connect(host='localhost',port=3306,user='root', passwd='chen',db ='hotel',charset='utf8')
cur = conn.cursor()
cur.close()
conn.commit()
conn.close()
```

数据库建表的 SQL 代码如下：

```
cur.execute("create table hotel(name text(1000),type varchar(30),address text(10000),telnum varchar(30),price text(40),score varchar(10),time varchar(10),number varchar(20),faclity text(20000),service text(20000),undertrain text(20000),train text(20000),scenic text(20000))ENGINE=InnoDB DEFAULT CHARSET=utf8")
```

数据输入的 SQL 代码如下：

```
sql="insert into zhenjiang values(%s,%s,%s,%s,%s,%s,%s,%s,%s,%s,%s,%s,%s)" cur.execute(sql,(hotelname,ty,address,telnum,price,score,time,number,infofac,infoser,traut,trat,tras))
```

3. 数据预处理

将数据全部存入数据库之后，需要对数据进行处理。首先需要将数据从数据库中导出来，利用 MySQL 数据库自带的 WorkBench 软件就能完成这个过程，最后输出为.xml 格式，利用 Excel 也能转化为其他格式。

用 Excel 软件打开.xml 文件，首先需要去除重复项，确保商户数据不会重复。本实验获取的数据是在大众点评上有着基本评论的商户，即有评分等信息。其次，获取的位置信息只是地址信息，还需要逆地理编码获取店铺坐标。这个过程可以使用 XGeocoding 软件来完成，(XGeocoding 能够利用百度等几家在线地图 API 来实现批量逆地理编码及坐标转化)。最后，将坐标转换为 WGS84 坐标系的数据。

15.2.2　数据可视化

文字云就是对网络文本中出现频率较高的关键词予以视觉上的突出，形成“关键词云层”

或“关键词渲染”，从而过滤掉大量的文本信息，使浏览网页者只要一眼扫过文本就可以领略主旨。文字云的制作方法有很多，本例选取了几种对使用环境要求较低且对中文友好的在线制作平台进行介绍。

首先，在 ArcGIS 中将 food 的属性表导出成.dbf 格式，利用 Excel 打开，选择 type 字段，复制出来为可视化做准备。

1. Tagxedo

Tagxedo(网址：http://www.tagxedo.com/)是一款非常好用的文字云工具，除了对中文语言比较友好之外，自定义特性也较为丰富，可自定义的外观比较多，如文字云的形状(shape)等，除了默认的几种图形，还可上传自己的图片。另外，基础的配色方案(theme)丰富，而且比较美观，词频可自己修改。只需要安装 Silverlight，即可在浏览器端在线生成文字云图案，且可保存到本地。但长文本分词有时会出现异常，会有丢字、错分的情况产生。其生成的文字云如图 15.2 所示。

图 15.2　Tagxedo 生成文字云

2. Word Cloud Generator

Word Cloud Generator(网址：https://www.jasondavies.com/wordcloud/)是一款利用 D3.js 开发的文字云工具，支持中文，但只能支持单行识别。如果是整句分析则要自己进行分词。支持比例、字体、角度等参数设定(图 15.3)；支持保存.svg 矢量图形，可二次编辑；同样支持.png 格式(透明背景)。

3. 图悦

图悦(网址：http://www.picdata.cn/index.php)是一款国内的文字云制作工具(图 15.4)，文字云模板有标准、微信、中国地图三种，在长文本自动分词方面比较优秀，特别的是还可以导出 Excel 词频记录(图 15.5)，可用于后续分析使用。缺点是模板比较单一，且词云排版不灵活。

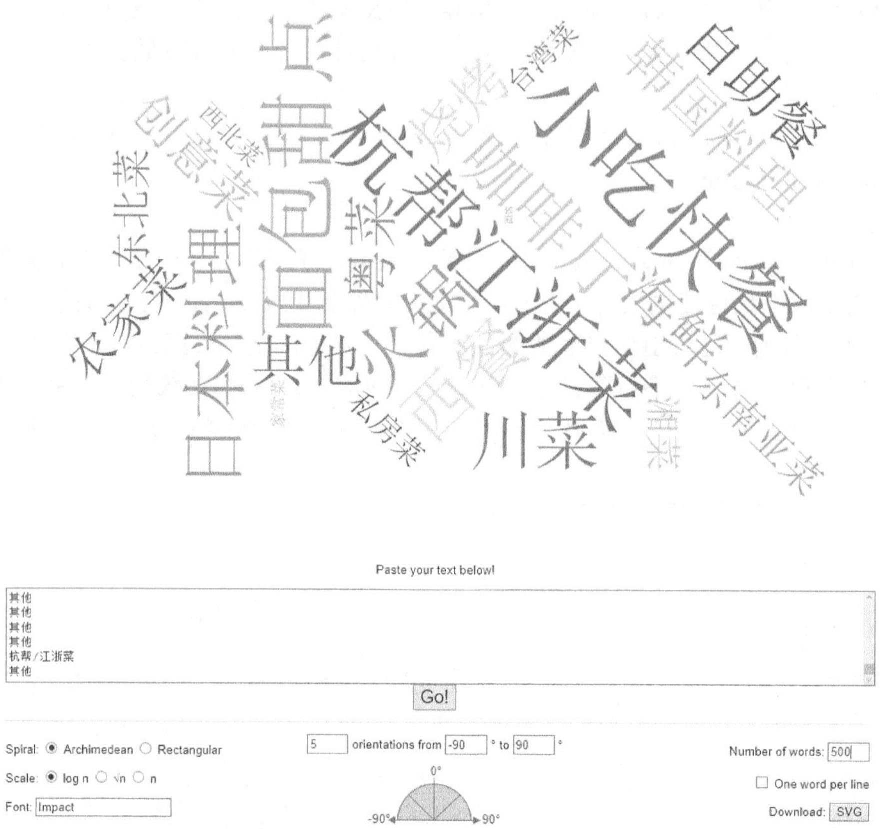

图 15.3　Word Cloud Generator 生成文字云

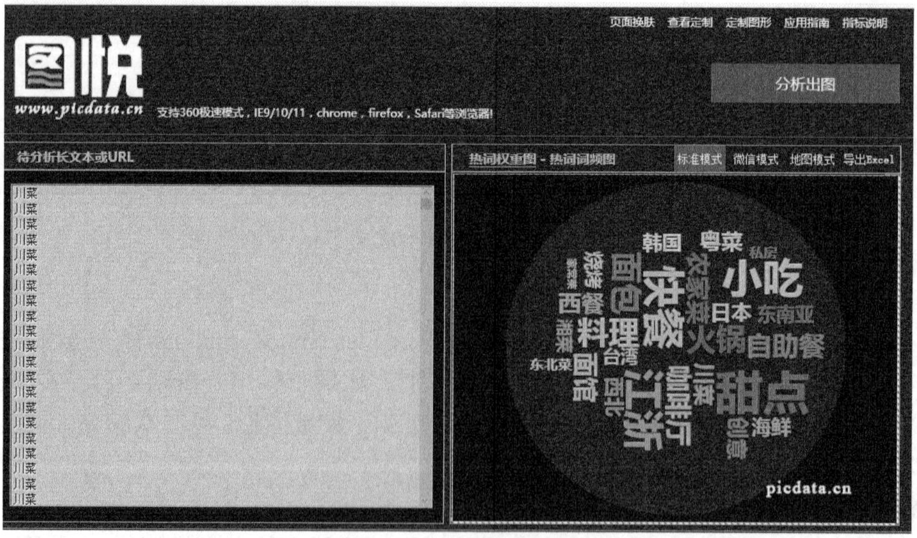

图 15.4　图悦生成文字云

此外，HTML5 Word Cloud、WordLe、WordArt 等也是常用的制作文字云的平台。不同平台的可视化特色各不相同，但部分制作工具不支持中文。其他文字云制作平台请读者自行体验。

关键词	词频	权重
甜点	1479	1
快餐	2278	0.9947
江浙	1439	0.9938
小吃	2278	0.9833
面包	1479	0.9571
料理	625	0.905
火锅	625	0.8937
咖啡厅	542	0.8893
西餐	516	0.8779
川菜	341	0.8686
日本	422	0.8073
海鲜	216	0.8066
烧烤	195	0.7846
农家菜	106	0.7798
韩国	203	0.7742
自助餐	195	0.747
粤菜	165	0.7468
东北菜	60	0.7436
创意	124	0.7406
湘菜	47	0.6852
东南亚	55	0.6844
私房	27	0.6331
台湾	23	0.585
西北	19	0.5803
家常菜	9	0.553
面馆	5	0.504

图 15.5　从图悦导出的某市餐饮类型词频统计

15.2.3　核密度分析

核密度分析是指使用核函数根据点或折线要素计算每单位面积的量值，以将各个点或折线拟合为光滑锥状表面，输入的是点数据，输出的则是栅格数据。上述定义里的单位面积即为栅格大小，量值即一个栅格内的所有点，根据各自的权重计算出一个综合的数值。光滑锥状表面即形容 OutRas 中每个部分由内向外颜色逐渐变浅的状态，如图 15.6 所示。

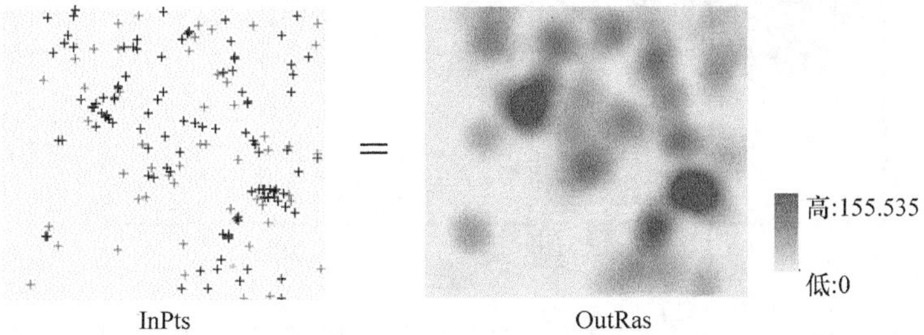

图 15.6　核密度分析示意图

传统的核密度分析主要应用于预测和插值，本实验中主要讲解核密度生成工具的使用，宏观上看数据分布的特点，不涉及应用。

点击 ArcToolbox→Spatial Analyst Tools→Density→Kernel Density，选择本实验要输入的点要素 food_Clip.shp，第二至四行可默认输入，第五行的搜索半径是核密度分析的关键，要结合点要素的分布特点进行设置，本实验将半径设置为 0.03，面积单位为平方千米，核密度结果最为显著。方法设置为默认的 PLANAR，注意如果数据是 WGS84 经纬度坐标系，方法要设置为 GEODESIC，如图 15.7 所示。

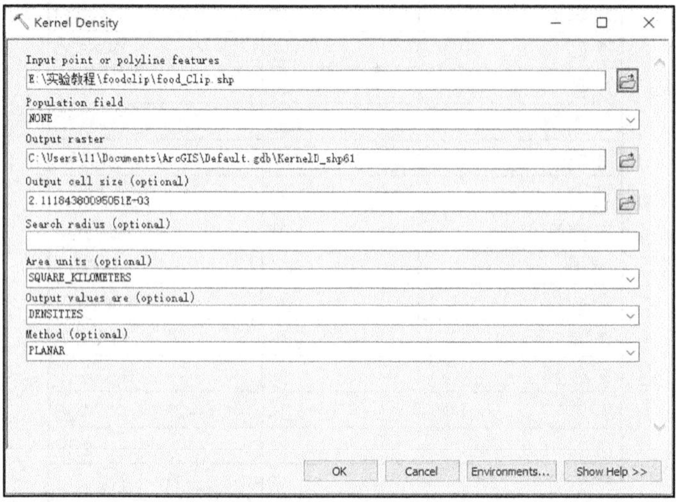

图 15.7　核密度分析工具

该组实验数据不同区域密度相差较大，因此结果采用分级设色效果不够明显，可双击该图层，在 Symbology 中使用“Stretched(拉伸)”工具(图 15.8)表达，分析结果如图 15.9 所示。

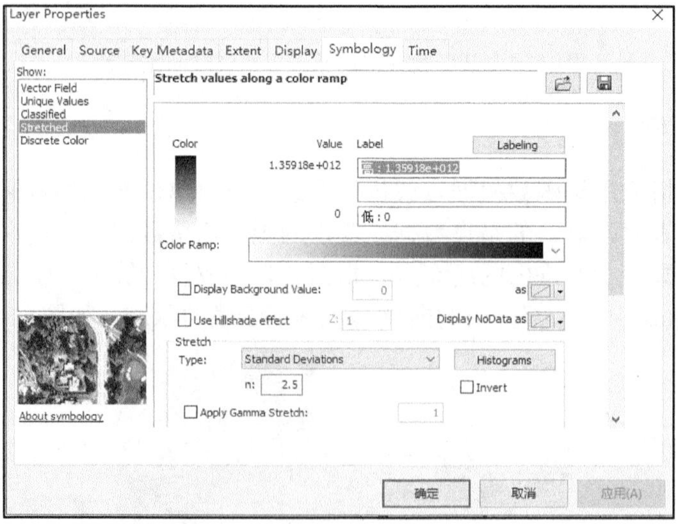

图 15.8　符号系统——拉伸

点击 Analysis Tools→Proximity→Point Distance，计算饭店距周围学校的距离，搜索半径设置为 1000m(图 15.10)。

执行功能，生成的属性表如图 15.11 所示。

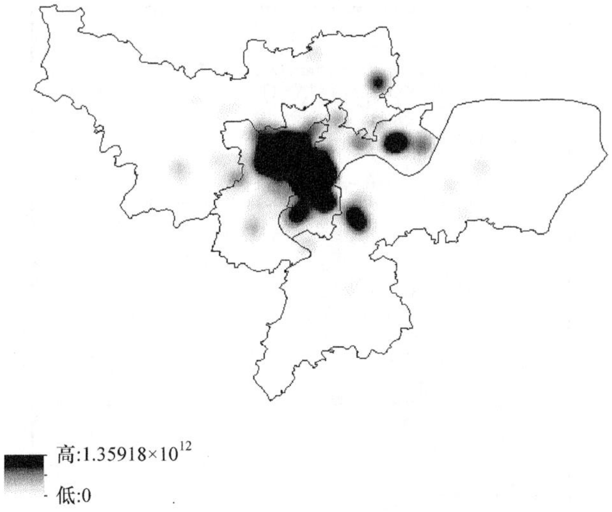

图 15.9　核密度分析结果

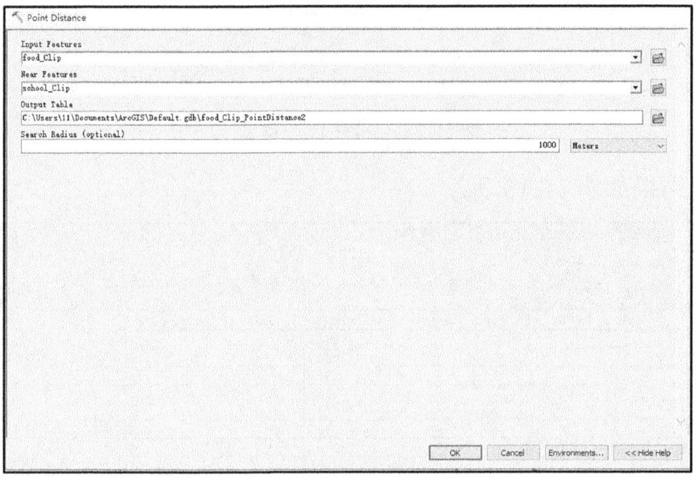

图 15.10　点距离工具

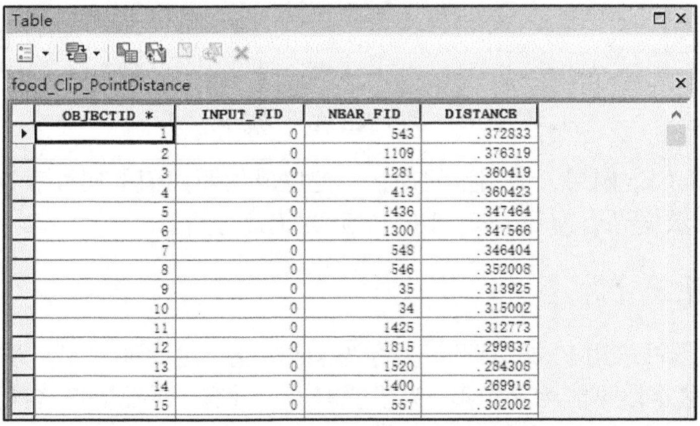

OBJECTID *	INPUT_FID	NEAR_FID	DISTANCE
1	0	543	.372833
2	0	1109	.376319
3	0	1281	.360419
4	0	413	.360423
5	0	1436	.347464
6	0	1300	.347566
7	0	548	.346404
8	0	546	.352008
9	0	35	.313925
10	0	34	.315002
11	0	1425	.312773
12	0	1815	.299837
13	0	1520	.284308
14	0	1400	.269916
15	0	557	.302002

图 15.11　点距离生成属性表示例

右键点击 DISTANCE 字段，利用汇总工具汇总该字段，方法选择平均值(图 15.12)。

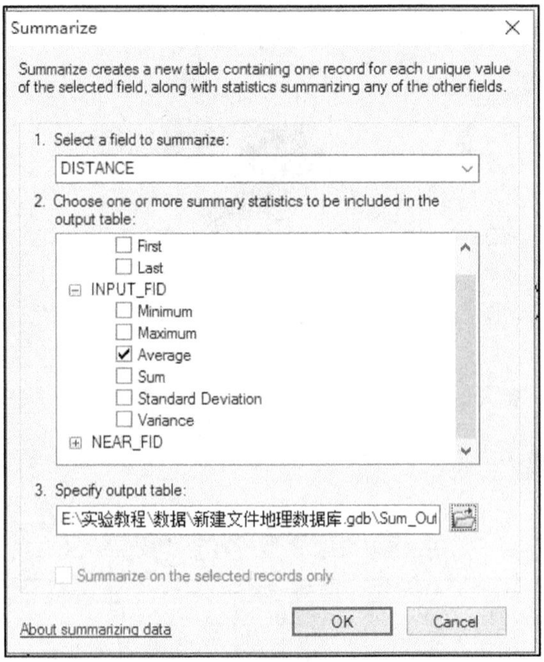

图 15.12　属性表字段汇总

平均距离生成结果如图 15.13 所示。

Table

Sum_Output

OID	INPUT_FID *	Count_INPUT_FID	Average_DISTANCE
0	0	1963	.1293
1	1	1963	.1914
2	2	1963	.1291
3	3	1963	.1307
4	4	1963	.1275
5	5	1963	.1493
6	6	1963	.1413
7	7	1963	.1446
8	8	1963	.1477
9	9	1963	.187
10	10	1963	.1363
11	11	1963	.1877
12	12	1963	.1476
13	13	1963	.1368
14	14	1963	.1416
15	15	1963	.1326

图 15.13　属性表汇总平均距离结果

右键点击 food_Clip 图层，使用空间连接，把生成的距离值的属性表连接到 food_Clip 图层，然后将该图层数据导出为.dbf 表，用于之后的统计分析。

15.2.4　空间自相关分析

将.dbf 格式的属性表用 Excel 打开，另存为.xls 格式，然后进行综合评分指标的计算，注意在 ArcGIS 中有些字段可能为字符型。为了能够进行计算，要批量将这种数据转为数值型，方法为：选择数据→分列(图 15.14)，保持默认设置，点击“确定”，然后右键点击该列字段，选择单元格格式→数值，小数位数设为 1(图 15.15)。

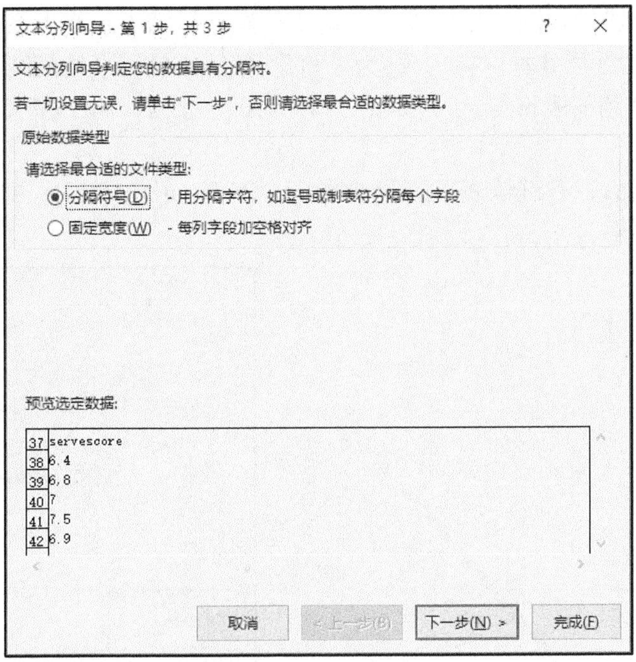

图 15.14　数据处理(1)

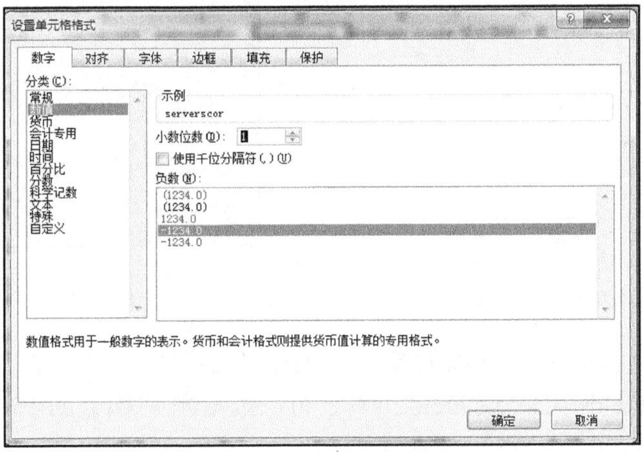

图 15.15　数据处理(2)

综合指标采用平均值和变异系数两种方法计算并加以比较。平均值法这里不再赘述，变异系数使用公式：

$$\mathrm{CV} = \frac{\delta}{\mu}$$

式中，CV 为变异系数；δ 为标准差；μ 为变量的平均值。

$$W_j = \frac{\mathrm{CV}_j}{\sum_{j=1}^{m} \mathrm{CV}_j}$$

式中，W_j 为第 j 项指标的权重；CV_j 为第 j 项指标的变异系数；m 为指标的个数。

将生成结果制作成散点图，横轴表示平均值结果，纵轴表示变异系数法生成结果。对比发现,两种综合方法的结果基本保持一致,为了简化,接下来使用平均值结果进行分析(图 15.16)。

将以上处理后得到的表格导入 ArcGIS，转为.shp 数据，用于在 GeoDa 中进行双变量 Moran's I 分析。

添加该表格数据后，右键该表，选择 Display XY Data(图 15.17)，将表格中 *X*、*Y* 字段分别与显示的横纵坐标对应。

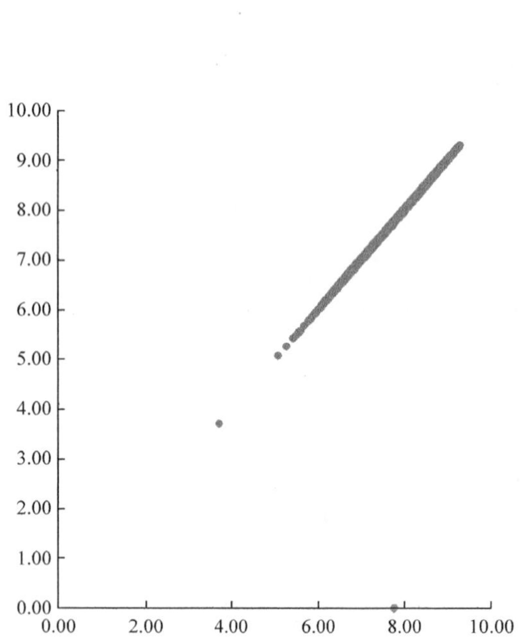

图 15.16　综合指标计算方法对比

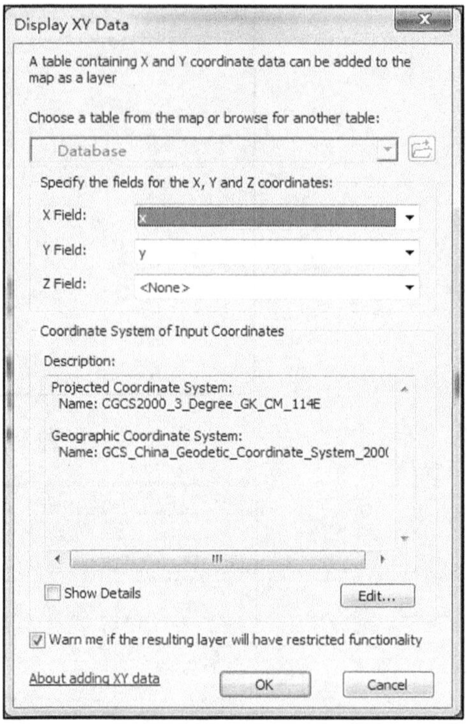

图 15.17　显示 *XY* 数据

为了提高后续分析效率，可以删除属性表中不必要的字段，使用 ArcToolbox→Data Management Tools→Fields→Delete Field 工具，可以批量删除字段(图 15.18)。

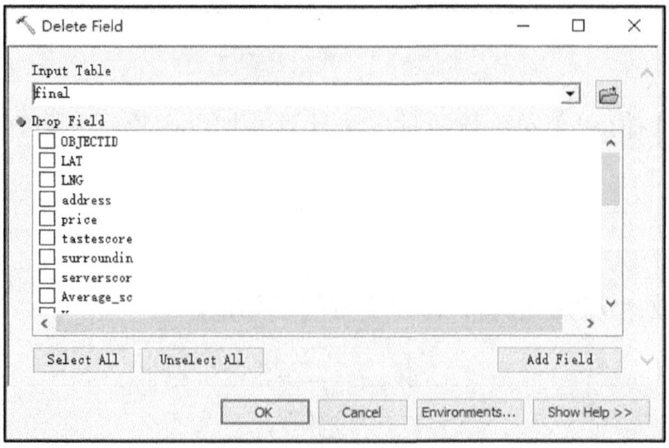

图 15.18　批量删除字段工具

将该图层导出为.shp 文件(图 15.19)。

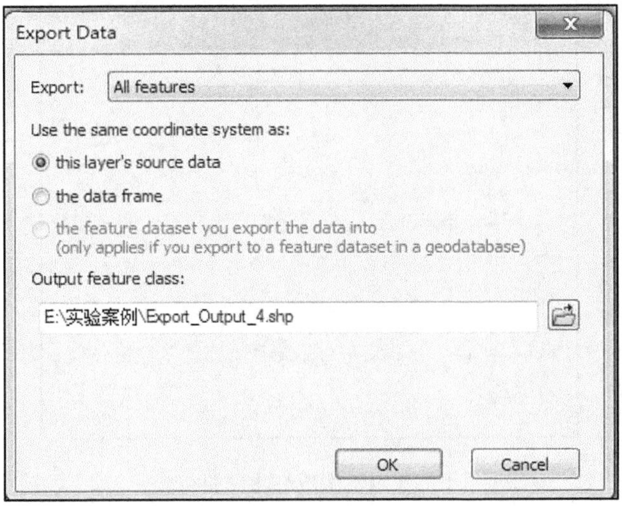

图 15.19　导出数据

使用 GeoDa 软件，打开上述处理后生成的.shp 文件。数据如图 15.20 所示。

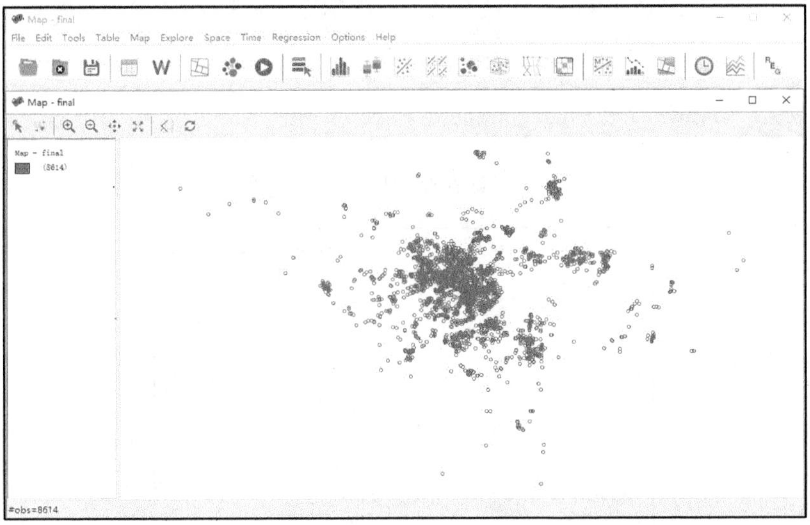

图 15.20　饭店.shp 数据

使用 Tools→Weights Manager 生成权重文件。选择 KNN 方法，邻近数设为 150。注意导出路径不能有中文，如图 15.21 和图 15.22 所示。

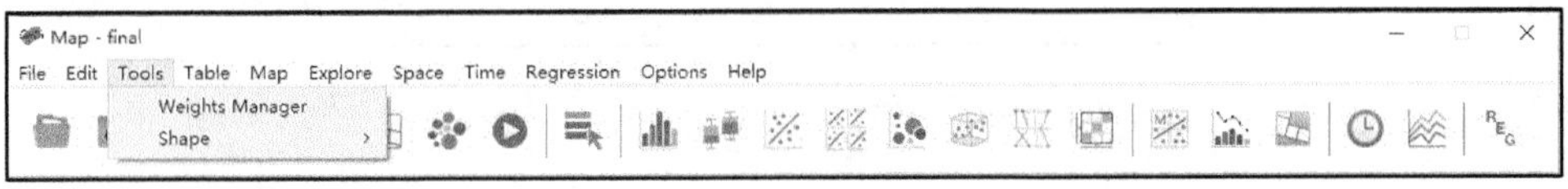

图 15.21　生成权重文件(1)

点击“Space”，选择第六项 Local Moran's I with EB Rate，计算双变量 Moran's I 值，如图 15.23 和图 15.24 所示。

Event Variable 设为饭店平均得分，Base Variable 设为平均距离。

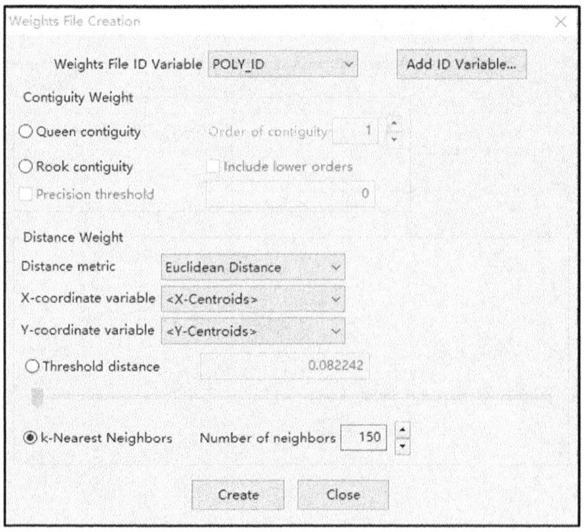

图 15.22　生成权重文件(2)

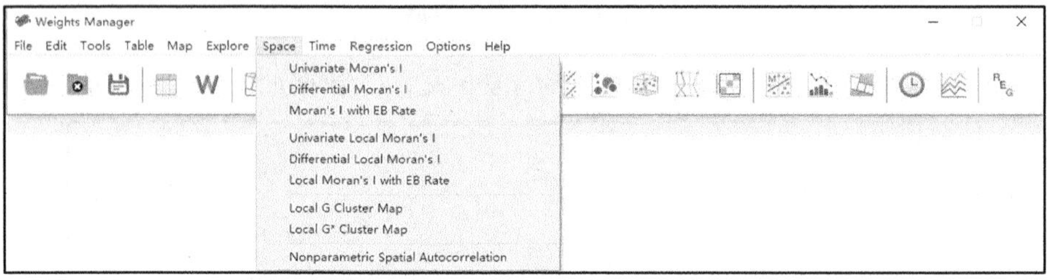

图 15.23　计算双变量 Moran’s I 值(1)

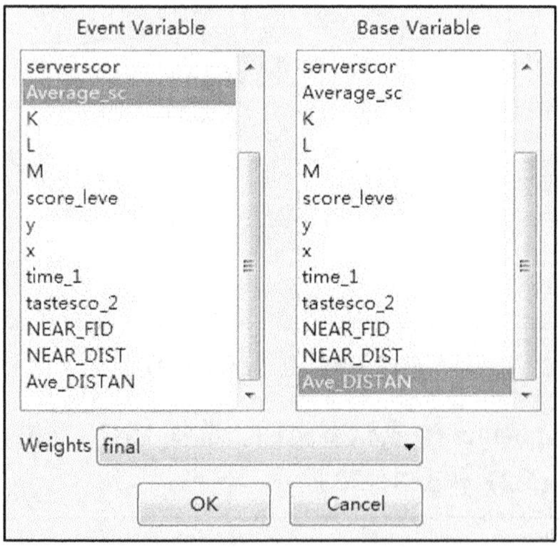

图 15.24　计算双变量 Moran’s I 值(2)

生成结果如图 15.25～图 15.27 所示。该结果说明饭店评分等级与饭店周围环境呈高度的正向空间自相关关系。数据分布主要呈“高-高”“低-低”态势，即一般情况下，综合评分高的饭店所处的地理环境也更好，如与其他经济要素(学校)相距更近。

实际研究中，可选择更多的要素来评价饭店周围的地理环境，如公园、景区、商城等，分析方法同理，这里不再赘述。

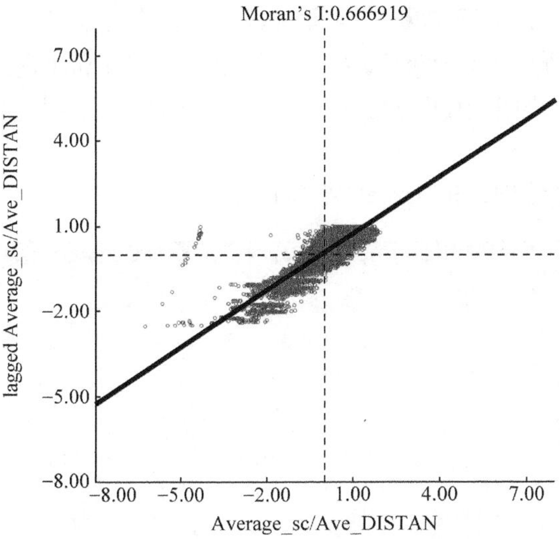

图 15.25　空间自相关分析结果(1)

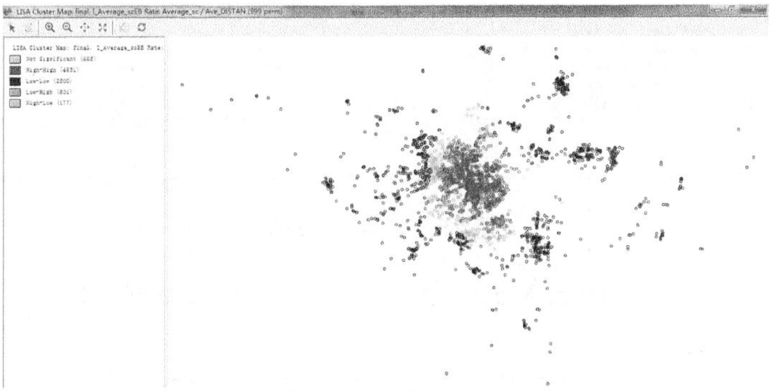

图 15.26　空间自相关分析结果(2)

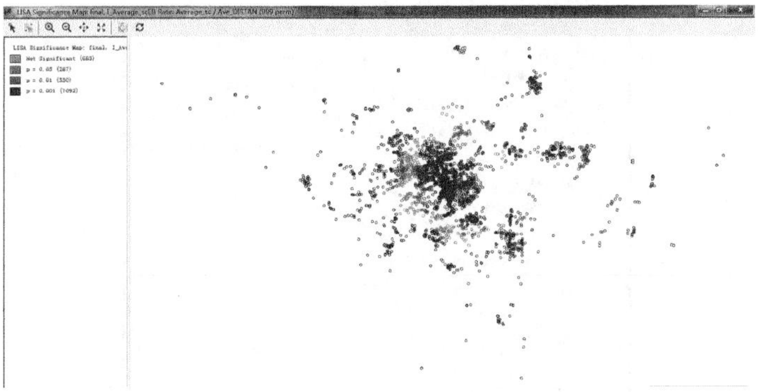

图 15.27　空间自相关分析结果(3)

15.2.5　单因素方差检验

方差分析的基本思想是根据资料的设计类型和研究目的，将全部观察值总的离散度和自由度分解为相应的几个部分。除了随机误差外，其余每个部分的变异可由某个因素的作用加以解释，如各组均数间的变异可由处理因素的作用加以解释，通过比较不同变异来源的均方，

借助 F 分布作出统计推断，从而判断该因素对观测指标有无影响。

单因素方差分析仅研究了单个研究因素，其原理是将全部观察数据的变异(总变异)分解为组间变异和组内变异，如果组间的变异远远大于组内变异，则有理由认为本次研究的因素发挥着作用。

在 SPSS 中导入前面处理过的 Excel 文件(图 15.28)。

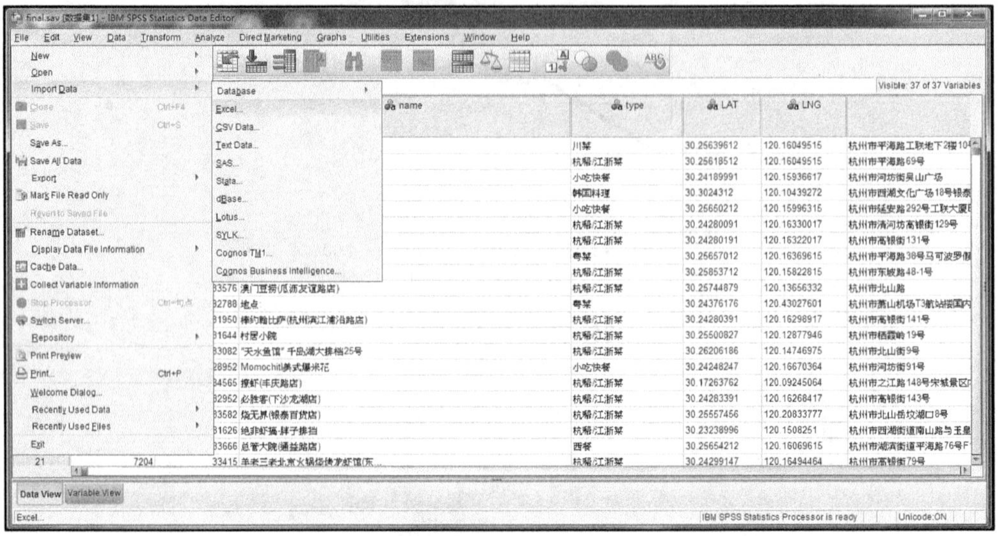

图 15.28　导入数据

使用 Analyze(分析)→Compare Means(比较平均值)→One-Way ANQVA…(单因素 ANQVA)检验(图 15.29)。

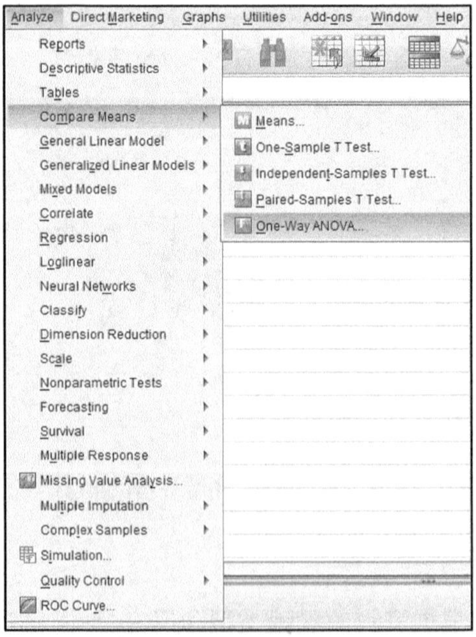

图 15.29　单因素方差检验

因变量设为平均距离值，因子设为综合评分级别(图 15.30)。

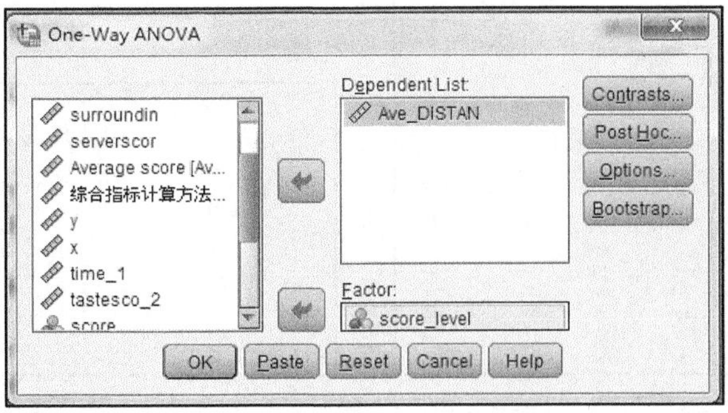

图 15.30　单因素方差检验设置(1)

依次点击“Contrasts(对比)”：选中 Polynomial(多项式)，Degree(等级)为 Linear(线性)；Post Hoc Multiple Comparisons(事后比较)：选择 LSD 和 Tamhane’s T2(塔姆黑尼方法)；Options (选项)：选择 Descriptive(描述)、Homogeneity of variance test(方差齐性检验)、Means Plot(平均值图)。具体如图 15.31 所示。

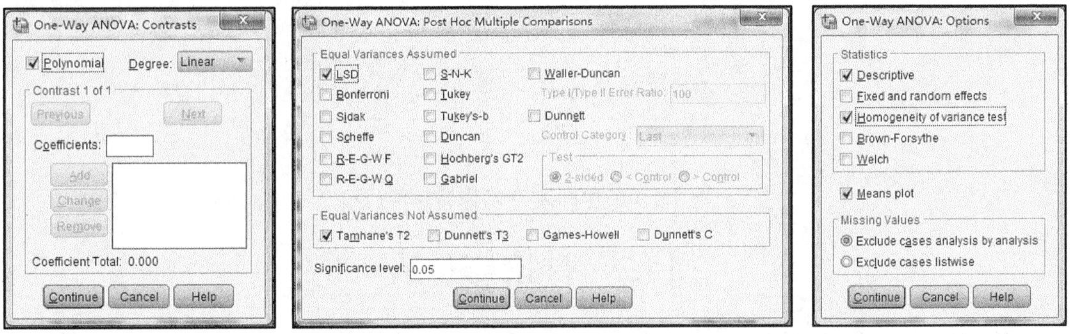

图 15.31　单因素方差检验设置(2)

生成结果如图 15.32～图 15.36 所示，该结果说明，数据不具有方差齐性，因此只能看塔姆黑尼结果，即该数据不适合作单因素方差检验。在方差不齐的情况下应做非参数检验，塔姆黑尼即是非参数检验方法的一种。平均值图说明，综合评分等级高的饭店，距学校的平均距离也更近。

Descriptives

Ave_DISTAN

	N	Mean	Std. Deviation	Std. Error	95% Confidence Interval for Mean		Minimum	Maximum
					Lower Bound	Upper Bound		
1	2148	.153852	.0353562	.0007629	.152356	.155348	.1270	.5225
2	2148	.160280	.0377462	.0008144	.158683	.161877	.1270	.4126
3	2148	.154314	.0340215	.0007341	.152874	.155753	.1270	.4697
4	2148	.147113	.0251351	.0005423	.146049	.148176	.1270	.4100
Total	8592	.153890	.0337249	.0003638	.153176	.154603	.1270	.5225

Test of Homogeneity of Variances

Ave_DISTAN

Levene Statistic	df1	df2	Sig.
71.673	3	8588	.000

图 15.32　单因素方差检验结果(1)

ANOVA

Ave_DISTAN

			Sum of Squares	df	Mean Square	F	Sig.
Between Groups	(Combined)		.187	3	.062	55.779	.000
	Linear Term	Contrast	.074	1	.074	65.975	.000
		Deviation	.113	2	.057	50.681	.000
Within Groups			9.584	8588	.001		
Total			9.771	8591			

图 15.33　单因素方差检验结果(2)

Post Hoc Tests

Multiple Comparisons

Dependent Variable: Ave_DISTAN

	(I) score_level	(J) score_level	Mean Difference (I-J)	Std. Error	Sig.	95% Confidence Interval	
						Lower Bound	Upper Bound
LSD	1	2	-.0064282*	.0010194	.000	-.008426	-.004430
		3	-.0004617	.0010194	.651	-.002460	.001537
		4	.0067389*	.0010194	.000	.004741	.008737
	2	1	.0064282*	.0010194	.000	.004430	.008426
		3	.0059665*	.0010194	.000	.003968	.007965
		4	.0131671*	.0010194	.000	.011169	.015165
	3	1	.0004617	.0010194	.651	-.001537	.002460
		2	-.0059665*	.0010194	.000	-.007965	-.003968
		4	.0072006*	.0010194	.000	.005202	.009199
	4	1	-.0067389*	.0010194	.000	-.008737	-.004741
		2	-.0131671*	.0010194	.000	-.015165	-.011169
		3	-.0072006*	.0010194	.000	-.009199	-.005202

图 15.34　单因素方差检验结果(3)

Tamhane	1	2	-.0064282*	.0011159	.000	-.009366	-.003491
		3	-.0004617	.0010587	.999	-.003248	.002325
		4	.0067389*	.0009360	.000	.004275	.009203
	2	1	.0064282*	.0011159	.000	.003491	.009366
		3	.0059665*	.0010964	.000	.003080	.008853
		4	.0131671*	.0009785	.000	.010591	.015743
	3	1	.0004617	.0010587	.999	-.002325	.003248
		2	-.0059665*	.0010964	.000	-.008853	-.003080
		4	.0072006*	.0009127	.000	.004798	.009603
	4	1	-.0067389*	.0009360	.000	-.009203	-.004275
		2	-.0131671*	.0009785	.000	-.015743	-.010591
		3	-.0072006*	.0009127	.000	-.009603	-.004798

*. The mean difference is significant at the 0.05 level.

图 15.35　单因素方差检验结果(4)

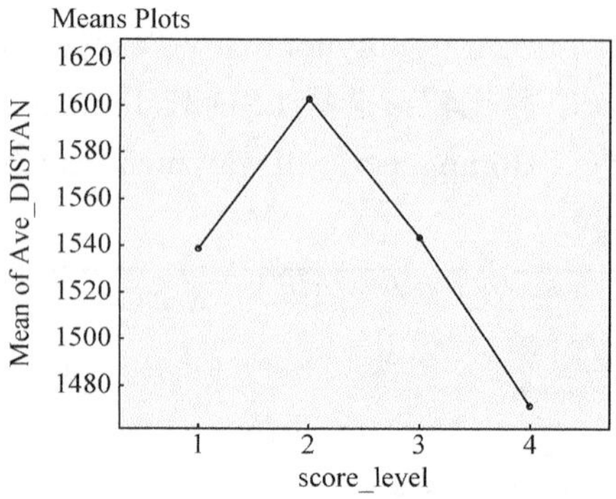

图 15.36　单因素方差检验结果(5)

15.3　讨论与总结

在该实验中，主要使用了 ArcGIS、GeoDa 和 SPSS 进行空间分析和统计分析，核密度的关键是半径的设置，半径直接影响生成结果，默认情况下，单位是根据输入点要素数据的投影定义的线性单位进行选择的，或是在输出坐标系环境设置中以其他方式指定的。如果选择的是面积单位，则计算所得的像元密度将乘以相应因子，然后写入输出栅格。例如，如果输入单位为米，则将输出面积单位默认为平方千米。以米和千米为单位的比例因子进行比较，将得到相差 1000000(1000m×1000m)倍的值。但要注意的是增大半径不会使计算所得的密度值发生很大变化。虽然更大的邻域内将包含更多的点，但计算密度时点数将除以更大的面积。更大半径的主要影响是计算密度时需要考虑更多的点，这些点可能距栅格像元更远，这样会得到更加概化的输出栅格。

在进行方差检验时，要注意应用条件，即“独立”“正态”“方差齐”。数据是否独立，是由研究者的课题设计决定的，而方差分析对正态性的要求并不是非常严格，当样本量较大时，即使不呈正态，也可进行方差分析，但对方差齐性要求相对较高，因此进行分析时最好进行方差齐性检验，如若方差不齐，建议还是采用非参数检验方法。

实验还存在一些值得商榷的地方，实际分析过程中，一般会涉及更多更复杂的变量和要素，本例主要进行方法的讲解，实验结果不具有参考价值。

基于本实验的分析过程，有如下心得体验：①核密度分析、缓冲区分析都涉及半径的设置，该选项一般需考虑坐标系和要素分布规律两方面，实际操作中应多次试验，以确定最佳生成效果。②ArcGIS 导出过程中，可能会因为版本不同发生一些小问题，如中文字符乱码问题，推荐这一步骤换用 ArcGIS 10.2 导出，它一般比较稳定，不会出现问题。③核密度分析的结果一般因符合的设置不同而显示效果不同，分级设色一般不明显，可使用拉伸功能细化显示效果。

实验十六　基于百度指数的区域城市网络特征研究

16.1 实验概述

16.1.1 背景及目的

社会网络(social network)指的是社会行动者(actor)及其相互关系的集合。一个社会网络是由多个点(社会行动者)和各点之间的连线(行动者之间的关系)组成的集合。社会网络分析(social network analysis，SNA)是近年逐步成熟起来的一种社会科学研究方法，主要通过建立行动者之间的交往关系模型，来描述群体关系的结构，被广泛应用于城市网络的研究。通过本实验希望能够达到以下目的：①掌握百度指数搜索方法；②掌握常用的社会网络分析方法；③掌握网络特征可视化分析方法。

16.1.2 数据说明

本实验所使用的数据存储于 data_exp16 文件夹中，是从百度指数网(http://index.baidu.com)获取的，以 $PM_{2.5}$ 作为关键词进行搜索，得到的长江三角洲城市群 16 个城市两两间的百度指数。

16.1.3 整体实验设计

本实验主要分为建立百度指数矩阵、社会网络分析及网络特征可视化分析三个部分。首先从百度指数网搜集得到 2011 年长三角城市群 16 个城市两两间的百度指数，建立 16×16 的多值矩阵。其次利用社会网络分析软件 UCINET(University of California at Irvine Network)进行社会网络分析，包括矩阵二值化、网络密度分析、网络中心性分析、凝聚子群分析等常用社会网络分析方法。最后采用可视化分析模块 NetDraw 对长江三角洲城市群网络联系格局进行中心性可视化分析，并在 ArcGIS 中实现具有地理位置特征的城市群网络可视化。

本实验的整体流程如图 16.1 所示。

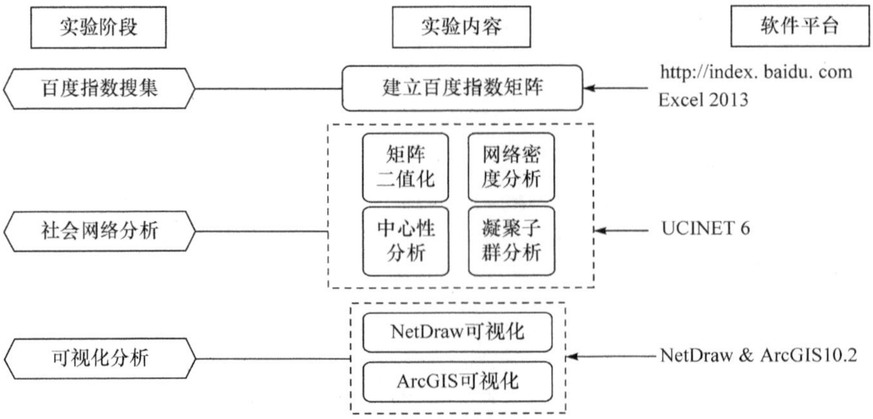

图 16.1　实验流程图

16.2 实验步骤

16.2.1 百度指数搜集

百度指数(Baidu index)是百度公司提供的一种大数据，是以海量网民在百度网站搜索等行为数据为基础的分享平台，是当前互联网和大数据时代重要的统计分析平台之一。百度指数包括搜索指数和媒体指数，前者是以网民在百度的搜索量为数据基础，统计分析并计算出各个关键词在百度网页搜索频次的加权和，包括电脑搜索指数和移动搜索指数。某个关键词在百度的搜索规模或者是关注该词的网民空间分布情况可以通过百度指数反映出来。

进入百度指数官网(http: // index. baidu. com)，输入“pm2.5”，点击搜索，进入下一页面，点选“+”，输入被关注地区，如上海，再选择关注地区“全国—省—城市”，如江苏—南京，网页即显示南京网民对上海 $PM_{2.5}$ 的搜索指数(图 16.2)。

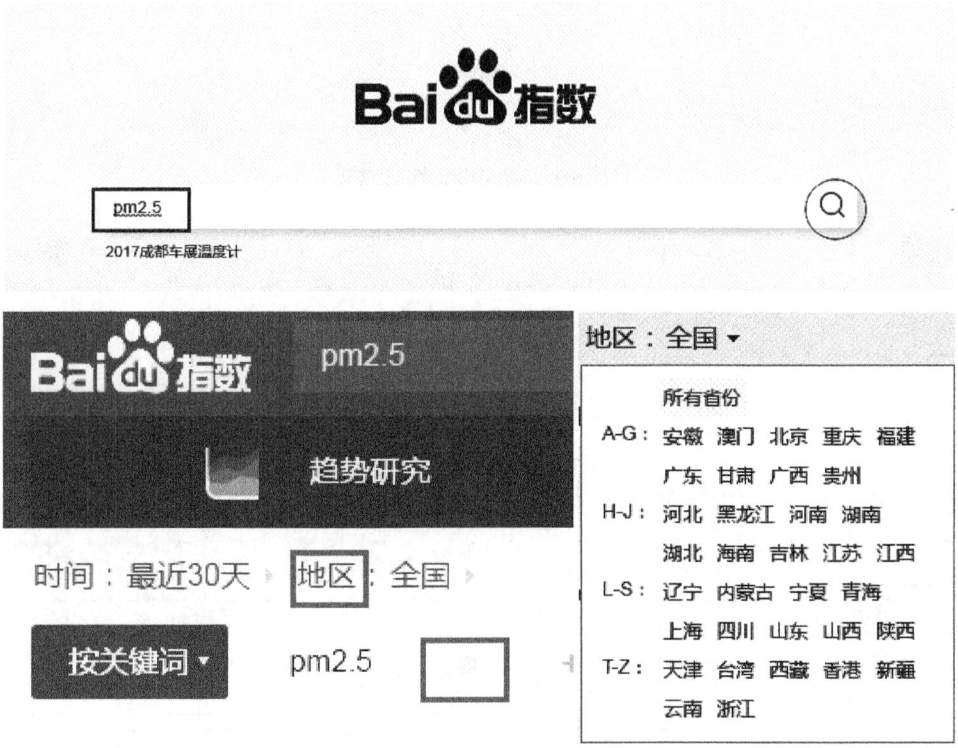

图 16.2 百度指数官网

如图 16.3 所示，点击整体趋势中的“全部”，显示 2011 年至今搜索指数的整体趋势，截选时间段(图 16.4)，可获取一年的平均值，将其录入 Excel。换下一个关注地区或被关注地区，重复进行搜索，本实验最终获得 2011～2014 年 16×16 的长江三角洲城市群两两城市间百度指数的多值矩阵(图 16.5)。

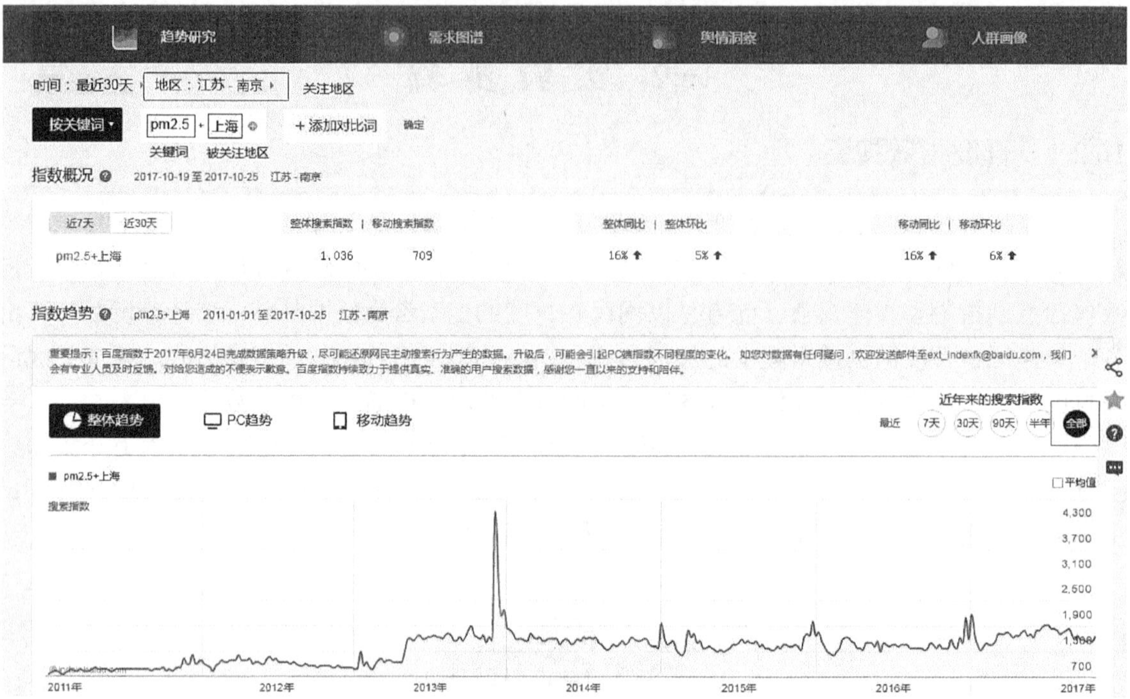

图 16.3　百度指数搜索结果

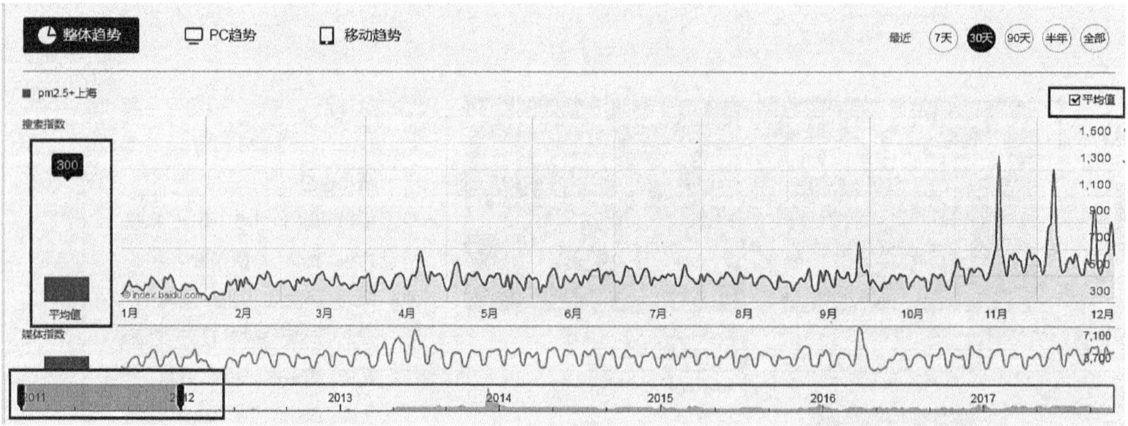

图 16.4　获取年平均值

2011年搜索指数	上海	南京	无锡	镇江	扬州	常州	苏州	南通	泰州	嘉兴	湖州	杭州	宁波	绍兴	舟山	台州
上海		526	389	189	311	357	585	274	208	236	204	543	308	218	214	199
南京	270		202	162	227	208	291	163	175	84	87	165	109	80	82	85
无锡	229	191		94	122	197	205	109	102	74	75	125	88	71	73	74
镇江	115	156	84		96	118	97	170	71	54	53	74	62	53	50	55
扬州	120	153	84	90		85	95	74	117	55	53	75	62	50	50	56
常州	164	165	133	91	95		133	87	82	67	65	93	73	62	62	66
苏州	569	309	266	137	184	220		199	156	135	109	204	139	97	105	104
南通	155	137	94	70	85	93	117		75	59	58	78	67	56	55	58
泰州	122	121	91	66	102	92	91	74		53	47	70	60	45	48	58
嘉兴	245	101	84	63	71	81	110	67	63		89	184	102	91	84	80
湖州	107	79	69	50	58	67	77	53	52	77		132	77	67	67	64
杭州	360	201	134	89	113	136	190	101	88	188	171		281	235	195	179
宁波	262	146	113	76	87	108	155	86	84	131	106	247		158	173	137
绍兴	175	94	74	59	69	75	87	75	58	79	75	185	115		83	83
舟山	85	61	48	37	40	50	59	47	31	60	51	78	96	61		59
台州	174	95	75	61	66	75	86	64	65	81	75	170	136	85	80	

图 16.5　16×16 矩阵

16.2.2　社会网络分析

1. 矩阵二值化

1) 软件说明

本实验所使用的主要软件平台为 UCINET 6。UCINET 是一种功能强大的社会网络分析软件，最初由加利福尼亚大学欧文分校社会网研究的权威学者 Linton Freeman 编写。在 UCINET 6 中，全部数据都用矩阵的形式来存储、展示和描述。与 UCINET 捆绑在一起的还有 Pajek、Mage 和 NetDraw 等三个软件。软件下载地址：http://www.analytictech.com/downloaduc6.htm，可以免费试用两个月。

图 16.6 为 UCINET 软件的界面，其中 Transform 模块可以对数据进行简单的预处理，如二值化、转置等。Network 模块可以计算各种社会网络特征指标，如网络密度分析、中心势分析、度分布、平均路径长度、簇系数等。Visualize 模块是可视化分析模块，可以利用 NetDraw 对网络特征进行可视化分析。

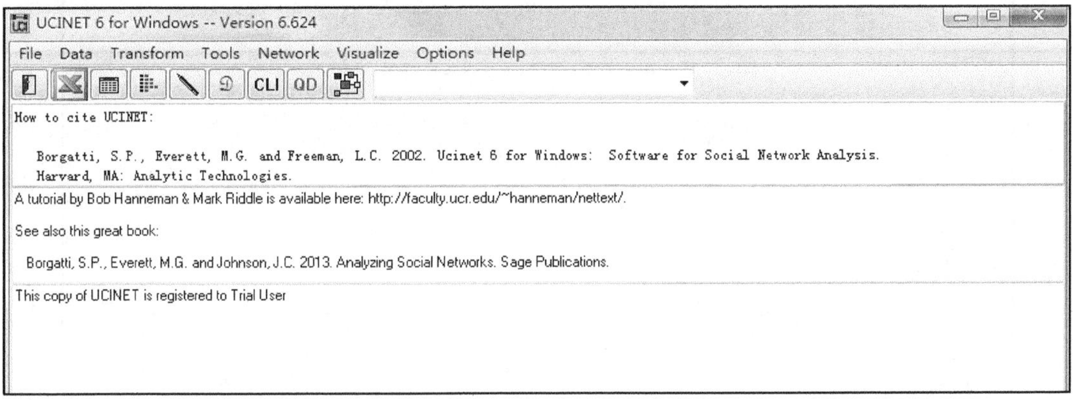

图 16.6　UCINET 6 主界面

2) 数据的输入输出

UCINET 的数据输入方式有多种：初始数据(raw)、Excel 数据和数据语言数据(data language，DL)(图 16.7)。UCINET 处理的 Excel 数据最多只能有 255 列。

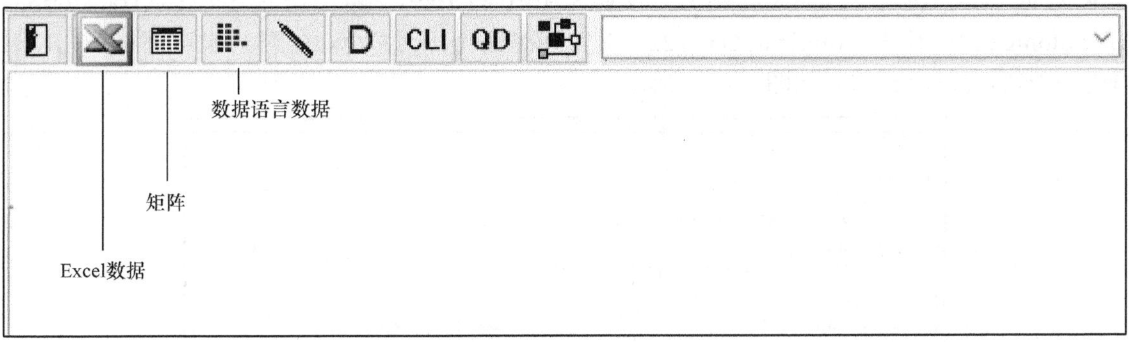

图 16.7　数据输入

UCINET 输出的方式也有多种：数据语言数据、原始数据、Excel 数据和图形方式。路径为：Data →Export→ DL/Mage/Excel/Raw matrics/…。

3) 矩阵二值化

本实验首先输入 raw 数据，将空白格填满，路径为：Matrix Editor→Transform→Fill，另存为 UCINET 格式“original.##h”(图 16.8)。

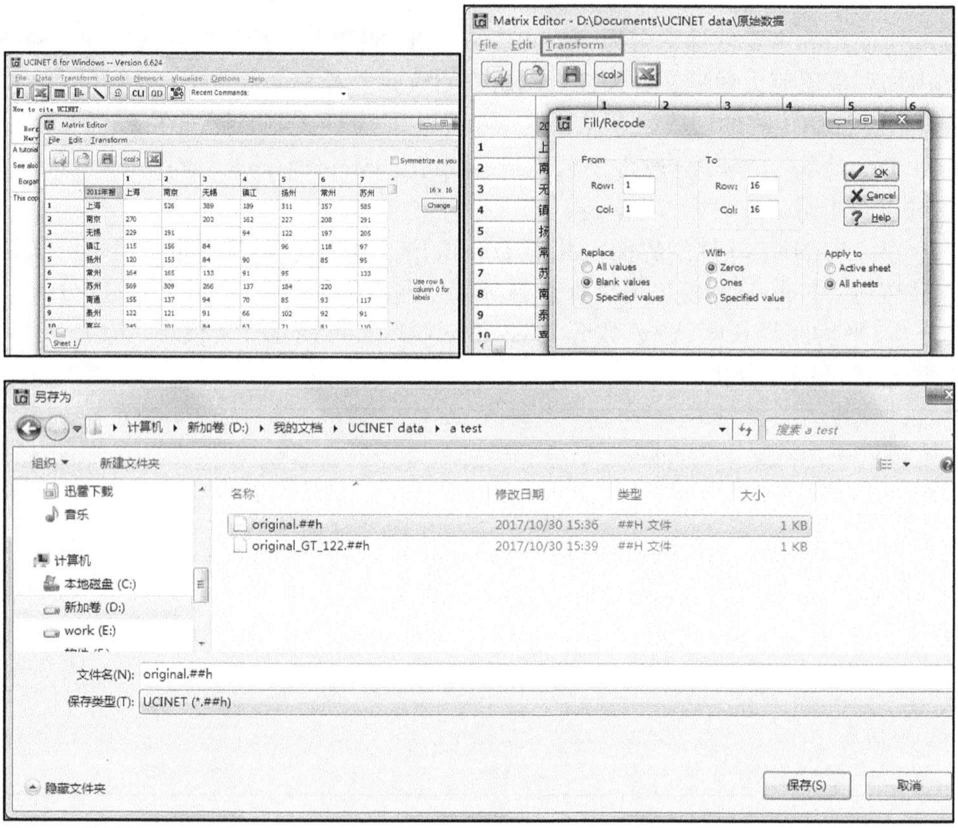

图 16.8　处理原始数据矩阵

在进行社会网络分析之前，对数据进行二值化处理，处理方法为：首先计算矩阵的平均值，如果矩阵中某元素大于平均值，则赋值为 1，反之则赋值为 0。实验输入的 2011 年矩阵数据平均值约为 122，因此将 122 设置为阈值(图 16.9)。路径是 UCINET→Transform→Dichotomize，另存为“original_GT_122.##h”，系统默认显示为.txt 文件，也可以在 UCINET 中以矩阵形式显示，结果如图 16.10 所示。

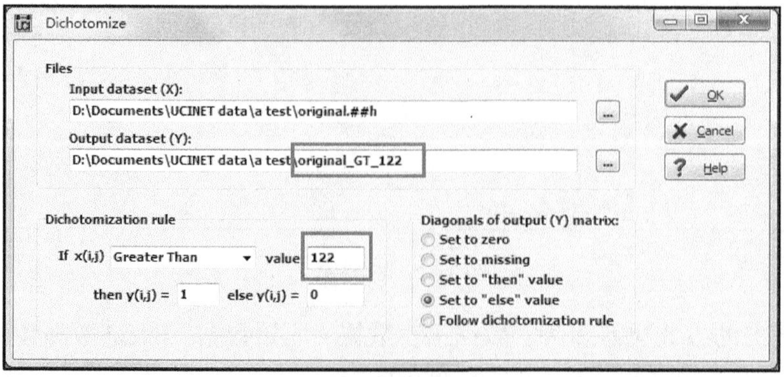

图 16.9　矩阵二值化

		1 上海	2 南京	3 无锡	4 镇江	5 扬州	6 常州	7 苏州	8 南通	9 泰州	10 嘉兴	11 湖州	12 杭州	13 宁波	14 绍兴	15 舟山	16 台州
1	上海	0	1	1	1	1	1	1	1	1	1	1	1	1	1	1	1
2	南京	1	0	1	1	1	1	1	1	1	0	0	1	0	0	0	0
3	无锡	1	1	0	0	0	1	1	0	0	0	0	1	0	0	0	0
4	镇江	0	1	0	0	0	0	0	1	0	0	0	0	0	0	0	0
5	扬州	0	1	0	0	0	0	0	0	0	0	0	0	0	0	0	0
6	常州	1	1	1	0	0	0	1	0	0	0	0	0	0	0	0	0
7	苏州	1	1	1	1	1	1	0	1	1	1	0	1	1	0	0	0
8	南通	1	1	0	0	0	0	0	0	0	0	0	0	0	0	0	0
9	泰州	0	0	0	0	0	0	0	0	0	0	0	0	0	0	0	0
10	嘉兴	1	0	0	0	0	0	0	0	0	0	0	1	0	0	0	0
11	湖州	0	0	0	0	0	0	0	0	0	0	0	1	0	0	0	0
12	杭州	1	1	1	0	0	1	1	0	0	1	1	0	1	1	1	1
13	宁波	1	1	0	0	0	0	1	0	0	1	0	1	0	1	1	1
14	绍兴	1	0	0	0	0	0	0	0	0	0	0	1	0	0	0	0
15	舟山	0	0	0	0	0	0	0	0	0	0	0	0	0	0	0	0
16	台州	1	0	0	0	0	0	0	0	0	0	0	1	1	0	0	0

16 rows, 16 columns, 1 levels.

(a) .txt显示

Matrix Editor - D:\Documents\UCINET data\二值化2011.##h

File Edit Transform

		1	2	3	4	5	6	7	8	9	10	11	12	13	14	15	16
		上海	南京	无锡	镇江	扬州	常州	苏州	南通	泰州	嘉兴	湖州	杭州	宁波	绍兴	舟山	台州
1	上海	0	1	1	1	1	1	1	1	1	1	1	1	1	1	1	1
2	南京	1	0	1	1	1	1	1	1	1	0	0	1	0	0	0	0
3	无锡	1	1	0	0	0	1	1	0	0	0	0	1	0	0	0	0
4	镇江	0	1	0	0	0	0	0	1	0	0	0	0	0	0	0	0
5	扬州	0	1	0	0	0	0	0	0	0	0	0	0	0	0	0	0
6	常州	1	1	1	0	0	0	1	0	0	0	0	0	0	0	0	0
7	苏州	1	1	1	1	1	1	0	1	1	1	0	1	1	0	0	0
8	南通	1	1	0	0	0	0	0	0	0	0	0	0	0	0	0	0
9	泰州	0	0	0	0	0	0	0	0	0	0	0	0	0	0	0	0
10	嘉兴	1	0	0	0	0	0	0	0	0	0	0	1	0	0	0	0
11	湖州	0	0	0	0	0	0	0	0	0	0	0	1	0	0	0	0
12	杭州	1	1	1	0	0	1	1	0	0	1	1	0	1	1	1	1
13	宁波	1	1	0	0	0	0	1	0	0	1	0	1	0	1	1	1
14	绍兴	1	0	0	0	0	0	0	0	0	0	0	1	0	0	0	0
15	舟山	0	0	0	0	0	0	0	0	0	0	0	0	0	0	0	0
16	台州	1	0	0	0	0	0	0	0	0	0	0	1	1	0	0	0

(b) 在UCINET中以矩阵形式显示

图 16.10　二值化结果

2. 网络密度分析

网络密度指的是网络中各个成员之间联系的紧密度，可以通过网络中实际存在的关系数与理论上可能存在的关系数相比得到，成员之间的联系越多，该网络的密度越大。整体网的密度越大，该网络对其中行动者的态度、行为等产生的影响可能越大。

整体网络密度在 UCINET 的实现步骤为：Network→Cohesion→Density→Density Overall，选择输入的数据集为经过二值化处理的矩阵“original_GT_122.##h”，输出结果为“original_GT_122-density.##h”（图 16.11），结果显示如图 16.12 所示。整体网密度为 0.317。

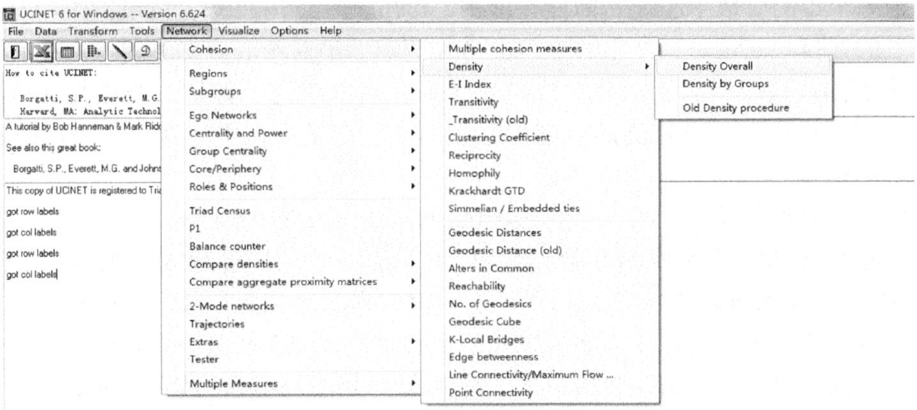

(a) 网络密度分析路径

图 16.11　网络密度分析过程

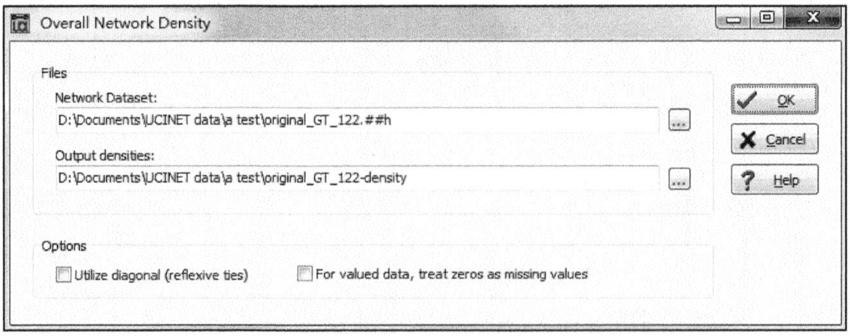

(b) 输出分析结果

图 16.11　(续)

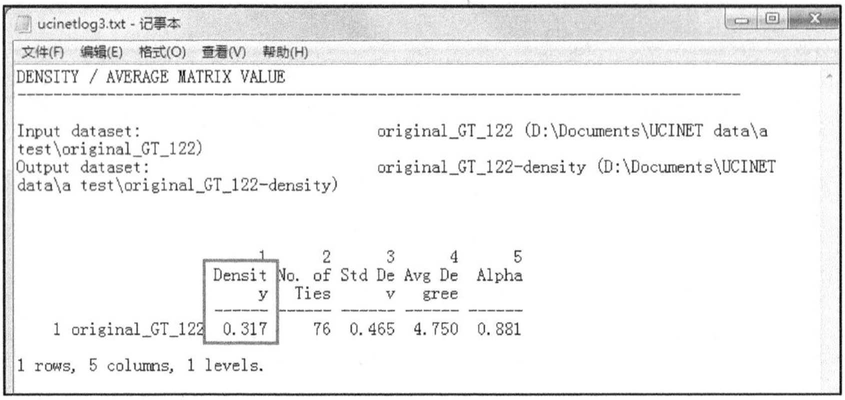

图 16.12　整体网密度结果

3. 网络中心性分析

中心性(centrality)是度量整个网络中心化程度的重要指标，在城市群网络中，处于中心位置的城市更易获得资源和信息，拥有更大的权力和对其他城市更强的影响力。网络中心性又可以分为点度中心度、中间中心度和接近中心度三个指标。本实验主要对点度中心度的结果进行分析，另外两类中心度只做步骤介绍。

1) 点度中心度

网络中一个点的度数中心度，简称点度中心度(point centrality)，可以网络中与该点之间有联系的点的数目来衡量。点度中心度可以分为两类：绝对中心度和相对中心度。前者指的仅仅是一个点的度数，后者为前者的标准化形式。简单地说，如果一个点与其他许多点直接相连，就可以说该点具有较高的点度中心度。在有向图中，中心度分为入度(indegree)和出度(outdegree)。

点度中心度分析路径为：Network→Centrality→Degree(图 16.13)。

输入二值化矩阵，得到实验结果(图 16.14)，第一、二列显示的是绝对中心度的出度(outdegree)和入度(indegree)，第三、四列分别为前两列的标准化形式。可以看出上海的入度和出度都是最高的，说明上海在该网络中处于中心地位，关注和被关注程度最高；杭州、苏州、南京的出度也较高，表明这些城市关注其他城市 $PM_{2.5}$ 情况的数目较多、程度较高；杭州、南京的入度较高，说明其他城市对这两个城市 $PM_{2.5}$ 情况的关注度较高，在网络中联系较强。其他城市的中心度则相对较弱。

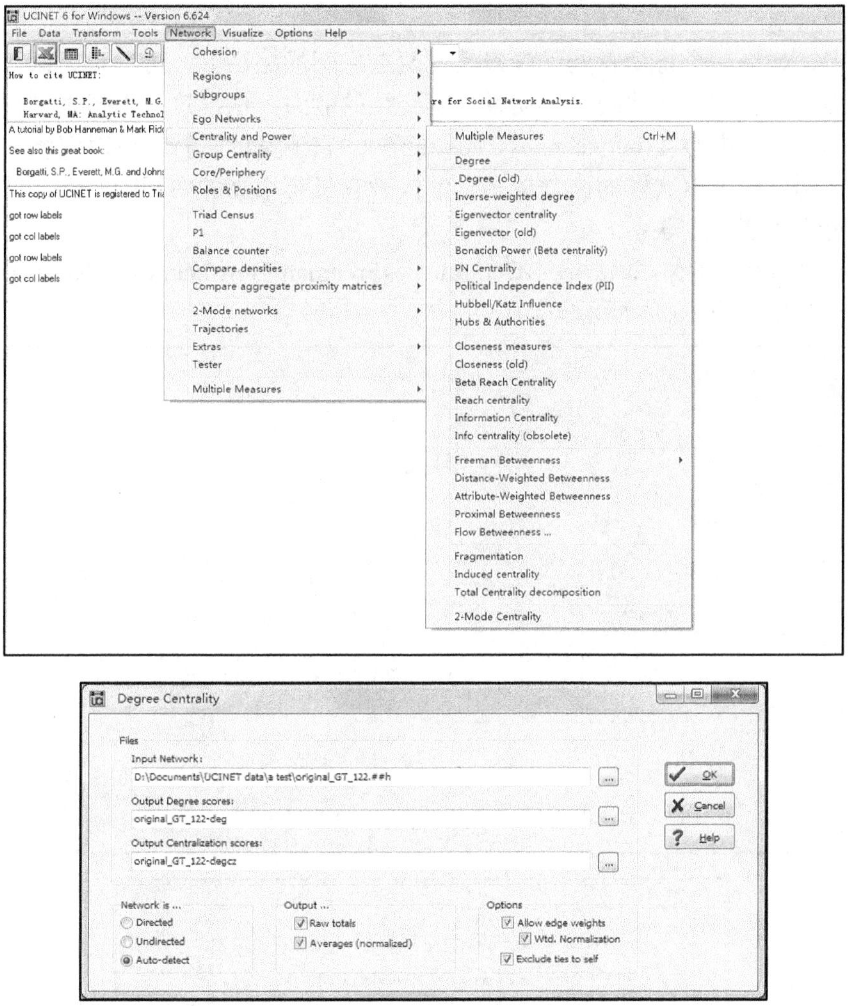

图 16.13　点度中心度分析

Degree Measures

		1 Outdeg	2 Indeg	3 nOutdeg	4 nIndeg
1	上海	15.000	10.000	1.000	0.667
2	南京	9.000	9.000	0.600	0.600
3	无锡	5.000	5.000	0.333	0.333
4	镇江	2.000	3.000	0.133	0.200
5	扬州	1.000	3.000	0.067	0.200
6	常州	4.000	5.000	0.267	0.333
7	苏州	11.000	6.000	0.733	0.400
8	南通	2.000	4.000	0.133	0.267
9	泰州	0.000	3.000	0.000	0.200
10	嘉兴	2.000	4.000	0.133	0.267
11	湖州	1.000	2.000	0.067	0.133
12	杭州	11.000	9.000	0.733	0.600
13	宁波	8.000	4.000	0.533	0.267
14	绍兴	2.000	3.000	0.133	0.200
15	舟山	0.000	3.000	0.000	0.200
16	台州	3.000	3.000	0.200	0.200

16 rows, 4 columns, 1 levels.

图 16.14　点度中心度结果

2) 中间中心度

在网络中，如果一个行动者处于许多其他两点之间的路径上，可以认为该行动者居于重要地位，因为他具有控制其他两个行动者之间交往的能力。根据这种思想来刻画行动者个体中心度的指标是中间中心度(betweenness centrality)，它测量的是行动者对资源控制的程度。一个行动者在网络中占据这样的位置越多，就代表它具有很高的中间中心性，就有越多的行动者需要通过它才能发生联系。

中间中心度分析路径：Network→Centrality→Freeman Betweenness→Node Betweenness，其计算过程及结果如图 16.15 所示。

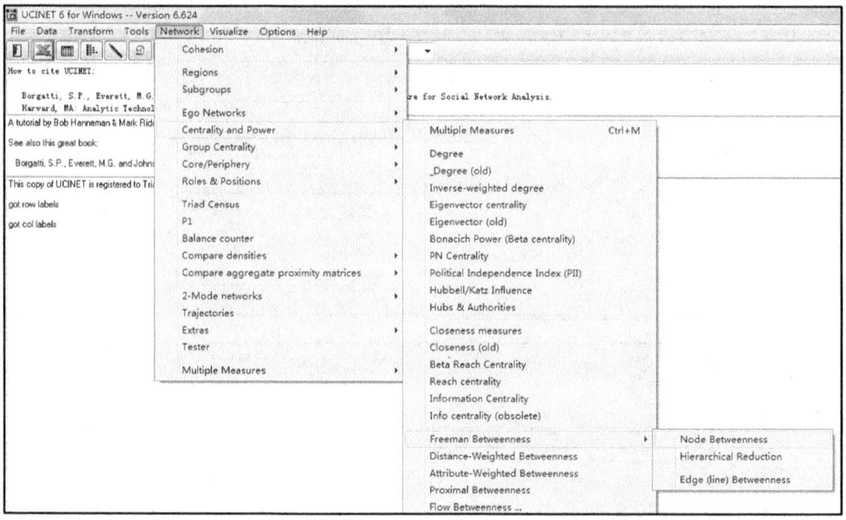

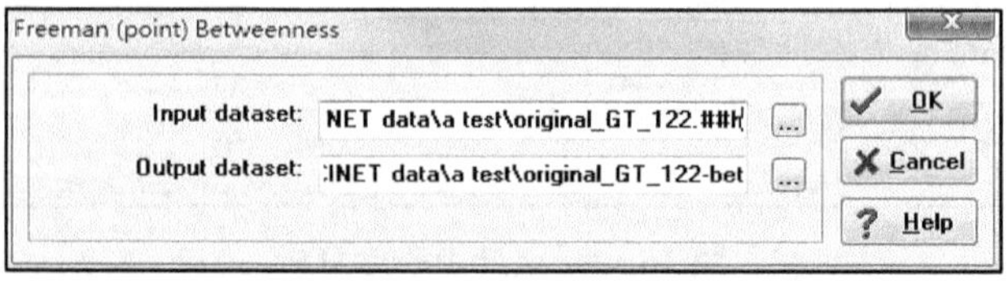

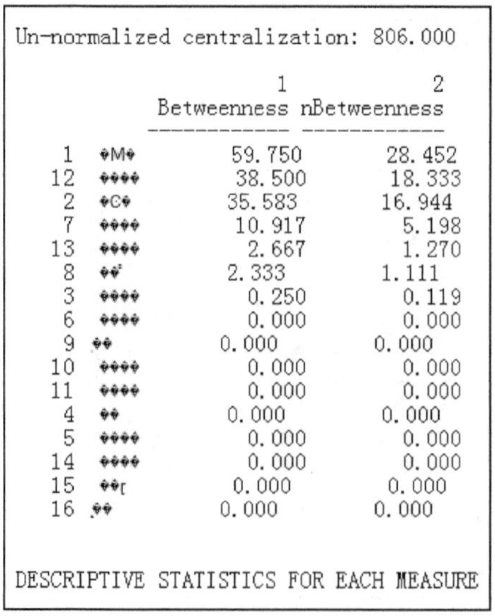
Un-normalized centralization: 806.000

		1 Betweenness	2 nBetweenness
1	♦M♦	59.750	28.452
12	♦♦♦♦	38.500	18.333
2	♦C♦	35.583	16.944
7	♦♦♦♦	10.917	5.198
13	♦♦♦♦	2.667	1.270
8	♦♦	2.333	1.111
3	♦♦♦♦	0.250	0.119
6	♦♦♦♦	0.000	0.000
9	♦♦	0.000	0.000
10	♦♦♦♦	0.000	0.000
11	♦♦♦♦	0.000	0.000
4	♦♦	0.000	0.000
5	♦♦♦♦	0.000	0.000
14	♦♦♦♦	0.000	0.000
15	♦♦r	0.000	0.000
16	♦♦	0.000	0.000

DESCRIPTIVE STATISTICS FOR EACH MEASURE

图 16.15　中间中心度计算

3) 接近中心度

点的接近中心度(closeness centrality)是一种对不受他人控制程度的测度。可以认为，如果网络中的一个行动者在交易的过程中较少依赖于他人，此人就具有较高的中心度。一个非核心位置的成员必须通过他人才能传递信息，这样，核心位置的成员在传递信息上就较少依赖于他人。因此，应该考虑该行动者与他人的接近性程度。可以认为，一个点越是与其他点接近，该点就越不依赖于他人。

接近中心度分析路径：Network→Centrality→Closeness，其计算过程及结果如图 16.16 所示。

4. 凝聚子群分析

凝聚子群是相互之间有着稳定、直接、强烈、频繁或者正向联系的行动者子集，是对复杂庞大的整体网络结构的简化。城市网络凝聚子群用于揭示和刻画城市群体内部子结构状态。

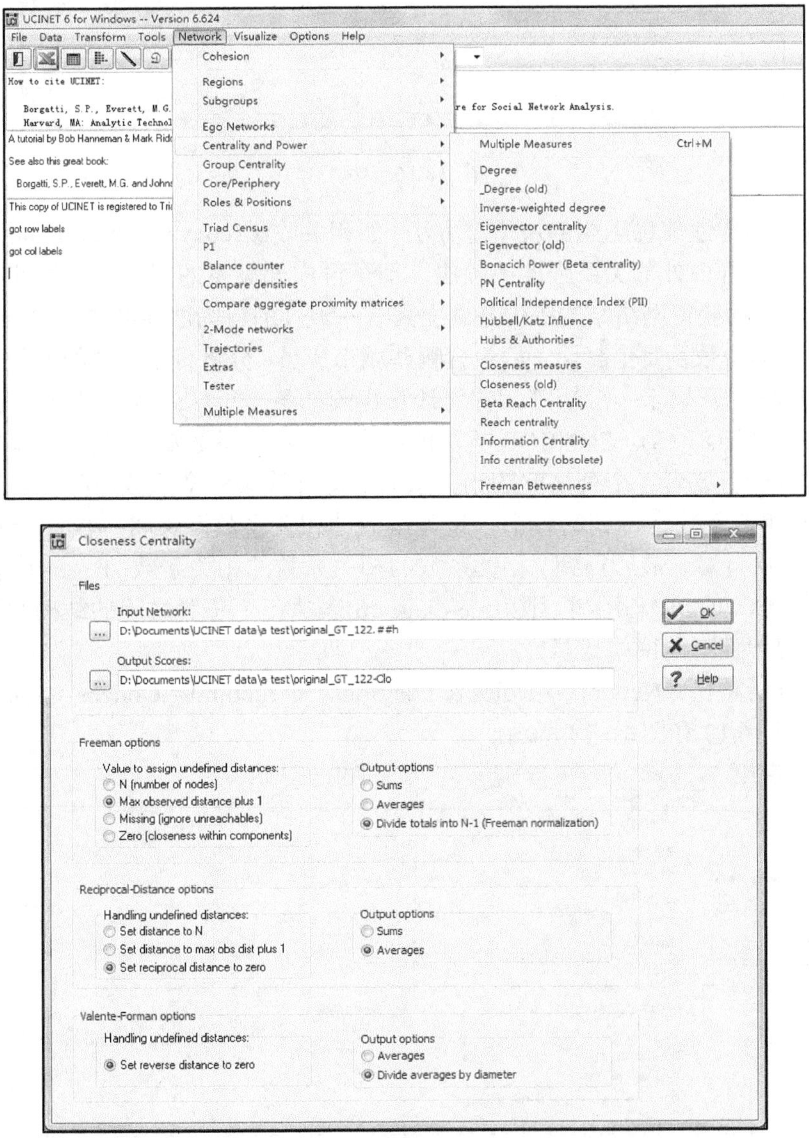

图 16.16　接近中心度计算

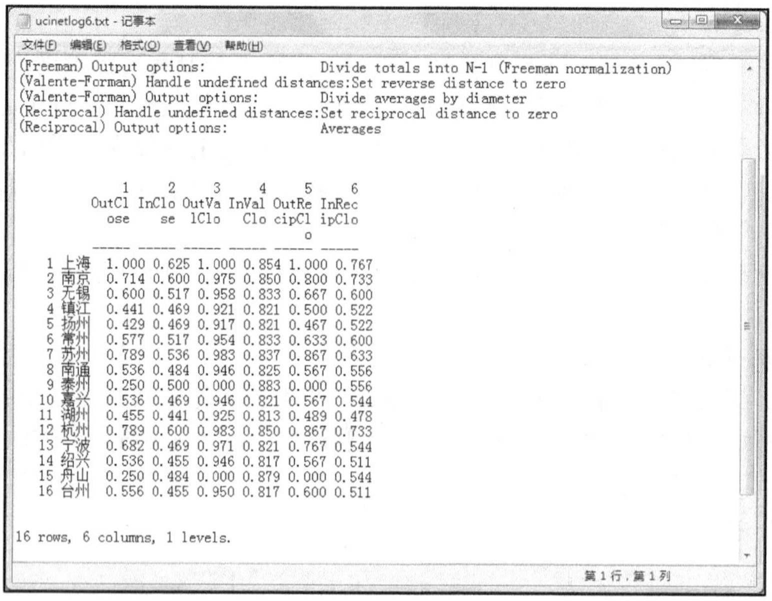

ucinetlog6.txt - 记事本

(Freeman) Output options: Divide totals into N-1 (Freeman normalization)
(Valente-Forman) Handle undefined distances:Set reverse distance to zero
(Valente-Forman) Output options: Divide averages by diameter
(Reciprocal) Handle undefined distances:Set reciprocal distance to zero
(Reciprocal) Output options: Averages

	1 OutClose	2 InClose	3 OutValClo	4 InValClo	5 OutRecipClo	6 InRecipClo
1 上海	1.000	0.625	1.000	0.854	1.000	0.767
2 南京	0.714	0.600	0.975	0.850	0.800	0.733
3 无锡	0.600	0.517	0.958	0.833	0.667	0.600
4 镇江	0.441	0.469	0.921	0.821	0.500	0.522
5 扬州	0.429	0.469	0.917	0.821	0.467	0.522
6 常州	0.577	0.517	0.954	0.833	0.633	0.600
7 苏州	0.789	0.536	0.983	0.837	0.867	0.633
8 南通	0.536	0.484	0.946	0.825	0.567	0.556
9 泰州	0.250	0.500	0.000	0.883	0.000	0.556
10 嘉兴	0.536	0.469	0.946	0.821	0.567	0.544
11 湖州	0.455	0.441	0.925	0.813	0.489	0.478
12 杭州	0.789	0.600	0.983	0.850	0.867	0.733
13 宁波	0.682	0.469	0.971	0.821	0.767	0.544
14 绍兴	0.536	0.455	0.946	0.817	0.567	0.511
15 舟山	0.250	0.484	0.000	0.879	0.000	0.544
16 台州	0.556	0.455	0.950	0.817	0.600	0.511

16 rows, 6 columns, 1 levels.

图 16.16　(续)

本实验基于结构性信息思想的块模型方法，如相关收敛(convergent correlation, CONCOR)算法，通过测量子群内外部关系强度或频次，即子群内部关系的紧密性与外部连接的稀疏性来探寻子结构，从而获得网络结构等价基础上具有一致性的行为取向的成员集合。即找到城市网络中凝聚子群的个数及每个凝聚子群包含哪些城市成员，分析凝聚子群间的关系及联系方式。

CONCOR 程序开始于一个矩阵，首先计算矩阵的各个行(或者各个列)之间的相关系数，得到一个相关系数矩阵(C_1)。CONCOR 算法的特点是，它把系数矩阵 C_1 作为输入矩阵，继续计算此矩阵的各个行或者各个列之间的相关系数。即计算第一个系数矩阵 C_1 的各个行(或者各个列)之间的相关系数，得到的各个“相关系数的相关系数”又将构成一个新的系数矩阵 C_2。然后继续依次计算，最后得到“相关系数的相关系数的相关系数的……矩阵”。经过多次迭代计算之后，CONCOR 利用树形图(tree-diagram)表达各个位置之间的结构对等性程度，并且标记出各个位置拥有的网络成员。

凝聚子群分析路径：Network→Roles & Positions→Structural→Concor→Standard，其运算过程与结果如图 16.17 和图 16.18 所示。

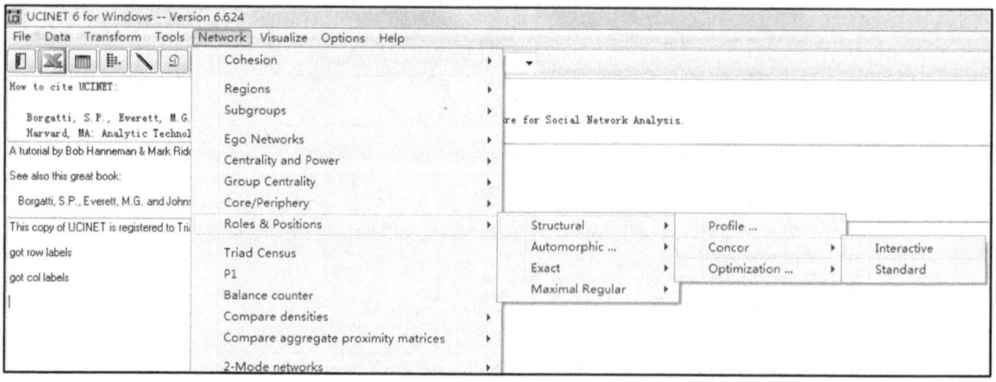

图 16.17　CONCOR 算法

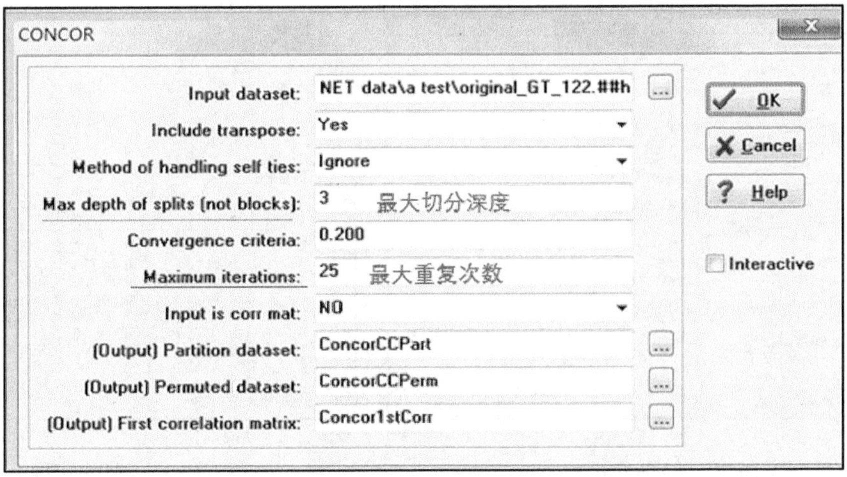

图 16.17 (续)

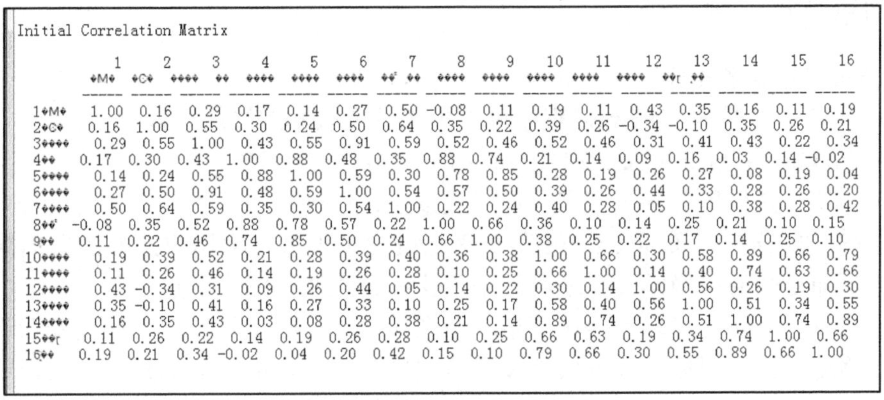

Initial Correlation Matrix

	1 ♦M♦	2 ♦C♦	3 ♦♦♦♦	4 ♦♦	5 ♦♦♦♦	6 ♦♦♦♦	7 ♦♦ ♦♦	8 ♦♦♦♦	9 ♦♦♦♦	10 ♦♦♦♦	11 ♦♦♦♦	12 ♦♦♦♦	13 ♦♦[♦♦	14	15	16
1♦M♦	1.00	0.16	0.29	0.17	0.14	0.27	0.50	-0.08	0.11	0.19	0.11	0.43	0.35	0.16	0.11	0.19
2♦C♦	0.16	1.00	0.55	0.30	0.24	0.50	0.64	0.35	0.22	0.39	0.26	-0.34	-0.10	0.35	0.26	0.21
3♦♦♦♦	0.29	0.55	1.00	0.43	0.55	0.91	0.59	0.52	0.46	0.52	0.46	0.31	0.41	0.43	0.22	0.34
4♦♦	0.17	0.30	0.43	1.00	0.88	0.48	0.35	0.88	0.74	0.21	0.14	0.09	0.16	0.03	0.14	-0.02
5♦♦♦♦	0.14	0.24	0.55	0.88	1.00	0.59	0.30	0.78	0.85	0.28	0.19	0.26	0.27	0.08	0.19	0.04
6♦♦♦♦	0.27	0.50	0.91	0.48	0.59	1.00	0.54	0.57	0.50	0.39	0.26	0.44	0.33	0.28	0.26	0.20
7♦♦♦♦	0.50	0.64	0.59	0.35	0.30	0.54	1.00	0.22	0.24	0.40	0.28	0.05	0.10	0.38	0.28	0.42
8♦♦	-0.08	0.35	0.52	0.88	0.78	0.57	0.22	1.00	0.66	0.36	0.10	0.14	0.25	0.21	0.10	0.15
9♦♦	0.11	0.22	0.46	0.74	0.85	0.50	0.24	0.66	1.00	0.38	0.25	0.22	0.17	0.14	0.25	0.10
10♦♦♦♦	0.19	0.39	0.52	0.21	0.28	0.39	0.40	0.36	0.38	1.00	0.66	0.30	0.58	0.89	0.66	0.79
11♦♦♦♦	0.11	0.26	0.46	0.14	0.19	0.26	0.28	0.10	0.25	0.66	1.00	0.14	0.40	0.74	0.63	0.66
12♦♦♦♦	0.43	-0.34	0.31	0.09	0.26	0.44	0.05	0.14	0.22	0.30	0.14	1.00	0.56	0.26	0.19	0.30
13♦♦♦♦	0.35	-0.10	0.41	0.16	0.27	0.33	0.10	0.25	0.17	0.58	0.40	0.56	1.00	0.51	0.34	0.55
14♦♦♦♦	0.16	0.35	0.43	0.03	0.08	0.28	0.38	0.21	0.14	0.89	0.74	0.26	0.51	1.00	0.74	0.89
15♦♦,	0.11	0.26	0.22	0.14	0.19	0.26	0.28	0.10	0.25	0.66	0.63	0.19	0.34	0.74	1.00	0.66
16♦♦	0.19	0.21	0.34	-0.02	0.04	0.20	0.42	0.15	0.10	0.79	0.66	0.30	0.55	0.89	0.66	1.00

图 16.18 相关系数矩阵(C_1)

块模型的分块结果如图 16.19 所示，整体网总共划分为 8 个模块。为方便阅读，对结果进行了区分及城市名标识(图 16.20)，可看出中心度最高的上海被单独划分到了一个模块。模块化拟合优度(R-squared)达到 0.828(图 16.21)，大于统计意义上较好程度值 0.25，说明算法的拟合效果好。

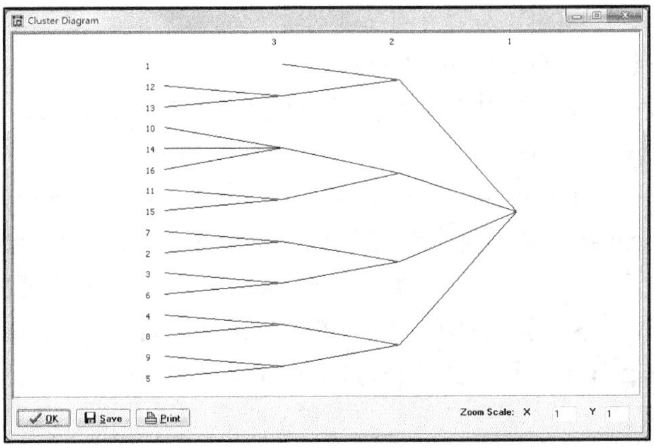

图 16.19 树形图

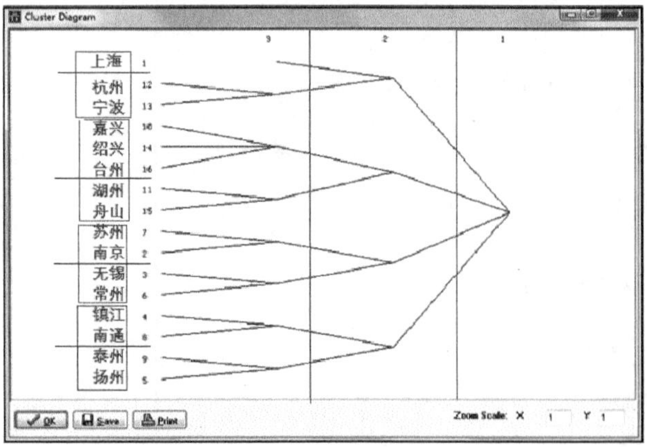

图 16.20　结果分析

Density Matrix

	1	2	3	4	5	6	7	8
1		1.000	1.000	1.000	1.000	1.000	1.000	1.000
2	1.000	1.000	1.000	0.750	1.000	0.500	0.000	0.000
3	1.000	0.667	0.000	0.000	0.000	0.000	0.000	0.000
4	0.000	0.250	0.000	0.000	0.000	0.000	0.000	0.000
5	1.000	0.750	0.167	0.000	1.000	1.000	1.000	1.000
6	1.000	0.250	0.000	0.000	1.000	1.000	0.000	0.000
7	0.500	0.000	0.000	0.000	0.500	0.000	0.500	0.000
8	0.000	0.000	0.000	0.000	0.250	0.000	0.000	0.000

R-squared = 0.828

图 16.21　分块密度矩阵

16.2.3　网络特征可视化分析

1. NetDraw 可视化分析

利用 UCINET 加载的 NetDraw 程序可以生成城市联系网络的可视化结构图。其路径为：Visualize→NetDraw→Open→Ucinet Dataset→Network。

NetDraw 的工具栏里准备了很多布局样式按钮，如环形、立体形、多维度排列等，供用户按照自己的爱好选择。布局(Layout)菜单里也设置了很多可供用户选择的布局样式，用户如果想设置更加复杂的布局样式，就可以采用这种方式调整图形节点。

另外，工具栏里还有很多其他用于编辑图形显示方式的工具按钮，如改变图形区域显示范围大小，移动、旋转图形，根据属性设置节点颜色、节点形状，选择各节点标签文本显示内容(可以自由选择标签文本显示内容：ID 值、num 值或 role 值)，改变节点标签文本的大小，统一设置节点大小，显示或隐藏节点标签文本，设置节点间连线的样式(如连接线有无箭头、是否在连接线上显示节点间交互强度值等)，打印图形等一些可以帮助研究者直观分析图形规律的功能。关于节点与连接线的属性，用户还可以到属性(Properties)菜单里去设置，这里面有更详细的属性设置选择项供用户选择。

另一个重要菜单就是修改(Transform)。在该菜单里面，用户可以进行添加节点、改变连接线的方向、添加新关系、删除无用节点等工作。

NetDraw 模块工具栏介绍如图 16.22 所示。

本实验利用该模块对城市群中心性进行可视化分析：首先加载数据(图 16.23)，点击“OK”，即得到城市群网络图(图 16.24)。

在此基础上进行中心性的可视化分析，路径：Analysis→Centrality Measures，即可用中心性测量(centrality measures)来为每个节点添加关键要素。NetDraw 会自动根据网络连接情况将关键要素的值赋给每个节点，如点度中心度(Degree)、接近中心度(Closeness)、中间中心度(Betweenness)等指标。本实验选择点度中心度(Degree)进行可视化分析，如图 16.25 所示，在右半部分可选择 Degree 设置符号大小(Set Node Sizes by)，点击“OK”，得到中心性可视化分析效果图(图 16.26)。

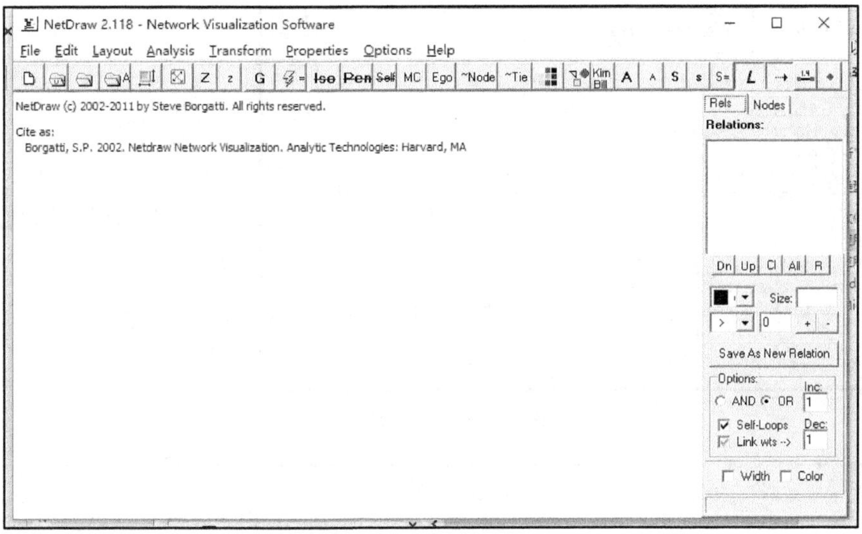

图 16.22 NetDraw 界面

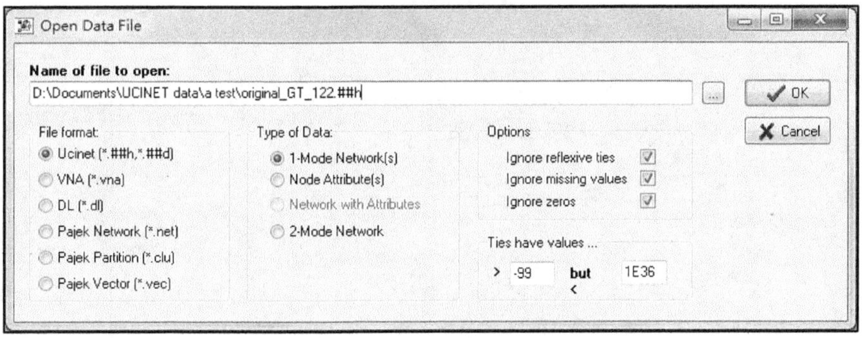

图 16.23 加载数据

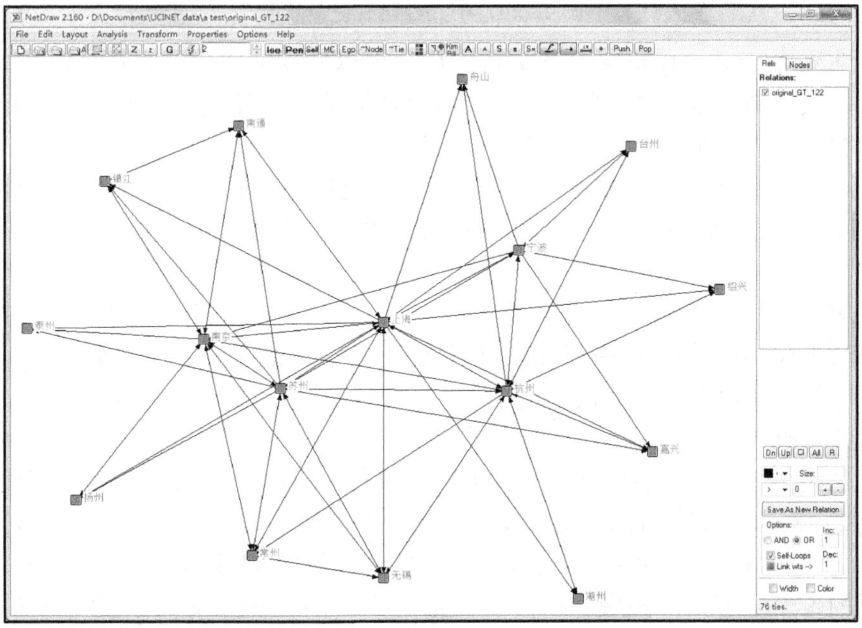

图 16.24 城市群网络联系图

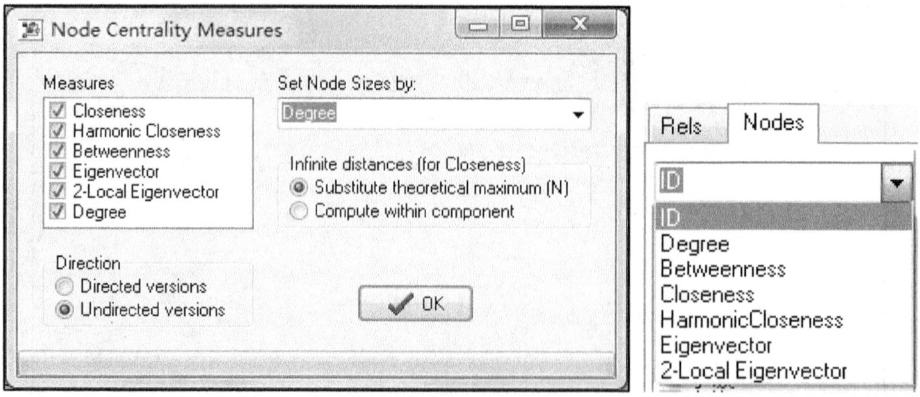

图 16.25　中心性测量

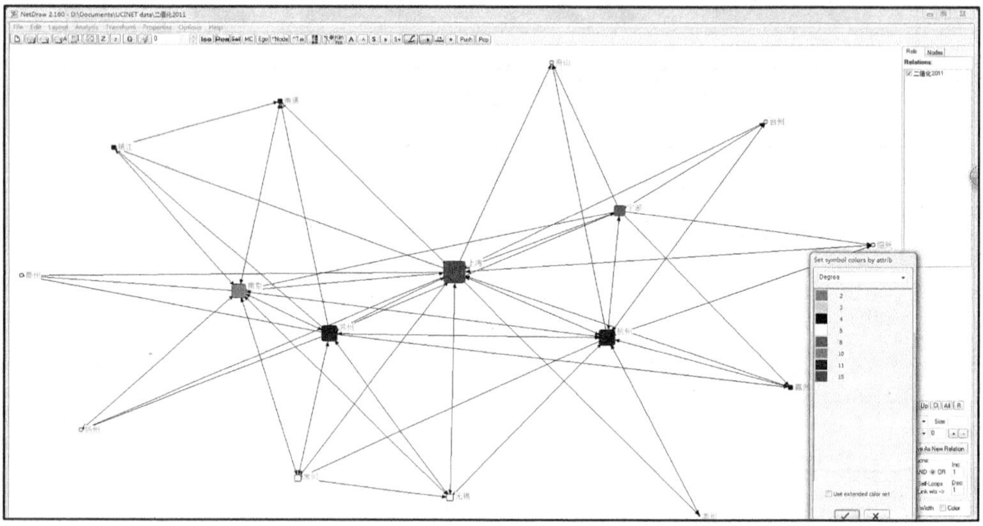

图 16.26　中心性可视化分析

在中心性测量(centrality measures)完成之后，可以发现每个节点的属性除了 ID 都添加上了这些指标，接下来可以根据这些关键要素值分别给节点设置颜色、大小、形状等，使得特征区分更加明显，可视化效果加强。

关于最后的成型图，可以选择两种方式输出，一是以图片的形式导出，可选择.jpeg、.gif、.bmp 三种格式，无法再修改；另一种是以可再修改的文件格式，如.Vna、.Mage、.Ucinet、.Pajek 格式。

2. ArcGIS 可视化分析

不仅 NetDraw 可以用于网络特征的可视化，ArcGIS 也可以进行地理位置特征城市群网络可视化，可视化结果如图 16.27 所示。

1) 中心度可视化

本实验采用 16.2.3 节中的点度中心度进行可视化，首先采集 16 个城市的点坐标，*X* 为经度，*Y* 为纬度，对每个城市的标准化入度、出度求平均值，命名为 Avedegree，另存为.csv 格式(图 16.28)，直接导入 ArcGIS，右键单击该属性表，显示 *XY* 数据，点击 “OK”，可得到点事件图层(图 16.29)。双击点图层，在符号系统下根据字段 Avedegree 设置分级方法、数量与样式(图 16.30)。

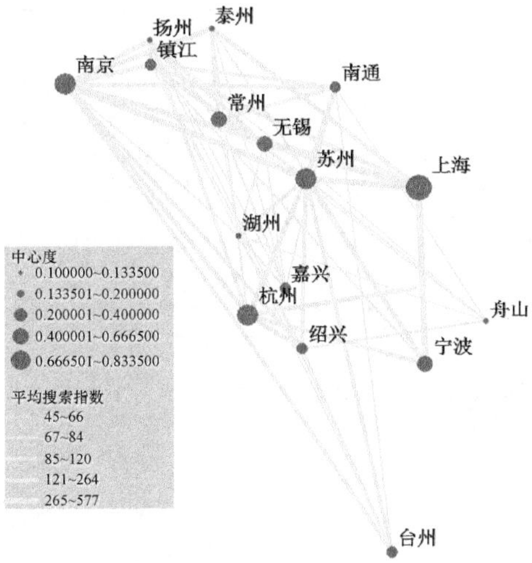

图 16.27　ArcGIS 网络特征可视化结果

1	city	nOutde	nIndeg	Avedegree	y	x
2	上海	1	0.667	0.8335	31.24	121.48
3	南京	0.6	0.6	0.6	32.05	118.77
4	无锡	0.333	0.333	0.333	31.58	120.29
5	镇江	0.133	0.2	0.1665	32.2	119.43
6	扬州	0.067	0.2	0.1335	32.39	119.42
7	常州	0.267	0.333	0.3	31.77	119.94
8	苏州	0.733	0.4	0.5665	31.31	120.61
9	南通	0.133	0.267	0.2	32.02	120.84
10	泰州	0	0.2	0.1	32.48	119.89
11	嘉兴	0.133	0.267	0.2	30.46	120.45
12	湖州	0.067	0.133	0.1	30.87	120.09
13	杭州	0.733	0.6	0.6665	30.25	120.16
14	宁波	0.533	0.267	0.4	29.87	121.53
15	绍兴	0.133	0.2	0.1665	29.99	120.58
16	舟山	0	0.2	0.1	30.2	122
17	台州	0.2	0.2	0.2	28.41	121.27

图 16.28　中心度数据整理结果

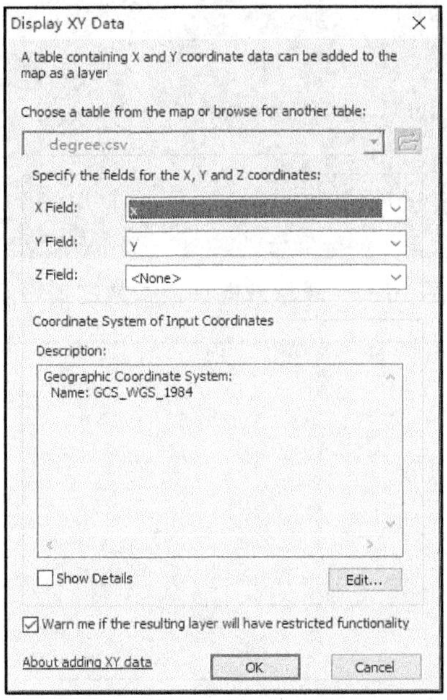

图 16.29　显示点数据

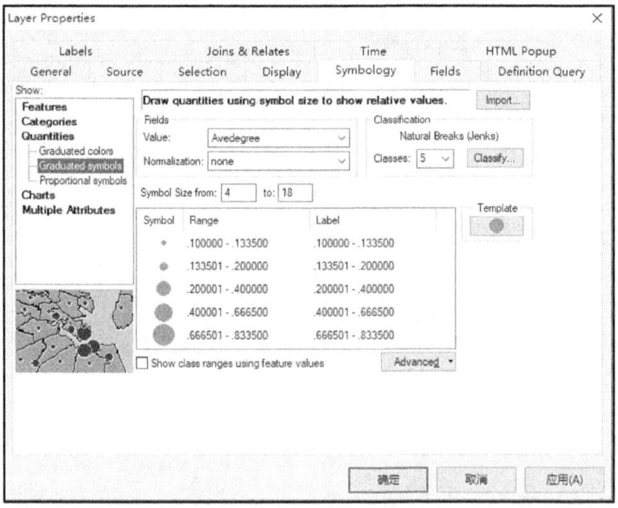

图 16.30　设置符号系统

2) 平均搜索指数可视化

因为本实验搜集整理的原始多值矩阵是城市两两间双向搜索指数值，在 ArcGIS 中将其可视化为无向图，所以利用 C#语言对原始矩阵进行处理，求取双向搜索指数的平均值(图 16.31)，得到三角矩阵(图 16.32)。在 Excel 中将平均搜索指数的矩阵形式整理变换成有起点、终点形式的表(图 16.33)，另存为.csv 格式，导入 ArcGIS。

```
//计算对角平均值
public static DataSet calculate(DataTable dt)
{
    DataSet ds = new DataSet();
    DataTable datatable = dt.Clone();
    for (int i = 1; i < datatable.Columns.Count; i++)
    {
        DataRow dr = datatable.NewRow();
        for (int j = 0; j < i; j++)
        {
            double a = double.Parse(dt.Rows[i][j].ToString());
            double b = double.Parse(dt.Rows[j][i].ToString());

            dr[j] = (a + b) / 2;

        }
        datatable.Rows.Add(dr.ItemArray);}
    ds.Tables.Add(datatable);
    return ds;
}
```

图 16.31　求取双向搜索指数的平均值

2011年搜索指数	上海	南京	无锡	镇江	扬州	常州	苏州	南通	泰州	嘉兴	湖州	杭州	宁波	绍兴	舟山	台州
上海		526	389	189	311	357	585	274	208	236	204	543	308	218	214	199
南京	270		202	162	227	208	291	163	175	84	87	165	109	80	82	85
无锡	229	191		94	122	197	205	109	102	74	75	125	88	71	73	74
镇江	115	156	84		96	118	97	170	71	54	53	74	62	53	50	55
扬州	120	153	84	90		85	95	74	117	55	53	75	62	50	50	56
常州	164	165	133	91	95		133	87	82	67	65	93	73	62	62	66
苏州	569	309	266	137	184	220		199	156	135	109	204	139	97	105	104
南通	155	137	94	70	85	93	117		75	59	58	78	67	56	55	58
泰州	122	121	91	66	102	92	91	74		53	47	70	60	45	48	58
嘉兴	245	101	84	63	71	81	110	67	63		89	184	102	91	84	80
湖州	107	79	69	50	58	67	77	53	52	77		132	77	67	67	64
杭州	360	201	134	89	113	136	190	101	88	188	171		281	235	195	179
宁波	262	146	113	76	87	108	155	86	84	131	106	247		158	173	137
绍兴	175	94	74	59	69	75	87	75	58	79	75	185	115		83	83
舟山	85	61	48	37	40	50	59	47	31	60	51	78	96	61		59
台州	174	95	75	61	66	75	86	64	65	81	75	170	136	85	80	

图 16.32　原始矩阵→三角矩阵

2011年搜索指数	上海	南京	无锡	镇江	扬州	常州	苏州	南通	泰州	嘉兴	湖州	杭州	宁波	绍兴	舟山	台州
上海																
南京	398															
无锡	309	196.5														
镇江	152	159	89													
扬州	215.5	190	103	93												
常州	260.5	186.5	165	104.5	90											
苏州	577	300	235.5	117	139.5	176.5										
南通	214.5	150	101.5	120	79.5	90	158									
泰州	165	148	96.5	68.5	109.5	87	123.5	74.5								
嘉兴	240.5	92.5	79	58.5	63	74	122.5	63	58							
湖州	155.5	83	72	51.5	55.5	66	93	55.5	49.5	83						
杭州	451.5	183	129.5	81.5	94	114.5	197	89.5	79	186	151.5					
宁波	285	127.5	100.5	69	74.5	90.5	147	76.5	72	116.5	91.5	264				
绍兴	196.5	87	72.5	56	59.5	68.5	92	65.5	51.5	85	71	210	136.5			
舟山	149.5	71.5	60.5	43.5	45	56	82	51	39.5	72	59	136.5	134.5	72		
台州	186.5	90	74.5	58	61	70.5	95	61	61.5	80.5	69.5	174.5	136.5	84	69.5	

图 16.32　(续)

被关注地区	关注地区	搜索指数平均值	起点y	起点x	终点y	终点x
上海	南京	398	31.24	121.48	32.05	118.77
	无锡	309	31.24	121.48	31.58	120.29
	镇江	152	31.24	121.48	32.2	119.43
	扬州	215.5	31.24	121.48	32.39	119.42
	常州	260.5	31.24	121.48	31.77	119.94
	苏州	577	31.24	121.48	31.31	120.61
	南通	214.5	31.24	121.48	32.02	120.84
	泰州	165	31.24	121.48	32.48	119.89
	嘉兴	240.5	31.24	121.48	30.46	120.45
	湖州	155.5	31.24	121.48	30.87	120.09
	杭州	451.5	31.24	121.48	30.25	120.16
	宁波	285	31.24	121.48	29.87	121.53
	绍兴	196.5	31.24	121.48	29.99	120.58
	舟山	149.5	31.24	121.48	30.2	122
	台州	186.5	31.24	121.48	28.41	121.27
南京	无锡	196.5	32.05	118.77	31.58	120.29
	镇江	159	32.05	118.77	32.2	119.43
	扬州	190	32.05	118.77	32.39	119.42
	常州	186.5	32.05	118.77	31.77	119.94
	苏州	300	32.05	118.77	31.31	120.61
	南通	150	32.05	118.77	32.02	120.84
	泰州	148	32.05	118.77	32.48	119.89
	嘉兴	92.5	32.05	118.77	30.46	120.45
	湖州	83	32.05	118.77	30.87	120.09
	杭州	183	32.05	118.77	30.25	120.16
	宁波	127.5	32.05	118.77	29.87	121.53
	绍兴	87	32.05	118.77	29.99	120.58
	舟山	71.5	32.05	118.77	30.2	122
	台州	90	32.05	118.77	28.41	121.27
无锡	镇江	89	31.58	120.29	32.2	119.43
	扬州	103	31.58	120.29	32.39	119.42
		……				
舟山	台州	69.5	30.2	122	28.41	121.27

图 16.33　数据准备

将准备好的.csv 格式数据转化成线数据，用 ArcGIS 的 XY To Line 工具将此数据表转化为带有平均搜索指数字段的线数据,路径为:Data Management Tools→Features→XY To Line,具体设置如图 16.34 所示，点击“OK”，生成线图层，其属性表如图 16.35 所示。同样双击图层，在符号系统下根据字段“搜索指数平均值”设置分级方法、数量与样式；最终平均搜索指数的可视化结果见图 16.27，线型的宽度分别代表了不同级别的搜索指数值。

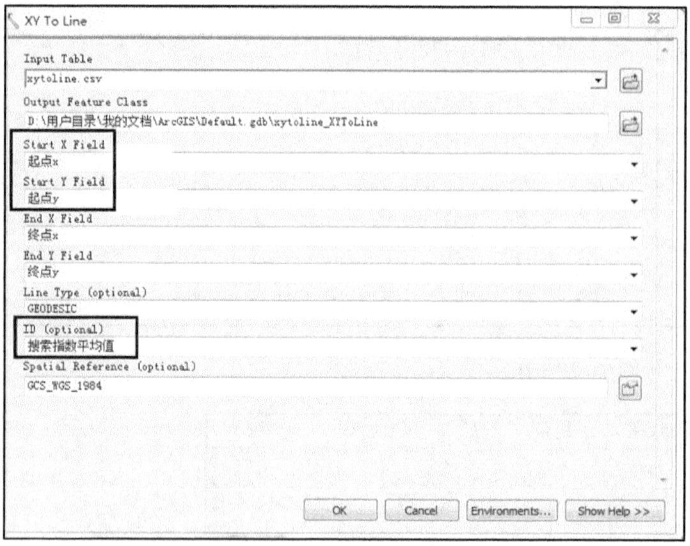

图 16.34　XY To Line 工具

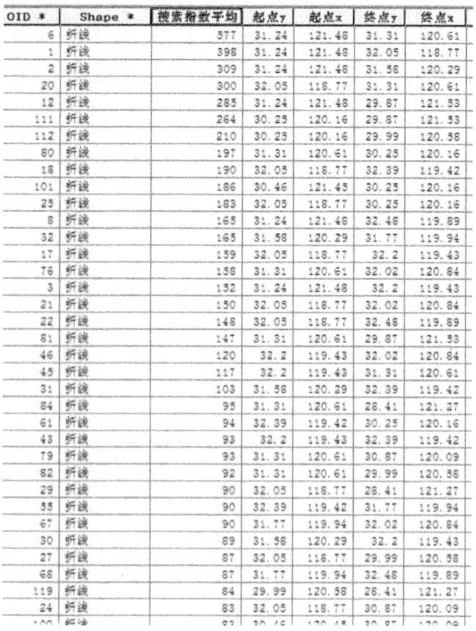

OID *	Shape *	搜索指数平均	起点y	起点x	终点y	终点x
6	折线	377	31.24	121.48	31.31	120.61
1	折线	398	31.24	121.48	32.05	118.77
2	折线	309	31.24	121.48	31.58	120.29
20	折线	300	32.05	118.77	31.31	120.61
12	折线	285	31.24	121.48	29.87	121.53
111	折线	264	30.25	120.16	29.87	121.53
112	折线	210	30.25	120.16	29.99	120.58
80	折线	197	31.31	120.61	30.25	120.16
18	折线	190	32.05	118.77	32.39	119.42
101	折线	186	30.46	121.45	30.25	120.16
25	折线	183	32.05	118.77	30.25	120.16
8	折线	165	31.24	121.48	32.48	119.89
32	折线	165	31.58	120.29	31.77	119.94
17	折线	159	32.05	118.77	32.2	119.43
76	折线	158	31.31	120.61	32.02	120.84
3	折线	152	31.24	121.48	32.2	119.43
21	折线	150	32.05	118.77	32.02	120.84
22	折线	148	32.05	118.77	32.48	119.89
81	折线	147	31.31	120.61	29.87	121.53
46	折线	120	32.2	119.43	32.02	120.84
45	折线	117	32.2	119.43	31.31	120.61
31	折线	103	31.58	120.29	32.39	119.42
84	折线	95	31.31	120.61	28.41	121.27
61	折线	94	32.39	119.42	30.25	120.16
43	折线	93	32.2	119.43	32.39	119.42
79	折线	93	31.31	120.61	30.87	120.09
82	折线	92	31.31	120.61	29.99	120.58
29	折线	90	32.05	118.77	28.41	121.27
55	折线	90	32.39	119.42	31.77	119.94
67	折线	90	31.77	119.94	32.02	120.84
30	折线	89	31.58	120.29	32.2	119.43
27	折线	87	32.05	118.77	29.99	120.58
68	折线	87	31.77	119.94	32.48	119.89
119	折线	84	29.99	120.58	28.41	121.27
24	折线	83	32.05	118.77	30.87	120.09

图 16.35　线数据属性表

16.3　讨论与总结

本实验利用城市居民在网络搜索中的百度指数进行区域城市网络特征研究，主要分为网络密度分析、网络中心性分析及凝聚子群分析，并在 NetDraw 和 ArcGIS 平台上分别进行了可视化分析。

本实验还有一些需要读者注意的部分：①除了上述社会网络分析，还有一些经典的分析方法是经常使用的，如凝聚子群分析中的派系(Cliques)、成分(Component)分析模块，复杂网络分析中的平均路径长度(Average Path Length)和簇系数(Clustering Coefficient)等，更多的分析方法及其分析结果需要读者花费更多的精力去探究与解读。②使用 UCINET 时，建议使用全英文存储路径，原始数据中最好也只使用英文和数字，否则在结果显示的时候可能出现乱码或挪位等情况。③使用 ArcGIS 可视化方法时，XY To Line 工具容易因为输入数据的格式或原始数据的问题运行失败，所以应注意采集城市坐标的准确性，并把 Excel 表另存为.csv 格式导入 ArcGIS。

参 考 文 献

Byrne J, Wolch J. 2009. Nature, race, and parks: Past research and future directions for geographic research. Progress in Human Geography, 33(6): 743-765.

Carr L J, Dunsiger S I, Marcus B H. 2010. Walk score™ as a global estimate of neighborhood walkability. American Journal of Preventive Medicine, 39(5): 460-463.

Dai F, Zhou Q, Lv Z, et al. 2014. Spatial prediction of soil organic matter content integrating artificial neural network and ordinary kriging in Tibetan Plateau. Ecological Indicators, 45: 184-194.

Dai L, Derudder B, Liu X. 2018. The evolving structure of the Southeast Asian air transport network through it the lens of complex networks, 1979-2012. Journal of Transport Geography, 68: 67-77.

Feng Y, Wu S, Wu P, et al. 2018. Spatiotemporal characterization of megaregional poly-centrality: Evidence for new urban hypotheses and implications for polycentric policies. Land Use Policy, 77: 712-731.

Gao S, Tang O, Wang H, et al. 2018. Identifying competitors through comparative relation mining of online reviews in the restaurant industry. International Journal of Hospitality Management, 71: 19-32.

Girres J F, Touya G. 2010. Quality assessment of the French OpenStreetMap dataset. Transactions in GIS, 14: 435-459.

Gray S C, Edwards S E, Miranda M L. 2013. Race, socioeconomic status, and air pollution exposure in North Carolina. Environmental Research, 126: 152-158.

Lee G, Hong I. 2013. Measuring spatial accessibility in the context of spatial disparity between demand and supply of urban park service. Landscape and Urban Planning, 119: 85-90.

Lo R H. 2009. Walkability: what is it? Journal of Urbanism, 2(2): 145-166.

McEntee J, Agyeman J. 2010. Towards the development of a GIS method for identifying rural food deserts: Geographic access in Vermont, USA. Applied Geography, 30(1): 165-176.

Moura F, Cambra P, Goncalves A B. 2017. Measuring walkability for distinct pedestrian groups with a participatory assessment method: A case study in Lisbon. Landscape and Urban Planning, 157: 282-296.

Mullen W F, Jackson S P, Croitoru A, et al. 2015. Assessing the impact of demographic characteristics on spatial error in volunteered geographic information features. Geo Journal, 80: 587-605.

Richardson E A, Hill S E, Mitchell R, et al. 2015. Is local alcohol outlet density related to alcohol-related morbidity and mortality in Scottish cities? Health & Place, 33: 172-180.

Richardson E A, Pearce J, Tunstall H, et al. 2013. Particulate air pollution and health inequalities: A Europe-wide ecological analysis. International Journal of Health Geographics, 12(1): 1-10.

Rowland B, Evans-Whipp T, Hemphill S, et al. 2016. The density of alcohol outlets and adolescent alcohol consumption: An Australian longitudinal analysis. Health & Place, 37: 43-49.

Russell S E, Heidkamp C P. 2011. 'Food desertification': The loss of a major supermarket in New Haven, Connecticut. Applied Geography, 31(4): 1197-1209.

Sarkar C, Webster C, Pryor M, et al. 2015. Exploring associations between urban green, street design and walking: Results from the Greater London boroughs. Landscape and Urban Planning, 143: 112-125.

Su S, Chen X, de Gloria X D, et al. 2010. Integrative fuzzy set pair model for land ecological security assessment: A case study of Xiaolangdi Reservoir Region, China. Stochastic Environmental Research & Risk Assessment, 24: 639-647.

Su S, Gong Y, Tan B, et al. 2017. Area social deprivation and public health: Analyzing the spatial non-stationary associations using geographically weighed regression. Social Indicators Research, 133(3): 819-832.

Su S, Jiang Z, Zhang Q, et al. 2011. Transformation of agricultural landscapes under rapid urbanization: A threat to sustainability in Hang-Jia-Hu region, China. Applied Geography, 31(2): 439-449.

Su S, Lei C, Li A, et al. 2017. Coverage inequality and quality of volunteered geographic features in Chinese cities: Analyzing the associated local characteristics using geographically weighted regression. Applied Geography, 78: 78-93.

Su S, Li D, Hu Y, et al. 2014. Spatially non-stationary response of ecosystem service value changes to urbanization in Shanghai, China. Ecological Indicators, 45: 332-339.

Su S, Li D, Yu X, et al. 2011. Assessing land ecological security in Shanghai(China)based on catastrophe theory. Stochastic Environmental Research & Risk Assessment, 25: 737-746.

Su S, Li Z, Xu M, et al. 2017. A Geo-big data approach to intra-urban food deserts: Transit-varying accessibility, social inequalities, and implications for urban planning. Habitat International, 64: 22-40.

Su S, Liu Z, Xu Y, et al. 2017. China's megaregion policy: Performance evaluation framework, empirical findings and implications for spatial polycentric governance. Land Use Policy, 63: 1-19.

Su S, Luo F, Mai G, et al. 2014. Farmland fragmentation due to anthropogenic activity in rapidly developing region. Agricultural Systems, 131: 87-93.

Su S, Pi J, Xie H, et al. 2017. Community deprivation, walkability, and public health: Highlighting the social inequalities in land use planning for health promotion. Land Use Policy, 67: 315-326.

Su S, Sun Y, Lei C, et al. 2017. Reorienting paradoxical land use policies towards coherence: A self-adaptive ensemble learning geo-simulation of tea expansion under different scenarios in subtropical China. Land Use Policy, 67: 415-425.

Su S, Yang C, Hu Y, et al. 2014. Progressive landscape fragmentation in relation to cash crop cultivation. Applied Geography, 53: 20-31.

Su S, Zhang Z, Xiao R, et al. 2012. Geospatial assessment of agroecosystem health: Development of an integrated index based on catastrophe theory. Stochastic Environmental Research & Risk Assessment, 26: 321-334.

Tarasov D A, Buevich A G, Sergeev A P, et al. 2017. High variation topsoil pollution forecasting in the Russian Subarctic: Using artificial neural networks combined with residual Kriging. Applied Geochemistry, 2017: S08832 92717302421.

Taubenböck H, Wiesner M, Felbier A, et al. 2014. New dimensions of urban landscapes: The spatio-temporal evolution from a polynuclei area to a mega-region based on remote sensing data. Applied Geography, 47: 137-153.

Wan C, Su S. 2016. Neighborhood housing deprivation and public health: Theoretical linkage, empirical evidence, and implications for urban planning.Habitat International, 57: 11-23.

Wan C, Su S. 2017. China's social deprivation: Measurement, spatiotemporal pattern and urban applications. Habitat International, 62: 22-42.

Weng M, Ding N, Li J, et al. 2019. The 15-minute walkable neighborhoods: Measurement, social inequalities and implications for building healthy communities in urban China. Journal of Transport & Health, 13: 259-273.

Weng M, Pi J, Tan B, et al. 2017. Area deprivation and liver cancer prevalence in Shenzhen, China: A spatial approach based on social indicators. Social Indicators Research, 133(1): 317-332.

Wu L, Liu X, Ye X, et al. 2015. Permeability, space syntax, and the patterning of residential burglaries in urban China. Applied Geography, 60: 261-265.

Xu M, Xin J, Su S, et al. 2017. Social inequalities of park accessibility in Shenzhen, China: The role of park quality, transport modes, and hierarchical socioeconomic characteristics. Journal of Transport Geography, 62: 38-50.

Yang L, Zhou M, Sherliker P, et al. 2012. Alcohol drinking and overall and cause-specific mortality in China: Nationally representative prospective study of 220000 men with 15 years of follow-up. International Journal of Epidemiology, 41(4): 1101-1113.

Zhang Q, Su S. 2016. Determinants of urban expansion and their relative importance: A comparative analysis of 30 major metropolitans in China. Habitat International, 58:89-107.

Zhang Z, Ye Q, Law R, et al. 2010. The impact of e-word-of-mouth on the online popularity of restaurants: A comparison of consumer reviews and editor reviews. International Journal of Hospitality Management, 29: 694-700.